HABILIDADES *PARA UMA* CARREIRA *DE* SUCESSO *NA* ENGENHARIA

A375h   Alexander, Charles K.
         Habilidades para uma carreira de sucesso na engenharia / Charles K. Alexander, James A. Watson ; [tradução : João Ricardo Reginatto Beck, Silvio Ricardo Cordeiro]. – Porto Alegre : AMGH, 2015.
         xviii, 346 p. : il. ; 25 cm.

         ISBN 978-85-8055-439-7

         1. Engenharia - Habilidades. 2. Engenharia – Capacitação profissional. I. Watson, James A. II. Título.

                                                    CDU 62:37.091.322.7

Catalogação na publicação: Poliana Sanchez de Araujo – CRB 10/2094

CHARLES K. ALEXANDER
Universidade Estadual de Cleveland

JAMES A. WATSON
Watson Associates

HABILIDADES PARA UMA CARREIRA DE SUCESSO NA ENGENHARIA

AMGH Editora Ltda.
2015

Obra originalmente publicada sob o título *Engineering Skills for Career Success, 1st Edition*
ISBN 0073385921 / 9780073385921

Original edition copyright© 2013, McGraw-Hill Global Education Holdings, LLC, New York, New York 10121. All rights reserved.

Portuguese language translation copyright© 2015, AMGH Editora Ltda., a Grupo A Educação S.A. company. All rights reserved.

Gerente editorial: *Arysinha Jacques Affonso*
Colaboraram nesta edição:
Editora: *Denise Weber Nowaczyk*
Capa: *Márcio Monticelli (arte sobre capa original)*
Imagem da capa: ©*thinkstockphotos.com / archerix, Contemporary business*
Tradução: *João Ricardo Reginatto Beck e Silvio Ricardo Cordeiro*
Leitura final: *Amanda Jansson Breitsameter*
Editoração: *Kaéle Finalizando Ideias*

Reservados todos os direitos de publicação, em língua portuguesa, à
AMGH EDITORA LTDA. uma parceria entre GRUPO A EDUCAÇÃO S.A. e McGRAW-HILL EDUCATION
Av. Jerônimo de Ornelas, 670 – Santana
90040-340 Porto Alegre RS
Fone (51) 3027-7000 Fax (51) 3027-7070

É proibida a duplicação ou reprodução deste volume, no todo ou em parte,
sob quaisquer formas ou por quaisquer meios (eletrônico, mecânico, gravação,
fotocópia, distribuição na Web e outros), sem permissão expressa da Editora.

SÃO PAULO
Av. Embaixador Macedo Soares, 10.735 – Pavilhão 5 – Cond. Espace Center
Vila Anastácio – 05095-035 – São Paulo SP
Fone (11) 3665-1100 Fax (11) 3667-1333

SAC 0800 703-3444 – www.grupoa.com.br
IMPRESSO NO BRASIL
PRINTED IN BRAZIL
Impresso sob demanda na Meta Brasil a pedido de Grupo A Educação.

Os autores

Charles K. Alexander, Doutor e Mestre em Engenharia pela Ohio University, é professor de engenharia elétrica e engenharia da computação no Fenn College of Engineering, na Cleveland State University. Também é diretor do Centro de Pesquisa em Eletrônica e em Tecnologia Aeroespacial.

A experiência do Dr. Alexander na academia é muito ampla, tanto como reitor (Fenn College of Engineering – Ohio University; College of Engineering and Computer Science na California State University, Northridge; College of Engineering, Temple University) quanto como professor (engenharia elétrica e ciência da computação – Ohio University; engenharia elétrica – Youngstown State University), e professor e chefe do Departamento de Engenharia Elétrica na Temple University e na Tennessee Technological University.

Dr. Alexander já prestou consultoria para empresas e organizações governamentais, incluindo a aeronáutica e a marinha norte-americanas, é autor e coautor de inúmeras publicações, incluindo os livros *Fundamentos de Circuitos Elétricos* e *Análise de Circuitos Elétricos com Aplicações*, e já fez mais de 500 apresentações acadêmicas, profissionais e técnicas. Ocupou cargos de diretoria e presidência de Conselhos e Comitês, além de ter sido agraciado com diversos prêmios.

James A. Watson, bacharel em engenharia elétrica pela Universidade de Purdue, pós-graduado pela Universidade Estadual de Youngstown, é presidente da Watson Associates.

É Engenheiro Profissional, membro sênior do IEEE e orador internacional do IEEE Student Professional Awareness Program e do IEEE Member Professional Awareness Program.

Após uma carreira de 36 anos com a Ohio Edison Company, uma empresa concessionária de energia elétrica na qual ocupou diversas posições de engenharia e gerência, Jim aposentou-se e dedica-se exclusivamente às suas atividades de consultoria. Fundada em 1989, a Watson Associates fornece informação, recursos e oficinas para gerência de carreira e outros tópicos profissionais relacionados.

É autor dos programas WRITETALK© e ProSkills©, projetados para incorporar comunicação e outras habilidades e exercícios de desenvolvimento de carreira dentro do currículo técnico de engenharia da universidade. Watson Associates já organizou o uso desse programa para mais de 24.000 estudantes em 14 grandes universidades.

Jim recebeu diversos prêmios do IEEE em reconhecimento por suas atividades voluntárias. Publicou artigos sobre desenvolvimento de carreira em *IEEE Antennas & Propagation, IEEE Potentials, IEEE Women in Engineering, HKN Bridge* e *Wireless Systems Design*. Como orador, já realizou mais de 2000 apresentações nos Estados Unidos, no Canadá, na Europa e Ásia, totalizando uma audiência de mais de 100.000 pessoas, incluindo 55.000 estudantes em 157 universidades.

Prefácio

Dificilmente tem-se a oportunidade de converter quarenta anos (somando-se os dois autores, mais de oitenta anos) em um livro. Estamos honrados em escrever esta obra e combinar nossos mais de oitenta anos de pesquisa sobre o que é necessário para se tornar um engenheiro de sucesso. Além disso, desenvolvemos palestras e módulos de ensino (WRITETALK© e ProSkills©) para ajudar futuros e atuais engenheiros a desenvolver e aperfeiçoar as habilidades necessárias para ser bem-sucedido.

Trabalhamos juntos em vários projetos por mais de quarenta anos e somos gratos pela oportunidade de compartilhar nosso conhecimento e nossas experiências com você. Alguns dos resultados de nossa pesquisa foram originalmente apresentados nas aberturas de diversos capítulos do livro-texto *Fundamentos de Circuitos Elétricos*, de Alexander e Sadiku, publicado no Brasil pela Bookman Editora. Muitos usuários desse livro sugeriram que escrevêssemos um livro abordando exclusivamente estes tópicos. É com alegria que apresentamos o *Habilidades para uma Carreira de Sucesso na Engenharia* em resposta às sugestões.

Estamos convictos de que, se os princípios contidos aqui forem seguidos, você terá, de fato, uma carreira mais bem-sucedida. Além disso, também se divertirá muito mais!

Gostaríamos de estender um agradecimento muito particular a Judith Jurgens Watson por tudo o que ela fez para tornar este livro um sucesso. Sua abordagem profissional para com comunicações escritas, seu *background* universitário como instrutora de comunicações, aliados às suas habilidades organizacionais e à sua perspectiva excepcional contribuíram enormemente para a qualidade deste livro. Obrigado, Judy!

Gostaríamos também de expressar nosso apreço pelo apoio e estímulo que recebemos de Hannah Zhang Alexander. Sua empolgação, seu otimismo e sua fé neste projeto têm sido maravilhosos! Obrigado, Hannah!

Adicionalmente, há várias pessoas da McGraw-Hill que não só tornaram este projeto muito melhor, mas também foram responsáveis por torná-lo possível. Agradecemos a: Gestor de Marca Raghu Srinivasan, Chefe de Reportagem Bill Stenquist, Editora de Desenvolvimento Katie Neubauer, Gerente Executivo de Marketing Curt Reynolds e Gerente de Projeto Lisa Bruflodt.

Este livro se baseia nas delicadas habilidades necessárias a um engenheiro bem-sucedido e é organizado em três partes:

Seção I – Habilidades Básicas

O foco dos Capítulos 1 a 6 são as habilidades básicas de que os engenheiros necessitam para serem bem-sucedidos, e nossa discussão enfatiza como desenvolvê-los.

Seção II – Habilidades de Engenharia

Os Capítulos 7 a 12 focam em refinar e desenvolver ainda mais as habilidades estabelecidas na Seção I. Adicionalmente, é introduzido um material que auxilia o aluno a tomar decisões de carreira adequadas. Juntamente a isso, os alunos são apresentados à importância da documentação de atividades, do desenvolvimento de habilidades de estruturação de equipe (team building) e do aprendizado de como lidar com uma grande variedade de dilemas éticos.

Seção III – Habilidades na Carreira

Nos Capítulos 13 a 17, o aluno é apresentado a recursos avançados projetados para continuar o desenvolvimento de uma carreira de sucesso. Várias atividades que podem aprimorar uma carreira são abordadas em detalhes, incluindo a habilidade de aplicar princípios da engenharia de sistemas à resolução de problemas, projetos e planejamento de carreira; a compreensão de elementos da gerência de projetos; o desenvolvimento de redes de contatos pessoais; o beneficiamento próprio por meio de experiências de estágio; e a compreensão da importância de uma pós-graduação. **No Capítulo 1, Quatro princípios para melhorar suas notas**, você vai aprender a maximizar suas experiências de aprendizado na sala de aula e a melhorar seu potencial de ter uma carreira empolgante. Você vai aprender também a iniciar o processo de ser bem-sucedido em sua carreira e a aplicar em ferramentas mais importantes para maximizar suas experiências de aprendizado em sala de aula. Dentre tais ferramentas, as mais importantes são, em ordem de prioridade: fazer perguntas, estudar em grupos, participar ativamente em organizações estudantis, e aproveitar os recursos humanos externos à sala de aula, como os professores durante seus horários de atendimento a alunos e os monitores de disciplinas. Essas são as quatro coisas que sempre levam a notas mais altas e a um aprendizado mais aprofundado. A lição mais importante é que você precisa estar ativamente envolvido em seu processo educacional. **No Capítulo 2, Desenvolva suas habilidades**, você vai aprender a desenvolver e aprimorar especificamente as habilidades que acredita-se serem as mais importantes para uma carreira de engenharia bem-sucedida. **O Capítulo 3, Habilidades de gerenciamento de tempo**, discute o mais importante recurso do tempo. Tomando ferramentas da engenharia e os princípios básicos de administração de tempo como fundamento, mostraremos como personalizar sistemas individuais de administração de tempo. Este capítulo também demonstra como um processo de administração de tempo pode ser fácil de implementar e usar e como a administração de tempo é importante para o sucesso da sua carreira. Um exercício ainda explica como desenvolver um plano projetado para se ajustar aos hábitos de trabalho individuais. **O Capítulo 4, Habilidades de comunicação**, é o primeiro de dois capítulos sobre comunicação e mostra como o sucesso na carreira é proporcional à habilidade de se comunicar por meio de leitura, escrita, escuta e fala. O capítulo foca ler e escrever de forma eficiente como engenheiro e inclui diversos exercícios para aprimorar essas habilidades. **O Capítulo 5, Habilidades de apresentação profissional**, continua a discussão sobre a comunicação, com foco em falar em público. Além de rever os princípios da fala em público, este capítulo inclui exercícios que demonstram como os conceitos de engenharia podem ser usados para aprimorar as habilidades de apresentação. Os recursos incluem avaliações de habilidades para lhe mostrar métodos específicos que melhoram as habilidades de fala e aumentam a autoconfiança reduzindo o estresse.

O Capítulo 6, Habilidades de captura de informação, identifica uma forma fácil e efetiva de capturar informação relativa a atividades durante a experiência acadêmica. O capítulo aborda como a captura de informação é fundamental para a construção de um portfólio pessoal, e como os portfólios são um recurso valoroso no desenvolvimento de currículos efetivos e na preparação para entrevistas de emprego. As habilidades que você desenvolve nos exercícios deste capítulo são também essenciais em carreiras futuras. **O Capítulo 7, Ramos**

da engenharia – Uma forma fantástica de se divertir!, é projetado para ajudar a compreender o amplo campo da engenharia. Um argumento em favor dos cinco maiores geradores de trabalhos de engenharia na primeira parte do século é apresentado em detalhes, de forma a auxiliar na tomada de decisões de carreira. Eles são manufatura, sistema de saúde de qualidade a preços acessíveis, revitalização e aprimoramento de infraestrutura, independência de energia e estabilidade econômica e aprimoramento do ambiente. Navegando por websites de sociedades de engenharia, você entenderá a amplitude e a profundidade das disciplinas e subdisciplinas de engenharia. **O Capítulo 8, A habilidade de aplicar a abordagem sistêmica à engenharia**, tem seu foco nos elementos de engenharia de sistemas e em como isso pode lhe ajudar a planejar e aperfeiçoar sua carreira. Este capítulo vai lhe ajudar a ser mais organizado em sua abordagem não só para com sua carreira mas também com o projeto, a pesquisa e a solução de problemas de engenharia. Os principais elementos abordados são a definição do problema ou tarefa; a decomposição do problema de uma tarefa; a definição dos elementos do processo de solução; a atribuição de objetivos; a identificação de restrições; a seleção de alternativas; a avaliação e os prós e contras; a determinação de consequências e de compromissos; e o *brainstorming*.

 O Capítulo 9, A gestão de projetos no aprimoramento da carreira, apresenta os elementos de gerência de projeto e como eles podem lhe ajudar a se tornar um engenheiro melhor. Na engenharia, você é contratado com base no que você sabe fazer, e não pelo que você sabe conceitualmente. Além disso, você sempre trabalhará em grupos e em projetos, então quanto mais souber sobre gerência de projetos, mais bem feitas serão suas tarefas. Este capítulo descreve por completo o processo de gerência de projeto, cujos elementos mais importantes são o planejamento; a comunicação; a organização; a motivação; a direção; o controle; e finalmente, a monitoração, avaliação e revisão de todos os elementos. Você também aprenderá a aproveitar as oportunidades para aperfeiçoar as habilidades de gerência de projetos e o impacto das habilidades de gerência de projeto no sucesso de sua carreira.

 O Capítulo 10, Habilidades de desenvolvimento de equipes, começa com uma discussão dos passos usados na estruturação de equipes bem-sucedidas. Ele inclui um exercício de autoavaliação para lhe ajudar a identificar diversas características de personalidade. Informação adicional mostra como tais características podem ser aplicadas mais efetivamente a situações em equipe. Este capítulo aborda os motivos pelos quais aprender a trabalhar em equipe aumentará significativamente seu sucesso na carreira.

 O Capítulo 11, Habilidades de engenharia para dilemas éticos, demonstra como reconhecer situações éticas e lidar com elas. Exercícios apresentam como as ferramentas e técnicas de engenharia podem ser usadas para solucionar os dilemas éticos. Devido ao fato de a maioria dos engenheiros encontrar desafios éticos em sua carreira, este capítulo lhe prepara para efetivamente lidar com situações éticas. **O Capítulo 12, Habilidades de liderança**, delineia por que aprender a ser um líder e trabalhar com líderes é importante para o sucesso na carreira. Apesar de muitos engenheiros não serem líderes natos, essa é uma habilidade que pode ser desenvolvida por meio de um processo sistemático, que começa por aprender a controlar o tempo pessoal e as atividades e, em seguida, expande a aplicação dessas habilidades para a liderança de outras pessoas. Este capítulo traz informações e exercícios para que você tenha parte em oportunidades de liderança no ambiente acadêmico, no ambiente profissional e nas atividades da comunidade. Essas experiências lhe prepararão para trabalhar em situações de grupos como um líder e sob a liderança de outros. **O Capítulo 13, Habilidades de gestão de carreira**, foca como planejar e controlar sua carreira. Esse processo inclui o estabelecimento de visões pessoais e profissionais, a identificação de uma estratégia de metas e habilidades necessárias, o desenvolvimento e implementação de um plano de ação e a documentação e avaliação de resultados. O planejamento de carreira deve começar no início do programa acadêmico, portanto este capítulo discute como é possível maximizar o valor de todos os cursos ao relacionar seu conteúdo com planos de carreira. Um plano inicial de carreira é desenvolvido em exercícios neste capítulo, e você é encorajado a mantê-lo dinâmico e atualizado conforme necessário. **O Capítulo 14, Habilidades de redes de contatos e desenvolvimento profissional**, enfatiza a importância da manutenção de uma rede de contatos pessoal e do desenvolvimento profissional. Tópicos incluem como causar uma impressão positiva ao conhecer outras pessoas, a importância de escutar ativamente e como aproveitar as experiências na sala de aula, em laboratórios e em grupos de estudo para desenvolver habilidades efetivas sobre redes de contato. Os exercícios mostram como criar redes de contato por meio do envolvimento ativo em organizações de engenharia profissionais. Além de obter informação técnica por meio da participação em organizações profissionais, você também pode aumentar suas oportunidades de trabalho, promoções e sucesso em sua carreira.

O Capítulo 15, Estágios e outras experiências práticas e como isso pode aperfeiçoar sua carreira, apresenta as vantagens de ter essas experiências e como aproveitá-las ao máximo. A engenharia é uma profissão orientada à prática, e um estágio pode contribuir significativamente para o seu sucesso. Você também aprenderá a ter uma boa experiência de estágio curricular em uma instituição de ensino sem programas de estágio.

No Capítulo 16, Pós-graduação, talvez a melhor forma de aumentar o sucesso na carreira!, você vai entender se deve ir para uma pós-graduação, e, se sim, aonde ir e que grau acadêmico buscar. Você aprenderá sobre bacharelado, mestrado e doutorado e encontrará indicações claras sobre motivos para entrar ou não em uma pós-graduação e quando fazê-lo. Este capítulo lhe permitirá saber se você deve ou não cursar um programa de MBA. Há muitos mitos sobre a entrada na pós-graduação, e desvendá-los tornará seu processo de decisão muito mais fácil.

Finalmente, no Capítulo 17, Através do espelho, traga todas as habilidades que você adquiriu para desenvolver uma carreira bem-sucedida, explicamos como realizar a transição da faculdade para uma carreira de trabalho bem-sucedida. Parte dessa transição inclui a compreensão do mundo real e como ele difere da vida acadêmica. As informações apresentadas neste capítulo se baseiam em estudos de caso e em experiências pessoais nos negócios, na indústria e nos meios acadêmicos.

Escrever este livro foi a alegria de uma vida (na verdade, duas vidas)! Desejamos sinceramente que você o aproveite na criação de sua carreira de sucesso tanto quanto nós apreciamos escrevê-lo!

James A. Watson

Charles K. Alexander

Humildemente dedicamos este livro a Judy e Hannah!

Sumário

Capítulo	**1**	Quatro princípios para melhorar suas notas...............................	1
	1.1	Introdução	2
	1.2	Fazer perguntas em sala de aula	3
	1.3	Formar grupos de estudo	6
	1.4	Participar e ser ativo em organizações profissionais....................	9
	1.5	Aproveitar os recursos extraclasse	10
	1.6	Conclusão	10
Capítulo	**2**	Desenvolva suas habilidades	14
	2.1	Introdução	15
	2.2	Capacidade de se comunicar de forma eficaz..............................	16
		2.2.1 Fale de forma eficaz	16
		2.2.2 Escreva de forma eficaz	18
		2.2.3 Leia de maneira eficaz	19
		2.2.4 Ouça de forma eficaz	20
	2.3	Capacidade de aplicar conhecimentos de matemática, ciência e engenharia	20
	2.4	Capacidade de projetar e conduzir experimentos, assim como analisar e interpretar dados	23
	2.5	Capacidade de projetar um sistema, componente ou processo para atender às necessidades desejadas dentro das reais limitações econômicas, ambientais, sociais, políticas, éticas, de saúde e segurança, de fabricação e de sustentabilidade	24
	2.6	Capacidade de atuar em equipes multidisciplinares.....................	26
	2.7	Capacidade de identificar, formular e resolver problemas de engenharia	26
	2.8	Compreensão da responsabilidade ética e profissional................	27
	2.9	Ampla educação necessária para compreender o impacto das soluções de engenharia em um contexto global, econômico, ambiental e social	27
	2.10	O reconhecimento da necessidade e a capacidade de se envolver na aprendizagem ao longo da vida	28
	2.11	Conhecimento das questões contemporâneas	29
	2.12	Capacidade de utilizar as técnicas, habilidades e ferramentas modernas de engenharia necessárias para a prática da profissão	29
	2.13	Conclusão	30

Capítulo	**3**	Habilidades de gerenciamento de tempo	36
	3.1	Introdução	37
	3.2	Por que a gestão do tempo é importante	38
	3.3	Uso do tempo e gestão de recursos	38
		3.3.1 Uso do tempo	38
		3.3.2 Recursos de gerenciamento do tempo	39
	3.4	Princípios de gerenciamento do tempo – a lista de afazeres	39
		3.4.1 "TO" – Trace e organize as atividades por data de vencimento e prioridade	40
		3.4.2 "DO" – Determine a ordem das atividades por requisitos de tempo e datas de início	41
		3.4.3 Conclua as atividades	43
	3.5	Cuidado com os "dragões"	44
		3.5.1 Procrastinação	45
		3.5.2 Sistema complicado	45
		3.5.3 Desânimo	45
	3.6	Gerenciando o tempo de forma eficaz	46
		3.6.1 Selecione os recursos	46
		3.6.2 Utilize técnicas comprovadas	47
		3.6.3 Desfrute de mais tempo livre	48
		3.6.4 Desenvolva habilidades para a carreira	48
	3.7	Impacto da gestão do tempo na carreira e na qualidade de vida	49
	3.8	Conclusão	52
Capítulo	**4**	Habilidades de comunicação	58
	4.1	Introdução	59
	4.2	Por que a comunicação eficaz é importante	60
	4.3	O processo de comunicação	60
	4.4	Os quatro tipos básicos de comunicação	60
	4.5	Leitura	61
		4.5.1 Leitura dinâmica	62
		4.5.2 Leitura casual	62
		4.5.3 Leitura compreensiva	62
	4.6	Escrita	63
		4.6.1 Planejamento prévio	64
		4.6.2 Planejamento	65
		4.6.3 Organização	66
		4.6.4 Modelagem	67

		4.6.5 Conclusão do projeto	71
	4.7	Conclusão	73
Capítulo	5	Habilidades de apresentação profissional	80
	5.1	Introdução	81
	5.2	Falar em público	81
	5.3	Planejamento e preparação	83
		5.3.1 Identificação de necessidades específicas da audiência	83
		5.3.2 Preparação de recursos visuais eficazes	85
		5.3.3 Prática	91
		5.3.4 Apresentação – transmissão da mensagem	92
	5.4	Valor da experiência de falar em público	99
	5.5	Conclusão	103
Capítulo	6	Habilidades de captura de informação	107
	6.1	Introdução	108
	6.2	Planos de marketing	108
		6.2.1 Habilidades pessoais	109
		6.2.2 Pesquisa de empregadores	110
		6.2.3 Portfólio	110
		6.2.4 Currículo	110
		6.2.5 Cartas de apresentação	110
		6.2.6 Entrevistas de emprego	111
		6.2.7 Contribuições da engenharia	111
		6.2.8 Aprendizagem ao longo da vida	111
	6.3	Por que a captura de informação é importante	111
	6.4	Estabelecendo seu sistema de captura de informação	112
	6.5	Usando seu sistema de captura de informação	114
		6.5.1 Características e habilidades pessoais	114
		6.5.2 Mercado de trabalho	116
		6.5.3 Portfólio	117
		6.5.4 Entrevista de emprego	120
		6.5.5 Histórico de carreira	121
	6.6	Conclusão	125
Capítulo	7	Ramos da engenharia – Uma forma fantástica de se divertir!	134
	7.1	Introdução	135
	7.2	Habilidades para "manufatura"	136

	7.3	Habilidades para "assistência médica de alta qualidade a custos acessíveis"...	136
	7.4	Habilidades para "revitalização e aprimoramento de infraestrutura"...	137
	7.5	Habilidades para "independência energética e estabilidade econômica"...	138
	7.6	Habilidades para "aperfeiçoamento do ambiente"...	138
	7.7	Sociedades profissionais de engenharia...	139
	7.8	Sociedade Americana de Engenheiros Civis (ASCE)...	139
	7.9	Sociedade Norte-Americana de Engenheiros Mecânicos (ASME)...	140
	7.10	Instituto de Engenheiros Eletricistas e Eletrônicos (IEEE)...	142
	7.11	Ramos da engenharia reconhecidos...	143
	7.12	Conclusão...	143
Capítulo 8		A habilidade de aplicar a abordagem sistêmica à engenharia...	147
	8.1	Introdução...	148
	8.2	Definição do problema ou da tarefa...	150
	8.3	Decomposição do problema ou da tarefa...	152
	8.4	Definição dos elementos do processo de resolução...	152
	8.5	Metas...	152
	8.6	Restrições...	153
	8.7	Alternativas...	154
	8.8	Avaliação e prós e contras...	154
	8.9	Resultados e feedback...	155
	8.10	Brainstorming...	156
	8.11	Conclusão...	157
Capítulo 9		A gestão de projetos no aprimoramento da carreira...	159
	9.1	Introdução...	160
	9.2	Por que a gerência de projetos é importante...	161
	9.3	O processo de gestão de projetos...	162
		9.3.1 Definição...	162
		9.3.2 Comunicação...	163
		9.3.3 Planejamento...	164
		9.3.4 Organização...	164
		9.3.5 Motivação...	165
		9.3.6 Direção...	165
		9.3.7 Controle...	166
		9.3.8 Monitoramento, avaliação e revisão...	166

	9.4	Oportunidades de aperfeiçoar habilidades de gerenciamento de projetos	167
	9.5	Impacto das habilidades de gerenciamento de projetos no sucesso da carreira	168
	9.6	Conclusão	168
Capítulo 10		Habilidades de desenvolvimento de equipes	172
	10.1	Introdução	173
	10.2	Desenvolvimento de equipes	173
		10.2.1 Definição da equipe	173
		10.2.2 Características de uma equipe bem-sucedida	174
		10.2.3 Vantagens/desvantagens das equipes	174
	10.3	Processo de desenvolvimento de equipes	175
		10.3.1 Formação	175
		10.3.2 Turbulência	176
		10.3.3 Conformidade	178
		10.3.4 Desempenho	179
	10.4	Traços de personalidade	180
		10.4.1 Categorias de traços de personalidade	181
		10.4.2 Pontos fortes e limitações dos traços de personalidade	181
	10.5	Aplicação dos traços de personalidade em equipes de projeto	181
	10.6	O valor da diversidade	183
	10.7	Conclusão	186
Capítulo 11		Habilidades de engenharia para dilemas éticos	198
	11.1	Introdução	199
	11.2	Preparando-se para os dilemas éticos	200
		11.2.1 Código pessoal de ética	200
		11.2.2 Código de ética da National Society of Professional Engineers	201
		11.2.3 Códigos de ética de sociedades profissionais	201
		11.2.4 Códigos de ética corporativos	203
	11.3	Reconhecimento dos sinais iniciais de dilemas éticos	203
	11.4	Uso de ferramentas da engenharia em dilemas éticos	204
		11.4.1 Definição do problema	204
		11.4.2 Determinação de objetivos	205
		11.4.3 Identificação de soluções alternativas	205
		11.4.4 Identificação de restrições	206
		11.4.5 Escolha da solução	206

		11.4.6 Teste de potenciais impactos da solução	206
		11.4.7 Documentação e comunicação da solução	207
	11.5	Impacto da ética no sucesso na carreira	207
		11.5.1 Consequências da ética em longo prazo	208
		11.5.2 O valor de uma posição de poder	209
	11.6	Conclusão	210
Capítulo 12		Habilidades de liderança	232
	12.1	Introdução	233
	12.2	Princípios de liderança	234
	12.3	Oportunidades de praticar as habilidades de liderança	236
		12.3.1 Grupos de estudo	236
		12.3.2 Grupos de laboratório e equipes de projeto	236
		12.3.3 Organizações profissionais	237
	12.4	Oportunidades de aplicar e aperfeiçoar habilidades de liderança após a graduação	239
		12.4.1 Preparação para papéis de liderança	239
		12.4.2 Trabalho em grupo	240
		12.4.3 Organizações profissionais e atividades na comunidade	241
	12.5	Conclusão	244
Capítulo 13		Habilidades de gestão de carreira	251
	13.1	Introdução	252
	13.2	Sua carreira de engenharia	253
	13.3	Seu plano de carreira	254
		13.3.1 Visão pessoal	255
		13.3.2 Visão profissional	256
		13.3.3 Estratégia	257
		13.3.4 Plano de ação	263
		13.3.5 Implementação de um plano de ação	267
		13.3.6 Documentação e análise de resultados	268
	13.4	Conclusão	272
Capítulo 14		Habilidades de redes de contatos e desenvolvimento profissional	295
	14.1	Introdução	296
	14.2	Primeiras impressões bem-sucedidas	297
		14.2.1 Dicas para iniciar uma conversa	298
		14.2.2 O poder das perguntas	299

		14.2.3 Mudando de tópico da discussão	300
		14.2.4 Linguagem corporal	300
		14.2.5 Terminando uma conversa	300
	14.3	A arte de escutar	301
		14.3.1 Escuta casual	301
		14.3.2 Escuta conversacional	301
		14.3.3 Escuta abrangente	301
		14.3.4 Aperfeiçoamento da escuta abrangente	303
	14.4	Oportunidades de praticar habilidades de redes de contato	303
		14.4.1 Aulas, laboratórios e grupos de estudo	304
		14.4.2 Organizações profissionais	305
		14.4.3 Redes de contatos eletrônicas	306
	14.5	Conclusão	308

Capítulo 15 Estágio e outras experiências práticas e como isso pode aperfeiçoar sua carreira 313

	15.1	Introdução	314
	15.2	Por que considerar a participação em um programa de estágio?	315
	15.3	Como fazer parte de um programa de estágio em uma faculdade que tenha experiência obrigatória em estágio	316
	15.4	Como fazer parte de um programa de estágio em uma faculdade que tenha uma experiência de estágio forte, mas facultativa	316
	15.5	Como obter um estágio enquanto estiver estudando em uma faculdade que possui um programa de estágio fraco ou inexistente	317
	15.6	Como obter o máximo de um estágio	318
	15.7	Conclusão	318

Capítulo 16 Pós-graduação, talvez a melhor forma de aumentar o sucesso na carreira! 321

	16.1	Introdução	322
	16.2	O que é uma graduação em engenharia?	322
	16.3	O que é um mestrado em engenharia?	324
	16.4	O que é um doutorado em engenharia?	326
	16.5	Quando cursar sua pós-graduação?	327
	16.6	Onde cursar sua pós-graduação?	328
	16.7	Conclusão	329

Capítulo 17 Através do espelho, traga todas as habilidades que você adquiriu para desenvolver uma carreira bem-sucedida 333

17.1 Introdução 334
17.2 Eu realmente quero ser um estudante profissional?........................ 334
17.3 Atravessando o espelho, bom ou mau? 335
17.4 Realizar a transição é mais fácil do que você pensa 336
17.5 Conclusão 337

Índice 341

CAPÍTULO

Quatro princípios para melhorar suas notas

"Todavia existem vantagens em ser eleito presidente. Um dia após eu ser eleito, tive minhas notas do colégio classificadas como altamente secretas."

Ronald Reagan

Objetivos de aprendizagem

Ao usar as informações e os exercícios deste capítulo, você será capaz de:

- Conhecer a importância de envolver-se *efetivamente* em seu programa educacional.
- Aumentar sua habilidade de participar efetivamente de seu processo educacional.
- Conscientizar-se da importância de fazer perguntas em sala de aula.
- Aumentar suas habilidades de comunicação, especialmente as de escuta e fala.
- Desenvolver habilidades para compreender melhor o conteúdo técnico das aulas.
- Desenvolver ferramentas que o ajudem a ter uma atitude mais positiva para a aprendizagem ao longo da vida.
- Desenvolver um conjunto de habilidades que resulte em notas mais elevadas.
- Desenvolver suas habilidades de trabalho em grupo.
- Expandir sua rede.

1.1 Introdução

O título deste capítulo poderia ser "Como Melhorar Suas Notas de Maneira Fácil". É claro que não há uma maneira fácil de elevar suas notas, mas, apenas seguindo os quatro princípios que discutimos neste capítulo, você receberá notas mais altas com muito menos esforço!

Quando os estudantes perguntam aos professores como podem melhorar suas notas, a resposta típica (dos próprios estudantes e do professor) é estudar mais e fazer mais exercícios. Estudar e resolver problemas é muito importante, porém a maioria dos estudantes não verá melhora significativa aumentando essas atividades. Na verdade, a maioria dos estudantes não precisa realmente fazer isso. A melhor maneira, para quase todos, é tomar as seguintes atitudes, em ordem de prioridade:

A melhor maneira de melhorar suas notas é:
a. fazer perguntas em sala de aula,
b. participar de um grupo de estudo,
c. ser membro *ativo* de sua associação ou sociedade, e
d. aproveitar esses recursos humanos!

É importante ter consciência de que nenhuma dessas ações envolve estudar mais e resolver mais problemas. Após muitos anos de experiência, descobrimos que esse método funciona em todos os casos! Outro benefício é que isso realmente pode fazer da sala de aula um ambiente mais divertido para alunos e professores!

Antes de detalhar a melhor forma de realizar cada uma das atividades, discutiremos, de forma geral, cada atividade e por que elas funcionam. Discutiremos a importância de se fazer perguntas em sala de aula por último, já que esse é o item mais significativo.

O segundo princípio é **participar de um grupo de estudo**. A engenharia é uma profissão que envolve pessoas, um ponto que abordaremos durante todo o livro. Assim, quanto mais nos relacionamos com os colegas, mais desenvolvemos as habilidades de que precisaremos como engenheiros. Formar um grupo de estudo é realmente uma poderosa ferramenta de aprendizagem. Os estudantes tendem a entender melhor quando ensinados por colegas da mesma idade; portanto, pedir a um colega que lhe explique algo pode resultar em um melhor entendimento da resposta. Além disso, muitos professores dizem que aprendem mais sobre um tópico quando o ensinam. Assim, quando um membro do grupo de estudo faz uma pergunta para outro, o estudante que responde aprenderá naturalmente mais sobre o tópico.

O terceiro princípio é **ser membro *ativo* de sua associação ou sociedade**. Neste caso, é importante ter certo cuidado, pois alguns estudantes podem se envolver demais, prejudicando suas notas mais do que melhorando. Discutiremos tal fato mais adiante. As vantagens de seguir esse princípio são muitas, mas a palavra-chave é *ativo*! Em primeiro lugar, você agora faz parte de um grupo que inclui os mais adiantados, e muitos deles já assistiram às aulas a que você está assistindo. Facilita muito estar em um grupo ao qual é possível pedir explicações sobre a matéria que se está estudando. Da mesma forma, você será solicitado a explicar a matéria aos alunos matriculados em disciplinas que já cursou. Indiretamente, ter uma organização estudantil com um grande número estudantes envolvidos ativamente tende a melhorar o *espirit de corps* do departamento acadêmico. Isso pode resultar em membros do corpo docente e estudantes mais entusiasmados, o que aprimora o ambiente acadêmico dentro da sala de aula. Naturalmente, os membros do corpo docente ensinarão melhor e mais facilmente!

Nosso quarto princípio, **aproveitar os recursos humanos**, é surpreendentemente pouco utilizado pela maioria dos alunos. O melhor recurso é o instrutor. Leve a seu professor questões interessantes quando ele estiver disponível. Alguns professores também permitirão que os alunos façam perguntas técnicas relacionadas com aulas que eles não estão lecionando no momento. Finalmente, uma série de programas fornece tutores para os alunos que necessitem deles.

Agora chegamos ao primeiro princípio, **fazer perguntas em sala de aula**. Durante anos, pensamos que fazer perguntas em sala de aula era uma poderosa técnica de aprendizado, porque os alunos precisavam formular uma pergunta e, então, seria necessário interagir com o professor. No entanto, isso não explicava completamente por que os alunos melhoravam seu desempenho apenas fazendo perguntas. Finalmente, entendemos por que isso funciona tão bem. Quando um aluno faz uma pergunta em sala de aula, deixa de estar envolvido apenas passivamente na classe para estar ativamente envolvido no processo educativo. Esse é claramente o princípio mais importante, visto que, quando você está ativamente envolvido no processo, entende melhor a matéria que está estudando.

> *Fazer perguntas em sala de aula* é claramente o princípio mais importante, visto que, quando você está ativamente envolvido no processo educativo, entende melhor a matéria que está estudando.

Seguir nossos princípios pode realmente aumentar as suas notas, sem exigir tempo adicional, e uma vez que eles se baseiam em atividades fora da abordagem tradicional, também exigem um foco e um conjunto de habilidades (não apenas de leitura) diferentes, assim como são muito menos chatos! Embora haja muito trabalho daqui para frente, a grande diferença é que agora você está ativamente envolvido no processo de aprendizagem.

> Seguir esses quatro princípios é uma forma eficaz de otimizar o processo de aprendizado!

1.2 Fazer perguntas em sala de aula

Fazer perguntas em sala de aula é a atitude mais importante para melhorar a aprendizagem. Claramente, formular uma pergunta e, em seguida, perguntá-la em sala de aula já é um método que desenvolve o aprendizado por si só. Questionar a resposta do professor também leva a uma melhor compreensão. No entanto, a parte mais importante deste método é que agora você está *ativamente envolvido* no processo de aprendizagem.

Diversas são as consequências disso. A primeira delas é que o aluno está no controle. Todos nós produzimos melhor e com menos esforço quando temos algum controle sobre nosso aprendizado ou ambiente de trabalho — não somos mais participantes passivos.

Fazer perguntas em sala de aula força você a participar ativamente do processo de aprendizagem e permite que o tenha sob controle. Ambos os fenômenos estão presentes em jogos interativos.

Imagine que um aluno, em uma das aulas do Dr. Alexander, diga: "Eu tenho assistido à sua aula durante seis semanas e não entendi uma palavra do que você disse!" Mesmo que isso não seja realmente uma pergunta, e que enfurecesse alguns professores, o aluno poderia, agora, ser ajudado! Uma vez que ele se tornou ativamente envolvido, o professor pode começar o processo de descobrir, por meio de uma série de perguntas simples, o quanto o aluno entendeu e que conteúdo, ou de que maneira, ele precisa explicar ao aluno. Geralmente, esses alunos entenderam mais do que pensam e, portanto, é possível trazê-los de volta ao ritmo da aula rapidamente. Isso nos leva a outra questão importante: não importa qual é a pergunta, um grande grupo de alunos sempre se beneficia da resposta (você já deve ter ouvido falar que não existem perguntas idiotas).

Ouvimos que perguntas em sala de aula são sempre encorajadas. Infelizmente, apesar de muitos professores dizerem isso, na verdade, não querem isso. A boa notícia é que, depois de finalmente entrar em um curso de engenharia, uma grande porcentagem de docentes realmente quer que você faça perguntas em sala de aula. Você identificará rapidamente quais professores verdadeiramente encorajam perguntas e quais não têm esse hábito.

Para fazer perguntas será necessário um pouco de paciência de sua parte, e talvez você precise trabalhar no processo por um tempo até que se sinta confortável. Se você estiver nervoso quanto a fazer uma pergunta, escreva-a na noite anterior e, então, leia em sala de aula.

Quando você faz uma pergunta, é possível que não entenda completamente a resposta dada. Neste momento, você deve acompanhar a sua pergunta com uma resposta. O pior que você pode dizer é: "Eu não entendi o que você disse". Provavelmente, o professor repetirá o que ele já disse. O melhor é reformular a resposta do professor com suas próprias palavras. A boa notícia é que, mesmo se estiver errado, você incentivará o professor a responder de forma diferente na segunda vez, o que deverá ajudar na sua compreensão. Novamente, você estará ativamente envolvido no processo de aprendizagem.

Boa sorte no desenvolvimento de uma de suas habilidades mais importantes como engenheiro.

EXEMPLO 1.2.1

Formule uma pergunta a ser feita durante a aula de cálculo, anote a resposta do professor e o que você entendeu dela. Verifique se há interação com a pergunta original.

▪ Solução

Em uma aula de cálculo, uma estudante não havia entendido uma parte da lição anterior, na qual o professor havia resolvido um problema de cálculo usando integração por partes. Uma vez que a estudante não se lembrava de como integrar por partes, ela pediu ao professor para explicar como ele havia resolvido o problema usando tal método.

O professor respondeu: "Para resolver um problema por integração por partes, você precisa utilizar a seguinte fórmula, $\int u\,dv = uv - \int v\,du$". No entanto, a pobre estudante não entendeu o que o professor havia dito. Ela tinha duas escolhas: poderia dizer que não entendeu o que o professor disse, o que provavelmente teria feito o professor dar a mesma resposta, ou, seguindo a melhor abordagem, tentar usar suas próprias palavras com intenção de que o professor lhe desse uma resposta mais esclarecedora.

Ela disse: "Isso vale para todas as funções ou só para certos tipos de funções? Além disso, há alguma prova simples que indique essa relação?"

Neste caso, esses questionamentos permitiram que o professor fosse mais útil para a aluna, assim como para o restante da turma.

PROBLEMA PRÁTICO 1.2.1

Escolha uma aula de cálculo na qual possa formular uma pergunta e faça-a em sala de aula. Anote a sua pergunta e a resposta do professor.

EXEMPLO 1.2.2

Formule previamente e faça uma pergunta em uma aula de engenharia, anote a resposta do professor e o que você entendeu dela. Verifique se há interação com a pergunta original.

▪ Solução

Para este exemplo, vamos fazer uma pergunta durante uma aula de estática, embora seja igualmente eficaz para qualquer outra disciplina. O professor está falando sobre equilíbrio das forças que atuam sobre um objeto.

A primeira pergunta do aluno é: "Por que as forças precisam estar equilibradas?". O professor responde: "As forças precisam estar equilibradas para que o objeto sobre o qual as forças estão agindo não se mova". O estudante então pergunta: "Como sabemos quando as forças estão equilibradas?"

O professor responde: "Quando estamos trabalhando com as forças em um sistema bidimensional, tudo o que precisamos fazer é somar todas as forças como vetores e nos certificar de que o resultado é zero".

Então, o aluno responde: "Como sabemos que as forças se anulam mutuamente? Poderia nos dar um exemplo de como isso funciona?"

Pedir um exemplo é sempre bom, já que força uma resposta com valores numéricos. O professor responde: "Primeiro vamos converter todas as forças para o sistema de coordenadas cartesianas. Isso nos permitirá somar todas as forças e ver se a soma algébrica é igual a zero."

O professor continua: "Considere o objeto abaixo com as forças indicadas agindo sobre ele."

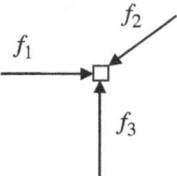

Figura 1.1 Exemplo de uma aula de estática.

O diagrama na Figura 1.1 representa as seguintes forças: $f_1 = 2\angle 0°$ newtons, $f_2 = 2\angle -135°$ newtons e $f_3 = 3\angle 90°$ newtons. Primeira pergunta: O objeto está em repouso? Podemos responder a isso convertendo todas as forças em valores cartesianos e verificando se a soma deles é igual a zero.

$$f_1 = (2 + j0) \text{ newtons}, f_2 = (-1,4142 - j1,4142) \text{ newtons e } f_3 = j3 \text{ newtons}$$

Juntando tudo, temos

$$f_1 + f_2 + f_3 = 2 - 1,4142 + j(-1,4142 + 3) = (0,5858 + j1,5858) \text{ newtons} \neq 0.$$

Uma vez que temos uma força resultante, o objeto não pode estar em repouso e está se acelerando na direção da força resultante. Contudo se adicionarmos uma quarta força, $f_4 = (-0,5858 - j1,5858)$ newtons, teremos o equilíbrio das forças, e o objeto pode estar em repouso.

PROBLEMA PRÁTICO 1.2.2

Escolha uma aula de engenharia na qual possa formular uma pergunta e faça-a em sala de aula. Anote a sua pergunta e a resposta do professor.

1.3 Formar grupos de estudo

Você vai perceber que, ao longo deste livro, encorajamos muito a participação em **grupos de estudo** (especialmente no capítulo sobre habilidades para desenvolvimento de equipes). Essa é a segunda técnica mais poderosa para o desenvolvimento do aprendizado! O mais eficaz em relação a esse método é que você passará parte do seu tempo no papel de um professor. Diz-se que nunca se aprende realmente um assunto até o ensinar; mais uma vez, participar ativamente é a parte mais importante dessa atividade.

Uma hora por semana já é bastante produtivo; no entanto, quanto mais tempo se dedicar a essa atividade, melhores serão seus resultados. Você precisa de uma equipe formada por pessoas que possam responder a suas perguntas e por outras que lhe façam perguntas. Não se preocupe se, no início, tudo que você fizer forem perguntas; o tempo vai ajudá-lo a desenvolver a capacidade de respondê-las. Para que isso realmente seja eficaz, os membros da equipe precisam ser tolerantes com as respostas de seus colegas. Um grupo de estudo não será eficiente se os membros tiverem medo de estarem errados.

Como se forma um grupo de estudo? Existem basicamente duas maneiras: ser convidado (ou pedir para participar de uma equipe existente) ou formar uma equipe. Não temos certeza se a melhor equipe de estudo é a composta de um conjunto de alunos da mesma disciplina (formada por aqueles que se esforçam para aprender e por aqueles que entendem a matéria mais rápido) ou por estudantes com níveis de conhecimento semelhantes. Ambas têm vantagens, e é possível que a melhor equipe para um não seja a melhor para outro.

Para aproveitar ao máximo tal iniciativa, é preciso empenho da sua parte. Se você ou outro aluno fizer uma pergunta, sua responsabilidade é a de ter certeza de que interagiu até entender totalmente a resposta e de que é capaz de reproduzi-la com suas próprias palavras. Porém, se você não tiver certeza da resposta, precisará consultar outras fontes, como o livro-texto da disciplina, para ajudá-lo a entender melhor. Se o seu entendimento da resposta for diferente do da resposta original, compartilhe o seu ponto com a equipe de estudo da próxima vez que os encontrar ou por e-mail. A propósito, anotar as respostas também é uma boa maneira de aprender, bem como de melhorar suas habilidades de escrita.

Uma boa atividade para grupos de estudo é a de resumir palestras, em um sistema de rodízio, ou seja, cada membro sendo responsável por assistir e resumir as palestras da semana.

Um ponto a considerar é o tamanho do grupo de estudo. É preciso pelo menos três membros para formar uma equipe de estudo. Com apenas duas pessoas em uma equipe, deposita-se muita responsabilidade sobre elas, o que não é produtivo. É importante que todos participem ativamente!

Em uma equipe com apenas dois membros, deposita-se muita responsabilidade sobre eles, o que não é produtivo. É importante que todos participem ativamente!

EXEMPLO 1.3.1

Selecione um tópico de uma de suas aulas de matemática para ser discutido com o seu grupo de estudo. Atribua a um ou mais membros a responsabilidade de fazer uma apresentação inicial sobre o tema. Certifique-se de que haja uma discussão dinâmica em relação ao assunto.

■ Solução

A aluna que iniciou o questionamento sobre a integração por partes (Exemplo 1.2.1) sentiu que ainda havia muito o que aprender sobre o tema e, então, decidiu apresentá-lo para seu grupo de estudo trazendo um simples exemplo para que eles completassem. Vejamos sua apresentação:

Existe uma classe completa de problemas em que a integração por partes é a abordagem mais fácil. Começamos com

$$d[f(t)g(t)]/dt = \{[d[f(t)]/dt\}g(t) + f(t)[d[g(t)]/dt$$

Tudo o que precisamos fazer aqui é integrar ambos os lados, o que resulta em

$$f(t)g(t) = \int f'(t)g(t)dt + \int f(t)g'(t)dt$$

Isso, então, leva a sua forma indefinida:

$$\int f(t)g'(t)dt = f(t)g(t) - \int f'(t)g(t)dt$$

e a sua forma definida:

$$\int_a^b f(t)g'(t)dt = \left[f(t)g(t)\right]_a^b - \int_a^b f'(t)g(t)dt$$

Às vezes, a forma indefinida é representada por

$$\int u\,dv = uv - \int v\,du$$

Vamos testar com um exemplo. Encontre o $\int_0^t \tau e^{-\tau}d\tau$. Primeiramente, fazemos $f(t) = t$, que dá $f'(t) = 1$ e leva a $g'(t) = e^{-t}$, o que resulta em $g(t) = -e^{-t}$. Agora, podemos utilizar a Equação 1 para resolver a integração necessária.

$$\int_0^t \tau e^{-\tau}d\tau = \left[\tau(-e^{-\tau})\right]_0^t - \int_0^t (-e^{-\tau})d\tau$$

$$= -te^{-t} - (0) - \left[e^{-\tau}\right]_0^t = -te^{-t} - e^{-t} + 1$$

Essa solução faz sentido? Se derivarmos a resposta, obtemos o valor original a ser integrado. Uma vez que temos uma integral definida, o valor da integração indo de 0 a 0⁺ deve ser igual a zero, esta condição também foi atendida. Portanto, a resposta está correta.

PROBLEMA PRÁTICO 1.3.1

Selecione um tópico de uma de suas aulas de matemática para discutir com seu grupo de estudo. Atribua a um ou mais membros a responsabilidade de fazer uma apresentação inicial sobre o tema. Certifique-se de que haja uma discussão dinâmica em relação ao assunto.

1.4 Participar e ser ativo em organizações profissionais

Ser membro ativo de organizações profissionais é a terceira atitude mais importante que você pode tomar para melhorar o seu ambiente de aprendizagem. A palavra-chave é "ativo"! Com certeza, ser ativo na sociedade vai ajudá-lo a desenvolver seu conjunto de habilidades. A rede que você forma também pode ser uma importante fonte de informações técnicas. Geralmente, é mais fácil aprender com seus colegas do que com seus professores, especialmente quando os professores têm idade suficiente para serem figuras paternas. Fazer uma pergunta a um estudante mais avançado que teve a disciplina no ano anterior pode levar a informações valiosas, especialmente se ele teve o mesmo professor que você tem. Novamente, você pode melhorar a sua experiência, tornando-se um professor para um colega que pode compartilhar seu entendimento ou questioná-lo. Tratamos desse tema de forma mais completa no capítulo sobre rede de contatos e desenvolvimento de competências profissionais.

Agora vamos nos concentrar em alguns exercícios para ajudar a melhorar seu ambiente acadêmico.

PROBLEMA PRÁTICO 1.4.1

Selecione uma comissão de sua organização estudantil para participar. Uma vez que você se tornou ativamente envolvido com essa comissão, encontre um membro que tenha cursado uma ou mais das disciplinas de engenharia, de matemática ou de ciência que você está frequentando atualmente.

A partir de uma delas, escolha um problema ou assunto sobre o qual você ainda tenha dificuldade. Peça a um colega mais avançado que o ajude com aquele tópico ou problema. Tente ser o mais específico possível. Registre seus esforços e os resultados.

Pedimos que registre suas atividades e as respostas ao longo do livro! Isso é importante porque você está recém aprendendo habilidades valiosas para melhorar a aprendizagem. Assim que você estiver mais treinado, não precisará fazer tantas anotações. No entanto, até que se aprenda a dominar essas habilidades, documentar é extremamente importante!

PROBLEMA PRÁTICO 1.4.2

A partir da comissão formada no Problema Prático 1.4.1, encontre um aluno menos avançado que você e que esteja cursando uma disciplina técnica, de matemática ou de ciências que você já tenha assistido. Se tal estudante não existir na comissão, recrute um com essas qualificações.

Como parte de seus esforços de recrutamento, enfatize o valor da participação ativa em uma organização estudantil. Pergunte a esse aluno sobre uma dessas disciplinas e tente ajudá-lo a entender melhor a matéria. Registre seus esforços e a resposta que deu a ele.

1.5 Aproveitar os recursos extraclasse

A quarta atividade mais importante em que você pode se envolver é **buscar ajuda de outras pessoas**, como a de um professor durante o seu horário de expediente. Você ficará surpreso com o baixo número de alunos que procuram seus professores depois da aula. É possível pedir ajuda para o seu orientador ou outro membro da faculdade. Muitas escolas fornecem tutores para os estudantes, mas se necessário, você pode pagar por um.

PROBLEMA PRÁTICO 1.5.1

Selecione um professor de uma de suas disciplinas atuais. Formule uma boa pergunta referente a uma palestra a que você assistiu recentemente e que não tenha entendido totalmente. Durante o horário de expediente do professor, peça a ele para ajudá-lo a entender melhor o tema ou o problema.

É de grande valia quando você faz a pergunta mostrando que tem refletido sobre o problema ou tópico. Registre seus esforços e a resposta do professor.

PROBLEMA PRÁTICO 1.5.2

Analise seus pontos fracos em relação a uma das suas áreas fundamentais anteriores. Sugerimos que você examine suas habilidades em matemática e escolha uma delas, por exemplo, álgebra ou trigonometria. Procure um tutor na faculdade ou universidade para ajudá-lo a aprender mais sobre o assunto.

Siga algumas das técnicas deste capítulo para melhorar sua experiência de aprendizagem com o tutor. Registre seus esforços e os resultados. Estamos confiantes de que, em algum momento durante este esforço, você começará a sentir que entende mais do assunto que o tutor.

1.6 Conclusão

Neste capítulo, você aprendeu algumas técnicas simples que, quando implementadas, melhoram significativamente as experiências em sala de aula, o que por sua vez leva a notas mais altas. Uma parte importante inclui registrar os seus esforços para adquirir as competências e compreender as respostas, tanto as suas como as dos outros. Essas anotações lhe permitirão avaliar o seu progresso e, como tudo neste livro, exercitar e refinar suas habilidades para tornar-se um aluno melhor e, mais tarde, promover suas habilidades na engenharia.

Para isso, você precisa exercitar essas habilidades a fim de aperfeiçoá-las. Assim que a habilidade for desenvolvida completamente, você poderá reduzir o processo de documentação, porém sem abandoná-lo totalmente. Lembre-se: o melhor jogador de futebol está sempre revendo as gravações dos jogos!

Vamos agora analisar os pontos mais importantes:

1. Fazer perguntas em sala de aula é a atividade mais importante para o desenvolvimento de suas habilidades como estudante. A parte mais significativa desse processo é tornar-se ativamente envolvido no processo educacional.
2. Participe de um grupo de estudo com pelo menos três membros (incluindo você). Novamente, seja ativo nesse grupo, fazendo e respondendo perguntas, a fim de se beneficiar ao máximo.
3. Torne-se ativo em organizações estudantis. Novamente, a palavra de ordem é estar *ativamente* envolvido. Nessa atividade, você precisa tanto fazer perguntas sobre seus conteúdos como responder a perguntas que possam ser feitas para você.
4. Finalmente, você precisa aproveitar os recursos extraclasse, como o horário de expediente do professor. Procure-o quando ele estiver disponível. Procure outros estudantes da faculdade sempre que possível. Procure as comunidades e os tutores da universidade.

Boa sorte com essas atividades, elas realmente irão ajudá-lo a trabalhar de forma mais inteligente!

REVISÃO DE FINAL DE CAPÍTULO

Escolha a resposta mais adequada para as seguintes afirmações.

1. A melhor forma para se receber boas notas é
   a. Resolver problemas exaustivamente.
   b. Passar mais tempo lendo os textos da disciplina.
   c. Trabalhar de forma mais inteligente.
   d. Usar a biblioteca.
2. A atividade mais importante para ajudá-lo a receber notas mais altas é
   a. Fazer perguntas em sala de aula.
   b. Estudar em grupos ou equipes de estudo.
   c. Ser membro ativo de organização estudantil.
   d. Aproveitar os recursos extraclasse.
3. A vantagem mais significativa de se fazer perguntas em sala de aula é
   a. Aprender a formular uma pergunta.
   b. Tornar-se ativamente envolvido no processo educacional.
   c. Fazer perguntas de forma a estimular o professor a explicar o conteúdo de maneira mais específica.
   d. Ajudar os outros a aprender melhor.
4. A segunda atividade mais importante para receber notas mais altas é
   a. Fazer perguntas em sala de aula.
   b. Estudar em grupos ou equipes de estudo.
   c. Ser membro ativo de organização estudantil.
   d. Aproveitar os recursos extraclasse.

5. A vantagem de se estudar em grupos ou equipes de estudo é que
   a. Engenheiros quase sempre trabalham em equipe.
   b. Você aprende muito ouvindo os outros alunos responderem a perguntas.
   c. Você tende a aprender mais com os seus colegas.
   d. Todos os itens acima.
6. A terceira atividade mais importante para melhorar suas notas é
   a. Fazer perguntas em sala de aula.
   b. Estudar em grupos ou equipes de estudo.
   c. Ser membro ativo de organização estudantil.
   d. Aproveitar recursos extraclasse.
7. Qual é a maior motivação para ser membro ativo em uma organização estudantil?
   a. É importante para o seu currículo.
   b. Ensina como criar uma rede para o sucesso no campo técnico e na carreira.
   c. Ajuda você a desenvolver habilidades de liderança.
   d. Para melhorar significativamente suas habilidades sociais, como falar em público e formar equipes.
8. A quarta atividade mais importante para receber notas mais altas é
   a. Fazer perguntas em sala de aula.
   b. Estudar em grupos ou equipes de estudo.
   c. Ser membro ativo de organização estudantil.
   d. Aproveitar recursos extraclasse.
9. O recurso extraclasse mais importante a ser aproveitado é
   a. O aconselhamento com tutores
   b. O professor da sala de aula, durante suas horas de expediente.
   c. O uso prolongado da biblioteca.
   d. O uso efetivo da Internet.
10. O importante que você deve adquirir, tanto como estudante como engenheiro, é
    a. Um conjunto de habilidades excepcionais.
    b. Um currículo excepcional.
    c. Notas excepcionais.
    d. Muita atividade na organização estudantil.

Exercícios para desenvolver e aperfeiçoar suas habilidades

Seção 1.2 Fazer perguntas em sala de aula

1.1 Desenvolva perguntas para fazer em cada disciplina. Faça-as e observe quais de seus professores realmente aceitam perguntas em suas aulas. Se isso se tornar um trabalho, certifique-se de não usar elementos específicos de um determinado curso.

1.2 Nas aulas do Exercício 1.1, faça perguntas durante as próximas duas semanas, anotando qualquer melhoria percebida devido à realização das perguntas.

1.3 A partir das aulas do Exercício 1.1, qual professor parece ter melhor aceitação às perguntas? Na sua opinião, por que ele responde tão bem?

1.4 A partir das aulas do Exercício 1.1, qual professor parece ter pior aceitação às perguntas? Por que você acha que ele responde tão mal?

Seção 1.3 Formar grupos de estudo

1.5 Identifique qual matéria é a melhor opção para a formação de um grupo de estudo. Por que você fez essa escolha? Forme um grupo de estudo para essa turma.

1.6 Faça o mesmo que você fez no Exercício 1.5 para o restante de suas aulas.

1.7 Monitore e registre suas atividades em seu grupo de estudo pelas próximas três semanas. O que você pode deduzir a partir das atividades do seu grupo de estudo? Continue durante todo o atual período letivo.

Seção 1.4 Participar e ser ativo em organizações profissionais

1.8 Em primeiro lugar, note que você pode escolher qualquer organização estudantil com a qual desenvolverá habilidades; portanto, se você não estiver pronto para determinar a sua especialização, escolha organizações que mais lhe interessam. Crie uma lista com prós e contras de cada uma e escolha uma para participar.

1.9 Participe de uma reunião de sua organização estudantil e tome notas. O que você aprendeu?

1.10 Determine uma lista de comissões ou atividades das quais você possa participar em sua organização. Escolha a que você mais gosta e junte-se a eles.

1.11 Determine o que você precisa fazer a fim de ser ativo nesse grupo e, em seguida, faça-o.

1.12 Avalie os resultados que esse grupo lhe proporcionou sendo ativo. Identifique os membros de níveis mais avançados do grupo que fizeram as disciplinas em que você está matriculado. Peça a um ou mais deles para ajudá-lo a formar um conceito de uma dessas aulas.

Seção 1.5 Aproveitar os recursos extraclasse

1.13 Identifique o maior número de recursos extraclasse que puder. Então, determine o que precisa fazer para aproveitá-los ao máximo. Por exemplo, escolha fazer aconselhamentos nas horas de expediente de seus professores e registre-as.

1.14 A sua faculdade, universidade ou organização estudantil oferece tutoria? Esse serviço tem custo extra? Se sim, quanto custa?

1.15 Aproveite o maior número de serviços identificados no Exercício 1.13 e avalie o seu efeito sobre o que você está aprendendo em aula.

CAPÍTULO 2

Desenvolva suas habilidades

"Cientistas investigam o que já é; engenheiros criam o que nunca foi."

Albert Einstein

"Cientistas sonham em fazer grandes coisas. Engenheiros fazem-nas."

James A. Michener

Objetivos de aprendizagem

Ao usar as informações e os exercícios deste capítulo, você será capaz de:

- Melhorar sua capacidade de falar de forma eficaz.
- Melhorar sua capacidade de escrever de forma eficaz.
- Melhorar sua capacidade de ler de forma eficaz.
- Melhorar sua capacidade de ouvir de forma eficaz.
- Aprender a estruturar sua habilidade em resolver problemas.
- Aprender a identificar pontos fracos por meio de princípios básicos de matemática e ciências.
- Dominar a capacidade de compreender e executar experimentações.
- Melhorar alguns dos elementos básicos que compõem o projeto.
- Diminuir o grau de dificuldade trabalhando de forma eficaz em equipes multidisciplinares.
- Aumentar sua capacidade de identificar, formular e resolver problemas de engenharia.
- Tornar-se mais consciente da necessidade de compreender as responsabilidades ética e profissional.
- Entender o impacto das soluções de engenharia em um contexto global, econômico, ambiental e social.
- Entender a importância da aprendizagem ao longo da vida.
- Entender a importância de conhecer as questões contemporâneas.
- Dominar as técnicas de utilização de todas as ferramentas associadas à prática da engenharia moderna.

2.1 Introdução

Neste capítulo, vamos abordar competências que todos os engenheiros devem ter. Não deve ser dada importância exagerada a essas competências, porém, o aluno que desenvolve um plano para melhorá-las perceberá os benefícios e o aumento da sua experiência educacional. Seu sucesso como engenheiro também será reforçado por sua capacidade em desenvolver e melhorar essas competências durante e após o período acadêmico.

Vamos apresentar cada uma das habilidades a seguir. Focamos em como você pode desenvolver e aprimorar essas competências por si só. Utilizamos técnicas desenvolvidas como parte do programa ProSkills© e que, pela repetição, haja um esforço para a melhoria contínua em um maior número de competências possíveis. Você perceberá que, enquanto desenvolve e aprimora essas habilidades, as suas notas também irão melhorar.

As escolas são as principais responsáveis por garantir que você adquira essas habilidades; no entanto, nossa premissa é que você deve se responsabilizar por desenvolvê-las e aprimorá-las completamente antes de se formar. *Não espere que sua escola as desenvolva por você, só você pode fazer isso!* É como dominar um esporte: você não o aprenderá apenas lendo sobre ele, você deve praticar, praticar e praticar.

A cada passo serão dadas orientações em relação a técnicas que poderão ser usadas para garantir que seu nível de habilidade se eleve em cada área. Uma observação interessante: se você e sua escola estiverem fazendo isso ativamente, então claramente o seu conjunto de habilidades será muito mais desenvolvido do que daqueles estudantes que delegam à escola toda a responsabilidade por esse processo. Para todos os efeitos práticos, esta última abordagem está destinada ao fracasso. É como se um técnico fosse totalmente responsável pelo treino de um jogador que, passivamente, opta por não participar do treino.

Embora todos os elementos sejam importantes, vamos começar com o item "Capacidade de se comunicar de forma eficaz", uma vez que acreditamos que essa é a habilidade mais importante que um engenheiro deve possuir. Na verdade, essa competência é tão importante que é tratada em outros capítulos deste livro. Como o Dr. Alexander tem frequentemente afirmado ao longo dos últimos trinta anos: *"O seu sucesso como engenheiro será diretamente proporcional à sua capacidade de se comunicar!"* Este é o momento para alguns esclarecimentos importantes. Quando nos referimos à capacidade de se comunicar, estamos nos referindo à capacidade de ler, de escrever e de ouvir, assim como a capacidade de falar. Então lembre-se sempre de que "comunicar" refere-se aos quatro elementos!

O seu sucesso como engenheiro será diretamente proporcional à sua capacidade de se comunicar!

Dominar a habilidade de se comunicar quer dizer dominar a capacidade de
- ler,
- escrever,
- ouvir, e
- falar de forma eficaz.

2.2 Capacidade de se comunicar de forma eficaz

Os profissionais da área de engenharia reclamam, com frequência, que os recém-formados não estão preparados para a comunicação escrita e oral. Você pode falar ou escrever com facilidade e rapidez; no entanto, qual é o nível de eficiência da sua comunicação? A arte de se comunicar de maneira eficaz é de extrema importância para o seu sucesso como engenheiro.

Para os engenheiros da indústria, a boa comunicação é extremamente importante para tornar-se valioso para seu empregador, bem como para receber uma promoção. Considere o resultado de uma pesquisa com empresas norte-americanas a respeito dos fatores que influenciam a promoção gerencial. O estudo inclui uma lista de vinte e duas qualidades pessoais e sua importância no avanço do funcionário, e você pode se surpreender ao constatar que "habilidade técnica baseada na experiência" ficou entre as quatro últimas posições da lista.

Atributos como autoconfiança, ambição, flexibilidade, maturidade, capacidade de tomar decisões, atitude para fazer com que os processos sejam realizados com e por meio das pessoas e capacidade para o trabalho duro ficaram no topo da lista. Em primeiro lugar ficou "capacidade de se comunicar". Quanto mais a sua carreira profissional avança, mais você deve ser capaz de se comunicar de forma eficaz. É a ferramenta mais importante em sua caixa de ferramentas.

Esta é uma habilidade a ser melhorada ao longo da vida, e o melhor momento para começar é agora! Procure continuamente oportunidades para desenvolver e reforçar sua leitura, escrita, audição e oralidade. Isso pode ser feito em apresentações em aula, projetos de equipe, participação ativa em organizações estudantis e frequentando cursos de comunicação. Finalmente, você pode se juntar aos Toastmasters (eles atuam até nos campus). Acesse http://www.toastmasters.org/.

Embora dois capítulos sejam dedicados a habilidades de comunicação, elas também serão abordadas aqui, porém em menos detalhes.

Primeiramente, no entanto, vamos mencionar outro tema relacionado com o que queremos que você aperfeiçoe. Ao longo da nossa carreira, temos focado ajudar os estudantes a melhorar. Uma das pergunta mais comuns é: "O que posso fazer para aumentar minhas notas?" Antes de prosseguir, por que não fazer uma pausa e escrever o que você acha que um estudante deveria fazer para ganhar notas mais altas?

As quatro atitudes que podem ajudar a aumentar suas notas foram abordadas no Capítulo 1, mas o ponto-chave para os quatro itens é o uso das habilidades de comunicação.

2.2.1 Fale de forma eficaz

Esta é a habilidade de comunicação mais comumente utilizada e, no entanto, raramente desenvolvida de forma adequada. O mais importante é lembrar que o objetivo é comunicar o que você quer que seja comunicado. Por ser tão importante, destacamos repetidamente o seguinte: "A maneira mais eficaz de aprender a se comunicar de forma clara é, primeiramente, focar a eliminação das barreiras!" O objetivo de toda comunicação é que sua mensagem seja compreendida. Então, pergunte-se: a maneira como eu digo alguma coisa está criando uma barreira à mensagem a ser compreendida? A maneira como eu estou vestido está criando uma barreira? Meus slides estão criando uma barreira?

A maneira mais eficaz de aprender a se comunicar de forma clara é, primeiramente, focar a eliminação das barreiras.

Vejamos algumas regras simples, mas muito poderosas. Utilize uma estrutura de frase simples. Selecione palavras fáceis de se entender (mesmo que necessite de mais palavras para dizer ou escrever algo, é muito melhor usar aquelas que as pessoas entendem). Se alguém deixar de prestar atenção para admirar uma palavra que você usou, ou pior, deixar de ouvir porque você usou uma palavra ou sigla que não se entende, então você falhou!

EXEMPLO 2.2.1

Use o "fazer perguntas", que é parte do Capítulo 1, para praticar suas habilidades de fala durante aula.

Solução
Uma das técnicas mais eficazes para desenvolver as habilidades de falar em sala de aula é apenas perguntar ao professor "é isso mesmo o que você disse?" e explicar, em suas próprias palavras, o que você acha que o professor disse.

PROBLEMA PRÁTICO 2.2.1

Escolha uma aula e, quando apropriado, pergunte ao professor "é isso mesmo o que você disse?" e insira suas palavras, refletindo sobre o que você acha que o professor disse.

Então, assim que possível, anote a resposta do professor. Você também pode ter começado uma troca de ideias antes ter a resposta que queria. Anote isso também. Observe que estamos exercendo suas habilidades de escrita e compreensão oral.

EXEMPLO 2.2.2

Use seus parceiros de estudo como um meio proativo para melhorar suas habilidades de fala.

Solução
Resuma a apresentação mais recente a que você assistiu para um colega em cinco minutos. Em seguida, peça a ele para analisar seu desempenho e seu discurso.

PROBLEMA PRÁTICO 2.2.2

Escreva um resumo de uma das suas apresentações anteriores. Apresente aos seus parceiros de estudo e obtenha o *feedback*.

Outra forma de melhorar suas habilidades de fala é por meio do envolvimento ativo com as sociedades profissionais. Esse é um conselho extremamente importante para toda a sua carreira. Claramente, participar de comitês nessas organizações lhe dará muitas oportunidades para melhorar suas habilidades de fala. O mais importante é ter em mente que as organizações voluntárias oferecem um ambiente para prática com pouco ou nenhum risco. No entanto, o ambiente de trabalho tende a ser um local de alto risco para praticar suas habilidades.

EXEMPLO 2.2.3

Encontre uma maneira fácil de praticar suas habilidades de fala em uma organização estudantil.

■ Solução

Você escolhe participar da Society of Automotive Engineers SAE e se voluntaria para trabalhar no comitê de redesenho do veículo Mini Baja, então procura descobrir tudo o que puder sobre projetos anteriores, sobre o que funcionou e o que não funcionou. Você pode apresentar o resultado dessa pesquisa utilizando PowerPoint na próxima reunião do comitê, e a comissão pode avaliar seu desempenho utilizando um formulário.

PROBLEMA PRÁTICO 2.2.3

Peça para ser inscrito em um comitê de sua organização profissional de estudantes e, em seguida, procure algo que possa fazer para ajudar o comitê fazendo alguma coleta de dados, visando apresentar os resultados em uma futura reunião. Prepare uma apresentação no PowerPoint para o seu comitê.

2.2.2 Escreva de forma eficaz

Seus registros e suas anotações dos deveres de casa podem ser a maneira mais eficaz de melhorar suas habilidades de escrita. Para saber qual o estilo de escrita mais apropriado a se usar, considere o seguinte:

Para saber qual o melhor estilo de escrita, assine e leia com atenção as revistas relacionadas com suas organizações profissionais e revistas populares.

Um grande problema com a escrita é que ela é geralmente vista como um recurso adicional e não como parte integrante do processo de criação. Insistimos que você repense sua forma de escrever. Comece hoje mesmo a ver a escrita como um método para "pensar na melhor solução de um problema ou uma tarefa". Comece fazendo anotações a respeito de um problema da lição de casa que você esteja resolvendo.

EXEMPLO 2.2.4

Expresse um problema de uma disciplina em palavras, sem o uso de equações, figuras ou qualquer forma gráfica.

Encontre uma solução para um problema de física envolvendo uma mola, uma massa e um sistema de amortecimento. A massa é de 1 quilo, a constante da mola é 1 newton por metro e o amortecimento é de 1 newton segundo por metro. Encontre a resposta (em metros por segundo) para um deslocamento inicial de 10 centímetros.

PROBLEMA PRÁTICO 2.2.4

Expresse um problema de uma disciplina em palavras, sem o uso de equações, figuras ou qualquer forma gráfica.

2.2.3 Leia de forma eficaz

O Dr. Alexander teve um aluno bastante peculiar que podia dizer muito mais sobre um produto, considerando aquilo que a ficha de especificações do produto não dizia sobre ele, em virtude de sua compreensão. A maioria de nós lê tentando entender o que está sendo dito pelas palavras à nossa frente, mas, na realidade, tudo o que lemos precisa ser analisado de forma abrangente, considerando todo o texto ou documento. Raramente a verdade pode ser determinada a partir de uma única afirmação. De fato, vamos ainda mais longe e dizemos aos alunos para que usem pelo menos dois livros ao tentar aprender a matéria. Assim como os professores, muitos de nós tentamos apresentar nosso entendimento a respeito de um tema por meio nossas próprias palavras e de forma diferente do que é apresentado no livro-texto, forçando o aluno a tentar relacionar o que foi dito com o que leu. Se o aluno não puder relacionar as duas abordagens, seja lendo dois livros ou ouvindo uma palestra e lendo um livro, é fundamental pedir esclarecimentos.

EXEMPLO 2.2.5

Selecione um parágrafo e leia-o. Em seguida, reescreva-o com suas próprias palavras. Finalmente, valide-o a partir de outras seções do texto ou usando uma fonte externa.

Solução

Em uma aula de teoria de circuitos, um estudante leu um parágrafo de um livro de circuitos que apresenta a lei de Kirchhoff para correntes (LKC). A essência do parágrafo afirma: "A soma algébrica de todas as correntes que fluem para fora de uma superfície fechada é igual a zero". Observe que o estudante fez essa afirmação em palavras em vez de usar uma equação, o que também poderia ter sido feito.

Em seguida, o aluno analisou outro livro de circuitos e descobriu que "A soma das correntes que entram em um nó é igual à soma das correntes que saem". As afirmações são iguais? Não. No entanto, ambas devem estar corretas. Como conciliar as duas declarações? Na primeira afirmação, o aluno refere-se a uma superfície fechada. Na segunda, a referência é um nó. Obviamente, você poderia colocar o nó dentro de uma esfera, que é uma superfície fechada. Na primeira afirmação, a corrente saindo da superfície fechada é positiva. A circulação de corrente para a superfície fechada é negativa. Passando os termos negativos para o lado direito da equação, eles se tornam positivos e você tem, a partir da primeira afirmação, a corrente total que flui para fora de uma superfície fechada igual à corrente total fluindo para dentro da superfície fechada. Esta, agora, está de acordo com a segunda afirmação modificada, e você tem uma compreensão muito melhor da LKC.

PROBLEMA PRÁTICO 2.2.5

Procure um parágrafo adequado em um dos seus livros e reescreva-o com suas palavras. Em seguida, busque outro livro com um tema semelhante. Leia a seção relevante e compare-o com o que você leu anteriormente. Eles estão de acordo um com o outro? O que você teria de fazer para torná-los iguais ou fazê-los concordarem?

2.2.4 Ouça de forma eficaz

A melhor maneira de se tornar um bom ouvinte é concentrando-se em ouvir e praticar isso sempre. Certamente, o processo de fazer perguntas em sala de aula e, em seguida, discutir a resposta com o professor envolve o desenvolvimento de habilidades de escuta.

Uma das melhores técnicas para melhorar essa habilidade envolve apenas a escuta ativa durante uma conversa com outro indivíduo. Surpreendentemente, o simples fato de ouvir alguém e demonstrar interesse no que o indivíduo está dizendo vai fazê-lo pensar que você é realmente um bom comunicador. Temos *dois* ouvidos e *uma* boca por um algum motivo!

O processo de escuta seguido de perguntas e interação nos leva a crer que a habilidade de ouvir bem é relativamente fácil de desenvolver.

PROBLEMA PRÁTICO 2.2.6

Participe de uma reunião profissional e tome notas. Compartilhe suas notas com a pessoa responsável pela reunião.

Isso traz outra maneira importante de se aprender a ouvir de forma eficaz. Ofereça-se para ser o secretário da sua organização profissional ou de qualquer comitê de que você participe.

2.3 Capacidade de aplicar conhecimentos de matemática, ciência e engenharia

Como aluno, você é obrigado a estudar matemática, ciência e engenharia com o objetivo de aplicar tais conhecimentos na solução de problemas de engenharia. A habilidade aqui é a capacidade de aplicar os fundamentos destas áreas na solução de um problema. Então, como você desenvolve e melhora essa habilidade? A melhor maneira é trabalhar com o máximo de problemas possíveis em todas as suas disciplinas. No entanto, se você realmente quer ser bem-sucedido com isso, deve passar um tempo analisando onde, quando e por que tem dificuldade em chegar facilmente a soluções. Você pode se surpreender ao perceber que muitas das suas dificuldades são com a matemática, em vez de com sua compreensão da teoria. Você também pode notar que começou a trabalhar no problema muito cedo; reservar um tempo para pensar sobre ele e sobre como resolvê-lo sempre irá poupar-lhe tempo e frustração ao final.

O que melhor funciona é aplicar nossa técnica de seis etapas para resolver problemas. Assim, identificamos cuidadosamente as áreas nas quais temos dificuldades para poder resolver o problema. Muitas vezes, nossas deficiências estão em nosso entendimento e nossa capacidade de usar corretamente certos princípios matemáticos. Em seguida, voltamos aos textos fundamentais de matemática e analisamos cuidadosamente as seções apropriadas e, em alguns casos, trabalhamos alguns exemplos de problemas. Isso nos leva a outro fator importante a ser seguido:

Tenha sempre, como referência, todos os seus livros-texto básicos de matemática, ciências e engenharia.

Esse processo de estar constantemente em busca de material, que você possivelmente já desenvolveu em disciplinas anteriores, pode parecer muito chato no início, mas, com o desenvolver de suas habilidades e o aumento do seu conhecimento, irá se tornar consideravelmente mais fácil.

EXEMPLO 2.3.1

Escolha um problema de uma de suas disciplinas de engenharia. Desenvolva uma solução usando uma abordagem estruturada. Considere o enunciado do problema e sua solução e mapeie as porções que são essencialmente matemáticas e as que são de engenharia.

Solução

O seguinte problema de uma disciplina básica de circuitos foi selecionado.

Enunciado: Para o circuito da Figura 2.1, obtenha v_1 e v_2 utilizando a análise nodal (equações LKC).

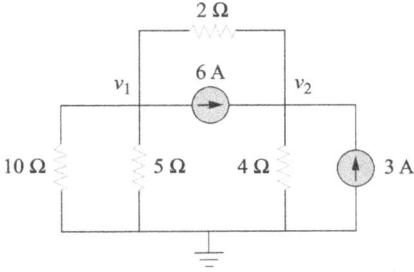

Figura 2.1 Circuito para o Exemplo 2.3.1.

Solução: O primeiro passo para resolver este problema é escrever as equações de nó do circuito nos nós v_1 e v_2. O próximo passo é montar as equações de modo que você possa resolver as incógnitas. O último passo é resolvê-las.

No nó 1,

Primeiramente, aplica-se a equação da corrente da lei de Kirchhoff (LKC) no nó 1. A LKC afirma: "A soma algébrica de todas as correntes que fluem para fora de uma superfície fechada deve ser zero". Para determinar a corrente que flui para fora de uma superfície fechada (o nó, neste caso) usando a lei de Ohm, representa-se a corrente como igual à tensão no lado do nó do elemento do circuito menos a tensão no outro lado do elemento [medido em relação ao nó de referência (terra)] dividido pela resistência do elemento do circuito. Assim, tem-se,

$$\frac{v_1 - 0}{10} + \frac{v_1 - 0}{5} + 6 + \frac{v_1 - v_2}{2} = 0 \qquad (2.3.1.1)$$

No nó 2,

$$\frac{v_2 - v_1}{2} + (-6) + \frac{v_2 - 0}{4} + (-3) = 0 \qquad (2.3.1.2)$$

Note que as correntes entregues pelas duas fontes de corrente independentes estão listadas nessa equação como negativas, uma vez que estão fluindo para o nó e não para fora dele.

O próximo passo é montar as equações que o levarão a uma solução. Primeiramente, multiplica-se a Equação 2.3.1.1 por 10, passando o valor conhecido para o lado direito das equações e, em seguida, combinando os termos.

$$v_1 + 2v_1 - 60 + 5v_1 - 5v_2 = 0 \quad \text{ou} \quad 8v_1 - 5v_2 = 60 \qquad (2.3.1.3)$$

O próximo passo é montar as equações que o levarão a uma solução. Multiplica-se a Equação 2.3.1.2 por 4, passando o valor conhecido para o lado direito das equações e, em seguida, combinando os termos.

$$2v_2 - 2v_1 - 24 + v_2 - 12 = \quad \text{ou} \quad -2v_1 + 3v_2 = 36 \qquad (2.3.1.4)$$

Agora temos duas opções: podemos usar inversão de matriz para resolver v_1 e v_2, realizando os cálculos à mão ou usando MATLAB, ou podemos simplesmente eliminar uma das incógnitas adicionando a Equação 2.3.1.3 à Equação 2.3.1.4 depois de multiplicar a Equação 2.3.1.4 por 4.

$$[8v_1 - 5v_2 = 60] + 4[-2v_1 + 3v_2 = 36] \text{ ou}$$
$$(8 - 8)v_1 + (-5 + 12)v_2 = 60 + 144, \text{ o que resulta em}$$
$$7v_2 = 204 \quad \text{ou} \quad v_2 = 29{,}14 \text{ volts.}$$

Agora pode-se inserir esse valor na Equação 2.3.1.3 para obter v_1.

$$8v_1 - 5(29{,}14) = 60 \quad \text{ou} \quad 8v_1 = 145{,}7 + 60 = 205{,}7 \quad \text{ou} \quad v_1 = 25{,}71 \text{ volts.}$$

A etapa final dessa solução é identificar as partes desse problema que são de engenharia e as partes que são de matemática básica. Obviamente, faz parte da engenharia a lei de Kirchhoff das correntes e a lei de Ohm. O resto do processo é uma solução matemática.

PROBLEMA PRÁTICO 2.3.1

Escolha um problema de uma das disciplinas de engenharia. Desenvolva uma solução. Considere o enunciado e a solução e mapeie as porções que são essencialmente matemáticas e as que são de engenharia.

2.4 Capacidade de projetar e conduzir experimentos, assim como analisar e interpretar dados

Os engenheiros devem ser capazes de projetar e conduzir experimentos, assim como analisar e interpretar dados. A maioria dos alunos já passou muitas horas realizando experimentos no ensino médio e na faculdade. Durante esse tempo, você precisou analisar e interpretar dados, portanto, já deve ser perito nessas duas atividades. A recomendação é que, no processo de realização de experimentos no futuro, você dedique mais tempo na análise e interpretação dos dados no contexto do experimento.

O que isso significa? Se você está olhando para um gráfico de tensão por resistência, corrente por resistência ou, ainda, de potência por resistência, o que você realmente vê? A curva do gráfico faz sentido? Ela concorda com o que a teoria diz? Será que diferem da expectativa e, em caso afirmativo, por quê?

Claramente, a prática de análise e interpretação de dados irá aumentar essa habilidade. A maioria dos experimentos, ou praticamente todos, que os alunos são obrigados a fazer envolve pouca ou nenhuma prática na concepção do experimento; então como desenvolver e melhorar essa habilidade?

Na verdade, desenvolver essa habilidade sob tal restrição não é tão difícil. É necessário analisar o experimento. Para isso, divida-o em partes mais simples, reconstrua-o tentando entender o papel de cada elemento e, por fim, determine o que o autor do experimento está tentando ensinar. Mesmo que nem sempre pareça, cada experiência foi projetada por alguém que estava motivado a ensinar-lhe alguma coisa.

PROBLEMA PRÁTICO 2.4.1

Escolha uma experiência de uma de suas disciplinas de engenharia, física, biologia ou química e decomponha-a em seus elementos básicos. Em seguida, reconstrua o experimento tentando determinar o que o autor pretendia que você aprendesse. Documente cuidadosamente o que você está fazendo para que tenha um registro completo adiante.

2.5 Capacidade de projetar um sistema, componente ou processo para atender às necessidades desejadas dentro das reais limitações econômicas, ambientais, sociais, políticas, éticas, de saúde e segurança, de fabricação e de sustentabilidade

A capacidade de projetar um sistema, componente ou processo para atender às necessidades desejadas é o motivo pelo qual os engenheiros são contratados. Por isso essa é a habilidade *técnica* mais importante de um engenheiro. Curiosamente, o seu sucesso como engenheiro é diretamente proporcional à sua capacidade de se comunicar, mas ser capaz de projetar é o principal motivo pelo qual você será contratado. O projeto acontece quando você tem o que é chamado de um "problema em aberto" que, eventualmente, tem uma solução definida.

No contexto deste livro, podemos explorar apenas alguns dos elementos do projeto. Seguir todas as etapas da nossa técnica de resolução de problemas lhe esclarecerá muitos dos elementos mais importantes do processo de um projeto.

Provavelmente a parte mais importante de um projeto é definir com clareza o que o sistema, componente, processo ou, em nosso caso, problema é. Raramente é dada a um engenheiro uma tarefa perfeitamente clara. Portanto, como estudante, você pode desenvolver e melhorar essa habilidade levantando suas dúvidas para seus colegas ou professores, e até mesmo perguntando para si, buscando esclarecer o enunciado do problema.

Explorar soluções alternativas é outra parte importante do processo de projeto. Mais uma vez, por ser estudante, você pode praticar essa parte do processo de projeto em quase todos os problemas em que trabalha.

Avaliar suas soluções é fundamental para qualquer exercício de engenharia. Não esqueça que essa é uma habilidade que você, como aluno, pode praticar em todos os problemas em que trabalha.

O projeto é realmente a parte criativa de ser engenheiro. Muitos acham que projetar é um talento natural e que se você tem isso, pode tornar-se um engenheiro bem sucedido, mas se não tem, nunca poderá ser um engenheiro de sucesso. Essas pessoas são, provavelmente, as mesmas que acreditam que não é possível "ensinar" a projetar!

Acreditamos que tais pontos de vista são falsos. Abordaremos o primeiro: nosso ponto de vista é que mesmo que você não nasça com a capacidade de projetar, se for inteligente e motivado para se tornar um engenheiro, você pode adquiri-la!

Projetar é uma habilidade como qualquer outra, e você adquire competência nisso da mesma forma que adquire qualquer outra habilidade. Aprender o que praticar e, em seguida, praticar, praticar e praticar é o necessário!

Pense em projetar da mesma forma como você pensa em pintar um quadro. Alguém lhe pede para projetar algo. Isso é como pedir-lhe para pintar um retrato de um celeiro ou uma paisagem. Uma vez que você tem a descrição completa do que você deve fazer, basta começar a decompor o problema (pintar) em subcomponentes gerenciáveis. Você monta os subcomponentes em um módulo de trabalho e, em seguida, combina-os em um conjunto integrado.

Descobrimos que a melhor maneira de construir habilidades em graduandos é fazê-los praticar simples atividades de projeto – a soma desses componentes formam o processo de projeto. Uma das melhores maneiras é fazê-los projetar um experimento simples em um laboratório na graduação.

EXEMPLO 2.5.1

Projete uma mola, uma massa e um sistema de amortecimento que demonstre um sistema subamortecido, criticamente amortecido e superamortecido como resposta à entrada.

Solução

Isso pode ser facilmente feito por uma série de softwares, assim como por um criado por você mesmo, e essas são soluções perfeitamente aceitáveis para esse tipo de problema. No entanto, pode ser mais divertido e produtivo se você for para o seu departamento de física ou de engenharia mecânica e verificar se eles têm um sistema físico simples que lhe permita controlar o atrito de uma mola simples e de uma massa. Não é preciso ser excessivamente criativo. Você pode começar definindo o atrito igual a zero e simplesmente mover a massa a uma distância razoável e deixá-la ir, registrando o que acontece.

Em seguida, você poderia definir o valor do atrito que resulta em cinco ou seis oscilações antes que a massa entre em repouso. As oscilações não serão observáveis até que você desloque a massa, como fez no caso de atrito zero.

Outro item a se observar é qual valor do atrito que faz a massa voltar para perto de sua posição de repouso, após o deslocamento, sem oscilações. Uma vez que a massa deixa de se mover neste caso, ela está na posição de descanso original? Se não estiver, por que ela não voltou exatamente para a mesma posição?

PROBLEMA PRÁTICO 2.5.1

Projete um experimento que relacione um circuito R, L e C a uma mola, uma massa e o sistema de amortecimento.

Outra ótima maneira para melhorar essa habilidade é projetar problemas para uma disciplina de engenharia em que você esteja matriculado. Por exemplo, se você estiver em uma aula de estática, pode projetar um problema que faça uso da conservação de forças para encontrar uma força desconhecida.

PROBLEMA PRÁTICO 2.5.2

Projete um problema ou um experimento para uma aula de engenharia em que você esteja matriculado.

2.6 Capacidade de atuar em equipes multidisciplinares

A capacidade de atuar em equipes multidisciplinares é inerentemente delicada para o engenheiro profissional. Engenheiros raramente, ou nunca, trabalham sozinhos, quase sempre serão parte de uma equipe. Devemos ressaltar que você não precisa gostar de todos os membros de uma equipe, mas deve fazer a sua parte do trabalho.

Na maioria das vezes, essas equipes incluem indivíduos de diversas áreas da engenharia, bem como pessoas que não fazem engenharia, como marketing ou finanças. Os estudantes podem facilmente desenvolver e melhorar essa habilidade trabalhando em grupos de estudo em cada uma das disciplinas que cursam. Naturalmente, trabalhar em grupos de estudo de cursos que não são de engenharia, bem como cursos de engenharia com outras especializações, também lhe fornecerá experiência com equipes multidisciplinares.

> A capacidade de atuar em equipes multidisciplinares é inerentemente delicada para o engenheiro profissional. Engenheiros raramente, ou nunca, trabalham por conta própria, quase sempre serão parte de alguma equipe.

PROBLEMA PRÁTICO 2.6.1

Escolha duas disciplinas em que você esteja matriculado e forme um grupo de estudos diferente para cada uma. Documente suas atividades, seus sucessos e fracassos ao longo de quatro semanas.

PROBLEMA PRÁTICO 2.6.2

Procure o presidente da sua organização estudantil e seja voluntário em uma comissão ou grupo de trabalho. Documente suas atividades por um período de dois meses.

2.7 Capacidade de identificar, formular e resolver problemas de engenharia

Muito do que você já fez neste capítulo envolve diversos elementos desse critério. Em muitos aspectos, é essa abordagem que ajuda você a aprender a projetar. Uma boa dica é seguir a abordagem dos sistemas conforme apresentado em nosso capítulo sobre o uso da abordagem sistêmica à engenharia. O processo é facilmente aplicável para uma abordagem geral de problemas de engenharia e, você pode ficar satisfeito em saber, funciona bem para cursos que não são de engenharia e, em geral, para muitas atividades importantes fora do campo da engenharia.

PROBLEMA PRÁTICO 2.7.1

Leia brevemente nosso capítulo sobre o uso da abordagem sistêmica à engenharia; desenvolva uma relação entre a abordagem sistêmica e como cada atividade relaciona-se com a *identificação de problemas de engenharia, a formulação de problemas de engenharia e resolução problemas de engenharia.*

2.8 Compreensão da responsabilidade ética e profissional

A compreensão da responsabilidade ética e profissional é exigida de todo engenheiro. Até certo ponto, ela é pessoal para cada indivíduo. Vamos identificar algumas dicas para ajudá-lo a desenvolver esse entendimento.

Um dos nossos exemplos favoritos é quando um engenheiro tem a responsabilidade de responder ao que chamamos de "pergunta não formulada". Por exemplo, suponha que o seu carro tenha um problema na transmissão. No processo de venda do carro, um potencial comprador pergunta se há algum problema no rolamento da roda dianteira direita; você responde que não. No entanto, como um engenheiro, você é obrigado a informar ao comprador de que há um problema com a transmissão, mesmo que não lhe seja perguntado.

Sua responsabilidade tanto profissional como ética é a de exercer sua função de uma forma que não prejudique aqueles ao seu redor e por quem você é responsável. Naturalmente, o desenvolvimento desta capacidade vai precisar de tempo e maturidade da sua parte. Você pode praticá-la procurando por componentes profissionais e éticos em suas atividades do dia a dia. Sugerimos que você consulte o capítulo sobre dilemas éticos para obter mais detalhes sobre o desenvolvimento dessas importantes habilidades.

Engenheiros têm a responsabilidade de responder às perguntas que não foram feitas!

Lembra-se de quando mencionamos a importância de ser um membro valioso para a equipe? Nenhum engenheiro consegue verificar cuidadosamente o trabalho de todos. Portanto, tem de haver confiança entre você e os membros da equipe para que você possa, confortavelmente e de forma confidencial, aceitar e utilizar os trabalhos deles. Este é o momento em que a ética toma seu lugar!

Se um membro de sua equipe possui ética questionável, é possível confiar no trabalho dele?

2.9 Ampla educação necessária para compreender o impacto das soluções de engenharia em um contexto global, econômico, ambiental e social

Como estudante, você deve adquir ampla educação necessária para compreender o impacto das soluções de engenharia em um contexto global, econômico, ambiental e social. De qualquer forma, algumas das disciplinas obrigatórias do seu curso já devem atender a esse critério. Nossa recomendação é que você procure cursar as disciplinas eletivas que expanda sua consciência em relação a questões globais e preocupações sociais. Os engenheiros do futuro devem entender que eles e suas atividades afetam a todos, de alguma forma.

PROBLEMA PRÁTICO 2.9.1

Verifique a lista de disciplinas oferecidas em sua universidade. Tente encontrar quatro que, se cursadas, ajudariam a entender melhor o impacto das soluções de engenharia em um contexto global e social.

Anote as disciplinas e as razões pelas quais você as listou. Mais tarde, se cursá-las, documente o que você aprendeu em relação a essa habilidade.

2.10 O reconhecimento da necessidade e a capacidade de se envolver na aprendizagem ao longo da vida

Você deve estar plenamente ciente e reconhecer a necessidade e a capacidade de continuar aprendendo ao longo da vida. Parece quase absurdo que isso precise ser mencionado; no entanto, surpreende o número de engenheiros que realmente não entende esse conceito. A única maneira de ser realmente capaz de acompanhar a explosão de tecnologia que estamos presenciando é por meio da aprendizagem constante, que deve incluir questões não técnicas, bem como a mais recente tecnologia no seu campo.

PROBLEMA PRÁTICO 2.10.1

Uma triste realidade das disciplinas é que você acaba detestando a aprendizagem de algumas delas e, em alguns casos, decide "não assistir a outra aula, abrir outro livro, nem fazer mais uma prova!"

Identifique a disciplina que você melhor associa com esses sentimentos negativos. Dentro de seu contexto, identifique os temas que acha que seriam interessantes de se aprender mais e tente aprender tanto sobre eles quanto puder, mesmo que isso *não* ajude a melhorar sua nota. Documente o seu sucesso, o que e como aprendeu sobre si mesmo! É possível relacionar isso com o plano de carreira que você desenvolveu em nosso capítulo sobre planejamento de carreira?

A melhor maneira de manter-se informado e atualizado em seu campo é por meio de seus colegas e pela associação com os indivíduos que você encontra em suas organizações técnicas. Ler artigos técnicos recentes é a outra melhor forma de se manter atualizado.

Aconselhamos você a estudar nosso capítulo sobre desenvolvimento de habilidades de rede e profissional para desenvolver essas habilidades mais plenamente.

2.11 Conhecimento das questões contemporâneas

Um dos estereótipos em relação aos engenheiros é que eles não sabem nada além de engenharia. Essa imagem é totalmente incorreta. Engenheiros de sucesso tendem a ser bem informados sobre o mundo ao seu redor, e a maior razão para isso é que eles têm de ser assim, já que quase tudo o que fazem é parte do mundo real.

Isso é ainda mais válido no século XXI. Para ter uma carreira verdadeiramente significativa neste século, é necessário ter conhecimento de assuntos contemporâneos, especialmente aqueles que podem afetar diretamente o seu trabalho e/ou emprego. Uma das maneiras mais fáceis de conseguir isso é lendo jornais, revistas e livros contemporâneos.

PROBLEMA PRÁTICO 2.11.1

Forme um grupo no qual cada membro tenha de trazer pelo menos duas questões contemporâneas para a reunião. Planejem encontrarem-se uma vez por semana durante 2 horas.

Faça isso por dois meses. Documente em detalhes tudo o que você aprender. Depois de concluída essa tarefa, você consegue desenvolver um plano para continuá-la?

2.12 Capacidade de utilizar as técnicas, habilidades e ferramentas modernas de engenharia necessárias para a prática da profissão

O engenheiro bem-sucedido deve ter a capacidade de usar as técnicas, habilidades e ferramentas modernas de engenharia necessárias para a prática da profissão. Claramente, o foco principal deste livro é o de fazer exatamente isso. Aprender a usar habilmente as ferramentas que facilitam o seu trabalho em um moderno "ambiente de projetos integrados para registro de conhecimento" (KCIDE) é fundamental para o seu desempenho como engenheiro. A capacidade de trabalhar em um ambiente moderno KCIDE requer um conhecimento aprofundado das ferramentas associadas a esse ambiente.

PROBLEMA PRÁTICO 2.12.1

Revise todos os itens que vimos até aqui e faça uma lista das habilidades adicionais de que um engenheiro pode precisar.

O engenheiro bem-sucedido, portanto, deve manter-se a par das novas ferramentas de projeto, análise e de simulação. Ele também deve usar essas ferramentas até que esteja confortável com elas, além de certificar-se de que os resultados do software sejam compatíveis com o mundo real. Provavelmente é nesta área que muitos engenheiros têm maior dificuldade.

> O sucesso no uso das técnicas, habilidades e ferramentas modernas de engenharia necessárias para a prática da profissão requer aprendizado e reaprendizado constantes dos fundamentos da área em que o engenheiro trabalha.

2.13 Conclusão

Neste capítulo, você aprendeu muito sobre as habilidades que requerem domínio para se alcançar uma carreira de sucesso, além de algumas técnicas valiosas para melhorar suas habilidades de comunicação.

Você aprendeu sobre como é importante ter habilidades experimentais bem desenvolvidas e como desenvolver e melhorar tais habilidades por meio do projeto de experiências e realização de experimentos.

Você foi, ainda, apresentado à importância das técnicas estruturadas de resolução de problemas e quais são essas técnicas. Seguindo esse processo, tornou-se ciente de como identificar os pontos fracos nos princípios básicos de matemática e ciências.

Na área de projeto, você identificou os elementos que pode praticar a fim de melhorar suas habilidades no processo de projeto. Estes, juntamente com os outros itens identificados, irão ajudá-lo a tornar-se um engenheiro de projetos bem-sucedido!

Agora você tem, em seu conjunto de habilidades, uma maior facilidade para trabalhar em equipes multidisciplinares. Isso, juntamente a uma grande consciência da importância de se conhecer as questões contemporâneas, fará de você um profissional mais valioso.

Agora você está plenamente consciente da importância de dominar todas as ferramentas de sua profissão. Essas são todas as ferramentas associadas à prática da engenharia moderna.

Por fim, você está ciente da importância da constante aprendizagem ao longo da vida e o quanto isso é importante para o seu sucesso, juntamente à importância de conduzir-se de forma profissional e ética.

REVISÃO DE FINAL DE CAPÍTULO

Escolha a resposta mais adequada para as seguintes afirmações.

1. Os critérios listados estão baseados
   a. Em habilidades.
   b. Em um número mínimo de disciplinas de matemática.
   c. Em um número mínimo de disciplinas de ciência social.
   d. Todos os itens acima.
2. Embora o desenvolvimento de habilidades seja o foco principal dos critérios, que conhecimento é esperado?
   a. Matemática.

b. Ciências.

c. Engenharia.

d. Todos os itens acima.

3. Qual habilidade consideramos a mais importante para um engenheiro desenvolver e melhorar?

   a. Trabalhar em equipes.

   b. Comunicação (leitura, escrita, audição e oralidade).

   c. Uma compreensão da sociedade.

   d. Uma compreensão da política.

4. A habilidade de engenharia mais importante é

   a. A habilidade de projetar.

   b. A habilidade de analisar sistemas de engenharia.

   c. A habilidade de fazer pesquisa.

   d. A habilidade de iniciar seu próprio negócio.

5. Como engenheiro empregado, você é responsável por entender o impacto do que está fazendo na(o)

   a. Economia.

   b. Saúde pública e segurança.

   c. Ambiente.

   d. Todos os itens acima.

6. Qual critério lida com o que um engenheiro precisa se envolver no decorrer de sua vida?

   a. Experimentação.

   b. Aprendizagem.

   c. Participação ativa no Toastmasters.

   d. Redes de contato.

7. Em que tipo de equipes um engenheiro deve esperar trabalhar?

   a. Multidisciplinar.

   b. Uma única disciplina de engenharia.

   c. As compostas somente por engenheiros.

   d. As que são compostas de indivíduos que realmente gostam de trabalhar uns com os outros.

8. Como engenheiro profissional, você deve conduzir-se de

   a. Forma confiante.

   b. Maneira experiente.

   c. Forma profissional e ética.

   d. Maneira que você tenha certeza de que está indo bem.

Exercícios para desenvolver e aperfeiçoar suas habilidades

Seção 2.2 Capacidade de se comunicar de forma eficaz

2.1 Identifique três atividades em que você vai se envolver durante este período, projetadas para desenvolver sua capacidade de ler com compreensão. Registre e analise o que você aprendeu enquanto se envolveu em tais atividades.

2.2 Identifique três atividades em que você vai se envolver durante este período, projetadas para desenvolver sua capacidade de escrever de forma eficaz. Registre e analise o que você aprendeu enquanto se envolveu em tais atividades.

2.3 Identifique três atividades em que você vai se envolver durante este período, projetadas para desenvolver sua capacidade de ouvir de forma eficaz. Registre e analise o que você aprendeu enquanto se envolveu em tais atividades.

2.4 Identifique três atividades em que você vai se envolver durante este período, projetadas para desenvolver sua capacidade de falar de maneira eficaz. Registre e analise o que você aprendeu enquanto se envolveu em tais atividades.

Seção 2.3 Capacidade de aplicar conhecimentos de matemática, ciência e engenharia

2.5 Você está e estará fazendo isso em quase todas as suas disciplinas de engenharia, matemática e ciências. Escolha uma disciplina que você esteja cursando neste período, de preferência uma disciplina de engenharia, e identifique o conteúdo de matemática, ciências, engenharia de um ou mais de seus exercícios.

2.6 Considerando uma das disciplinas que está cursando, avalie os exercícios e/ou teste em que você cometeu erros. Tente identificar se o principal problema estava em sua compreensão de matemática, ciências ou engenharia. Desenvolva um plano para corrigir as deficiências identificadas. Se possível, obtenha *feedback* do instrutor do curso quanto aos méritos de seu plano.

2.7 Desenvolva um plano para ser usado em todas as suas aulas atuais e futuras que garanta sua capacidade de trabalhar de forma eficaz com matemática, ciências e engenharia.

Seção 2.4 Capacidade de projetar e conduzir experimentos, assim como analisar e interpretar dados

2.8 Crie seu próprio plano para desenvolver e reforçar sua "técnica experimental". Os elementos desse plano devem conter a forma como você vai trabalhar com os seus instrutores para desenvolver uma compreensão clara do que está sendo solicitado a você e do trabalho que você vai fazer no laboratório. Em seguida, você deve ter um plano que defina o processo a ser seguido relativo ao experimento, incluindo módulos que precisarão ser montados e analisados. O processo que você deve seguir é a montagem do experimento que deseja completar. Tente montá-lo em módulos e testando cada módulo durante a montagem.

2.9 Obtenha todos os elementos de que você precisará para montar e realizar com sucesso a sua experiência e separe o equipamento de que você vai precisar. Como no Exercício 2.8, construa sua experiência em módulos, testando durante a montagem e, em seguida, monte os módulos para o experimento final e teste o projeto montado.

2.10 Colete todos os dados necessários, certificando-se de seguir os procedimentos que irão garantir a precisão nessa coleta. Reveja cuidadosamente os dados e analise se eles são razoáveis. Se alguns deles não parecerem corretos, procure determinar o motivo.

2.11 Complete sua experiência analisando os dados coletados e determine se os dados batem com os resultados previstos. Explique seus resultados.

2.12 Revise tudo o que ocorreu durante a experiência e desenvolva um plano para melhorar sua técnica experimental no futuro.

Seção 2.5 Capacidade de projetar um sistema, componente ou processo para atender às necessidades desejadas dentro das reais limitações econômicas, ambientais, sociais, políticas, éticas, de saúde e segurança, de fabricação e de sustentabilidade

2.13 Apesar de um aluno que esteja se formando fazer muito disso em seu projeto de tese, esses elementos podem ser praticados até mesmo por alunos calouros. Procure um de seus instrutores de engenharia para trabalhar em conjunto e desenvolver alguns exercícios que irão melhorar suas habilidades.

Seção 2.6 Capacidade de atuar em equipes multidisciplinares

2.14 Novamente, como no Exercício 2.13, alunos que estão se formando terão muitas oportunidades para fazer isso. Como aluno, analise as equipes de estudo de que você faz parte para ver o grau de diversidade. O que você pode fazer nessas equipes para aumentar a diversidade?

2.15 Procure sua organização estudantil e avalie a diversidade das equipes e dos comitês que a organização tem e, se necessário, elabore sugestões para aumentar sua diversidade.

2.16 Ganhe experiência trabalhando em diversas equipes ou comitês. Uma boa fonte desses grupos pode ser a sua organização estudantil tutelar universitária.

Seção 2.7 Capacidade de identificar, formular e resolver problemas de engenharia

2.17 Você já deve estar fazendo isso em suas aulas de engenharia. Escolha uma delas e descreva o processo que está seguindo. Seu processo poderia ser melhorado? Quais são os riscos identificáveis do processo que você está usando? O que você pode mudar em seu processo para mitigar esses riscos?

2.18 Eventualmente você vai aprender muito mais sobre essas habilidades em seus projetos avançados. Faça um levantamento do processo que será seguido nesses projetos. Há maneiras óbvias desse processo ser melhorado? Se você identificou-as, considere discutir formas de melhorar o processo com um ou mais dos membros do corpo docente envolvidos nos cursos de projeto avançado.

Seção 2.8 Compreensão da responsabilidade ética e profissional

2.19 Faça um levantamento dos cursos dentro de seu departamento acadêmico que lidam com ética. Analise o conteúdo dos cursos que lidam com tais questões. Você acredita que eles cumprem o objetivo desse critério? Você tem alguma sugestão para melhorar esse conteúdo? Se tiver, considere discutir isso com os membros do corpo docente responsáveis.

2.20 Desenvolva um plano para melhorar a compreensão de sua responsabilidade profissional e ética.

Seção 2.9 Ampla educação necessária para compreender o impacto das soluções de engenharia em um contexto global, econômico, ambiental e social

2.21 Quando você entra em um departamento acadêmico e seleciona seu curso, recebe o que é chamado de programa de estudo, que conterá as disciplinas necessárias para concluí-lo com êxito antes de se formar. Se você já o tem, analise as disciplinas nele e determine que conteúdo irá cumprir esse critério. Se você ainda não escolheu um curso, considere um que você possa eventualmente escolher e analise as disciplinas neste programa de estudo, determinando qual conteúdo irá cumprir esse critério.

2.22 Analise o que você determinou no Exercício 2.20 e veja se está faltando algo. Em caso afirmativo, discuta isso com um conselheiro no departamento que seja responsável pelo programa.

2.23 Visto que esta é uma parte importante da formação, desenvolva um plano para aprimorar esse critério fora das atividades de sala de aula. Além disso, estenda o plano para incluir o que você irá fazer depois de se formar.

Seção 2.10 O reconhecimento da necessidade e a capacidade de se envolver na aprendizagem ao longo da vida

2.24 Dê uma pausa e anote o que você está achando de sua aprendizagem. Muitos estudantes têm um "burn out" e desenvolvem uma atitude muito negativa para a aprendizagem. Se você tem esses sentimentos, desenvolva um plano de mudança para eliminar essa barreira de aprendizagem ao longo da vida.

2.25 Desenvolva um plano a ser seguido após sua graduação, para garantir que você continue a se engajar na aprendizagem ao longo da vida e que, principalmente, goste de fazer isso.

Seção 2.11 Conhecimento das questões contemporâneas

2.26 Analise seu possível programa de estudo para identificar disciplinas que irão ajudá-lo a desenvolver essa habilidade. Embora possam ajudá-lo a identificar maneiras de se manter atualizado, a forma mais eficaz é lendo materiais impressos ou da Internet, assistir televisão e o contato com suas organizações profissionais e colegas. Desenvolva um plano a ser seguido durante toda a sua carreira para certificar-se de que irá adquirir tal conhecimento.

Seção 2.12 Capacidade de utilizar as técnicas, habilidades e ferramentas modernas de engenharia necessárias para a prática da profissão

2.27 Considerando o programa em que você está inscrito ou gostaria de se inscrever, identifique as técnicas, as habilidades e as ferramentas modernas de engenharia de que você precisará para ter bons resultados. Será que seu programa de estudo contém conteúdo do curso suficiente para adquirir todas essas habilidades? Se não, quais são os pontos fracos? Depois de tê-los identificados, discuta-os com um conselheiro do programa de estudo.

2.28 Como parte de sua carreira após a graduação, desenvolva um plano para continuar a desenvolver e melhorar essas habilidades.

CAPÍTULO

3

Habilidades de gerenciamento de tempo

"Tempo! Todos os dias, são dadas a você 24 horas. Mais importante ainda, você tem o poder de determinar como investir 1.440 minutos a cada dia. O uso bem-sucedido de 86.400 segundos em 24 horas é diretamente proporcional ao seu grau de planejamento e controle."

Judith Jurgens, Consultora de Gestão de Carreira

Objetivos de aprendizagem

Ao usar as informações e os exercícios deste capítulo, você será capaz de:

- Entender por que o uso estruturado do tempo é importante.
- Avaliar as opções de investimento de tempo.
- Escolher um sistema de gestão do tempo de sucesso.
- Implementar um sistema de gestão do tempo que funcione.
- Eliminar os "dragões" do fracasso.
- Tornar a gestão do tempo fácil e eficaz.
- Maximizar o sucesso na carreira e aproveitar a vida.

CENÁRIO DE GERENCIAMENTO DE TEMPO

"Você é um estudante engajado que precisa levar em consideração não apenas os horários das aulas, mas também os prazos de entrega de projetos extracurriculares e a distribuição dos trabalhos. Você sabe que é uma escolha prudente estar envolvido em vários aspectos do ambiente universitário de engenharia. Trabalhar em equipes técnicas extracurriculares e em projetos de pesquisa é extremamente benéfico, assim como desempenhar papéis de liderança não técnicos. Os benefícios de participar de tais atividades incluem aplicação dos estudos teóricos, oportunidades de se fazer conexões profissionais, experiência em trabalhos de engenharia avançados, aprendizagem de conceitos não ensinados em sala de aula e construção de um bom currículo.

No entanto, esses benefícios não vêm sem custo. Você deve aprender a priorizar e manter um equilíbrio entre suas atividades (incluindo sua vida social). Os principais desafios geralmente consistem em dedicar tempo para tarefas que precisam ser feitas, ao contrário das tarefas que você quer fazer, e em traçar a linha entre ter atividades extracurriculares de mais e não ter o suficiente."

(Courtney Gras, presidente da Seção Estudantil da IEEE, Líder da Equipe de Robótica e Estudante de Graduação da Universidade de Akron)

Esses comentários de Courtney Gras soam familiares? Depois de discutir princípios de gestão do tempo, conversamos com Courtney, ao final deste capítulo, para entender como ela lida com este desafio.

3.1 Introdução

O tempo pode ser seu melhor amigo ou pior inimigo. Você não pode criar tempo, mas pode fazer mau uso dele ou desperdiçá-lo. Então, vamos ver como investir seu tempo com sabedoria.

Um processo de gestão do tempo é mais do que incluir informações em um calendário. Este é apenas o primeiro passo. Uma gestão de tempo de sucesso inclui estimar os requisitos de tempo de cada atividade e desenvolver uma programação para iniciá-las e concluí-las até a data desejada.

Este capítulo irá mostrar-lhe como usar métodos comprovados de gerenciamento de tempo para aumentar seu nível de sucesso. A gestão do tempo desempenha um papel de importância na escola, em situações de trabalho futuras e na vida pessoal. Gerir as suas atividades levará a um trabalho mais preciso, a menores pressões de tempo e a melhores resultados em geral.

Se você já estiver usando um sistema de gestão do tempo, as informações neste capítulo irão verificar se você está atendendo às datas previstas ou mostrar-lhe novas maneiras de tornar o sistema mais fácil de se usar e mais eficaz.

Se você já tentou usar o gerenciamento do tempo, mas foi desencorajado pelos resultados, este capítulo vai lhe dizer como fazer seu gerenciamento do tempo mais bem-sucedido.

Por fim, se você nunca tentou uma abordagem estruturada para administrar o tempo, os conceitos deste capítulo irão lhe oferecer um passo a passo do processo para começar um sistema de gerenciamento do tempo que funcione.

> "Gerir o tempo com sucesso é a habilidade mais benéfica que você precisa dominar no início de sua carreira para se tornar bem-sucedido no ambiente de trabalho competitivo atual. Participar de reuniões, realizar pesquisas, estar envolvido na colaboração em grupo e apresentar suas ideias para os outros ocupa muito mais tempo do que você pode imaginar. Supõe-se que os graduados de hoje sejam engenheiros, comerciantes, treinadores, gerentes de projeto, apresentadores e gestores; portanto, a má gestão em relação ao tempo pode e vai transformar uma semana de trabalho de 40 horas em uma semana de trabalho 80 horas."
>
> (Vishnu Pandey, Mestre em Engenharia Elétrica e Engenheiro de Sistemas/Software)

3.2 Por que a gestão do tempo é importante

Como estudante, sua vida é muito ocupada. Muito rapidamente, você irá se formar na faculdade e começar sua carreira de trabalho, e vai conseguir grande sucesso se começar a controlar agora a forma como utiliza o tempo.

Para ser bem-sucedido, você precisa estar no controle de sua carreira, e isso inclui planejamento e controle de como seu tempo é administrado. Embora seja impossível prever atrasos e outros eventos repentinos, é possível controlar a forma de gerir o tempo desenvolvendo um bom sistema de gestão.

Neste capítulo, vamos focar uma abordagem sistêmica para planejar o seu tempo. Usando esse método, você pode definir o que quer fazer e fazê-lo dentro do cronograma, o que o ajudará a conseguir notas mais altas e lhe dará mais tempo para recreação e lazer, além de reduzir o estresse, mostrando-lhe como completar uma infinidade de atividades a tempo.

3.3 Uso do tempo e gestão de recursos

Apesar de você investir seu tempo de muitas maneiras diferentes e em uma variedade de atividades, algumas delas são mais importantes que outras. O processo de gestão inicia, primeiramente, definindo como você usa o tempo atualmente.

> Comece por saber como você usa o tempo.

3.3.1 Uso do tempo

Vamos considerar as necessidades de tempo comuns. Uma quantidade razoável de tempo é necessária para ser saudável, e isso inclui 7 a 8 horas de sono por noite, mais 2 horas normalmente são investidas em alimentação e cuidados pessoais. A recreação contribui para uma boa saúde, por isso é justo dedicar algum tempo para atividades de lazer.

A maior parte do seu tempo é estruturada. Por exemplo, cursos universitários exigem 48 horas ou mais por semana para aula e estudo. A sua carreira profissional exigirá pelo menos 40 horas por semana no trabalho. Além disso, você terá atividades fora da sala de aula ou do escritório que estarão diretamente relacionadas com sua educação ou com seu trabalho.

Além de suas atividades estruturadas, normalmente você tem um saldo de tempo livre, de 6 a 8 horas por dia. A maior oportunidade de controlar o tempo está associada a essas 6 a 8 horas, e este capítulo irá ajudá-lo a gerenciá-las.

3.3.2 Recursos de gerenciamento do tempo

Geralmente, as universidades fornecem assistência para ajudá-lo a criar um sistema de gerenciamento de tempo. Comece com os recursos disponíveis no campus. Verifique o site da sua universidade ou pergunte ao seu conselheiro se ele pode ajudá-lo a identificar o departamento apropriado.

Livros e outros recursos podem lhe dar sugestões de métodos bem-sucedidos para administrar o tempo. Além disso, muitas ferramentas ajudam a personalizar o seu sistema de gestão do tempo. Estas variam de lápis, papel, calendários e horários a ferramentas mais sofisticadas, como software para computador e dispositivos portáteis sem fio.

A Internet também abre uma fonte sem limites de informação sobre esse tema. Pesquise as palavras-chave de gerenciamento de tempo e irá encontrar muitos recursos.

No entanto, o foco deste capítulo não são ferramentas, mas fundamentos que podem ser aplicados a qualquer sistema de gestão do tempo. O segredo do sucesso da gestão do tempo é aplicar esses princípios para qualquer sistema que você escolher. A discussão que segue baseia-se em princípios práticos e comprovados para gerir o tempo.

3.4 Princípios de gerenciamento do tempo – a lista de afazeres

A gestão do tempo de sucesso começa por identificar o que precisa ser feito, o que é chamado de "lista de afazeres". Se muitas atividades estão incluídas na lista, o primeiro impacto pode ser chocante, e você pode sentir-se como a pessoa da Figura 3.1.

A gestão do tempo não é complicada, e você pode concluir as atividades no prazo ao utilizar uma abordagem sistêmica para organizá-las. Não desanime em razão do número de atividades em sua lista de afazeres: criar uma lista é apenas o começo.

Felizmente, o processo lógico usado pelos engenheiros para resolver os problemas é também uma ferramenta útil para determinar a forma de lidar com múltiplas atividades e concluí-las em tempo com o mínimo de estresse. Consideremos uma abordagem diferente para a lista de afazeres, transformando-a em um processo de TO e DO.

Figura 3.1 Reação típica à espantosa lista de afazeres.

3.4.1 "TO" – Trace e organize as atividades por data de vencimento e prioridade

Inicie o processo de **TO** identificando as atividades e as datas de vencimento para os próximos dia, semana e mês. As atividades normalmente incluem exercícios da aula, projetos, atividades profissionais e sociais, recreação, recados pessoais e eventos especiais. Omita atividades rotineiras, pois elas são repetitivas e não necessitam de lembretes para serem realizadas.

Para grandes projetos, liste vários pequenos passos a serem concluídos. Por exemplo, se um relatório escrito tem data de vencimento para duas semanas, liste o esboço do relatório como a primeira subatividade. Em seguida, repita o processo para o primeiro rascunho e continue a identificar as subatividades que levam ao produto final.

Em seguida, selecione um nível de importância para cada atividade. Um método eficaz para identificar os níveis de importância é o seguinte:

A. Muito importante e valioso

B. Menos importante, mas ainda valioso

C. Desejável, mas não muito importante

Nem todas as atividades têm o mesmo valor.

Organize as atividades por data de vencimento e nível de importância. Para cada data, as atividades A devem ser listadas em primeiro lugar e, em seguida, as atividades B e C. Uma amostra do processo **TO** é mostrada na Figura 3.2.

3.4.2 "DO" – Determine a ordem das atividades por requisitos de tempo e datas de início

Para completar a parte **DO** do processo, estime a quantidade de tempo necessária para completar cada atividade. Em seguida, defina as datas de início, equilibrando a quantidade de tempo necessária com o tempo disponível. Os resultados da alocação do tempo e datas de início para o nosso exemplo são mostrados na Figura 3.3.

Muitas vezes, a data de início é um ou dois dias antes da data de vencimento. Em alguns casos, a data de início é a mesma que a data de vencimento, se for associada com uma atividade programada como um jogo de futebol.

Se a quantidade total de tempo necessário para concluir todas as atividades identificadas por uma data de início não for razoável, modifique os seus planos. No exemplo mostrado na Figura 3.3, as três atividades programadas para começarem em 7 de Abril somam 9 horas. Algumas opções para tornar isso mais realista são se preparar para o teste de Cálculo ou escrever o relatório de laboratório antes de 7 de abril ou, ainda, não comparecer à partida de futebol.

Exemplo de Gestão de Tempo "TO"		
Atividades	Prazo	ABC
Enviar uma mensagem aos pais	05/04	B
Fazer os exercícios de estática	06/04	A
Encontrar-se com o centro de carreira para discutir o currículo	06/04	A
Assistir ao jogo de beisebol no campus	06/04	C
Ler o texto e preparar-se para aula de Eletrônica I	07/04	A
Telefonar para os pais e pedir $50 para o conserto do carro	07/04	B
Estudar para a prova de Cálculo	08/04	A
Escrever o relatório de laboratório para aula de eletrônica	08/04	A
Ir ao jogo de futebol	08/04	C
Enviar o currículo para a Allied Industries para vaga de estágio	09/04	A
Encontrar-se com o grupo de estudos para discutir os exercícios de estática	09/04	A
Trabalhar no Carro de Corrida Baja com a equipe SAE	09/04	B
Ligar para a Allied Industries para perguntar sobre a vaga de estágio	10/04	A
Ir à reunião do IEEE para a campanha da vice-presidência	10/04	B
Trocar o óleo do carro e checar os freios	10/04	C

Figura 3.2 Atividades típicas com datas de vencimento e nível de importância.

As atividades A de amanhã são mais importantes do que as atividades C de hoje.

Antes de iniciar as atividades C, revise as atividades A e B para o dia seguinte. A menos que você possa completar todas as atividades conforme o planejado, é melhor trabalhar em algumas atividades A e B programadas para o dia seguinte antes de investir tempo em atividades C. Até que você desenvolva um sistema de gestão do tempo de sucesso, considere minimizar os itens C. Na medida em que você ganhar experiência, encontrará tempo para incluir mais atividades C. Esse é um dos muitos benefícios de um sistema eficaz.

Exemplo de Gestão de Tempo "DO"				
Atividades	Prazo	ABC	Horas para Completar	Data de Início
Enviar uma mensagem aos pais	05/04	B	0,5	05/04
Fazer os exercícios de estática	06/04	A	2,5	05/04
Encontrar-se com o centro de carreira para discutir o currículo	06/04	A	1	06/04
Assistir ao jogo de beisebol no campus	06/04	C	2	06/04
Ler o texto e preparar-se para aula de Eletrônica I	07/04	A	2	06/04
Telefonar para os pais e pedir $50 para o conserto do carro	07/04	B	0,2	06/04
Estudar para a prova de Cálculo	08/04	A	3	07/04
Escrever o relatório de laboratório para aula de eletrônica	08/04	A	2	07/04
Ir ao jogo de futebol	08/04	C	4	07/04
Enviar currículo para a Allied Industries para vaga de estágio	09/04	A	0,5	09/04
Encontrar-se com o grupo de estudos para discutir os exercícios de estática	09/04	A	2	09/04
Trabalhar no Carro de Corrida Baja com a equipe SAE	09/04	B	2	09/04
Ligar para a Allied Industries para perguntar sobre a vaga de estágio	10/04	A	0,5	10/04
Ir à reunião do IEEE para a campanha da vice-presidência	10/04	B	1,5	10/04
Trocar o óleo do carro e checar os freios	10/04	C	2	10/04

Figura 3.3 Atividades com requisitos de tempo estimado e datas de início.

3.4.3 Conclua as atividades

Mesmo a melhor lista **TO-DO** será inútil se você não usá-la para concluir as atividades. O motivo de selecionar as datas de início é garantir que as atividades sejam concluídas até suas datas de vencimento sem a necessidade de períodos de trabalho estressantes de última hora.

Comece e termine atividades por data de início e prioridade

A parte mais importante da gestão do tempo é a forma como o sistema é implementado. Comece a trabalhar sobre a atividade de maior prioridade de cada dia. Concentre-se nela até completá-la. Não vá para outras atividades da lista ou "dê um tempo" para trabalhar em uma atividade de menor importância até completar a primeira.

Depois de terminar uma atividade, relaxe um pouco. Então, vá para a próxima atividade e complete-a. Não desanime se não completar tudo exatamente como o planejado, pode haver razões válidas para isso acontecer. No entanto, se não completar a maioria das atividades conforme o planejado, pode ser necessário rever as estimativas dos requisitos de tempo.

Concentrar-se em uma atividade de cada vez resultará em mais tempo para realizar todas as outras tarefas. Com esta abordagem você também desfrutará de mais tempo para atividades adicionais.

Minimize as distrações.

Se uma atividade não puder ser concluída em um período razoável, você pode não ter definido seu tempo corretamente ou pode ter se distraído e perdido tempo. A maioria das atividades deve ser concluída em cerca de uma hora. Divida grandes projetos em partes menores. Se você tiver dificuldade em se concentrar em uma atividade, encontre um lugar melhor para trabalhar e minimizar distrações.

Documente resultados que possa aproveitar

Registre os resultados das atividades concluídas que se relacionam com a sua educação e carreira. Algumas delas podem ser adicionadas ao seu portfólio pessoal, que será discutido no capítulo sobre captura de informação.

Para melhores resultados, documente as atividades diária ou semanalmente. É fácil esquecer essa parte da gestão do tempo, portanto comece agora para manter bons registros.

Reflita sobre os resultados e desfrute de uma recompensa

Depois de concluir algumas atividades, dê-se uma recompensa. Pare por um momento e reflita sobre suas realizações. Se estiver feliz com os resultados, faça uma pausa e relaxe.

Quando se gerencia o tempo de forma eficaz, é possível desfrutar de muitos benefícios. Você aprenderá mais, obterá notas mais altas e minimizará o estresse. Com mais tempo livre, você também poderá desfrutar melhor de suas atividades "C" para lazer e diversão.

Reveja a lista de atividades

Para resultados melhores, revise a lista de atividades com frequência. Não há momento certo ou errado para revisar seu plano. Adapte-o para seu estilo de vida, e faça isso todos os dias. Se você é uma pessoa "da manhã", analise e revise sua lista antes de começar seu dia. Se você é uma pessoa "da tarde", revise a sua lista ao final do dia. Siga o procedimento estabelecido para selecionar datas de vencimento, definir o nível de importância, estimar a quantidade de tempo para a conclusão e selecionar datas de início. Isso resultará em um processo TO-DO que o ajudará a completar as atividades a tempo.

3.5 Cuidado com os "dragões"

Os "dragões", identificados na Figura 3.4, podem destruir o melhor dos planos de gerenciamento de tempo, arrastando para baixo e acabando com seus esforços no gerenciamento do tempo. Vamos discutir os "dragões" comuns para que possamos impedi-los de afetar seu plano.

Figura 3.4 "Dragões" da gestão do tempo.

3.5.1 Procrastinação

"A procrastinação é adiar a ação, dar mais um dia ou tempo, adiar ou atrasar."

(Dicionário The American College)

A procrastinação é a principal razão de não se obter sucesso com um sistema de gestão do tempo. Você nunca deve estar ocupado para planejar. Poucos minutos investidos no processo de planejamento acabarão por poupar horas de tempo perdido.

Se você não estiver planejando seu tempo, você pode ser uma vítima do "círculo da desculpa", como mostrado na Figura 3.5. A única maneira de quebrar esse círculo é planejar.

3.5.2 Sistema complicado

O segundo dragão é selecionar um sistema muito complicado ou que não atenda às suas necessidades ou ao seu estilo de vida. À primeira vista, alguns processos são muito atraentes. No entanto, se for preciso mais tempo para preparar o seu plano de gestão do que é necessário para de fato fazer as atividades, você vai se desanimar e desistir em breve.

Figura 3.5 O "círculo da desculpa".

3.5.3 Desânimo

E isso nos leva ao terceiro dragão: desanimar-se e desistir cedo demais. Se os primeiros esforços para controlar o investimento do seu tempo não atenderem a suas expectativas, você pode ficar desanimado.

A implementação de um processo bem-sucedido leva tempo e gera trabalho. Até ganhar experiência, pode levar várias semanas antes que você fique confortável com seu sistema. Portanto, não desista cedo demais, mesmo que o sistema não esteja funcionando bem no início.

Se você sentir a gestão do tempo como um fardo, há duas opções: simplificar o processo existente ou considerar um diferente. Encontre um sistema que funcione para você e, então, a gestão do tempo vai se tornar parte de sua vida. Você vai conseguir o que quer e ter mais tempo para fazer coisas que você nunca teve tempo de fazer antes.

3.6 Gerenciando o tempo de forma eficaz

Embora seja importante para o sucesso, a gestão do tempo pode não ser a parte mais emocionante de sua carreira. Parece difícil e pode se tornar chata. No entanto você tem a capacidade e a oportunidade de torná-la muito mais interessante, assim como eficaz.

3.6.1 Selecione os recursos

Selecione uma ferramenta de gerenciamento de tempo que se adapte ao seu estilo de vida.

O sistema de gestão do tempo mais bem-sucedido é simples, fácil de usar, flexível e funciona para você. A Figura 3.6 mostra um exemplo de um recurso eletrônico para rastrear atividades.

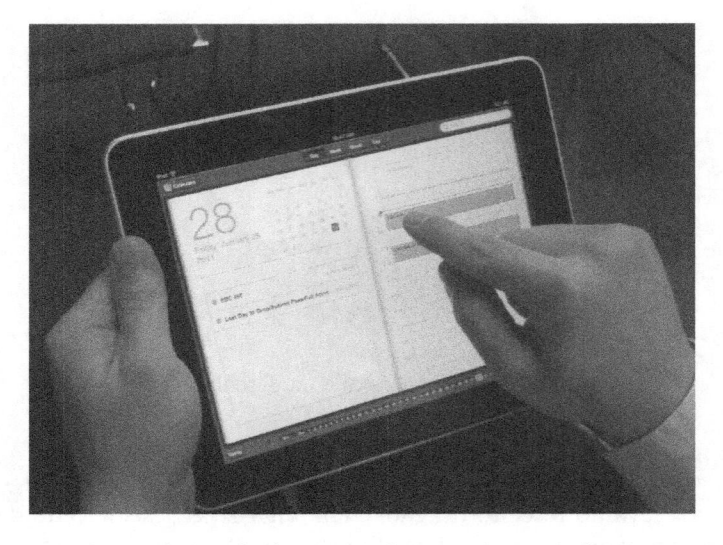

Figura 3.6 Exemplo de recurso de gerenciamento do tempo.

O recurso que você selecionar constitui a base para determinar onde e como as mudanças podem ser feitas para maximizar o uso do tempo. Seu sistema de gerenciamento de tempo não deve ser um fardo, mas uma ferramenta para melhorar seu uso e resultar em mais tempo para o lazer e as atividades pessoais.

Se a gestão do tempo for algo novo para você, considere conversar com outros alunos sobre como eles planejam o tempo deles. Você pode fazer isso em grupos de estudo, aulas, laboratórios ou conversando com membros ativos de organizações profissionais. Os alunos que são líderes em organizações costumam usar gestão de tempo para que possam estar envolvidos em muitas atividades e, ainda assim, concluir seus trabalhos acadêmicos.

A seleção e utilização de qualquer processo de gestão do tempo pode ser divertida e bem-sucedida se você encontrar uma abordagem que se adapte ao seu estilo. Experimente vários sistemas até encontrar um que não demande muito tempo ou esforço para se usar. É melhor manter o processo o mais simples possível.

> Aplique os princípios de gerenciamento de tempo ao seu sistema específico.

Se você atualmente não possui um sistema de gestão de tempo, uma boa abordagem é usar o formulário do Excel mostrado adiante na Figura 3.10. Esta é uma forma eficaz para listar as atividades, identificar as datas de vencimento, atribuir níveis de prioridade, estimar os requisitos de tempo para a conclusão, e atribuir datas de início.

O formato Excel não requer investimento financeiro adicional e é uma boa maneira de se familiarizar com o processo. Então, se quiser tentar outras ferramentas de gerenciamento de tempo, você pode aproveitar sua experiência com o Excel.

Se você já estiver usando um sistema de gerenciamento de tempo, é possível aplicar os princípios discutidos neste capítulo para melhorar os resultados. Este é um bom momento para analisar a eficácia do seu sistema. Se estiver funcionando bem, continue a usá-lo. Se você não estiver cumprindo prazos, utilize as informações neste capítulo para ajustar seu processo.

3.6.2 Utilize técnicas comprovadas

Se o seu sistema de gestão de tempo é eficaz, você conhece o valor do planejamento e do uso controlado do tempo. Se você precisa ajustar seu sistema, analise as dicas da Figura 3.7

> "Eu era marido e pai de duas filhas, um estudante de engenharia em tempo integral, que também trabalhava meio turno, e voluntário na minha divisão estudantil da IEEE; a gestão do tempo (ou gestão de crises, no meu caso) foi muito importante para minhas atividades do dia a dia."
>
> (Sedofia Gedzeh, Engenheiro Eletricista)

> **AS DEZ PRINCIPAIS DICAS PARA GERENCIAR SEU TEMPO**
> 1. Crie um ambiente livre de distrações.
> 2. Seja realista ao identificar atividades e estabelecer prazos.
> 3. Divida atividades grandes em processos menores.
> 4. Mantenha o foco em uma atividade por vez até que ela seja finalizada.
> 5. Planeje pausas no trabalho para descansar e retomar as energias.
> 6. Reveja o planejamento todos os dias e revise conforme necessário.
> 7. Elimine velhos hábitos que o fazem desperdiçar tempo.
> 8. Planeje horários para atividades "divertidas".
> 9. Aprenda a dizer "não" quando for apropriado.
> 10. Delegue tarefas a outras pessoas.

Figura 3.7 As dez principais dicas para tornar a gestão do tempo mais eficaz.

3.6.3 Desfrute de mais tempo livre

A compensação ao uso de um sistema eficaz é perceber que você pode realizar atividades importantes e entregar resultados no prazo ou até mesmo antes. É possível reduzir o estresse, evitando passar várias noites em claro devido às diversas matérias para estudar no último minuto antes dos testes. Além disso, você ficará feliz com as suas realizações sabendo que está no controle.

Outra vantagem de um programa eficaz de gestão do tempo é que ele gera mais tempo para atividades pessoais. É fácil ficar enredado pelos compromissos e perder alguns dos prazeres da vida. Otimizando o tempo, você terá mais oportunidades de participar de diversas atividades além da escola ou do trabalho.

3.6.4 Desenvolva habilidades para a carreira

Como aluno, você está em um ambiente no qual há muitas oportunidades para a prática e o aprimoramento de habilidades não técnicas antes de iniciar a sua carreira profissional. A gestão do tempo é uma das mais úteis, portanto, desenvolva um bom sistema o quanto antes.

Quando estiver perto de graduar-se, você estará envolvido no processo de procura de emprego. As empresas são mais competitivas e bem-sucedidas quando os engenheiros completam seus trabalhos dentro do prazo. Assim, os entrevistadores estão interessados na contratação de candidatos que possam produzir resultados usando o tempo de forma eficaz. Cite a gestão do tempo como uma das suas habilidades em seu currículo. Então, durante as entrevistas de emprego, discuta como você conclui projetos dentro do cronograma e você terá uma chance melhor de ser chamado para a vaga.

A gestão do tempo é ainda mais importante em sua carreira profissional.

Quando você administra bem o tempo no trabalho, expande o seu valor para a empresa. Apesar de as atividades atribuídas a você mudarem à medida que sua carreira avança, os princípios da gestão do tempo se aplicam a todos os ambientes. Quando você sabe como planejá-lo, você estará pronto para os desafios mais abrangentes durante toda a sua carreira.

3.7 Impacto da gestão do tempo na carreira e na qualidade de vida

O único ponto em comum em todas as suas atividades é que elas exigem o uso do tempo. Quanto mais eficientemente você utilizá-lo, mais tempo terá para outras atividades. O controle do uso do tempo também traz a recompensa de realizações de atividades com menos estresse.

À medida que você aprende a trabalhar com os instrutores e outros alunos, é possível aumentar sua qualidade de vida, aprendendo novas ideias e compreendendo as perspectivas dos outros. E sua qualidade de vida inclui o seu envolvimento com sua família e amigos.

Se você não estiver convencido de que gerir o tempo vale a pena, talvez os dois diagramas da Figura 3.8 o façam reconsiderar. Uma das melhores maneiras de se atingir altos níveis de sucesso é equilibrar o seu tempo profissional e pessoal para incluir os aspectos mais importantes da sua vida.

> "Contabilize seu tempo como você contabiliza seu dinheiro. Tenha um plano de como irá utilizar todas as 24 horas do dia, mesmo que sentar e não fazer nada faça parte do seu dia. Mantenha apenas um calendário que contenha informações sobre os próximos trabalhos, testes e compromissos pessoais para evitar conflitos. A palavra "não" é uma ferramenta poderosa que muitas vezes esquecemos. Só porque você está convidado a fazer alguma coisa não significa que você é obrigado a fazê-la. Seja honesto consigo mesmo e com aqueles que perguntarem sobre o seu tempo disponível para se comprometer."
>
> (Kristi Brooks, Bacharel em Engenharias Elétrica e da Computação e Engenheira Elétrica na Ideal Aerosmith)

Quando você sentir que simplesmente não tem tempo suficiente para fazer as coisas que gostaria, faça uma pausa por um momento e considere a mensagem do vaso de vidro e das duas xícaras de café da Figura 3.9. Sempre é possível encontrar tempo para as coisas mais importantes na vida, se elas forem mantidas em perspectiva. Com certeza você tem tempo para duas xícaras de café com um amigo.

Melhore sua qualidade de vida gerenciando melhor seu tempo.

Má gestão de tempo – dê um jeito na vida!

Equilibre o seu tempo para ter qualidade de vida!

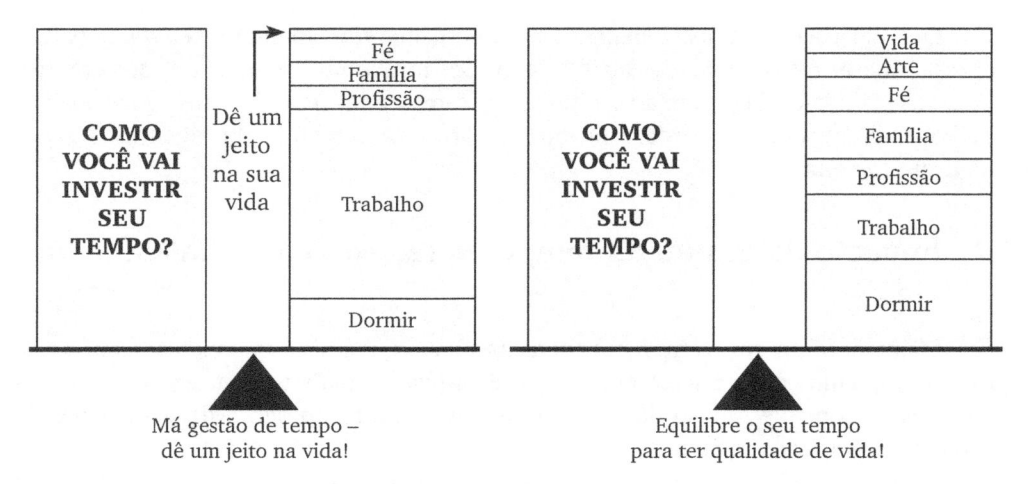

Figura 3.8 Opções de investimento do tempo.

O VASO DE VIDRO

Um professor encheu um grande vaso de vidro com bolas de golfe e perguntou aos alunos se o vaso estava cheio. Eles afirmaram que estava.

Então, ele despejou pedrinhas dentro do vaso, sacudiu-o e as pedrinhas preencheram os espaços vazios entre as bolas de golfe. Ele repetiu a mesma pergunta e os alunos afirmaram que, agora sim, estava cheio.

Em seguida, ele despejou uma caixa de areia dentro do vaso, o que preencheu os espaços vazios que ainda estavam sobrando. Ele perguntou aos alunos se, agora, ele estava cheio, e os alunos afirmaram que estava.

Para espanto dos alunos, o professor esvaziou duas xícaras de café dentro do vaso, preenchendo, com sucesso, os espaços entre a areia.

"Então", disse o professor, "esse vaso representa a vida de vocês".

As bolas de golfe são as coisas grandes e importantes – sua fé religiosa, sua família, seus filhos, sua saúde, seus amigos e suas paixões – , coisas que dão valor à sua vida mesmo quando o resto está perdido.

As pedrinhas são coisas importantes, como o seu trabalho, sua casa e seu carro. A areia é todo o resto – as coisas pequenas em sua vida.

Se você preencher primeiro o vaso com areia, não haverá espaço para as pedrinhas ou para as bolas de golfe. Ou seja, se você gastar todo o seu tempo com coisas pequenas, nunca terá tempo para as coisas mais importantes.

Portanto, gerencie seu tempo e cuide primeiro das coisas que realmente importam. Mantenha o foco nas bolas de golfe e nas pedrinhas da sua vida, não na areia.

Então, um aluno perguntou o que o café representava. O professor respondeu: "Por mais cheia que a sua vida pareça, sempre há um tempinho para tomar duas xícaras de café com um amigo".

Figura 3.9 O vaso de vidro.

Sem planejar e controlar seu tempo, você desenvolverá maus hábitos que certamente terão um impacto negativo sobre o seu nível de sucesso. Mais importante ainda, sua qualidade de vida será muito menor do que você merece. Portanto, reduza o estresse equilibrando o tempo com faculdade e com trabalho, em seguida, você terá tempo para outras atividades importantes da vida.

Sua experiência educacional oferece muitas oportunidades para desenvolver habilidades de gerenciamento de tempo, e essas habilidades irão melhorar seu desempenho como estudante. Talvez ainda mais importante, um bom sistema de gestão do tempo pode ser adaptado para sua carreira e irá ajudá-lo a atingir altos níveis de sucesso enquanto você desfruta de uma vida equilibrada.

Uma conversa com Courtney Gras

Courtney, como você estabeleceu um sistema de gestão de tempo para lidar com todas as suas atividades discutidas no início deste capítulo?
Resposta
"Eu aprendi que definir um sistema de gestão do tempo eficaz vem da experiência pessoal. Qualquer professor irá dizer que a gestão do tempo é importante, mas se você é uma pessoa que gosta de se envolver em várias atividades, como eu, torna-se tentador continuar a adicionar novas tarefas até que algo comece a dar errado. Quer se trate de notas, relacionamentos ou nível de estresse geral, o primeiro passo é perceber quando se torna demais. Depois dessa experiência, é mais fácil priorizar tarefas, acompanhar o que precisa ser feito primeiro e filtrar as tarefas adicionais que podem ser suprimidas."

Quais são algumas das habilidades não técnicas que você usa para gerenciar o tempo?
Resposta
"Muitas das habilidades não técnicas que usei para o gerenciamento do tempo vieram de fontes óbvias, como calendários (eletrônicos ou impressos), lembretes de e--mail gerados automaticamente e "lista de afazeres" (eletrônicas ou escritas). Eu descobri, por meio de uma experiência desagradável, que não é uma boa ideia contar com a tecnologia para manter o controle de sua vida. Os discos rígidos falham, os dados são perdidos ou corrompidos e os telefones estragam. É bom ter várias maneiras de se manter informado sobre o que precisa ser feito, e acompanhar e priorizar por data geralmente é o melhor método.

Outra habilidade não técnica em gestão do tempo é o julgamento. Por exemplo, as oportunidades para viagens relacionadas com a faculdade podem apresentar-se sob a forma de entrevistas, concursos, etc. A participação pode requerer faltar aulas, laboratórios ou testes. Uma decisão deve ser tomada quanto à real importância e a relação desta oportunidade com o objetivo da sua futura carreira antes de prosseguir. Se for uma oportunidade única na vida, eu uso o bom senso para escolher como meu tempo deve ser gasto."

Quais são os benefícios em gerir o seu tempo?

Resposta

"Ao escolher participar de projetos técnicos e não técnicos extracurriculares, eu ganhei conhecimento, experiência, perícia e contatos importantes. Desde que empreguei métodos de gerenciamento de tempo adequados e priorizei minhas tarefas, não apenas construí o meu currículo e tive experiências extremamente enriquecedoras, que a maioria dos meus colegas não teve, mas também mantive as minhas notas e pelo menos um pouco da minha vida social."

Que conselho você compartilharia com os alunos?

Resposta

"Sempre aproveite as oportunidades e vá além do que é esperado – mas planeje seus passos antes de dá-los. Se você empregar métodos de gerenciamento de tempo e bom senso, conhecendo seus limites, o sucesso e as recompensas que experimentará provavelmente irão além de qualquer coisa que você poderia imaginar. Isso beneficiará sua carreira na faculdade e irá prepará-lo para sua vida profissional."

(Courtney Gras, Presidente da Seção Estudantil da IEEE, Líder do Time de Robótica e Estudante de Graduação da Universidade de Akron)

3.8 Conclusão

Como Courtney afirmou, a gestão do tempo é uma das ferramentas mais importantes para ser um bom aluno. A gestão eficaz de várias atividades leva a um trabalho mais preciso, a menores pressões de tempo e a uma vida mais satisfatória.

O tempo, na maioria das vezes, está sob seu controle. Você seleciona a maioria das atividades e dá prioridade com base em sua vontade pessoal. A gestão pode fornecer um aumento considerável de tempo a ser utilizado para o maior sucesso nos estudos e para outras atividades.

É possível seguir muitas abordagens diferentes para a gestão do tempo. Considere vários processos até encontrar um com o qual você se identifique. Selecione um sistema e, em seguida, incorpore os princípios comprovados de como gerir o seu tempo discutidos neste capítulo. Você vai gostar dos resultados.

REVISÃO DE FINAL DE CAPÍTULO

Escolha a resposta mais adequada para as seguintes afirmações.

1. Uma das principais maneiras de se obter melhores resultados na escola é
   a. Resolver muitos problemas.
   b. Usar um sistema de gestão do tempo e completar as atividades no devido tempo.
   c. Ser ativo em uma sociedade profissional.
   d. Aprender a se comunicar com os outros.

2. O primeiro passo na gestão do tempo é
   a. Atribuir a prioridade das atividades.
   b. Utilizar um calendário e atribuir datas de vencimento para as atividades.
   c. Fazer uma lista de atividades "TO" e atribuir datas de vencimento para cada uma delas.
   d. Separar um tempo específico a cada dia para trabalhar nas atividades.
3. O valor mais importante de uma lista "TO" é
   a. Definir o que você precisa fazer.
   b. Estabelecer o horário de início de cada atividade.
   c. Mostrar aos outros o quanto você pode fazer.
   d. Registrar suas conquistas para uso em seu currículo.
4. O segundo passo na gestão do tempo é
   a. Atribuir um nível de prioridade para cada atividade.
   b. Ordenar a lista por data de vencimento e prioridade.
   c. Selecionar uma data de início.
   d. Inserir os dados em um arquivo Excel.
5. O terceiro passo na gestão do tempo é usar uma lista de "DO" para
   a. Documentar os resultados das atividades realizadas.
   b. Revisar sua lista a cada dia.
   c. Começar e terminar as atividades.
   d. Determinar quanto tempo cada atividade precisa e estabelecer datas de início.
6. A gestão do tempo é bem-sucedida quando você
   a. Começa com atividades simples para ganhar confiança.
   b. Termina uma atividade antes de iniciar outra.
   c. Documenta os resultados de cada atividade.
   d. Programa muitas das atividades para serem concluídas no fim de semana.
7. Os alunos que são bons gestores do tempo
   a. Adaptam um sistema de gestão do tempo para que se encaixe em seus estilos de vida.
   b. Revisam sua lista de "Afazeres" diariamente.
   c. Fragmentam grandes atividades em atividades menores.
   d. Fazem todos os itens acima.
8. A principal razão de alguns alunos pararem de usar a gestão do tempo é que
   a. Eles aprendem a fazer as coisas sem um sistema de gestão do tempo.
   b. Eles ficam desanimados quando veem quantas coisas eles têm para fazer.
   c. Eles tentam usar um sistema muito complicado e demorado.
   d. Eles não gostam de ser organizados e completam as atividades na última hora.

9. A melhor maneira de tornar a gestão do tempo mais eficaz é
   a. Selecionando o sistema mais adequado para suas necessidades.
   b. Utilizando métodos comprovados para identificar as atividades, selecionar as datas de início, completar o trabalho e depois ter tempo para o lazer e recreação.
   c. Seguindo seu plano e não procrastinando.
   d. Fazendo todos os itens acima.
10. O maior valor do gerenciamento do tempo é
    a. Conseguir uma boa nota nesta matéria.
    b. Ser organizado de modo que você não perca tempo.
    c. Concluir com êxito todas as atividades e ter mais tempo para as coisas de que você gosta.
    d. Aprender a usar um sistema de gerenciamento do tempo.

Exercícios para desenvolver e aperfeiçoar suas habilidades

3.1 Este é um exercício para ajudá-lo a desenvolver um sistema de gestão de tempo prático. Utilize uma folha com espaço em branco de 8' × 11' e escreva os seguintes títulos de colunas:

ATIVIDADE   DATA DE VENCIMENTO   ABC   HORAS   DATA DE INÍCIO

Pratique o uso do Processo TO-DO executando as seguintes etapas:

1. Liste seis atividades que você precisa concluir nas próximas duas semanas.
2. Escreva a data de vencimento para cada uma dessas atividades.
3. Atribua A, B, ou C para identificar o nível de importância de cada atividade.
4. Estime a quantidade de tempo necessária para completar cada atividade e liste-as na coluna "HORAS".
5. Selecione a data de início de cada atividade considerando a data de vencimento, a quantidade de horas para ser concluída e o nível de importância.

Use os resultados deste exercício como base para o resto dos exercícios deste capítulo.

3.2 Esta tarefa é uma oportunidade para se concentrar em um processo de gerenciamento do tempo bem-sucedido. Se você já utilizou um sistema de gerenciamento de tempo, utilize este exercício para avaliar quanto ele é eficaz em ajudá-lo a investir o seu tempo.

Se você não estiver usando um sistema de gerenciamento de tempo estruturado, este é um bom momento para rever as opções e experimentar um. Você pode desenvolver um formulário semelhante ao da Figura 3.10 ou selecionar outro sistema de sua escolha para esta tarefa.

Atividades	Prazo	ABC	Horas para Completar	Data de Início

Figura 3.10 Exemplo de planilha de gestão de tempo.

Embora existam muitas ferramentas e diferentes sistemas de apoio para ajudá-lo, a parte mais importante deste exercício é perceber como os princípios básicos da gestão de tempo discutidos neste capítulo se aplicam ao seu sistema.

Sua tarefa possui 3 (três) partes.

Parte 1 – Use um sistema de gestão de tempo por duas semanas
- Use um processo que identifique atividades, atribua datas de vencimento, nível de prioridade e datas de início.
- Identifique as atividades a serem concluídas durante o tempo atribuído pelo seu instrutor.
- Fragmente atividades grandes e de longo prazo em subatividades gerenciáveis.
- Complete as atividades como previsto.
- Documente e avalie os resultados.

Parte 2 – Prepare um relatório escrito
- Prepare um relatório escrito usando o formato mostrado no formulário Relatório de Gestão de Tempo, na próxima página.
- Inclua seu nome, o título sugerido e as legendas, como mostrado no formato.
- Revise os comentários de cada seção para se orientar a respeito do conteúdo solicitado.
- Utilize boa gramática, pontuação, estrutura de frase e parágrafo.

- Selecione o tamanho da fonte 11 ou 12 e margem justificada à esquerda.
- Use softwares de verificação ortográfica e gramática, imprima um rascunho, revise e faça correções.
- Se solicitado por seu instrutor, utilize os recursos do centro de redação da universidade para rever o seu relatório e siga seus conselhos para melhorar sua escrita.

Parte 3 – Envie seu relatório para avaliação
- Envie uma cópia impressa de seu relatório e anexos no início da aula na data solicitada pelo seu instrutor.
- Anexe uma amostra impressa de seu sistema de gestão do tempo.
  - Utilize o formulário mostrado na Figura 3.10 ou no formato do seu sistema.
  - Imprima uma amostra que tenha as atividades para as duas semanas dessa tarefa.
- Envie uma cópia eletrônica do seu relatório para o seu instrutor como solicitado.

Relatório de Gestão do Tempo

Preparado por _____
(Nome do aluno)

Sistema de gestão do tempo

Descreva o sistema utilizado para gerenciar suas atividades durante essas duas semanas. Explique se este era um novo sistema ou outro de que você já estava fazendo uso. Isso deve ser feito em um ou dois parágrafos.

As seis atividades (A) mais importantes e valiosas

Use *marcadores* para listar as seis atividades (A) mais importantes e valiosas. Inclua as datas de vencimento e as datas em que cada atividade foi iniciada e concluída.

Resumo dos resultados das seis atividades (A) mais importantes e valiosas

Use *parágrafos* para relatar informações significativas relativas aos resultados do planejamento e conclusão dessas atividades. Não é necessário estender-se, mas você deve descrever como o seu sistema de gestão de tempo serviu para as atividades mais importantes e valiosas.

As seis atividades (B) mais importantes

Use *marcadores* para listar as seis atividades (B) mais importantes. Inclua as datas de vencimento e as datas em que cada atividade foi iniciada e concluída.

Resumo dos resultados das seis atividades (B) mais importantes

Use *parágrafos* para relatar informações relativas aos resultados do planejamento e conclusão dessas atividades. Discuta a diferença na forma como você trabalhou com essas atividades (B) em comparação com aquelas que eram (A), mais importantes e valiosas.

Avaliação do sistema de gestão do tempo

Escreva um ou dois *parágrafos* relatando sua avaliação geral do seu sistema de gerenciamento de tempo e este exercício. Qualifique sua experiência de 1 a 10 (sendo 10 o valor mais alto) e justifique sua classificação numérica.

Discuta como você aplicará o que aprendeu nesta experiência para o seu próximo processo de gestão do tempo.

CAPÍTULO
4

Habilidades de comunicação

"Seu sucesso como engenheiro será diretamente proporcional à sua capacidade de se comunicar!"

Dr. Charles K. Alexander, autor de *Fundamentos de Circuitos Elétricos*

Objetivos de aprendizagem

Ao usar as informações e os exercícios deste capítulo, você será capaz de:

- Entender por que as habilidades de comunicação são tão importantes para o seu sucesso profissional.
- Aumentar sua compreensão, melhorando suas habilidades de leitura.
- Organizar e estruturar documentos escritos.
- Desenvolver e fazer uso de habilidades de escrita profissionais para estabelecer sua credibilidade.

CENÁRIO DE COMUNICAÇÃO

"Há alguns anos, quando eu trabalhava com a política em Washington, DC, recebi um telefonema, às 8h30min, de uma colega que me deu um projeto de 'prioridade máxima': preparar um documento político, de uma página, que serviria como guia para um congressista, que o leria em um trajeto de carro de dez minutos, de seu escritório Capitol Hill até uma reunião, ao meio-dia, na Casa Branca. O texto deveria focar os desafios políticos perante as doenças negligenciadas mundialmente. 'O resumo deve ser entregue às 10h', minha colega repetiu e desligou. Trinta segundos de pânico depois, eu estava com o Google aberto no meu navegador e com a certeza de que eu seria capaz de realizar aquela tarefa."

(Guruprasad Madhavan, Engenheiro Biomédico e Oficial de Programas, Academia Nacional de Ciências)

Esse cenário, preparado por Guruprasad (Guru) Madhavan, demonstra o quanto é importante desenvolver bem as habilidades de comunicação desde o início de sua carreira. Depois de discutirmos os fundamentos da comunicação, ao final deste capítulo descobriremos o desfecho da história de Guru.

4.1 Introdução

Você acha que tudo de que precisa para ser um engenheiro de sucesso é a capacidade de aprender e aplicar a tecnologia? Se sua resposta for afirmativa, o seguinte paradoxo pode fazer você mudar de ideia: os engenheiros devem ter conhecimentos e habilidades para aplicar a tecnologia, mas o sucesso é diretamente proporcional à sua capacidade de aplicar habilidades não técnicas. Se a sua resposta for negativa, então você já está ciente da importância das competências não técnicas.

Uma análise rápida do sumário já deixa claro que todo este livro é baseado em melhorar suas habilidades não técnicas. Discutimos uma das mais importante dessas habilidades neste capítulo: a comunicação.

"A comunicação é uma habilidade aprendida. A maioria das pessoas nasce com a capacidade física para falar, mas temos de aprender a falar bem e a nos comunicar de forma eficaz. A fala, a audição e a capacidade de compreender os significados verbais e não verbais são habilidades que desenvolvemos de várias maneiras. Aprendemos habilidades básicas de comunicação observando outras pessoas e modelando nossos comportamentos com base no que vemos. Também são ensinadas algumas técnicas de comunicação diretamente por meio da educação e da avaliação de tais habilidades quando postas em prática."

(Wikipedia)

Começamos com uma visão geral dos fundamentos básicos de comunicação, indispensáveis para que você seja bem-sucedido. Ao contrário de algumas fontes que só discutem comunicação em teoria, este capítulo inclui exercícios para ajudá-lo a aprender como fazer uso das ferramentas da engenharia para melhorar suas habilidades de comunicação. Quando você se tornar um bom comunicador, alcançará melhores resultados na academia e em sua carreira profissional.

4.2 Por que a comunicação eficaz é importante

Que valor tem o conhecimento técnico se você não pode compartilhá-lo com outras pessoas de uma maneira prática, para que ele seja compreendido e utilizado?

Quando se é engenheiro, pode-se estar sentado em um cubículo com um computador ou em um laboratório e descobrir ideias e informações importantes. A menos que você dê o próximo passo e comunique o que sabe para outras pessoas, nada irá mudar. Claro que você pode se sentir bem sobre o que já sabe, mas que diferença isso faz para o mundo? Seu conhecimento torna-se valioso apenas quando é transmitido aos outros.

"A comunicação de forma eficaz é uma habilidade importante, mas muitas vezes esquecida. A habilidade técnica de entender os problemas e fornecer soluções é a espinha dorsal da capacidade central de uma empresa para competir no atual ambiente desafiador de negócios. Engenheiros que são capazes de explicar suas ideias e soluções em ambos os formatos, escritos e verbais, são geralmente mais respeitados por seus colegas e concorrentes. Esse reconhecimento adicional fornece mais oportunidades para escolher suas atribuições e controlar seu destino."

(Ted Tracy, Engenheiro Eletricista e Gerente Regional)

4.3 O processo de comunicação

Várias formas de comunicação seguem um padrão semelhante:
- Uma pessoa (emissor) tem a informação (mensagem) para transmitir a outras pessoas (receptores).
- O emissor decide como a mensagem será transmitida.
- A mensagem é enviada.
- O receptor ouve ou lê a mensagem.
- O receptor processa a mensagem.
- O receptor pode ou não dar *feedback* para o emissor.

4.4 Os quatro tipos básicos de comunicação

Os quatro tipos básicos de comunicação são leitura, escrita, audição e fala. Neste capítulo, discutiremos o valor da leitura e da escrita e sua importância como habilidades de comunicação para estudantes e engenheiros. Audição e fala serão abordados em outros capítulos.

"A minha recomendação é dominar as habilidades de leitura, escrita, audição e fala, já que elas são absolutamente necessárias para promover sua carreira. Conforme você avança, estará se comunicando com pessoas que têm cada vez menos conhecimento técnico, por isso conheça o seu público e dirija suas comunicações em um nível adequado."

(Howard Wolfman, PE, Engenheiro Eletricista e Diretor, Lumispec Consulting)

É surpreendente, mas estamos envolvidos na leitura e na escrita em, apenas, cerca de um quarto das nossas atividades de comunicação, como indicado na Figura 4.1. No entanto, a capacidade de ler e escrever de forma efetiva tem um grande impacto sobre a nossa capacidade de se comunicar.

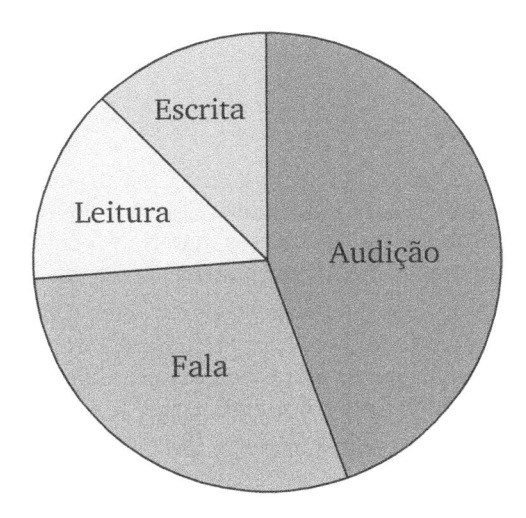

Figura 4.1 Uso típico do tempo na comunicação.

4.5 Leitura

Primeiramente, vamos colocar a leitura em perspectiva. Enquanto você considera os muitos veículos eletrônicos que fornecem informações, provavelmente pensará que a informação impressa em papel ou em livros está se tornando obsoleta. Afinal, você pode pesquisar tudo na Internet, certo?

Embora existam novas e diferentes formas de obter informação, a informação impressa ainda será utilizada por muitos anos. Pode ser em papel, em um livro eletrônico ou em outro dispositivo, ela estará disponível de alguma forma por um longo período.

Existem diferentes motivos para ler informações impressas. Quando você lê por prazer, pode relaxar com pouca concentração e apenas se entreter. Quando você lê para obter informações, é necessário maior esforço da sua parte. Assim, a maneira como você lê depende do que você está lendo e do seu objetivo.

4.5.1 Leitura dinâmica

Você pode estar familiarizado com um método interessante de ler chamado de leitura dinâmica. Ele é frequentemente utilizado para ler as legendas de seção e a primeira frase de cada parágrafo, como uma maneira rápida de rever o material. A primeira frase geralmente identifica o tema do parágrafo e pode dar uma ideia da informação geral. Assim, a leitura dinâmica pode ser usada para obter uma visão geral das informações e para identificar áreas passíveis de análise mais detalhada.

4.5.2 Leitura casual

A leitura casual é uma forma de se obter uma compreensão geral do material. Quando você está envolvido em uma leitura casual, quer entender e reter algumas das informações, ou seja, seu ritmo de leitura é mais lento do que o da leitura dinâmica. Esse ritmo mais lento torna possível pensar sobre a informação e como ela se relaciona com outros tópicos. Leitura casual é utilizada, em geral, quando se está lendo ficção e materiais menos técnicos.

4.5.3 Leitura compreensiva

O terceiro estilo de leitura é a leitura compreensiva, que requer maior concentração e, portanto, tem ritmo muito mais lento. Essa é a melhor maneira de se obter informações durante a leitura de livros e outros materiais técnicos. Um caminho lógico para o uso da leitura compreensiva é dividir o processo em alguns passos básicos.

Comece com uma visão geral antes de ler os detalhes. Tal estratégia inclui passar os olhos pelo índice de conteúdo do livro, por introduções dos capítulos do livros e resumos de relatórios. Um bom exemplo é a descrição resumida no início de cada capítulo deste livro, sob o título de Objetivos de Aprendizagem.

Depois de obter uma visão geral, a maneira mais eficaz de compreender a informação é ler em um ritmo lento, pensar sobre a informação e sobre como ela se relaciona com o seu conhecimento atual. A leitura compreensiva resulta em um maior nível de retenção.

Ler livros técnicos é muito parecido com ouvir apresentações em aula. Nas aulas, você toma nota dos conceitos mais importantes para ajudar a entender e lembrar deles. Você pode usar uma abordagem similar para apreender e compreender informações importantes ao ler livros.

> Anotações sobre o conteúdo do livro, assim como tomar notas de aula, aumentam a compreensão.

Como demonstrado pelo aluno fazendo anotações durante a leitura de um livro na Figura 4.2, é possível melhorar seu processo de aprendizagem ao ler livros fazendo anotações sobre as principais ideias e identificando áreas que precisam de maiores esclarecimento. Use suas anotações para fazer perguntas durante as aulas sobre os respectivos temas. A propósito, fazer perguntas em sala de aula é uma excelente maneira de expandir sua capacidade de compreensão e de utilizar as informações de seus livros.

Habilidades de leitura são importantes porque você precisa manter-se atualizado devido à rápida mudança na tecnologia. Você será mais bem-sucedido desenvolvendo essa habilidade enquanto estudante, lendo informações impressas e eletrônicas com bastante atenção.

Figura 4.2 Fazendo anotações durante a leitura compreensiva.

4.6 Escrita

"Como estudante de engenharia, sei que a comunicação escrita é uma habilidade integral, que é responsável pelo sucesso na transferência de informações, na troca de ideias e no desenvolvimento de uma rede de enriquecimento profissional. Afinal, não importa o quão rentável ou original uma nova ideia pode parecer ser, sem os caminhos abertos e eficazes de comunicação, será impossível transmitir sua importância e seu significado para os outros."

(Vladislava Cuznetova, estudante na Universidade Estadual de Cleveland)

Quando você recebe um exercício para escrever algo, como se sente? Escrever é uma tarefa difícil? Há um "bloqueio mental" que dificulta a tarefa? Se escrever é um desafio para você, temos uma boa notícia: é possível aplicar os princípios de gerenciamento de projetos, conforme descrito a seguir, para "projetar" suas tarefas escritas e ser um bom escritor e comunicador.

> **Processo de gestão de projetos**
> 1. Planejamento prévio
> 2. Planejamento
> 3. Organização
> 4. Modelagem
> 5. Conclusão do projeto

Detalhes do gerenciamento de projetos serão discutidos em outro capítulo. No entanto, você pode começar a desenvolver suas habilidades de gerenciamento de projetos agora, aplicando-as à escrita. Vamos usar um relatório de laboratório típico como um exemplo de como as etapas de gerenciamento de projetos podem ser aplicadas.

4.6.1 Planejamento prévio

> Comece pela visão geral.

Você pode ficar surpreso ao descobrir que há um passo anterior ao planejamento. Gerentes de projetos bem-sucedidos não se envolvem em detalhes do projeto até que possuam uma visão geral. Isso é chamado de planejamento prévio, pois se baseia no desenvolvimento de uma perspectiva global antes do início do projeto.

Para obter uma visão geral em um projeto escrito, comece respondendo às seguintes perguntas:

- Quem lerá o que eu escrevo?
- Por que estariam interessados nas minhas informações?
- Como eles usarão essa informação?
- De quanta informação precisam?
- Qual estilo de escrita é melhor para eles?
- Qual é o prazo para concluir este projeto de escrita?

Planejamento prévio é, essencialmente, identificar seus leitores e determinar por que eles irão ler o seu material. Centrando-se no leitor, você terá uma ideia melhor do que incluir e qual o nível de detalhamento apropriado. Então, pode-se usar o tom adequado e estruturar o conteúdo para ser mais útil para o leitor.

A Figura 4.3 é um exemplo da introdução de um aluno a um relatório de laboratório. O leitor é o instrutor, então a introdução descreve o objetivo do experimento e dá uma visão geral do que foi feito. O instrutor está interessado no relatório porque este era um exercício, e os resultados da avaliação do relatório farão parte da nota do aluno no curso.

> **TRATAMENTO TÉRMICO E RIGIDEZ**
> Os objetivos deste experimento são apresentar as técnicas metalográficas e ensinar a como analisar as propriedades mecânicas. Isso foi feito mediante análise da correlação entre tratamento térmico de aço e as propriedades de rigidez e força resultantes.

Figura 4.3 Introdução de um relatório de laboratório.

A quantidade de informação deve ser suficiente para descrever a experiência de uma forma clara e concisa, ajudando o instrutor a avaliar o relatório. O estilo de escrita é um pouco formal e segue o formato fornecido pelo instrutor. O prazo está estabelecido no exercício.

4.6.2 Planejamento

Depois de responder a perguntas do planejamento prévio, o próximo passo é fazer uma descrição. Uma boa abordagem é usar um software de processamento de texto e identificar as principais seções. Selecione as informações buscando atender ao objetivo, conforme determinado na etapa de planejamento prévio. A maioria dos leitores é ocupada, assim é necessário informar o suficiente para que compreendam sua mensagem, mas não tanto a ponto de se tornar uma "sobrecarga de informação".

Ao considerar o que é importante para os leitores, você pode expandir o conteúdo e aumentar sua credibilidade, pesquisando fontes diversas de informação relacionadas ao tema. Ao fazer referência a informações de outras pessoas, você demonstra que pesquisou uma variedade de fontes e incluiu mais do que seus próprios pensamentos.

Então, por onde começar a sua pesquisa? Sua primeira ideia pode ser a Internet. Essa pode ser uma boa fonte de informação, desde que você reconheça se a fonte é, ou não, confiável. A Internet pode lhe poupar tempo identificando onde a informação pode ser encontrada.

A universidade e as seções de referência das bibliotecas são excelentes fontes de informações. Além disso, os bibliotecários podem poupar seu tempo, orientando sua pesquisa a fontes apropriadas. Ao longo da sua pesquisa, considere a credibilidade da fonte, bem como a informação.

Livros didáticos, revistas técnicas e artigos publicados normalmente são revisados por colegas, portanto se baseiam em fatos e devem ser fontes confiáveis. A maioria das sociedades profissionais tem bibliotecas eletrônicas e impressas, e você pode encontrar informações relativas a artigos em seus websites.

Enquanto você coleta informações, registre a fonte para que ela possa ser adicionada a sua lista de referências conforme o desenvolvimento do seu relatório. Informações de referência incluem autor, título ou descrição do conteúdo e publicações.

Informações de referência são colocadas ao final dos relatórios escritos em uma seção de Bibliografia, pouco antes do Índice.

4.6.3 Organização

A terceira etapa, a organização, é uma das mais importantes. Engenheiros costumam usar o raciocínio lógico para resolver problemas, e uma abordagem lógica facilita a organização de material escrito. Além disso, o uso de computadores cria uma maneira muito eficiente de preparar e organizar um esquema.

O uso de símbolos de identificação no esquema irá ajudá-lo a colocar as informações na área correta de um documento bem organizado. Esquemas economizam tempo, pois a estrutura é estabelecida antes de os detalhes serem adicionados. Dois formatos típicos de esquema são mostrados na Figura 4.4.

	Numerais romanos, letras, números	Decimais		
Seções maiores	I, II, III	1	2	3
1ª subseção	A, B, C	1.1	2.1	3.1
2ª subseção	1, 2, 3	1.1.1	2.1.1	3.1.1
3ª subseção	a, b, c	1.1.1.1	2.1.1.1	3.1.1.1

Figura 4.4 Formatos típicos de esquema.

Um bom exemplo de estrutura de um esquema para o exemplo de relatório do laboratório é mostrado na Figura 4.5. Observe que o primeiro passo na organização é identificar as principais partes a serem incluídas e sua localização no relatório. A menos que seja dado a você um formato específico, pense nos seus leitores e coloque as informações em um fluxo lógico, para que seja fácil para eles acompanhar e entender.

```
       ESQUEMA DE RELATÓRIO DE LABORATÓRIO
    I.  Introdução
        A. Objetivos
        B. Métodos de aplicação
        C. Resumo dos resultados
   II.  Procedimentos
        A. Equipamento e utilização
        B. Esquema dos passos do experimento
  III.  Discussão
        A. Resumo dos dados
        B. Nome e valor das variáveis
        C. Processo de análise
        D. Erros
            1. Fenômenos físicos
            2. Limitações dos instrumentos
   IV.  Conclusão
        A. Resultados
        B. Análise
        C. Recomendações
```

Figura 4.5 Exemplo de esquema.

4.6.4 Modelagem

Um passo importante na construção de um produto físico é fazer um modelo, determinar se ele precisa ser mudado ou refinado e fazer as correções necessárias antes de concluir o produto final. Uma abordagem semelhante pode ser usada no desenvolvimento de seu documento escrito.

O esquema é um modelo e fornece um roteiro definindo onde colocar as informações. Adicione detalhes em cada seção do esquema. Pense em quais informações são apropriadas, com base nos resultados do planejamento prévio. Quando tiver concluído todas as seções, você terá um modelo de trabalho para analisar e rever.

Um exemplo de como são adicionados os detalhes ao esquema do relatório do laboratório na Seção I, Subseção C, Resumo dos resultados é mostrado na Figura 4.6.

EXEMPLO DE RELATÓRIO DE LABORATÓRIO

I. Introdução

    C. Resumo dos resultados

Quando o aço-carbono foi aquecido a uma temperatura acima de 1400° F, a estrutura foi alterada e ocorreu uma alteração na fase do ferro. A taxa de resfriamento afetou a microestrutura final do aço.

Se o resfriamento for lento, o carboneto de ferro é expulso da solução e o ferro gama volta a ser ferro alfa. A formação resultante consiste em uma série de placas de carboneto de ferro intercaladas com placas de ferrita. Isso é conhecido como perlita, e o resfriamento lento produz perlita grossa.

Um resfriamento mais rápido causa espaçamento menor entre as placas e o resultado disso é perlita expandida ou fina, dependendo da taxa de resfriamento. A rigidez aumenta da perlita grossa para a fina.

Figura 4.6 Informações em uma seção típica do relatório do laboratório.

Até este ponto, discutimos como selecionar e organizar ideias em um formato escrito. Depois de ter incluído todas as informações necessárias, o próximo passo é ajustar o documento. Isso pode ser feito usando um software de verificação de ortografia e gramática e por meio da leitura dos rascunhos.

Ortografia e gramática

Mesmo que o conteúdo seja importante, você também precisa considerar como o seu trabalho escrito é "embalado". É possível estabelecer uma imagem profissional usando princípios corretos de gramática e um estilo de escrita interessante. Estes irão eliminar barreiras que podem distrair os leitores. Gramática correta, como concordância sujeito/verbo e pontuação adequada, é a base para uma boa escrita.

Inicie executando o software de verificação de ortografia e gramática para identificar palavras incorretas, erros de pontuação, concordância sujeito/verbo e outros erros comuns. Faça as correções e, em seguida, leia o seu trabalho na tela do computador. Teste o seu modelo revisando a estrutura e, se necessário, reorganize as informações para uma melhor continuidade. Pense em como os seus leitores usarão as informações e facilite sua compreenção.

Escolha da palavra

Conforme indicado na Figura 4.7, o software verifica a ortografia, mas não a escolha das palavras. A Figura 4.8 mostra a versão corrigida.

> Eu sem pré útil alisava meu corretor ortográfico para me certo ficar de que não houve se erros. Não a problema nem um em aproveitar esses recurso.
>
> Conto asas pá larvas escritas correr tá mente, céus relatórios vão a Ju dar você a ir mais longo do que você poder ia imagem ar.

Figura 4.7 Escolha incorreta das palavras.

> Eu sempre utilizava meu corretor ortográfico para me certificar de que não houvesse erros. Não há problema nenhum em aproveitar esse recurso.
>
> Com todas as palavras escritas corretamente, seus relatórios o ajudarão a ir mais longe do que você poderia imaginar.

Figura 4.8 Escolha correta das palavras.

É fácil usar palavras incorretamente se você não entender o seu significado preciso. Os termos técnicos normalmente não são um problema, mas muitas palavras comuns são usadas de forma inadequada e podem criar barreiras. Se os leitores tiverem de parar e pensar sobre o que a palavra significa, eles podem se distrair do conteúdo do texto.

Estrutura da sentença

Melhore o seu estilo de escrita usando frases e estruturas de parágrafo interessantes. Para a maioria dos textos técnicos, as frases devem ser curtas e variar entre estruturas simples, compostas e complexas.

Use diferentes estruturas de frases.

Um texto bem escrito aumenta o interesse e a compreensão do leitor. Use uma frase para expressar um pensamento completo. Para ser um escritor eficaz, utilize uma combinação de frases simples, compostas e complexas, adicionando variedade. Podemos demonstrar diferentes tipos de frase com alguns exemplos.

Frases simples contêm um sujeito e um predicado. Um exemplo de uma frase simples é

O novo software é amigável.

Em contraste, uma frase composta expressa dois ou mais pensamentos independentes, mas relacionados e de igual importância. Eles são unidos por uma vírgula ou seguidos de *ou, e* ou *mas*. Frases compostas são uma fusão de duas ou mais frases simples ou orações independentes que tratam do mesmo tema. Um exemplo de uma sentença composta é

O novo software é amigável e é muito mais fácil de instalar na maioria dos computadores.

A frase complexa expressa um pensamento independente e um ou mais pensamentos subordinados (oração dependente) que se relacionam e são separados por uma vírgula. O pensamento subordinado não pode ficar sozinho e geralmente é colocado no início da frase. Um exemplo de frase complexa é

Embora os softwares mudem com frequência, o software atual é amigável.

O tipo de estrutura de frase utilizado deve combinar com a relação das ideias que está sendo feita. Se você tem duas ideias de igual importância, elas devem ser expressas em duas frases simples ou em uma frase composta. No entanto, se uma das ideias for menos importante, ela pode ser usada como uma oração dependente em uma frase complexa.

Frases longas geralmente são mais difíceis de entender do que as mais curtas, pois o leitor precisa pensar mais para acompanhar a grande quantidade de informação. Portanto, é melhor quebrar frases longas em duas ou mais frases.

Estrutura do parágrafo

A estrutura de parágrafo adequada também tem influência na compreensão do leitor. Um parágrafo deve expressar apenas uma ideia principal, e essa ideia deve ser introduzida por um tópico frasal.

> Um parágrafo expressa uma ideia principal.

Normalmente, um tópico frasal é o primeiro item em um parágrafo; no entanto, ele também pode ser incluído no meio do parágrafo ou até mesmo como a última frase. O parágrafo deve possuir uma ou mais frases para apoiar e expandir a ideia principal. Se as frases não se relacionam ou não abordam o tema principal, devem ser colocadas em um novo parágrafo.

Assim como no caso das frases, parágrafos curtos são geralmente mais fáceis de acompanhar e entender. O uso de declarações concisas e um número limitado de frases de apoio resultará em parágrafos de comprimentos razoáveis.

Declarações de transição

As declarações de transição ajudam os leitores a passarem de um pensamento para o próximo. Palavras, frases e sentenças de transição são ferramentas que ajudam os leitores a perceber de que forma diferentes ideias se relacionam entre si dentro de um parágrafo ou entre dois parágrafos.

Use declarações de transição para ligar parágrafos.

Você pode usar palavras e frases de transição para dar continuidade. Essas conexões podem ser estabelecidas na última frase de um parágrafo para ligá-lo ao seguinte ou podem ser incluídas na primeira frase do parágrafo seguinte. Exemplos de declarações de transição são apresentados na Figura 4.9

RELAÇÃO	EXEMPLOS DE PALAVRAS DE TRANSIÇÃO
Comparação	em comparação com, ainda, tal como, do mesmo modo que
Contraste	por outro lado, ao passo que, todavia, entretanto, mas
Repetição	isto é, ou seja, em outras palavras, como já foi dito
Demonstração	por exemplo, em especial, nesse caso
Adição	ademais, além disso, em primeiro/segundo lugar, por fim
Relação	portanto, porque, de acordo, deste modo, consequentemente, então
Sequência temporal	antes, depois, quando, enquanto isso, às vezes
Resumo	em suma, para resumir, em poucas palavras, para concluir

Figura 4.9 Declarações de transição.

Exemplos de transição também são apresentados, em negrito, nos seguintes parágrafos:

Exemplo 4.1

O objetivo deste projeto de pesquisa é aumentar a eficiência do sistema de tecnologia existente. Com o uso de variações dos projetos de tubulação de líquidos, aumentou-se a eficiência do sistema hidráulico do ponto A ao ponto B em 10%. **Antes de recomendar o uso dessas mudanças no projeto, uma comparação adicional deve ser feita.**

O custo inicial para o projeto mais eficiente foi 15% maior do que os projetos anteriores. Isso pode ser aceitável se a economia com os custos de operação contemplar a diferença inicial em até 3 anos.

Exemplo 4.2

No entanto, se o custo inicial for o fator mais importante a se considerar, pode ser mais interessante cogitar a aplicação de novas tecnologias. Alguns sistemas, usando fluidos sintéticos, entraram no mercado com custos iniciais relativamente baixos.

Exemplo 4.3

Em síntese, o propósito original deste estudo pode ser muito limitado para produzir resultados práticos. Estudos adicionais são recomendados.

4.6.5 Conclusão do projeto

"O mais valioso de todos os talentos é nunca usar duas palavras quando uma for o suficiente."

(Thomas Jefferson, terceiro presidente dos Estados Unidos)

Para completar seu projeto de escrita, imprima um rascunho e revise a estrutura geral lendo-o em voz alta. Os tópicos e subtópicos utilizados são apropriados? As diferentes áreas dos tópicos estão relacionadas e encaixam-se no contexto da história? O conteúdo está escrito de forma concisa, sem o uso de palavras desnecessárias?

Evite barreiras usando palavras comuns e eliminando as desnecessárias.

Pense nos leitores enquanto você revê o rascunho final. A sua mensagem cria uma barreira, como o exemplo da Figura 4.10, ou é concisa e fácil de entender, como a da Figura 4.11? O comprimento e a variedade de frases são apropriados para gerar o interesse do leitor? Os parágrafos são de fácil leitura? Você usou as transições apropriadas para melhorar o fluxo de informações?

> Em virtude da impossibilidade de comparecimento de quatro dos nossos membros do comitê em nossa reunião prevista para hoje, dia 25 de junho, às 09h, tomou-se a liberdade de cancelar tal evento. Planeja-se, portanto, endereçar os mesmos itens em uma nova agregação recentemente agendada, a qual ocorrerá na próxima sexta-feira pela manhã, dia 27 de junho, às 09h. Com isso, é minha decisão pessoal que esta mesma reunião seja convocada de acordo com a pauta previamente estabelecida, a qual está aqui contida para maior praticidade de revisão antes do encontro e para ajudá-lo a estar mais bem preparado para discutir os itens detalhadamente na reunião de sexta-feira.

Figura 4.10 Mensagem com um número exagerado de palavras.

> Como quatro membros não puderam comparecer à nossa última reunião, eu a remarquei para a próxima sexta-feira, às 09h. Utilizaremos a mesma pauta anexada.

Figura 4.11 Mensagem concisa.

Os últimos passos são fazer correções a partir da última revisão, utilizar o corretor ortográfico mais uma vez e imprimir o produto final. Se você trabalhou duro e seguiu cada passo do processo do projeto, terá um documento muito profissional e eficiente.

Uma conversa com Guruprasad Madhavan

Guru, o cenário que você descreveu no início deste capítulo é um pouco assustador. Como você lidou com esse desafio para preparar algo tão importante e tão rapidamente?

Resposta

"Meu trabalho em políticas públicas não apenas me dá a oportunidade de ver as questões de maneira diferente, mas também me desafia a me comunicar melhor.

Nesta ocasião, enquanto eu olhava a Internet, estava perdido com centenas de milhares de resultados. Após 45 minutos pesquisando on-line por informações confiáveis, percebi que ainda não havia escrito uma palavra do resumo, estava remando sem sair do lugar. Desliguei-me do computador, mudei minha estratégia de pesquisa e comecei a ligar para especialistas nesta área, buscando orientação. Suas sugestões me ajudaram a enquadrar o tema e começar a escrever. Infelizmente, já eram 09h45. Senti que precisava de pelo menos uma hora extra para aprimorar as questões.

Liguei para a minha colega e disse: 'Eu estraguei tudo! Eu acho que eu não serei capaz de terminar o resumo até as 10:00.' Ela riu e revelou que aquilo se tratava de um exercício de treinamento para ajudar na adaptação às realidades do negócio, como parte do meu pacote de 'inicialização' em políticas públicas.

Mais tarde, minha colega e eu tomamos café juntos para falarmos sobre o que eu tinha desenvolvido durante o exercício. Eu aprendi muito sobre como melhorar minhas habilidades, tanto a de escrita como a de contar histórias sob pressão."

Ainda que esse caso tenha sido um teste, como você normalmente se prepara para fazer resumos? Quais as habilidades não técnicas que você usa?

Resposta

"Se eu não tivesse começado a fazer telefonemas para especialistas, eu teria lamentavelmente falhado na minha pesquisa. Eu tive de superar meu medo e minha timidez e trazer líderes mundiais para o assunto. Engenheiros podem aprender muito com jornalistas talentosos – famosos por fazerem perguntas bem-elaboradas para provocar respostas bem-elaboradas – para construir uma história convincente.

Engenheiros, em geral, são competentes quando lidam com dados e modelos complexos, mas essa habilidade por si só não é suficiente em uma sociedade sobrecarregada e com tão grande déficit de atenção. Mais impressionante do que os densos relatórios de dados cheios de tabelas, gráficos e números é um bom enredo, sustentado com dados relevantes e apresentado em um estilo acessível e envolvente. Lembre-se sempre: histórias chamam atenção.

Essa experiência reforçou meu interesse em contar histórias com base em resultados sólidos de pesquisas. São essas histórias realmente precisas, juntamente às habilidades persuasivas objetivas, que ajudam a criar políticas acionáveis."

Que conselho você compartilharia com os alunos?

Resposta

"Leiam, por exemplo, The Economist, The New Yorker, Foreign Policy, Scientific American e outras revistas, livros e guias. Pesquisem sobre escritores talentosos cujo estilo de trabalho os inspirará a aguçar suas habilidades de pesquisa, de redação e de contar histórias.

Também busquem em ler amplamente além da sua área de estudo, incluindo as áreas das artes, design, negócios, saúde, finanças, economia, direito, psicologia, sociologia, ciências humanas, política, história, governo e desenvolvimento internacional. Como engenheiros do século XXI, nossos desafios são muito mais transversais e complexos dos que foram no passado."

(Guruprasad Madhavan, Engenheiro Biomédico e
Oficial de Programas da Academia Nacional de Ciências)

4.7 Conclusão

Discutimos dois dos quatro processos de comunicação, leitura e escrita, neste capítulo. Outros capítulos abordarão audição e fala. Todos os quatro processos de comunicação são muito importantes para ajudar a receber e repassar informações.

Também discutimos como podemos usar diferentes estilos de leitura ao rever mensagens impressas e eletrônicas. Foram abordadas a leitura dinâmica para uma rápida visão geral, a leitura casual para o prazer e a leitura compreensiva quando precisamos compreender e fazer uso da informação.

Em nossa discussão sobre comunicação escrita, identificamos os princípios mais importantes de manter o foco no leitor, ter uma boa organização e fornecer documentação para dar credibilidade aos nossos documentos técnicos. A escrita deve ser baseada na gramática e em técnicas profissionais adequadas. Documentos escritos podem durar muito tempo, por isso devemos prepará-los de forma correta e profissional, a fim de estabelecer uma imagem positiva.

Embora a aplicação das habilidades de escrita correta e concisa demande tempo e esforço, isso trará muitos benefícios. A escrita profissional irá reforçar sua credibilidade e encorajará outros a entenderem o valor de suas ideias, o que abrirá muitas oportunidades de avanço e maior sucesso em sua carreira.

"Eu testemunhei, ao longo da minha carreira, muitos engenheiros brilhantes próximos de serem gênios. Infelizmente, algumas dessas mentes brilhantes não foram consideradas para uma promoção em razão de uma deficiência em suas habilidades de comunicação. Como estudante de engenharia, despenda o tempo e esforço extra em seus relatórios de laboratório e trabalhos de escrita. Isso será recompensado de uma forma que, neste momento, você pode apenas imaginar."

(Ted Tracy, Engenheiro Eletricista e Gerente Regional)

Os comentários de Ted Tracy resumem o valor de boas habilidades de comunicação. Muitos engenheiros não conseguem atingir altos níveis de sucesso não porque não têm as habilidades técnicas necessárias, mas porque não são hábeis em se comunicar com outras pessoas. Portanto, tome o conselho de Ted e use as muitas oportunidades que você tem enquanto aluno para desenvolver habilidades de comunicação efetiva. Isso trará grandes vantagens ao longo de sua vida e carreira.

REVISÃO DE FINAL DE CAPÍTULO

Escolha a resposta mais adequada para as seguintes afirmações.

1. A melhor maneira de se preparar para se tornar um engenheiro de sucesso é
    a. Estudar bastante e obter boas notas.
    b. Equilibrar habilidades técnicas com habilidades não técnicas.
    c. Aprender a aplicar as habilidades técnicas.
    d. Desenvolver boa escrita.
2. Os quatro tipos básicos de comunicação são
    a. Leitura, escrita, audição e fala.
    b. Conversar com amigos, ouvir palestrantes, mandar mensagens de texto e falar em um telefone celular.
    c. Escrever relatórios, enviar e-mails, preparar currículos e enviar cartas de apresentação.
    d. Entregar as tarefas de casa, fazer perguntas em sala de aula, ler livros e fazer testes.
3. As principais partes do processo de comunicação são
    a. Aprender a falar e escrever.
    b. Os três tipos de leitura – dinâmica, casual e compreensiva.
    c. Uma pessoa envia uma mensagem, outros recebem, processam a mensagem e podem dar um *feedback* para a pessoa que a enviou.
    d. Fazer anotações durante a leitura de livros, fazer perguntas na aula e ouvir respostas.
4. A leitura dinâmica é uma forma eficaz para
    a. Obter rapidamente uma visão geral do material escrito.
    b. Estudar para um teste.
    c. Ler livros por prazer.
    d. Ler o capítulo de um livro pouco antes da aula, para se preparar para a lição.

5. Leitura compreensiva é uma boa maneira de
   a. Ler o livro antes da aula.
   b. Se preparar para uma experiência de laboratório.
   c. Estudar o material, preparando-se para um teste.
   d. Realizar todos os itens acima.
6. A principal consequência de tomarmos nota durante a leitura de um livro didático é
   a. Garantir que você leu todo o livro.
   b. Ajudar você a identificar perguntas para fazer em aula que esclareçam suas dúvidas.
   c. Fornecer evidência que você pode usar para mostrar ao seu instrutor que você leu o livro.
   d. Diminuir sua velocidade de leitura e ajudá-lo a compreender todos os detalhes de um texto.
7. Ao iniciar um projeto de escrita, o primeiro passo é
   a. Fazer um esboço do material.
   b. Escrever o primeiro parágrafo de cada parte do documento escrito.
   c. Escrever um rascunho e usar um software de verificação ortográfica para corrigir os erros.
   d. Identificar leitores, estabelecer o objetivo da escrita e decidir o que escrever.
8. O método mais eficiente de preparação de um relatório formal é
   a. Começar com atividades de planejamento prévio para obter uma visão geral.
   b. Fazer um esboço e organizar as informações em uma estrutura lógica.
   c. Usar rascunhos para analisar e rever informações.
   d. Realizar todos os itens acima.
9. A melhor maneira de eliminar as barreiras ao escrever é
   a. Usar símbolos de identificação para os leitores saberem onde a informação está localizada.
   b. Usar um software de verificação ortográfica para eliminar os erros de ortografia.
   c. Escrever de forma concisa e utilizar a linguagem do leitor.
   d. Usar tabelas para apresentar informações detalhadas.
10. Aprender a escrever bem é importante, pois
    a. Fornece informações para os outros de uma forma que eles possam entender e usá-las.
    b. Ajuda você a se comunicar de maneira mais eficaz com as pessoas.
    c. É a prova do seu conhecimento e conduz a um maior sucesso em sua carreira.
    d. Todos os itens acima.

Exercícios para desenvolver e aperfeiçoar suas habilidades

4.1 Este é um exercício de leitura. Avalie a compreensão por meio de três métodos de leitura para rever os trechos da seção de Introdução do livro *Fundamentos de Circuitos Elétricos*, disponível adiante, da seguinte forma:

1. Leitura Dinâmica
- Leia os sete parágrafos em 30 segundos. (Dica: Se você não tiver sido treinado na leitura dinâmica, olhe para a primeira frase de cada parágrafo e mova rapidamente para baixo da página para obter uma imagem visual do conteúdo.)
- Sem olhar para os trechos novamente, escreva um resumo do que você acabou de ler.

2. Leitura Casual
- Leia os parágrafos novamente em 5 minutos, mas não tome notas enquanto você lê.
- Sem olhar para os trechos novamente, escreva um resumo do que você acabou de ler.

3. Leitura Compreensiva
- Leia as os parágrafos uma terceira vez em 5 minutos e tome notas enquanto você lê.
- Sem olhar para os trechos novamente, use suas notas de leitura e escreva um terceiro resumo.

Discussão de aula (ou de sua equipe de estudos, se não for discutido em aula):

1. Compare o conteúdo dos três resumos.
- Quando seria adequado o uso da leitura dinâmica?
- Se você estivesse se preparando para um teste, qual método você utilizaria?
- Qual método você utilizaria se detalhes não fossem importantes e você precisasse somente de uma ideia geral do material?

2. Use as anotações deste exercício e da discussão da aula (ou da equipe de estudos) para finalizar a tarefa de casa.

4.2 Este é um exercício de desenvolvimento de parágrafos. Revise as informações do texto a seguir e determine os pontos em que deve-se fazer um novo parágrafo.

Pessoas, equipamentos, espaço e energia são recursos de uma empresa. Eles são caros, e você deve usá-los de forma eficaz. A produtividade é uma medida da utilização de recurso e é a razão da saída sobre a entrada. Para aumentar a produtividade é preciso aumentar a saída, reduzir a entrada ou alcançar uma combinação dos dois. A localização de serviços como banheiros, vestiários, refeitórios, armários de ferramentas e qualquer outro afetará a produtividade dos funcionários e, portanto, a utilização ou a eficácia dos empregados. Diz-se que você pode guiar tubos e fios, mas você não pode guiar pessoas. Fornecer locais convenientes para os serviços irá aumentar a produtividade. O equipamento pode ser muito caro, e os custos operacionais devem ser recuperados por meio de uma porcentagem de cada peça produzida em tal máquina. Quanto mais peças saírem de uma máquina, menor é a porcentagem com que cada parte deve contribuir. Portanto, para reduzir essa porcentagem, você deve esforçar-se para obter o máximo possível de cada máquina. Calcule quantas máquinas são necessárias no início para que trabalhem o máximo possível. Lembre-se de que a localização da máquina, o fluxo de materiais, o manuseio dos materiais e o design da estação de trabalho afetam o uso do equipamento. Espaço também é caro, portanto os projetistas precisam fazer uso eficaz dele. Bons procedimentos de layout da estação de trabalho incluirão tudo que é necessário para operar aquela estação e nenhum espaço a mais. Normalmente, os planejadores fazem um bom trabalho usando o espaço, mas também há outros espaços a se considerar. Os porões são um bom lugar para túneis de serviços, passarelas entre edifícios, esteiras subterrâneas para entrega de material ou remoção de lixo e tanques para armazenamento. Espaços aéreos também podem ser úteis, podendo ser usados para esteiras aéreas, prateleiras de paletes, mezaninos, prateleiras ou caixas para armazenamento, escritórios de varanda, sistemas de distribuição pneumáticos, secadoras, fornos e assim por diante.

4.3 Este é um exercício de elaboração de um relatório escrito. Prepare um relatório escrito com base nas notas do Exercício 4.1 e entregue seu relatório no início da aula, na data especificada por seu instrutor, da seguinte forma:

Relatório de Exercício de Leitura

Preparado por_____

Aplicação dos métodos de leitura

Leitura Dinâmica

Identifique quando seria apropriada a leitura dinâmica.

Discuta a importância da leitura dinâmica para o seu uso pessoal.

Leitura Casual

Identifique usos típicos da leitura casual.

Discuta a importância da leitura casual para o seu uso pessoal.

Leitura Compreensiva

Identifique quando seria apropriada a leitura compreensiva.

Discuta a importância da leitura compreensiva para o seu uso pessoal.

Avaliação do exercício de leitura

Escreva ao menos três parágrafos para comparar os resultados de como cada método de leitura se relaciona com a compreensão e a retenção do conteúdo.

Use um parágrafo separado para discutir como você planeja usar seu aprendizado neste exercício em futuras aulas e em outras experiências de leitura.

4.4 Este é um exercício para melhorar suas habilidades de escrita. Prepare um relatório escrito sobre as disciplinas que está cursando este semestre e como você pretende aprender novas habilidades ou melhorar aquelas associadas a cada curso.

Organize o seu relatório com títulos de seção e um fluxo lógico de informações. Use estruturas de frases e de parágrafos, e uma gramática adequados. Verifique ortografia e gramática usando um software e corrija os erros antes de enviar relatório.

Seu relatório deve ter uma ou duas páginas (400 a 800 palavras).

Passo 1:

Prepare seu relatório usando o processo descrito neste capítulo. Envie uma cópia eletrônica dele para o seu instrutor antes da data de vencimento estabelecida para este passo.

Passo 2:

Se solicitado por seu instrutor, visite o Centro Universitário de Escrita e peça-lhes para rever o seu relatório e sugerir como você pode melhorar suas habilidades de escrita. Trabalhe com a equipe para revisar e elaborar um relatório final. Envie uma cópia eletrônica do relatório final para seu instrutor antes da data de vencimento estabelecida para este passo.

RECURSO DE FINAL DE CAPÍTULO

Trechos da Introdução da quarta edição de *Fundamentos de Circuitos Elétricos*, de Dr. Charles K. Alexander e Dr. Matthew N.O. Sadiku:

> Teoria de circuitos elétricos e teoria eletromagnética são as duas teorias fundamentais sobre as quais todos os ramos da engenharia elétrica são construídos. Muitos ramos da engenharia elétrica, como energia, máquinas elétricas, controle, eletrônica, comunicações e instrumentação, são baseados na teoria dos circuitos elétricos. Portanto, o curso básico de teoria de circuitos elétricos é o mais importante para um estudante de engenharia elétrica e é sempre um excelente ponto de partida para um aluno iniciante dessa área. A teoria dos circuitos também é importante para estudantes que se especializam em outros ramos das ciências físicas, pois os circuitos são um bom modelo para o estudo de sistemas de energia em geral e, também, envolvem matemática, física e topologia aplicadas.

Em engenharia elétrica, você frequentemente busca comunicar ou transferir energia de um ponto a outro. Para fazer isso, é necessária uma interconexão de dispositivos elétricos. Tal interconexão é chamada de *circuito elétrico* e cada componente do circuito é conhecido como *elemento*.

Um circuito elétrico simples é constituído de três elementos básicos: uma bateria, uma lâmpada e fios de ligação. Tal circuito pode existir por si só; ele tem várias aplicações, como uma lanterna, um holofote e outras.

Um exemplo de um circuito complicado seria o de um receptor de rádio, em que existem vários elementos, com muitos caminhos de ligação. Embora um receptor de rádio pareça complicado, esse circuito pode ser analisado utilizando as técnicas abordadas neste livro. Nosso objetivo com este texto é aprender várias técnicas analíticas e softwares para descrever o comportamento do circuito.

Circuitos elétricos são usados em diversos sistemas elétricos para realizar diferentes tarefas. Nosso objetivo neste livro não é o estudo dos vários usos e aplicações dos circuitos. Em vez disso, nossa maior preocupação é a análise dos circuitos. Por análise de um circuito queremos dizer um estudo do comportamento do circuito: como ele responde a um dado de entrada? Como os dispositivos e elementos interligados no circuito interagem?

Iniciamos nosso estudo definindo alguns conceitos básicos. Tais conceitos incluem carga, corrente, tensão, elementos do circuito, potência e energia. Antes de defini-los, precisamos, primeiramente, estabelecer um sistema de unidades que usaremos ao longo de todo o texto.

Como engenheiros elétricos, lidamos com quantidades mensuráveis. Nossa medição, no entanto, deve ser comunicada em uma linguagem padrão que praticamente todos os profissionais possam entender, independentemente do país onde a medição é realizada. Tal linguagem de medida internacional é o Sistema Internacional de Unidades (SI), adaptado pela Conferência Geral de Pesos e Medidas em 1960. Nesse sistema, existem seis principais unidades das quais podem ser derivadas as unidades de todas as outras grandezas físicas. As quantidades e unidades são: comprimento (metro), massa (quilograma), tempo (segundos), corrente elétrica (ampere), temperatura termodinâmica (Kelvin) e intensidade luminosa (candela).

CAPÍTULO

5

Habilidades de apresentação profissional

"Habilidades de apresentação efetivas são elementos essenciais para uma profissão de engenharia bem-sucedida."

Marius Marita, engenheiro eletricista e
Advanced Engineer na FirstEnergy Corporation

Objetivos de aprendizagem

Ao usar as informações e os exercícios deste capítulo, você será capaz de:

- Apreciar o porquê de a habilidade de falar perante uma audiência é importante para o sucesso na carreira.
- Aplicar os princípios fundamentais de fala em público em suas apresentações.
- Aprender a planejar e realizar apresentações efetivas para diferentes tipos de audiência.
- Preparar e usar recursos visuais efetivos.
- Aumentar sua confiança e realizar apresentações profissionais impressionantes.
- Participar efetivamente de apresentações em equipe.
- Minimizar o medo de falar em público ao ganhar experiência oratória.

CENÁRIO DE APRESENTAÇÃO PROFISSIONAL

"A trajetória ao longo de meus 24 anos de carreira foi repleta de apresentações pessoais que começaram com uma única oportunidade em meu último ano na faculdade. Aquela experiência não apenas mudou minha carreira, mas também minha vida. Minhas experiências de fala me permitiram progredir de um aluno de faculdade para engenheiro de projetos, gerente de projetos, gerente de operações, gerente de linha de produtos e, finalmente, gerente geral encarregado de uma divisão em uma grande empresa. A escrita e as habilidades de apresentação podem estar diretamente relacionadas às oportunidades que pude aceitar durante esses 24 anos."

(John J. Paserba, Gerente Geral, Divisão Gas Circuit Breaker, Mitsubishi Electric Power Products, Inc.)

Algumas das oportunidades mais importantes na preparação para uma carreira de sucesso estão fora da sala de aula. Isso aconteceu com John Paserba, e por meio da conversa que tivemos com ele, apresentada ao final deste capítulo, você aprenderá como esse evento na Universidade Gannon mudou sua vida.

5.1 Introdução

O propósito deste capítulo é focar as habilidades não técnicas importantes que são necessárias para preparar e realizar suas apresentações profissionais. Apesar de as comunicações escritas continuarem a se expandir com o uso de dispositivos eletrônicos portáteis, é provável que você tenha muitas oportunidades de se apresentar para plateias formadas por colegas, gerentes, clientes ou grupos da comunidade. Além disso, você poderá se envolver em conferências e seminários na Web.

A habilidade de comunicar ideias e detalhes de projeto em apresentações ao vivo perante uma audiência, ou em ambientes da Web tem um impacto significativo no sucesso de sua carreira. Muitos profissionais da área técnica possuem muito conhecimento, mas, se não conseguirem transmiti-lo a outros em apresentações e discussões em grupo, não alcançarão os resultados desejados.

Além de discutir os princípios de fala em público, os exercícios deste capítulo mostram como usar as ferramentas de engenharia para aprimorar suas habilidades de apresentação. Essa abordagem lhe economizará tempo, reduzirá seu estresse e medo e ajudará na realização de apresentações profissionais efetivas.

5.2 Falar em público

Depois da escuta, a maior parte do tempo gasto em comunicação é com a fala. Você certamente sente-se confortável durante conversas informais com amigos e colegas, mas quando deve falar perante um grupo de pessoas, sente certa ansiedade, representada na Figura 5.1.

Figura 5.1 Medo de falar em público.

Muitos engenheiros e outros profissionais técnicos sentem-se desconfortáveis quando comprometem-se a falar em público, pelo menos até ganharem experiência após realizarem diversas apresentações. Algumas pessoas afirmam que temem falar ao vivo a uma plateia mais do que temem a própria morte. Isso parece um pouco drástico, mas revela a necessidade de se construir autoconfiança por meio do aperfeiçoamento das habilidades de fala.

Como engenheiros profissionais, os autores deste livro já realizaram milhares de palestras e outras apresentações. É fácil realizar apresentações agora, mas as primeiras vezes foram desafiadoras. Nossa experiência de engenharia nos ajudou a desenvolver habilidades de oratória, e lhe mostraremos como usar essas mesmas habilidades para se tornar um orador de sucesso.

Essa abordagem prática, desenvolvida por engenheiros e para engenheiros, é fácil de ser utilizada. Como aluno de engenharia, você pode se identificar com esse processo estruturado para preparar e realizar apresentações profissionais. Isso lhe economizará tempo para preparar a apresentação de recursos visuais e lhe fará criar confiança para falar em público.

> "Um grande projeto ou uma análise de engenharia podem ser rejeitados se estiverem encobertos por uma apresentação ruim. Cada projeto em que um engenheiro trabalha irá requerer a aprovação de alguém. Se este não compreende os benefícios que serão recebidos em consequência dos custos associados, então o projeto nunca irá em frente. Como resultado, a habilidade de realizar uma boa apresentação é uma necessidade essencial para um engenheiro."
>
> (Paul Kruger, Engenheiro Eletricista em uma empresa concessionária de energia elétrica)

Como ilustrado na Figura 5.2, a comunicação é mais do que apenas o envio de uma mensagem. A mensagem deve ser entregue de forma apropriada para que os destinatários processem a informação enquanto a escutam. Os destinatários podem também dar um *feedback* importante.

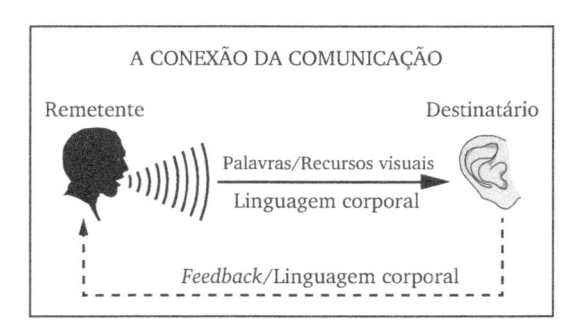

Figura 5.2 O ciclo da comunicação.

Oradores eficazes são bons comunicadores. Eles compreendem e aplicam os princípios de fala em público. O segredo por trás das técnicas de fala bem-sucedidas é adaptar princípios a estilos pessoais. O estilo de fala inclui a interação com recursos visuais e a plateia, bem como o uso da sua voz para variar os níveis de apresentação e sua velocidade.

> Os princípios da fala em público são: planejamento e preparação, prática e apresentação profissional.

5.3 Planejamento e preparação

Apresentações profissionais requerem tempo suficiente de planejamento. Um orador eficiente investirá, no mínimo, de vinte e cinco a trinta vezes o tempo envolvido na apresentação para se preparar, ensaiar e se familiarizar com a informação e recursos visuais. O processo de planejamento deve ser iniciado cedo e deve incluir tempo suficiente para preparar e ensaiar a apresentação.

Comece as atividades de planejamento identificando sua audiência. Pelo fato de a audiência ter um grande impacto na sua habilidade de apresentar a mensagem efetivamente, você deve projetar sua apresentação para se encaixar às suas necessidades e a seu nível técnico de conhecimento. Se necessário, pergunte quem fará parte da plateia e por que estão interessados no seu tópico.

5.3.1 Identificação das necessidades específicas da audiência

Para economizar tempo de preparo e ser mais efetivo com audiências, você deve pensar no porquê de sua informação ser importante às diversas audiências e, então,

determinar a melhor forma de comunicar sua mensagem. Audiências comuns podem incluir:
- Supervisores e colegas
  - Estão interessados em informação técnica e muitos fatos
  - Entendem termos técnicos
  - Entendem esboços detalhados, gráficos e diagramas
  - Fazem perguntas técnicas
  - Sentem-se confortáveis com apresentações mais longas e detalhadas
  - Identificam-se com apresentações informais e animações que demonstrem processos
- Gestores e seniores
  - Interessam-se menos por informação técnica
  - Podem não entender termos técnicos
  - Podem se sentir confusos com detalhamento excessivo
  - Focam a economia e o que a tecnologia pode trazer de lucros
  - Geralmente fazem perguntas não técnicas
  - São extremamente ocupados e têm tempo limitado para escutar apresentações
  - Querem apresentações curtas, concisas e mais formais
  - Não se impressionam com animações excessivas em apresentações do PowerPoint
- Clientes
  - Podem ter uma combinação de *backgrounds* técnico e não técnico
  - Querem algum detalhamento técnico
  - Interessam-se em como o projeto os ajudará e trará lucros
  - Podem fazer perguntas tanto técnicas quanto não técnicas
  - Querem apresentações curtas, mas informativas
  - Não se impressionam com animações excessivas em apresentações do PowerPoint
- Público geral e outras audiências não técnicas
  - Interessam-se menos por informação técnica
  - Podem não entender termos técnicos e geralmente fazem perguntas não técnicas
  - Podem se sentir confusos com detalhamento excessivo
  - Querem apresentações curtas e concisas
  - Podem ou não se impressionar com apresentações animadas em PowerPoint

Uma plateia formada por pessoas de uma sala de aula é similar à formada por supervisores (professor) e colegas (alunos). Apresentações de projeto seniores podem também incluir supervisores, colegas e clientes (representantes da indústria visitantes). Alunos que participam de encontros de sociedade profissional são colegas.

Todas as apresentações são importantes, e você deve se esforçar para transmitir sua mensagem da forma mais apropriada para cada tipo de audiência. Entretanto, apresentações para a gerência sênior são as mais importantes, e você deve planejá-las com muito cuidado. Gerentes seniores esperam que você seja informativo, claro e conciso e que termine dentro do tempo estipulado. Lembre-se de que o futuro de sua carreira frequentemente depende da sua habilidade em causar uma boa impressão na gerência sênior.

Comece sua apresentação esboçando os principais tópicos a serem abordados. Use um processador de texto para estruturar a apresentação e organizar as ideias em um fluxo lógico de informação. Continue adicionando detalhes para cada seção do esboço. Prepare seções de introdução e sumário após o corpo principal da apresentação estar completo.

Escolha o tipo de apresentação e de recursos visuais mais apropriados para a audiência. Use os tópicos principais para estruturar os recursos visuais; então, use esses recursos para praticar sua apresentação.

Após preparar os recursos visuais, ensaie, apresentando audivelmente a informação contida em cada elemento visual. Concentre-se mais nos conceitos gerais e menos nas palavras específicas a serem usadas.

Anote o tempo dos ensaios e ajuste a quantidade de informação para caber no espaço de tempo reservado para sua apresentação. Uma regra geral para organização de tempo em uma apresentação é a de usar 10% do tempo para a introdução, 80% para a apresentação principal e 10% para um resumo.

5.3.2 Preparação de recursos visuais eficazes

É possível utilizar uma variedade de recursos visuais, dependendo da audiência e do tipo de reunião para a qual você está se preparando. Opções de recursos visuais incluem lousas, cavaletes flip-chart, DVDs e PowerPoint. A maioria dos recursos visuais é preparada antes das reuniões e fornece um esboço para a discussão. Nossa discussão terá por foco os recursos visuais do PowerPoint, mas é possível igualmente aplicar *muitas* das mesmas ideias para outros meios.

Conteúdo

Além de saber o que dizer, o próximo tópico importante é apoiar seus comentários preparando recursos visuais fáceis de serem vistos e compreendidos pela audiência. O ideal é utilizar poucas palavras, e comuns, em um PowerPoint, em vez de frases, parágrafos e citações grandes. Sua audiência lembrará mais da sua apresentação quando virem apenas palavras-chave e ouvirem por meio de seus comentários os detalhes adicionais.

Use o princípio KISS para evitar barreiras.

Uma regra geral para todos os recursos visuais é o princípio de simplicidade KISS, do inglês *"Keep it simple, student"*. Um erro comum é sobrecarregar os recursos visuais com informação escrita ou esboços detalhados e diagramas: a audiência consegue entender os recursos mais rapidamente quando a quantidade de informação é limitada. Um bom exemplo é demonstrado na Figura 5.3. O conteúdo desta figura é muito mais fácil de se ler e entender que o conteúdo da Figura 5.4. Infelizmente, muitos recursos visuais acabam se assemelhando à Figura 5.4, com informação excessiva, dificultando a leitura e a compreensão da audiência.

COMPUTADORES COM MULTIMÍDIA
- Recursos visuais dinâmicos
- Convenientes de usar
- Flexíveis a mudanças
- Interessantes para a plateia
- Imagem profissional
- Portáteis para viagens

Figura 5.3 Conteúdo visual textual efetivo.

COMPUTADORES COM MULTIMÍDIA
- Recursos visuais dinâmicos que podem ser preparados antes da apresentação e que servirão de guia para o orador durante a discussão e as questões.
- Convenientes de usar, por serem fáceis de carregar e fáceis de mostrar a uma plateia para que ela possa acompanhar as palavras ditas.
- Flexíveis a mudanças, no sentido de que você pode realizar correções e mudanças logo antes da apresentação e estar mais atualizado para a plateia.
- Interessantes para a audiência ver algo enquanto você está falando sobre os detalhes de cada tópico ao proceder com a apresentação.
- Imagem profissional que demonstra que você sabe usar o PowerPoint e sabe transmitir sua mensagem de forma moderna à sua plateia.
- Portáteis para viagens, pois se pode levar as apresentações em seu computador ou armazená-las em pendrive, CD ou outro sistema de memória.
- Caros, mas geralmente valem seu preço por tornarem muito mais fácil a preparação e a transmissão de sua mensagem de forma profissional.
- Disponíveis em todo lugar, e as plateias estão familiarizadas com esse tipo de apoio à apresentação visual, então ficarão satisfeitas ao ver seus recursos visuais.
- Confiáveis, mas alguns sistemas mais antigos de projeção podem não ser compatíveis e exigir que você mude a resolução de seu computador para conseguir apresentar.
- Eficazes para apresentações, pois a plateia pode ler mais detalhes enquanto você fala sobre cada tópico.

Figura 5.4 Conteúdo visual textual não efetivo. *(continua)*

- Comuns a muitos oradores, a maioria dos quais sabe usar esse meio.
- Ferramentas bastante úteis para ajudá-lo a exibir muitos detalhes sobre sua apresentação, e não é preciso ter muitos slides para apresentar sua história ou arte, nem mesmo para mostrar que você está sempre atualizado.
- Sinal de um orador profissional, especialmente quando você coloca uma grande quantidade de informações em cada slide para mostrar o quanto sabe sobre seu tópico.
- Demonstram os modernos e magníficos sistemas de apresentação eletrônica.
- Esperados pela maioria das plateias, porque já viram muitas apresentações em PowerPoint e sempre esperam um entretenimento além de ouvir a história.
- Podem distrair a plateia se muita animação for usada para dar ênfase e direcionar a plateia a cada parte da apresentação.
- Precisam de um projetor, que são geralmente fáceis de obter, e a maioria dos hotéis e empresas possui vários destes disponíveis a qualquer hora.
- Fornecem excelentes notas para o orador, se ele conseguir entender o que está escrito nos slides poluídos e usar essa informação para lembrar o que dizer e quando dizer.
- Podem também ser usados como teste de visão por sua plateia, ajudando-a a determinar se ela precisa de óculos novos ou se os atuais ainda estão bons.
- Ainda que você possa colocar muita informação em um slide, em algum momento você ficará com pouco espaço e terá de ir para o próximo slide.

Figura 5.4 Conteúdo visual textual não efetivo. *(continuação)*

Formato para apresentações para plateias

Ao preparar apresentações em PowerPoint para serem projetadas em uma tela em frente a uma audiência presencial, use cores escuras e padrões simples como planos de fundo. Longas séries de fundos brancos tendem a causar fadiga visual. Também, quando apresentações forem gravadas em vídeo, o fundo branco reduz o tempo de abertura do obturador da câmera, tornando a imagem do orador frequentemente escura demais. Fundos escuros fornecem um contraste excelente quando se selecionam cores claras, como branco e amarelo, para palavras, gráficos e outras figuras.

Como indicado na Figura 5.5, uma fonte Arial branca de tamanho 44 é apropriada para títulos. Em geral, títulos devem se limitar a uma ou duas linhas para que não tomem muito do espaço. Usar letras maiúsculas e adicionar negrito ou sombreamento torna as palavras mais fáceis de se ler.

Ao apresentar tópicos com marcadores (*bullet points*), recomendamos fonte Arial amarela de tamanho 40, com negrito e sombreado no primeiro nível de informação. Marcadores de segundo nível podem ficar em Arial tamanho 36, em amarelo ou alguma outra cor clara. Continue usando negrito e sombreado e deixe maiúscula a primeira letra de cada tópico. Evite marcadores em terceiro nível, pois são pequenos e difíceis de ver.

Minimize a sobrecarga de informação limitando o número de tópicos a no máximo seis linhas de informação abaixo do título. Se a informação não couber em seis linhas, é possível criar uma série de slides com o mesmo título.

> **TEXTO BRANCO, TAMANHO 44, NEGRITO, SOMBREADO TODAS AS LETRAS EM MAIÚSCULO - DE 1 A 2 LINHAS**
> - Texto Amarelo, Tamanho 40, Negrito, Sombreado
> - Colocar A 1ª Letra De Cada Palavra Em Maiúsculo
>   • Texto Branco, Tamanho 36, Negrito E Sombreado
>   • Colocar A 1ª Letra De Cada Palavra Em Maiúsculo
> - Pano de fundo escuro
> - Limite Máximo De 6 Linhas

Figura 5.5 Recursos visuais textuais efetivos para projeção em uma tela.

Imagens e gráficos são uma forma excelente de aprimorar apresentações visuais. Escolha imagens com poucos detalhes para que sua audiência possa compreendê-los rapidamente. Gráficos devem ser simples e diretos. Para maior clareza, utilize potências de 10 para grandes valores nos eixos X e Y. Escolha estilos de gráfico apropriados para que a audiência possa compreender facilmente a informação.

Quadros e gráficos com cores apropriadamente escolhidas são mais efetivos. O subconsciente tende a gravar relações gráficas por mais tempo que colunas de números. A grande quantidade de informação na Figura 5.6 é uma barreira para a transmissão da mensagem. O gráfico da Figura 5.7 é fácil de compreender e é mais efetivo.

RESULTADOS DE TESTES COM DISJUNTORES A ÓLEO NA SUBESTAÇÃO CLOVERDALE

123.456	124.456	132.222	133.432	150.002	108.322	98.566	108.322	96.666	111.222
144.332	99.003	100.110	98.752	99.332	100.000	102.224	103.333	102.444	108.662
123.456	124.456	132.222	133.432	150.002	108.322	98.566	108.322	96.666	111.222
133.466	133.486	122.226	132.422	148.001	146.522	133.333	132.222	131.112	130.220
123.456	124.456	132.222	133.432	150.002	108.322	98.566	108.322	96.666	111.222
144.332	99.003	100.110	98.752	99.332	100.000	102.224	103.333	102.444	108.662
133.466	133.486	122.226	132.422	148.001	146.522	133.333	132.222	131.112	130.220
123.456	124.456	132.222	133.432	150.002	108.322	98.566	108.322	96.666	111.222
144.332	99.003	100.110	98.752	99.332	100.000	102.224	103.333	102.444	108.662
123.456	124.456	132.222	133.432	150.002	108.322	98.566	108.322	96.666	111.222
144.332	99.003	100.110	98.752	99.332	100.000	102.224	103.333	102.444	108.662
123.456	124.456	132.222	133.432	150.002	108.322	98.566	108.322	96.666	111.222
133.466	133.486	122.226	132.422	148.001	146.522	133.333	132.222	131.112	130.220
123.456	124.456	132.222	133.432	150.002	108.322	98.566	108.322	96.666	111.222
144.332	99.003	100.110	98.752	99.332	100.000	102.224	103.333	102.444	108.662
133.466	133.486	122.226	132.422	148.001	146.522	133.333	132.222	131.112	130.220
123.456	124.456	132.222	133.432	150.002	108.322	98.566	108.322	96.666	111.222
144.332	99.003	100.110	98.752	99.332	100.000	102.224	103.333	102.444	108.662
133.466	133.486	122.226	132.422	148.001	146.522	133.333	132.222	131.112	130.220
123.456	124.456	132.222	133.432	150.002	108.322	98.566	108.322	96.666	111.222
144.332	99.003	100.110	98.752	99.332	100.000	102.224	103.333	102.444	108.662
123.456	124.456	132.222	133.432	150.002	108.322	98.566	108.322	96.666	111.222
144.332	99.003	100.110	98.752	99.332	100.000	102.224	103.333	102.444	108.662
123.456	124.456	132.222	133.432	150.002	108.322	98.566	108.322	96.666	111.222
133.466	133.486	122.226	132.422	148.001	146.522	133.333	132.222	131.112	130.220

Figura 5.6 Recursos visuais de dados não efetivos.

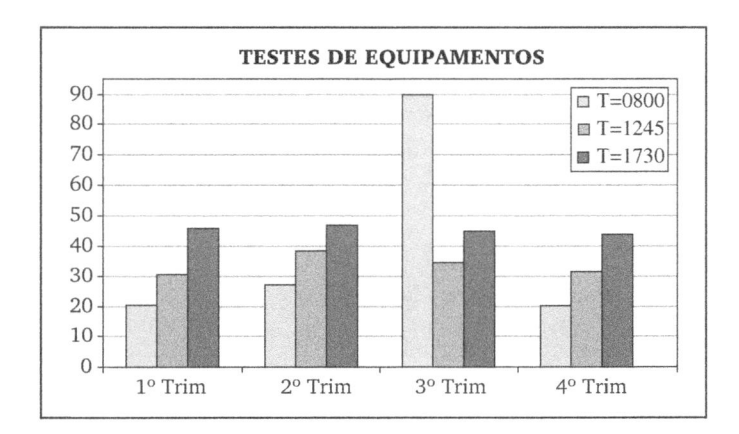

Figura 5.7 Recursos visuais de dados efetivos.

Você pode usar diagramas de bloco, similares ao exemplo da Figura 5.8, para apresentar informações e dados mais complicados. Eles podem ser animados para demonstrar o fluxo de atividades ou processos. Diagramas de bloco apresentam à sua audiência a ideia geral e a deixam pronta para os detalhes. Então, após demonstrar o processo geral, você pode detalhar cada bloco com recursos visuais adicionais.

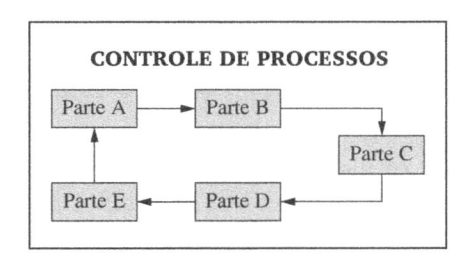

Figura 5.8 Exemplo de diagrama de bloco.

Formato para apresentações Web

A maioria dos princípios associados ao formato visual para plateias também se aplica a situações baseadas na Web. Isso é especialmente verdade quanto à quantidade de informação e ao tamanho das fontes.

Entretanto, devido aos recursos visuais Web serem vistos em telas de computadores, é possível usar cores que não seriam recomendáveis em uma grande tela para apresentações a plateias. Por exemplo, slides com textos pretos sobre fundo branco e gráficos com fundos brancos podem ser efetivos em telas eletrônicas. Isso não resulta em fadiga visual, pois a tela é muito menor. Você pode usar até oito linhas de marcadores em recursos visuais Web. A Figura 5.9 mostra exemplos de recursos visuais Web fáceis de ler e entender.

> **FONTE TAMANHO 44, NEGRITO**
> **TUDO EM MAIÚSCULO - 1 OU 2 LINHAS**
> - Fonte Tamanho 40, Negrito
> - Colocar A 1ª Letra De Cada Palavra Em Maiúsculo
>   • Fonte Tamanho 36, Negrito
>   • Colocar A 1ª Letra De Cada Palavra Em Maiúsculo
> - Opções De Cores
>   • Preto Sobre Branco
>   • Cores Claras em Fundo Escuro
> - Limite Máximo De 8 Linhas

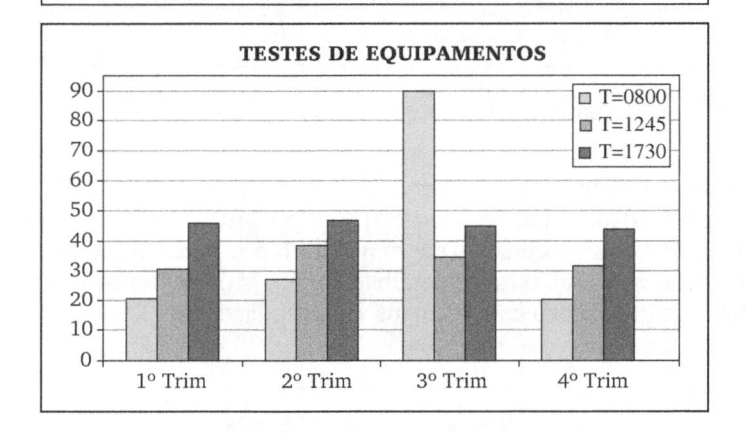

Figura 5.9 Recursos visuais Web apropriados.

Animação

O programa PowerPoint inclui uma variedade de recursos visuais de animação e efeitos especiais. Alguns deles podem ser incorporados às apresentações para gerar interesse e enfatizar os tópicos mais importantes. Entretanto, você deve resistir à tentação de fazer sua apresentação estimulante demais. Essa é uma objeção frequente de audiências técnicas, porque tende a distraí-las da mensagem principal.

Ao realizar apresentações para plateias, você tem a opção de usar uma caneta apontadora laser para interagir com os recursos visuais na tela. Discutiremos os prós e contras das canetas laser na seção sobre apresentações profissionais.

Uma abordagem mais profissional de interação visual consiste em preparar recursos visuais com overlays e tópicos revelados progressivamente. Apesar da necessidade de não se exagerar nas animações, estas oferecem uma forma excelente de destacar tópicos importantes de sua apresentação e de manter a atenção da audiência sincronizada com seus comentários.

Tópicos revelados progressivamente ajudam a audiência a seguir a sua discussão ponto a ponto e impedem que ela acabe lendo à frente do tópico atual no slide. Overlays com flechas, caixas, sombreamento e outros efeitos podem ser usados para enfatizar várias partes de um recurso visual.

Tipicamente, tópicos revelados progressivamente e overlays são mais efetivos para audiências presenciais. Pode ser mais difícil controlar a animação em apresentações Web, especialmente durante apresentações em equipe quando apenas um membro da equipe controla as transições e animações.

A quantidade de elementos visuais é uma escolha pessoal. Se um elemento permanece na tela por mais de 30 a 60 segundos, pode se tornar entediante. Por outro lado, ele deve permanecer na tela por tempo suficiente para que a audiência possa compreender completamente seu conteúdo. Quando os elementos visuais são simples, a audiência precisa de menos tempo para compreender a mensagem.

Comentários gerais sobre o preparo visual

Para tornar suas apresentações mais interessantes, inclua imagens e gráficos junto ao conteúdo textual. Câmeras digitais são uma forma conveniente de se tirar fotos de eventos e projetos. A máxima de que "uma imagem vale mais do que mil palavras" se aplica a apresentações: imagens dão variedade e auxiliam sua audiência a prestar mais atenção durante sua apresentação.

A preparação de recursos visuais no computador pode tomar bastante tempo. Uma quantidade razoável de animação pode ser incluída se o desenvolvimento da apresentação começa cedo. Então, inicie logo seu preparo de recursos visuais e considere como pode torná-los mais eficazes em transmitir sua mensagem.

Devido às diversas opções de recursos visuais que os computadores oferecem, é fácil fazer a audiência focar a apresentação "divertida" e não se ater ao conteúdo da mensagem. Imagens devem ter relação direta com a mensagem e auxiliar a apresentação sem se tornar uma distração. É mais importante manter os recursos visuais fáceis de se entender do que divertir a audiência com efeitos especiais.

5.3.3 Prática

Você pode preparar apresentações mais profissionais investindo uma quantidade significativa de tempo no ensaio da sua apresentação. Uma técnica comprovadamente eficaz é praticar o que dizer a cada slide. Você pode melhorar sua autoconfiança oratória agendando horários para várias sessões de prática.

Se você ensaiar em voz alta, pode praticar a impostação da sua voz para desenvolver uma apresentação mais natural. O estilo de fala efetivo é desenvolvido com autoconfiaça e com uma linguagem corporal positiva, como olhar para a audiência e usar gestos naturais. Melhore sua apresentação incluindo variações no nível e na velocidade de sua voz e eliminando vícios de linguagem como "hum", "tipo assim" e "aí" no começo de frases. Use suas sessões de prática para desenvolver um estilo de fala interessante e que encoraje a audiência a escutar e a apreciar sua apresentação.

Pratique a apresentação de ideias gerais em vez de palavras memorizadas.

Pratique falar sobre o conteúdo de cada slide sem memorizar palavras específicas. Se você memorizar uma apresentação, será fácil se esquecer do que dizer se estiver nervoso. Em vez disso, use a informação dos slides para ajudá-lo a lembrar o que discutir e, então, apenas fale sobre os conceitos gerais de cada tópico.

5.3.4 Apresentação – transmissão da mensagem

Agora, vamos discutir a parte principal de qualquer apresentação: a transmissão da mensagem.

As apresentações podem tanto criar uma imagem positiva sua quanto resultar em impactos negativos em sua carreira. Tudo depende de como você apresenta sua mensagem. É possível demonstrar seu conhecimento e melhorar sua imagem tornando suas apresentações mais profissionais. E a boa notícia é que você pode melhorar suas habilidades de apresentação agora, aproveitando as muitas oportunidades que o ambiente acadêmico proporciona.

Apresentações para plateias

Introdução

Ao começar uma apresentação, sua introdução deve estabelecer uma conexão com a plateia. Você pode fazer isso aproximando-se da plateia, estabelecendo contato visual e fazendo comentários apropriados durante a introdução. Os membros da audiência estão geralmente mais interessados no que você tem a dizer e qual é a relevância disso nas suas vidas, e não têm tanto interesse em você propriamente dito. Então, use seus comentários introdutórios para explicar por que sua mensagem é importante para eles. A introdução deve tomar no máximo 10% do tempo total de apresentação.

Eliminando barreiras

A efetividade de qualquer apresentação é significativamente melhorada ao se eliminarem as barreiras entre você e a audiência. Barreiras podem incluir uma variedade de recursos visuais inefetivos e estilos oratórios cansativos que façam a audiência perder o interesse e começar a pensar em outras coisas.

> Elimine as barreiras entre você e a audiência.

Muitas barreiras podem ser eliminadas com o bom planejamento e com o preparo de recursos visuais fáceis de ler e entender. Quando você usa os recursos visuais como tópicos, pode manter o foco na audiência e aumentar o contato visual e a impostação de voz. Recursos visuais corretamente projetados também aumentam o interesse da audiência e se tornam uma ponte para o conteúdo da apresentação, e não uma barreira.

Vista-se de forma adequada para a audiência. Se ela tiver interessada mais na sua aparência física do que no que você tem a dizer, isso pode ser uma barreira e disputar a atenção com sua mensagem. Você pode se vestir de forma mais casual para apresentações a colegas, mas deve vestir traje social para gerência sênior e clientes. Em geral, é melhor vestir-se de forma casual para audiências não técnicas e da comunidade.

Apesar de ser bom interagir com recursos visuais para ajudar a audiência a atentar para o que está sendo discutido, a interação também pode se tornar uma barreira. Por exemplo, se você usar uma régua e ficar voltado à tela dando as costas à audiência enquanto aponta para o slide, isso se torna uma grande barreira. Seu contato visual e foco na audiência desaparecerão, e sua voz será projetada na direção da tela. Isso pode ser evitado aproximando sua mão da tela, apontando para uma área específica da tela e, em seguida, olhando para a audiência para discutir a informação.

Barreiras similares estão associadas ao uso da caneta laser. Se você estiver nervoso e tremendo, esse efeito será amplificado pelo feixe de laser na tela. Além disso, há uma tendência de se virar para a tela e perder o contato com a audiência enquanto se aponta a um slide com um laser.

Outras barreiras são causadas por estilo oratório ruim ou movimentos nervosos, geralmente resultado de uma experiência limitada. Com frequência, oradores possuem vícios de linguagem que usam para passar o tempo enquanto pensam no que dizer. Repetir títulos e tópicos que estão nos slides para a audiência também se torna uma barreira.

Ao reconhecer essas barreiras, você pode removê-las por meio de uma melhor preparação de tempo de ensaio adicional, prática em frente a um espelho e experiência oratória. Felizmente, você pode adquirir essa experiência enquanto estudante, aproveitando as oportunidades de falar em público na sala de aula, nos laboratórios e nas organizações profissionais.

Barreiras comuns para a transmissão de uma mensagem estão resumidas na Figura 5.10. Se a audiência recordar quaisquer dessas barreiras em vez de recordar sua mensagem, você falhou em se comunicar de forma eficaz. Revise esta lista antes de realizar sua próxima apresentação e trabalhe para eliminar as barreiras que você possa ter criado em apresentações anteriores.

Uso de recursos visuais para notas

Exceto se seu tópico for um documento legal ou se você estiver apresentando sua empresa para alguma audiência de alto nível, evite ler para a plateia. Quando você se esconde atrás de um atril e lê o conteúdo palavra por palavra, sua apresentação se torna enfadonha e inefetiva, como demonstrado na Figura 5.11. Se você olhar para a audiência enquanto estiver lendo, perceberá que seus olhos estão se fechando e suas cabeças, balançando, e em algum momento você poderá até ouvir sons de ronco.

Ainda assim, você pode dizer: "De jeito nenhum eu consigo lidar com uma plateia sem ler a minha apresentação ou uma folha com anotações." Bem, se é assim que você se sente, temos uma solução bem prática. Você pode usar anotações e ter uma apresentação habilidosa. O segredo é usar seus recursos visuais como anotações, como o orador na Figura 5.12 demonstra.

BARREIRAS DA FALA EM PÚBLICO

- Vestimenta imprópria (bem-vestido demais ou muito informal)
- Slides poluídos com muita informação, pouco contraste ou fontes pequenas
- Atitude e linguagem corporal negativas
- Movimentos óbvios de nervosismo
- Movimentação contínua dos pés ou mãos
- Manter-se duro como uma estátua e não usar gestos naturais
- Esconder-se atrás de um atril ou usar outras barreiras físicas
- Demonstrar pouca energia e falta de entusiasmo
- Mascar chiclete
- Não fazer contato visual com a plateia
- Apresentar um nível inapropriado de informação para uma plateia específica
- Falar muito rápido ou devagar
- Não impostar a própria voz à plateia
- Repetir a informação dos slides, palavra a palavra
- Atrasar a apresentação com vícios de linguagem, como "hum", "tipo assim", "agora" e "em seguida"
- Ler a apresentação para a plateia a partir de notas escritas

Figura 5.10 Barreiras de apresentação típicas.

Figura 5.11
Apresentação enfadonha e inabilidosa.

Figura 5.12
Apresentação habilidosa.

Desenvolva recursos visuais que incluam os principais tópicos que você quer discutir e pratique falar sobre os conceitos delineados nesses recursos. Então, você não precisará de anotações escritas e criará autoconfiança ao utilizar informação dos seus recursos visuais para se lembrar do que dizer.

> "As habilidades de apresentação desenvolvidas durante meu último ano na Universidade Estadual de Cleveland me ajudaram a preparar apresentações efetivas no decorrer da minha carreira de 5 anos em engenharia eletrotécnica. Sou grato pelo apoio e conselho de meus professores, que enfatizaram o valor de uma boa comunicação e me mostraram como aperfeiçoar minhas habilidades de fala em público."
>
> (Marius Marita, Engenheiro Eletricista e Advanced Engineer na FirstEnergy Corporation)

Adicionalmente, recursos visuais auxiliam a audiência a entender e lembrar o que você diz. Sem esses recursos, a retenção de informação é limitada. O uso de recursos visuais aumenta a retenção em até 40%. Quando você distribui resumos impressos de suas principais ideias, sua audiência tem a oportunidade de aumentar sua retenção em até 100%, como mostrado na Figura 5.13.

RETENÇÃO DE INFORMAÇÃO TÍPICA	
Apresentação sem recursos visuais	10%
Apresentação com bons recursos visuais	40%
Apresentação com bons recursos visuais e entrega de materiais	100%

Figura 5.13 Taxas de retenção típicas para apresentações.

Alguns materiais são geralmente distribuídos após a apresentação. Entretanto, se você quiser atrair a participação da plateia, em oficinas, por exemplo, dê a ela um resumo dos principais tópicos no começo da apresentação e utilize-o no decorrer desta.

O uso de recursos visuais apropriadamente selecionados e projetados multiplicará a efetividade de sua apresentação. Ainda mais importante do que isso, quando você utilizar recursos visuais como guia, criará autoconfiança e minimizará a sensação de ansiedade.

Resumo da apresentação

Os últimos 10% de seu tempo de apresentação devem ser utilizados como um resumo do material apresentado. Essa é uma forma excelente de se enfatizar os tópicos mais importantes de seu tema. Sua plateia lembrará a informação do seu resumo por mais tempo por ter ouvido ao final da sessão.

O resumo é outra oportunidade de mostrar como seu tópico se aplica à audiência. Seu resumo também é uma boa forma de iniciar uma sessão de questões. Isso nos leva à última parte da maioria das apresentações — uma sessão de perguntas e respostas.

Respondendo às perguntas

Uma parte importante da maioria das apresentações é a oportunidade de responder a perguntas da audiência. Como lidar efetivamente com perguntas e evitar sentir-se intimidado? Uma abordagem é dizer à audiência, durante sua introdução, quando você gostaria de ouvir as perguntas.

As questões podem ser realizadas durante a apresentação ou ao seu final. Responder a perguntas durante a apresentação pode tomar bastante tempo e, em muitos casos, distraí-lo. Entretanto, se a apresentação é parte de uma oficina e você quer a participação da audiência, pode encorajá-la a realizar perguntas durante a oficina.

Uma segunda forma de responder a perguntas de maneira eficaz é pensar nas potenciais questões enquanto se prepara para a apresentação e encontrar respostas para elas antes do evento. Assim, será muito mais fácil para você lidar com o que for perguntado pela audiência. Dicas adicionais sobre como lidar com perguntas são apresentadas na Figura 5.14.

RESPONDENDO A PERGUNTAS

- Repita a pergunta ou uma paráfrase dela para garantir que a plateia tenha compreendido corretamente.
- Se souber a resposta, apresente-a concisamente.
- Se precisar de tempo para pensar em uma resposta, pode dizer "Essa é uma boa pergunta – deixe-me pensar por um momento".
- Se não souber a resposta, admita e peça que a pessoa fale com você após a apresentação para discutirem como você pode fornecer uma resposta mais tarde.
- Se você receber uma pergunta que discorde de seus comentários, pode responder de forma profissional dizendo que há mais de uma opinião, e que foi a sua opinião que você expressou em sua apresentação.

Figura 5.14 Dicas para se responder a perguntas.

Apresentações em equipe

Visto que você provavelmente será membro de uma equipe quando estiver envolvido em projetos complexos, é possível que participe de apresentações com a equipe. Todos os princípios discutidos até esse ponto se aplicam igualmente a apresentações em grupo, mas existem outras questões que devem ser mencionadas.

Além de transmitir a sua parte durante uma apresentação em equipe, se você for o primeiro orador, tem a responsabilidade de apresentar a equipe e o projeto. Uma boa introdução estabelece o tom da apresentação e desperta interesse e atenção da audiência.

Atividades essenciais para o primeiro orador incluem:

- Evitar falar até, primeiramente, olhar para a audiência para estabelecer com ela uma conexão.

- Apresentar o projeto e os membros da equipe e identificar quem fará cada parte da apresentação.
- Apresentar os detalhes apropriados usando bom contato visual e impostação de voz.
- Completar a apresentação com um breve resumo dos principais argumentos.
- Fazer a transição para o próximo orador, dando seu nome e tópico e até mesmo usando um slide.

A transição será mais efetiva se o próximo orador fizer a conexão do tópico anterior com tópico que está por vir. Atividades essenciais para membros da equipe que falam após o primeiro orador são
- Começar com uma breve introdução de sua parte da apresentação.
- Apresentar os detalhes apropriados com bom contato visual e impostação de voz.
- Completar a apresentação com um breve resumo dos principais argumentos.
- Fazer uma transição efetiva para o próximo orador.

O último orador, além da transmissão da sua parte da apresentação, tem a tarefa de resumir os principais argumentos de todo o projeto, enfatizando as informações mais importantes, e abrir a seção de perguntas da plateia.

As sugestões sobre como responder a perguntas como um orador individual também se aplicam a perguntas para equipes. Uma sugestão adicional para membros de equipe é decidir quem responderá às perguntas e como é possível trabalhar em conjunto para que os membros do grupo não se sobreponham uns aos outros ao responder. Em todos os aspectos, partes individuais de apresentações em equipe devem ser coordenadas para resultar em uma apresentação completa.

> Uma apresentação em equipe deve ser uma discussão única e coordenada, e não uma série de apresentações individuais.

Problemas técnicos

Mesmo com bom planejamento, análise da audiência e preparação dos recursos visuais, problemas mecânicos ou técnicos podem surgir com sua apresentação. Por exemplo, a organização da sala pode não ser apropriada para que a audiência veja a tela ou as luzes podem não ser de fácil controle.

> Chegue mais cedo para conferir o equipamento.

Problemas adicionais podem ocorrer quando microfones não funcionam corretamente ou quando as luzes do projetor queimam durante as apresentações. Se você estiver usando um computador diferente do seu, as versões do PowerPoint podem não ser compatíveis e suas animações podem não funcionar corretamente.

Para evitar muitos desses problemas, chegue mais cedo e confira tantos sistemas quanto possível antes de sua apresentação. Como um orador, é sua responsabilidade encontrar um equipamento apropriado para suprir suas necessidades e minimizar distrações da plateia. Solicite os equipamentos antes da reunião e chegue cedo o bastante para familiarizar-se com seu uso antes que a apresentação comece.

Apresentações na Web

Em muitos aspectos, apresentações na Web são similares às presenciais. Em ambos os casos, o propósito é transferir informação de oradores para a audiência, e fazê-lo de forma que os membros da audiência possam entender e aplicar a mensagem às suas necessidades.

Muitos oradores falham em comunicar-se efetivamente porque deixam que barreiras interfiram com a transmissão da mensagem. Isso é especialmente importante para apresentações na Web, visto que as ferramentas de comunicação são geralmente limitadas aos slides e à voz do orador. Então, é importante maximizar o uso dessas ferramentas e minimizar as barreiras no processo.

Barreiras típicas para visuais Web são:

- Muita informação em um único slide.
- Slide longo demais na tela, resultando em distração dos ouvintes.
- Mau contraste entre a informação (palavras, diagramas, quadros, tabelas, etc.) e fundo visual, causado por uma má escolha de cores ou fundo muito carregado.
- Tamanho de fonte difícil de se ler.
- Falta de interação coordenada entre os comentários visuais e os falados.

Barreiras típicas associadas com a voz do orador são:

- Ter voz baixa e falta de impostação de voz.
- Ter microfones de baixa qualidade ou estar longe demais do microfone.
- Usar vícios de linguagem.
- Mostrar falta de entusiasmo e pouca variação na voz para enfatizar as coisas mais importantes.
- Usar uma transmissão quebrada com longas pausas entre os slides e as principais ideias.
- Ler o material ou repetir a informação dos slides para a audiência.

Para obter melhores resultados, projete recursos visuais que eliminem barreiras. Aumente o tempo de ensaio e pratique interações efetivas com os recursos visuais. Evite a memorização de palavras específicas, mas pratique a discussão de conceitos relacionados com cada slide. Para realizar apresentações habilidosas, não leia anotações escritas e não repita títulos ou palavras do slide para a audiência.

Se possível, durante apresentações na Web, controle pessoalmente a passagem de slides e use tópicos com revelação progressiva, overlays e outras animações para correlacionar a interação com detalhes visuais e seus comentários. Isso é geralmente mais profissional do que usar um mouse ou apontador, o que pode se tornar uma distração.

Ensaie em voz alta para desenvolver a impostação de voz e um estilo de fala que inclua várias velocidades e níveis. Use sua voz para enfatizar os principais tópicos e ser mais interessante e profissional. Elimine os vícios de linguagem e desenvolva uma apresentação fluida. Apesar de você talvez não estar visível em apresentações online, é possível usar sua voz para demonstrar confiança em seu conhecimento do assunto.

Algumas ideias adicionais

Uma discussão dos principais tópicos sobre como realizar uma apresentação habilidosa é uma boa forma de terminar essa parte do capítulo. Então, aqui estão algumas das dicas mais importantes para o sucesso.

Para relaxar, respire fundo algumas vezes antes de se colocar diante de uma plateia. Comece a apresentação próximo à audiência, e não escondido atrás do atril.

Foque *ideias*, e não palavras específicas. Transmita informação sem anotações escritas e use recursos visuais como substituto das anotações. Posicione a tela do seu computador de forma a poder vê-la facilmente e use isso para ver seus slides sem ter de olhar para a tela atrás de você. Assim, você pode olhar mais para a plateia e menos para a tela.

Prepare sua apresentação pensando no benefício de sua audiência e monitore sua resposta durante a apresentação. Se você perceber sinais de que a audiência está ansiosa ou cansada, faça mudanças no seu estilo de apresentação.

O uso apropriado de recursos visuais é um dos melhores métodos de manter sua audiência interessada. Use mistura de palavras, gráficos e figuras e inclua uma quantidade apropriada de informação.

Variações no tom de voz e na sua velocidade podem dar variedade à sua apresentação. Use estilo, linguagem corporal e movimento para demonstrar entusiasmo.

Algumas formas de humor podem ser efetivas, mas humor pode também ser arriscado. Mantenha as histórias cômicas breves e relacione-as com a apresentação. Nunca use humor ofensivo. Na dúvida, deixe de fora.

Termine a apresentação com um resumo dos tópicos mais importantes. Isso ajuda sua audiência a se lembrar de informações e a encoraja a fazer perguntas para expandir o valor de sua apresentação.

Seja flexível e use apenas a quantidade de tempo dedicada à sua apresentação. Você pode ser notificado de uma mudança no tempo de apresentação poucos minutos antes de ter de realizá-la, então prepare-a para acabar no tempo estipulado. É sempre melhor acabar mais cedo do que estourar o limite de tempo.

5.4 Valor da experiência de falar em público

Quando o assunto é falar em público, nada substitui a experiência. Busque oportunidades de falar a uma variedade de audiências para adquirir experiência e autoconfiança. Procure ambientes amigáveis, como salas de aula, laboratórios e organizações profissionais, para praticar.

Organizações profissionais oferecem excelentes oportunidades para exercitar habilidades de apresentação. Como um membro ativo, você pode se voluntariar para apresentar um orador ou realizar apresentações informais para uma plateia de colegas. Você também pode ganhar habilidades adicionais e autoconfiança liderando projetos ou sendo um representante nessas organizações. Outras organizações, como a Toastmasters International (www.toastmasters.org), encontram-se em diversos lugares e oferecem excelentes oportunidades para se ganhar experiência e confiança.

"Eu era introvertida e temia ter de realizar apresentações. Entretanto, sabia que a habilidade de apresentar ideias era parte integral de uma carreira de engenharia bem-sucedida. Para superar meu medo, decidi participar como representante da Sociedade de Engenheiras (SWE, Society of Women Engineers). Ao participar regularmente de eventos de extensão, nos quais eu realizava apresentações relacionadas à engenharia para pequenos grupos de alunos de ensino médio, eu gradualmente ganhei confiança para falar diante de um grupo.

Quando nossa divisão local hospedou um evento nacional de extensão, eu me senti confortável em apresentar o discurso de abertura para um grupo de mais de cento e cinquenta alunos, pais e profissionais.

Agora, a realização de apresentações para líderes de empresas é parte do meu papel como Assessora Técnica/Profissional de Apuração de Estado da Técnica. Consequentemente, a experiência de fala em público obtida durante minha participação ativa em uma organização estudantil acabou se tornando inestimável."

(Maria Marez Baker, Bacharel em Engenharia Elétrica,
Assessora Técnica, Electrical Arts, Frisina, LLC)

Uma conversa com John Paserba

John, eu sei que você já deu centenas de apresentações profissionais. Como você desenvolveu habilidades de falar em público?

Resposta

"Eu estava no último ano da faculdade, e o Ramo Estudantil local do IEEE (Institute of Electrical and Electronics Engineers) estava promovendo uma competição de artigos técnicos na universidade com o apoio da divisão local do IEEE. A competição consistia em um artigo escrito e uma apresentação oral. A data da apresentação estava se aproximando, e os 'voluntários' para a competição eram poucos. Um dos meus professores me incentivou a entrar. Inicialmente resisti, mas mais tarde, com o incentivo acadêmico apropriado (também conhecido como "pressão pessoal"), concordei em entrar na competição.

Escrevi o artigo com base no meu trabalho de conclusão de curso e criei uma apresentação. Naquela época, usava-se cavaletes flip-chart com desenhos à mão, porque pro-

gramas de computador para geração de gráficos, como PowerPoint, estava em um futuro distante, especialmente para alunos. Éramos quatro na competição, e havia prêmios para o 1º, 2º e o 3º lugar.

Lembro bem da tarde da competição. Naquela época, a universidade realizava um Seminário de Graduandos semanal e os alunos do último ano eram obrigados a assistir. Normalmente, o seminário durava o dia inteiro, mas, nessa semana em particular, todos foram escalados para participar da janta do IEEE e da competição de apresentação, então o auditório estava lotado para o evento.

Nós quatro apresentamos nossos respectivos artigos, e para minha surpresa eu não só apreciei a experiência, mas também conquistei o 1º lugar com o maior prêmio em dinheiro – um acréscimo bem agradável à minha limitada fonte de renda. Por ter sido o vencedor da competição local, fui automaticamente convidado para a Competição Regional de Artigos do IEEE, onde uma região era composta por vários estados e cerca de setenta e cinco universidades com seus Ramos Estudantis do IEEE. Atualizei meu artigo e minha apresentação com base na minha experiência de competição local e viajei centenas de quilômetros para participar da competição regional.

Apesar de não ter me classificado nos três primeiros lugares da Competição Regional de Artigos, eu gostei tanto da experiência que decidi que, após a graduação, só aceitaria trabalho em uma empresa que apoiasse a participação em uma sociedade profissional (no meu caso, o IEEE) e apoiasse publicações e apresentações na indústria. Essa decisão me guiou nos meus trabalhos de pós-graduação e em relação a empresas em que fiz entrevistas quando estava terminando o curso.

Quando me graduei com o título de mestre, só considerei ser empregado por uma empresa que oferecesse a oportunidade de publicar. Tive sorte de encontrar uma assim para começar minha carreira. Mais tarde, quando me mudei para uma segunda empresa, busquei os mesmos atributos de apoio a publicações e apresentações na indústria."

Nessa era de comunicações eletrônicas, você acha importante que engenheiros aprendam a realizar apresentações orais em suas carreiras?
Resposta
"Pela minha experiência, não há dúvidas de que as apresentações orais são mais importantes hoje do que em qualquer outro momento no passado. Com e-mail, telefone, texto, PowerPoint e tantos outros meios competindo pela atenção das pessoas, uma oportunidade para apresentações orais pode fazer a diferença ao transmitir seus argumentos, propostas e ideias para colegas e gerência sênior. O segredo é ser conciso, focado e claro nos seus argumentos. A flexibilidade é sempre essencial. Muitas vezes já entrei em uma sala para realizar uma apresentação para gerentes seniores e recebi a pergunta "você consegue apresentar em menos de uma hora?", quando a reunião estava marcada para duas horas ou mais. A preparação de apresentações curtas e diretas é crucial para uma carreira bem-sucedida."

Para enfatizar o valor de habilidades de fala em público, quais exemplos típicos de suas apresentações no trabalho e em atividades profissionais você citaria?

Resposta

"Em vinte e quatro anos, já publiquei e apresentei mais de sessenta artigos técnicos nacionais e internacionais em periódicos, conferências e revistas, incluindo capítulos em cinco edições do livro Engineering Handbook. Já participei de conferências e oficinas e já realizei apresentações técnicas por todo o mundo, incluindo muitas cidades nos EUA e no Canadá, além de Brasil, México, Cingapura, China, Japão, Bélgica, Alemanha, Arábia Saudita, França e Indonésia.

Já fui convidado a ministrar seminários e cursos por todo o mundo, incluindo Universidade de Pittsburgh, Universidade Estadual da Pennsylvania, Universidade de Wisconsin, Universidade de Waseda, no Japão, Instituto Tecnológico de Bandung e outros. Além disso, já fui convidado a falar sobre profissionalismo e gerência de carreira na engenharia em cerca de quarenta faculdades ao redor do mundo. Essas e outras apresentações foram preparadas para plateias de dezenas a milhares de pessoas.

Como Gerente de Projeto, tive de preparar apresentações para clientes e para conselhos consultivos sobre propostas para novos negócios e para relatórios finais sobre o meu trabalho e sobre o trabalho do meu grupo. Mais tarde, como Gerente de Departamento e como Gerente Geral de Divisão, rotineiramente realizei apresentações para a gerência sênior para apresentar planos de negócios (consistindo em planos de venda, planos de dotação de pessoal, orçamento de operações e investimentos de capital) e, em seguida, apresentações aos meus empregados para a execução desses planos.

Uma das minhas apresentações de alto impacto ocorreu recentemente, após uma revisão anual do meu negócio, e foi apresentada para cerca de trezentos profissionais liberais, empregados de escritório e da fábrica da minha Divisão (eu ocupava o cargo de Gerente Geral de Divisão havia apenas 3 semanas). Após uma apresentação de 90 minutos, vários dos nossos técnicos me abordaram dizendo 'eu realmente entendi nosso negócio, nossos clientes, como tudo acontece e qual a importância do meu papel – obrigado por tornar tudo tão compreensível.' Nunca vou esquecer do impacto daquele momento – porque ele enfatizou ainda mais a importância das habilidades de apresentação profissional."

Que conselho você tem para alunos em relação às habilidades de apresentação profissional?

Resposta

"O melhor conselho que posso dar a alunos em relação às habilidades de apresentação profissional se alinha com a minha experiência como um graduando e pós-graduando e como um jovem engenheiro na minha empresa quando comecei a trabalhar: aproveite cada oportunidade que puder para adquirir experiência oratória profissional. Inscreva-se no concurso de artigos ou de oratória e apresente oralmente seu trabalho de conclusão de curso ou algum outro projeto de graduação. No seu primeiro emprego, se você estiver alguma vez em grupos pequenos, como em um seminário ou oficina, seja voluntário para apresentar o trabalho do seu grupo. Suas habilidades de comunicação, tanto escrita quanto falada, vão levá-lo tão longe quanto durar sua disposição para continuar a se aperfeiçoar nessa área."

(John J. Paserba, Gerente Geral, Divisão Gas Circuit Breaker,
Mitsubishi Electric Power Products, Inc.)

5.5 Conclusão

A perícia técnica é o fundamento para sua carreira. No entanto, como John apontou em nossa discussão, as habilidades técnicas são apenas parte do que você precisa para ser um engenheiro bem-sucedido. Sucesso é alcançado por meio de um equilíbrio entre habilidades técnicas e não técnicas, e a comunicação é sua habilidade não técnica mais importante.

Lembre-se de que o objetivo de preparar apresentações é transmitir informação apropriada a uma audiência com um processo de transmissão que facilite a compreensão e o uso da informação. Oradores habilidosos preparam cedo o caminho a ser tomado, analisando sua audiência e preparando materiais a tempo para permitir um ensaio adequado antes da apresentação.

Como indicado no início deste capítulo, nosso objetivo é incentivá-lo a aperfeiçoar suas habilidades oratórias e mostrar-lhe como você pode realizar isso. Sua habilidade de se comunicar com pessoas técnicas e não técnicas será um ingrediente essencial para ajudá-lo a alcançar níveis mais altos de sucesso e ter um impacto positivo na sociedade. Use os princípios deste capítulo para desenvolver suas habilidades de comunicação desde já e você estará mais bem preparado para começar sua carreira.

REVISÃO DE FINAL DE CAPÍTULO

Escolha a resposta mais adequada para as seguintes afirmações.

1. A razão mais importante para você aperfeiçoar suas habilidades de fala em público é
   a. Receber melhores notas quando selecionado para realizar uma apresentação em sala de aula.
   b. Evitar se sentir nervoso ao falar para uma grande plateia.
   c. Preparar-se para se candidatar a um cargo público, como um membro de um conselho escolar.
   d. Transmitir suas ideias a outros de forma que eles possam compreendê-las e usá-las.
2. A melhor forma de se preparar para realizar uma apresentação diante de uma plateia é
   a. Gastar boa parte da noite na véspera da apresentação ensaiando.
   b. Investir tempo apropriado para conhecer o assunto, preparar bons recursos visuais e ensaiar.
   c. Gastar tempo preparando muitos slides animados para que a audiência aprecie sua apresentação.
   d. Memorizar sua apresentação e preparar cartões com anotações para se lembrar.
3. O propósito da introdução para uma apresentação é
   a. Delinear o que você irá discutir.
   b. Explicar como seu tópico se relaciona com a audiência.
   c. Começar sua apresentação com algum comentário positivo para que a audiência se sinta interessada.
   d. Alcançar todas as alternativas anteriores.

4. É importante eliminar barreiras entre você e a audiência, porque as barreiras
   a. Deixam você distraído e dificultam lembrar o que você quer dizer.
   b. Dificultam o processo de reconhecimento da reação da audiência.
   c. Distraem a audiência e a faz perder o interesse em sua apresentação.
   d. Fazem a audiência pensar que você é um bom orador.
5. Durante sua apresentação, a melhor forma de se lembrar do que dizer é
   a. Usar os slides como forma de anotação do que dizer.
   b. Ler a apresentação palavra por palavra para não deixar nenhuma informação de fora.
   c. Usar cartões com anotações e ler detalhes escritos neles para a audiência.
   d. Olhar para a tela e repetir informação dos slides para a audiência.
6. Você pode reduzir o nervosismo
   a. Tomando remédios para se sentir mais relaxado.
   b. Escondendo-se atrás do atril para que a audiência não consiga vê-lo.
   c. Ensaiando e usando bons recursos visuais para gerar autoconfiança e saber o que dizer.
   d. Nenhuma das anteriores.
7. O motivo mais importante de fazer um resumo da sua apresentação ao final desta é
   a. Ter uma forma organizada de terminar a apresentação.
   b. Enfatizar os tópicos mais importantes da apresentação.
   c. Gastar tempo, para que você não tenha de preparar muito material.
   d. Desencorajar a audiência a fazer perguntas.
8. Ao responder a perguntas, a coisa mais importante a fazer é
   a. Repetir a pergunta e responder de forma concisa.
   b. Discutir com alguém que não concorda com você para que você possa defender suas ideias.
   c. Escrever respostas a potenciais perguntas e ler as respostas quando as perguntas forem realizadas.
   d. Responder perguntando qual a opinião da audiência.
9. A melhor forma de minimizar problemas técnicos é
   a. Levar seu próprio equipamento audiovisual para a reunião.
   b. Discutir sobre equipamentos necessários com a equipe de suporte técnico vários dias antes da apresentação.
   c. Reservar equipamentos, chegar cedo e testar equipamentos audiovisuais e controles de iluminação.
   d. Pedir que alguém ajuste o equipamento durante a apresentação, se necessário.
10. É importante aperfeiçoar suas habilidades de apresentação porque
    a. Isso é sinal de profissionalismo e pode abrir oportunidades na carreira.
    b. Você reduzirá tempo de preparo e terá menos estresse ao falar.
    c. Você pode ter contribuições positivas a apresentações de projetos em equipe.
    d. Todas as alternativas acima.

Exercícios para desenvolver e aperfeiçoar suas habilidades

5.1 Seu instrutor pode selecionar uma das seguintes opções para este exercício: 1) pedir que você realize uma apresentação de cinco minutos que resuma uma aula anterior; 2) pedir que você realize uma apresentação de cinco minutos de um de seus grupos de estudo. Esses exercícios incluirão o uso de relatórios de avaliação.

5.2 Modifique o slide de PowerPoint visualmente poluído e não efetivo do Recurso 1 criando um slide que use tópicos com marcadores. Imprima-o e entregue ao professor na data marcada.

5.3 Prepare uma apresentação de PowerPoint para o relatório de laboratório do Recurso 2. Providencie um arquivo eletrônico com sua apresentação de PowerPoint a seu professor, se exigido.

RECURSOS DE FINAL DE CAPÍTULO

Recurso 1

Slide de PowerPoint não efetivo

COMPUTADORES COM MULTIMÍDIA

Os computadores com multimídia oferecem muitas novas ferramentas para o preparo de recursos visuais para apresentações. Essas ferramentas flexíveis lhe fornecem oportunidades de tornar suas apresentações muito dinâmicas. O software é fácil de aprender e de usar, é conveniente de usar e pode ser programado com uma variedade de transições e técnicas de animação. Ao usar essas ferramentas de formatação, você pode tornar suas apresentações mais interessantes à audiência. Isso lhe ajudará a causar um impacto positivo na audiência e resultará em uma imagem muito profissional a respeito de você como orador.

Recurso 2

Experimento de laboratório para a demonstração da Lei de Ohm

Introdução: Esse experimento foi projetado para demonstrar a Lei de Ohm por meio do uso de um simples circuito elétrico para a medição da tensão entre as pontas dos resistores e da corrente através desses resistores. A validade das fórmulas da Lei de Ohm pode ser confirmada comparando-se os resultados medidos com os valores calculados. Dois resistores de diferentes valores foram usados para observar e anotar os resultados de tensão e corrente.

Propósito: O propósito era demonstrar que quando a resistência aumenta em um circuito em série, a corrente decresce e se torna igual à quantidade determinada pela Lei de Ohm $I=V/R$, onde I é a corrente, V é a tensão e R é a resistência.

Instrumento: Um simples circuito foi construído colocando-se cada resistor, um de cada vez, em série com uma fonte de corrente contínua. Os valores dos resistores eram 1 kΩ e 3,3 kΩ. Um voltímetro e um amperímetro foram conectados nas localizações apropriadas do circuito e utilizados para medir tensão e corrente através do resistor.

Procedimento: A fonte de energia foi ajustada para criar tensões através do resistor de 2, 4, 6, 8 e 10 V. Em cada nível de tensão, a corrente foi medida. Os resultados estão apresentados na Tabela 1 para o resistor de 1-kΩ e na Tabela 2 para o resistor de 3,3-kΩ.

Os valores calculados para os cinco (5) níveis de tensão para o resistor de 1-kΩ são mostrados na Tabela 1 e para o resistor de 3,3-kΩ na Tabela 2. A diferença (corrente medida menos corrente calculada) é apresentada na terceira coluna em ambas as tabelas.

Resultados: Como demonstrado nas Tabelas 1 e 2, as diferenças entre os resultados do experimento e os resultados calculados usando a Lei de Ohm são pequenas, então se pode concluir que a Lei de Ohm é correta. As diferenças podem ser explicadas por meio das pequenas quedas de tensão dentro dos fios dos resistores.

Tabela 1 Valores para um resistor de 1-kΩ.

TENSÃO (V)	RESULTADOS MEDIDOS		
	CORRENTE (mA)		
	Medida	Calculada	Diferença
0	0,00	0,00	0,00
2	2,00	2,04	–0,04
4	4,00	4,08	–0,08
6	5,98	6,12	–0,14
8	8,00	8,16	–0,16
10	9,90	10,20	–0,30

Tabela 2 Valores para um resistor de 3,3-kΩ.

TENSÃO (V)	RESULTADOS MEDIDOS		
	CORRENTE (mA)		
	Medida	Calculada	Diferença
0	0,00	0,00	0,00
2	0,62	0,62	0,00
4	1,22	1,23	0,01
6	1,84	1,85	0,01
8	2,45	2,47	0,02
10	3,07	3,09	0,02

Conclusões: Dados experimentais confirmaram que a Lei de Ohm $I=V/R$ está correta. A relação entre a tensão e a corrente é linear, e a corrente decresce quando a resistência decresce.

CAPÍTULO 6

Habilidades de captura de informação

"Minha recomendação aos alunos é que aprendam a documentar suas atividades e seu trabalho. Estudantes devem perceber que, como engenheiros profissionais, serão exigidos deles níveis muito mais altos de responsabilidade do que de 98% do resto da população."

Elmer Paine, Engenheiro Eletricista

Objetivos de aprendizagem

Ao usar as informações e os exercícios deste capítulo, você será capaz de:

- Desenvolver e aplicar um plano de marketing pessoal.
- Entender a importância da documentação de experiências e habilidades.
- Desenvolver e usar um sistema de captura de informação.
- Usar os recursos disponíveis no Centro de Carreiras da sua universidade.
- Usar seu sistema de captura de informação para construir currículos melhores.
- Aplicar informação do seu sistema de captura para garantir trabalhos futuros.
- Usar informação capturada para alcançar sucesso em um mundo dinâmico.

CENÁRIO DE CAPTURA DE INFORMAÇÃO

"Os últimos anos têm resultado em muita instabilidade na profissão de engenharia. Para se preparar para potenciais mudanças na carreira, engenheiros prudentes precisam 'manter seu currículo atualizado'. Então, como você faz isso? Que técnicas você pode usar para manter uma documentação de sua experiência profissional e de suas atividades relacionadas a trabalhos anteriores? Como você pode reagir de forma bem-sucedida a desvios na carreira? Como aproveitar oportunidades inesperadas?"

(Elmer Paine, PE, Engenheiro Eletricista e
Engenheiro Eletricista Sênior na Affiliated Engineers)

Neste capítulo, responderemos a essas perguntas, feitas por um engenheiro profissional, Elmer Paine. Então, veremos como ele documenta e usa a informação em sua carreira na engenharia em nossa conversa com ele ao final do capítulo.

6.1 Introdução

Ao contrário de gerações passadas, nas quais engenheiros trabalhavam para ou eram donos de uma única empresa durante toda sua carreira, esses profissionais hoje enfrentam um futuro diferente e muito dinâmico. Você provavelmente trabalhará para mais de uma empresa, então sua carreira incluirá muitas opções e forças externas que terão papel significativo na determinação de suas oportunidades de sucesso. Isso gera algumas perguntas interessantes. Como se preparar para fazer decisões importantes ao longo da carreira? Além do seu ensino formal e de suas experiências de trabalho, de que outros recursos você precisa para seguir adiante se for demitido ou se quiser mudar o rumo de sua carreira? Como ser bem-sucedido na carreira e na vida?

Responderemos a essas perguntas, primeiramente, discutindo como as empresas usam os planos de marketing para competir no mercado. Então, relacionaremos esses passos de marketing a um plano de marketing pessoal. Isso fornecerá um alicerce para que você aprenda a capturar informação e a usá-la como um recurso em suas buscas por emprego e em futuras mudanças durante sua carreira.

6.2 Planos de marketing

Começamos tratando de como encontrar um emprego. Você tem oportunidades em estágios (curriculares ou não) e em empregos de meio período enquanto ainda for estudante. Após a graduação, você terá disponibilidade para trabalhar em período integral, e sua busca por trabalho será mais bem-sucedida se você demonstrar que seus estudos e outras experiências são um recurso valioso.

Engenheiros de sucesso desenvolvem um plano de marketing pessoal.

Quando procura por emprego, em muitos aspectos você é como um consultor, e seus empregadores são seus clientes. Consultores trabalham para clientes que possam usar seus serviços, e clientes remuneram os consultores pelo que fizeram para ajudá-los a aumentar os lucros. Consultores usam princípios de marketing para encontrar clientes e discutir seus recursos com o objetivo de obter um contrato de trabalho. Você pode usar alguns dos mesmos princípios de marketing quando estiver procurando por emprego. Vejamos como seu plano de marketing pessoal se compara a atividades de marketing de uma empresa de consultoria.

Consultores apresentam seus serviços a potenciais clientes desenvolvendo um plano de marketing. Esse plano inclui a identificação de oportunidades do mercado, a construção de um inventário de recursos, a criação de uma descrição dos seus serviços, o anúncio de suas habilidades e o uso de ligações de venda e outras atividades promocionais que incentivem os clientes a contratá-los. Uma vez contratados, os consultores completam o processo entregando seus serviços e fornecendo suporte em longo prazo para incentivar futuras oportunidades de trabalho.

Você pode usar um plano de marketing pessoal para encontrar oportunidades de carreira. Como demonstrado na Figura 6.1, seu plano de marketing pessoal é como um plano de marketing para um produto ou serviço. É possível usar princípios de marketing para obter posições de estágio e emprego permanente após a graduação. Veremos como usar esses princípios para desenvolver seu plano de marketing pessoal e vender sua habilidade como um recurso importante a um potencial empregador.

MARKETING BÁSICO	
Plano de marketing comercial	**Plano de marketing pessoal**
Habilidades e tipo de serviço	**Habilidades pessoais**
Pesquisa de clientes	Pesquisa de empregadores
Inventário de recursos	Portfólio
Descrição de serviços	Currículo
Propagandas	Carta de apresentação
Ligações de vendas	Entrevistas de emprego
Entrega de serviços	Contribuições de engenharia
Suporte de serviços	Aprendizado por toda a vida

Figura 6.1 Comparação de planos de marketing.

6.2.1 Habilidades pessoais

Por muitos anos, você vai planejar e preparar sua carreira aprendendo a aprender e desenvolvendo habilidades técnicas e não técnicas em sala de aula, em laboratórios, em projetos e em organizações profissionais. Então, assim como um consultor oferecendo um serviço a um cliente, você pode oferecer suas habilidades pessoais a um potencial empregador. Seu sucesso em encontrar o trabalho de sua escolha dependerá da sua habilidade em discutir e promover suas habilidades.

6.2.2 Pesquisa de empregadores

Da mesma forma que um consultor encontra clientes, você pode identificar potenciais empregadores pesquisando por empresas e construindo uma rede de contatos pessoais. Use os recursos disponíveis na sua universidade para começar sua pesquisa. Inicialmente, você pode focar a aquisição de informações genéricas sobre as empresas que têm os produtos ou serviços que lhe interessam e que podem ser candidatas à sua futura procura por emprego. As informações que você obtiver nas suas atividades de pesquisa iniciais podem ser adicionadas ao seu plano de marketing pessoal. Mais tarde, você pode buscar informações mais específicas sobre os potenciais empregadores nessas mesmas empresas, economizando tempo quando estiver se preparando para procurar emprego.

6.2.3 Portfólio

Consultores desenvolvem um inventário de habilidades e recursos de forma semelhante a como as empresas usam depósitos para armazenar seus produtos. Apesar de as empresas de consultoria não usarem depósitos físicos, elas acumulam e "armazenam" seu conhecimento, habilidades e ferramentas em antecipação ao uso dos clientes. De forma similar, você precisa de um inventário de suas habilidades e conhecimentos para preparar currículos e descrever suas qualificações pessoais a potenciais empregadores. Isso é chamado de "portfólio" e é um recurso útil para a procura por emprego. Se você começar a desenvolver seu portfólio cedo, terá um grande inventário de informação.

Um portfólio pessoal também lhe ajuda a desenvolver novas habilidades e a tornar sua procura por emprego mais bem-sucedida. A estrutura do portfólio indica áreas que precisam ser fortalecidas, e isso lhe oferece oportunidades de aperfeiçoar suas habilidades e ganhar experiências que lhe ajudem a melhorar o seu currículo. E isso nos leva ao próximo passo no seu plano de marketing pessoal – seu currículo.

6.2.4 Currículo

A não ser que você tenha experiência de trabalho, provavelmente ainda não parou para pensar em um currículo. Eles são usados para se conquistar vagas de estágio antes da graduação e para ajudá-lo a obter entrevistas de emprego no começo de sua carreira, logo após a graduação. Seu currículo é como a descrição das habilidades e recursos que os consultores usam para discutir o que oferecem a um potencial cliente. É um resumo do que você oferece a um empregador e inclui evidências de seu conhecimento e de suas habilidades.

6.2.5 Cartas de apresentação

Empresas de consultoria anunciam seus serviços para incentivar potenciais clientes a contatá-las para obter mais informação. De forma similar, o propósito primário de sua carta de apresentação é anunciar seu currículo e incentivar potenciais empregadores a analisá-lo. Então, as informações de sua carta de apresentação devem ser específicas para a empresa e para o cargo desejados e devem demonstrar as qualificações únicas que você possui para esse cargo.

6.2.6 Entrevistas de emprego

Quando se tem um bom currículo, tem-se também uma chance maior de uma entrevista de emprego. A entrevista é como a realização de uma ligação de vendas para um potencial cliente. Bons vendedores conhecem bem os seus produtos e sabem do que os clientes precisam. Eles se preparam para as ligações de venda e seguem um plano que guia a discussão para ter uma venda bem-sucedida.

Você pode ser um "vendedor" de sucesso planejando sua entrevista tendo em mente o que pode oferecer e como isso se encaixa nas necessidades de um possível empregador. Neste capítulo, discutiremos como você pode começar a documentar informação que o ajudará a estruturar suas entrevistas. Mais detalhes poderão ser adicionados na medida em que você ganhar experiência e adquirir habilidades cuja discussão será importante durante suas entrevistas.

6.2.7 Contribuições da engenharia

Consultores sabem muito bem que a ocorrência de oportunidades futuras vai depender da qualidade dos serviços prestados. Algumas das respostas a perguntas realizadas no começo deste capítulo incluem sua realização de trabalho profissional após entrar em uma empresa ou abrir a sua própria. É importante que se trabalhe de forma impecável para aumentar a garantia de emprego em seu cargo ou estar preparado para mudança de emprego, causada por seu empregador ou sua iniciativa de mudanças de carreira.

6.2.8 Aprendizagem ao longo da vida

Consultores continuam sua comunicação com clientes após ter completado seu trabalho, buscando garantir que os clientes estão satisfeitos com seus serviços. Isso cria uma relação de longo prazo com os clientes e, muitas vezes, é o segredo para a contratação de um futuro trabalho. Você pode aumentar as garantias de emprego mantendo seu empregador satisfeito com seu trabalho uma vez contratado. Uma boa forma de fazer isso é desenvolver e aplicar um plano de aprendizagem ao longo da vida. No futuro, você pode manter suas habilidades atualizadas participando de cursos técnicos, oficinas e seminários, lendo periódicos técnicos e sendo um membro ativo de organizações profissionais.

6.3 Por que a captura de informação é importante

A captura de informação é uma parte importante do desenvolvimento e uso de seu plano de marketing pessoal. Quando aprende novos conceitos em aula, você se esforça para lembrá-los, pelo menos por tempo suficiente para ir bem nas provas. Entretanto, essa informação não é importante somente para a obtenção de notas altas, mas serve como fundamento para o sucesso em futuras aulas e na sua carreira de trabalho. Suas experiências, atividades e habilidades são uma fonte de informação para ser usada de diversas formas em sua carreira. Aulas iniciais fornecem ferramentas e desenvolvimento de habilidades como pré-requisito para aulas seguintes. De forma similar, experiências iniciais na sua carreira são uma base sobre a qual você pode construir atividades de emprego mais desafiadoras e recompensantes.

Quando você está envolvido em vários projetos e atividades, pode achar que se lembrará de detalhes. Apesar de isso poder ser verdade em curto prazo, quanto mais você aprender e quanto mais experiências tiver, mais difícil será se lembrar de tudo.

> Você poderá se lembrar melhor de detalhes quando os documentar.

Seu objetivo deve ser mais do que apenas anotar informação. A vantagem de se manter uma documentação é poder recuperar informação sobre suas experiências e habilidades. Um sistema de captura de informação é um método estruturado de armazenamento e recuperação da informação para ajudar na construção de uma carreira de sucesso. É um método sistemático de armazenar seus conhecimentos, suas habilidades e experiências e de recuperar essa informação para uma variedade de usos. Neste capítulo, vamos demonstrar como estabelecer e utilizar um sistema de captura de informação.

6.4 Estabelecendo seu sistema de captura de informação

Seu sistema de captura de informação é a base do plano de marketing pessoal, como demonstrado na Figura 6.2. Ao estabelecer seu sistema de captura, você tem opções de software e hardware. Escolha um software conhecido, como Microsoft Word, e formate os arquivos para fácil acesso. Isso lhe servirá de incentivo para usar o sistema de captura, como indicado na Figura 6.3.

Consideremos a estrutura de seu plano de marketing pessoal. A maioria das aplicações de informação armazenada será em documentos de processadores de texto, então é lógico escolher o mesmo programa de processamento de texto para seu sistema de captura. Fazendo isso, você economiza tempo usando funções de copiar/colar para mover os itens do armazenamento para um novo documento.

Plano de marketing pessoal → Captura de informações em um sistema de captura de informação

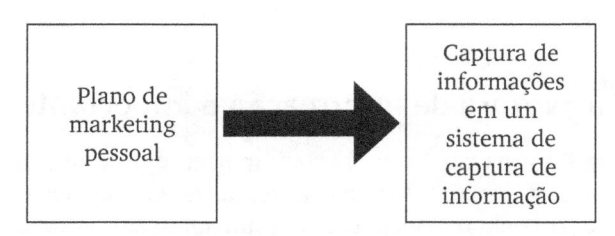

Figura 6.2 Sistema de capitura de informação para planos de marketing pessoal.

Figura 6.3 Sistema de captura de informação.

Inicialmente, você usará a informação capturada para preparar currículos e cartas de apresentação. Ao começar sua busca por trabalhos, você usará informação adicional sobre empresas e como preparar entrevistas específicas de trabalho que sejam o mais efetivas possível.

Outras informações serão úteis mais adiante quando você se candidatar a cargos mais desafiadores e quando for contemplado com reconhecimentos e prêmios. A forma mais fácil de se recuperar informação é armazená-la de acordo com as seções apresentadas na Figura 6.4.

- Características e habilidades pessoais
- Empregabilidade no mercado de trabalho
- Portfólio
- Preparação para entrevistas de emprego
- Histórico de carreira

Figura 6.4 Categorias de sistemas de captura de informação.

Escolha detalhes da estrutura de seu sistema de captura que se enquadrem em seu estilo pessoal de manipulação de informação. Lembre-se de que a parte mais importante do seu sistema de armazenamento é projetá-lo para que você possa, rápida e facilmente, recuperar informações quando necessário.

6.5 Usando seu sistema de captura de informação

Após escolher o software e o formato de seu sistema de captura, o próximo passo é armazenar e usar a informação, como demonstrado na Figura 6.5. Apesar de ainda estar no início de sua carreira, você já tem várias fontes de informação.

```
[Plano de marketing pessoal] → [Captura de informações em um sistema de captura de informação] → [Aplicação de informações de um sistema de captura de informação]
```

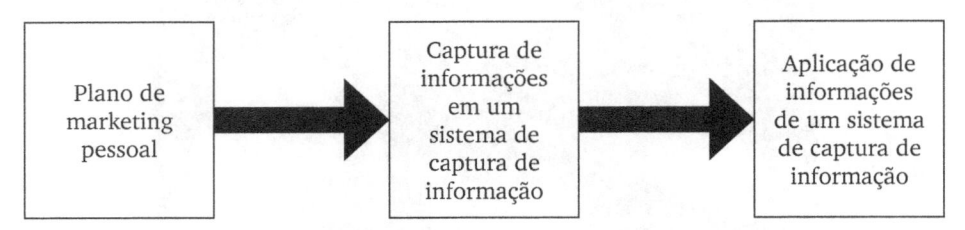

Figura 6.5 Visão geral.

Vamos considerar uma visão geral das fontes de informação para cada uma das seções listadas na Figura 6.4 e, então, discutir como você pode aplicar essa informação na sua busca por emprego e em futuras atividades relacionadas à sua carreira (ilustrado na Figura 6.6).

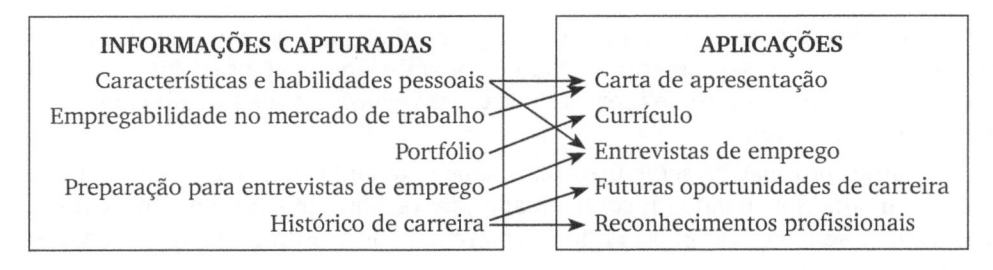

INFORMAÇÕES CAPTURADAS	APLICAÇÕES
Características e habilidades pessoais	Carta de apresentação
Empregabilidade no mercado de trabalho	Currículo
Portfólio	Entrevistas de emprego
Preparação para entrevistas de emprego	Futuras oportunidades de carreira
Histórico de carreira	Reconhecimentos profissionais

Figura 6.6 Aplicação do sistema de captura de informação.

6.5.1 Características e habilidades pessoais

Características e habilidades pessoais – fonte de informação

Você é a melhor fonte de informação sobre suas características pessoais e habilidades. Use o resumo da Figura 6.7 para pensar nas características que lhe ajudarão a alcançar sucesso. Algumas delas podem se relacionar com como você aprende e usa novas informações, outras podem estar associadas com suas habilidades interpessoais. Para uma perspectiva diferente, pergunte a amigos e parentes o que pensam sobre suas características pessoais mais marcantes e adicione-as a essa seção.

Identifique suas características pessoais e habilidades especiais.

> **SEÇÃO 1**
> **HABILIDADES PESSOAIS**
> - Características pessoais de destaque
> - Experiências acadêmicas
>   - Cursos e laboratórios
>   - Projetos
> - Desenvolvimento pessoal
>   - Habilidades de resolução de problemas
>   - Comunicação
>   - Habilidades de liderança e de trabalho em equipe
>   - Gerência de projetos
> - Experiências de trabalho

Figura 6.7 Seção 1.

Características pessoais e habilidades – aplicações de informação

As informações da seção de características e habilidades pessoais são um importante recurso para ajudá-lo a preparar cartas de apresentação efetivas para seus currículos. Neste capítulo, usamos o termo "cartas de apresentação" para designar cartas e mensagens eletrônicas de apresentação pessoal.

Apesar de algumas empresas focarem mais currículos e menos cartas de apresentação para obtenção de informação, ainda assim é uma boa ideia incluir uma carta de apresentação ou alguma outra forma de apresentação pessoal ao enviar seu currículo. Sua carta de apresentação é uma oportunidade de adicionar informações e discutir qualificações para um cargo específico. Informações comuns de uma carta de apresentação são apresentadas na Figura 6.8.

> **CARTA DE APRESENTAÇÃO**
> Dirigir-se à pessoa em questão
> - Parágrafo 1
>   - Demonstrar sua pesquisa sobre a empresa
> - Parágrafo 2
>   - Indicar sua principal qualificação
>   - Expressar como você é especialmente qualificado
> - Parágrafo 3
>   - Indicar qualificações adicionais
> - Parágrafo 4
>   - Solicitar uma entrevista
>   - Indicar quando você estará disponível
>   - Indicar como você manterá contato

Figura 6.8 Conteúdo da carta de apresentação.

O propósito de sua carta de apresentação é incentivar potenciais empregadores a lerem seu currículo. Uma boa forma de fazer isso é identificar detalhes sobre a vaga de trabalho e dizer-lhes em que aspectos você é particularmente qualificado para o cargo. Para tanto, escolha informações de sua seção de características e habilidades pessoais que façam sua carta de apresentação um passo efetivo no processo de busca por emprego. Um exemplo de carta de apresentação é mostrado no Recurso 1.

As informações de sua seção de características e habilidades pessoais podem também ser úteis durante suas entrevistas de emprego. Lembre-se de que comparamos suas entrevistas de emprego a ligações de venda, então busque "vender" suas habilidades especiais discutindo suas características mais importantes e particulares durante suas entrevistas de emprego.

6.5.2 Mercado de trabalho

Mercado de trabalho – fonte de informação

Na seção anterior, identificamos o valor de discutir detalhes de vagas de empregos em sua carta de apresentação, dizendo a uma empresa o quão qualificado você é para um cargo específico. Como encontrar esses detalhes? A Figura 6.9 identifica fontes de informação sobre oportunidades de emprego.

```
SEÇÃO 2
PESQUISA DE EMPREGOS
■ Centro de carreiras da universidade
  • Oficinas
  • Perfis de empresas
  • Orientadores
■ Atividades profissionais
  • Palestrantes convidados
  • Redes de contatos
  • Excursões
  • Feiras de carreira
```

Figura 6.9 Seção 2.

Uma das melhores fontes de detalhes sobre oportunidades de emprego e outras informações de mercado de trabalho é o Centro de Carreiras de sua universidade, como indicado na Figura 6.10. Esses centros possuem informação sobre empresas e oferecem oficinas e outros recursos para prepará-lo para entrevistas de emprego bem-sucedidas. Você pode aproveitar a máximo os benefícios do Centro de Carreiras estabelecendo contato o mais cedo possível e aproveitando seus recursos. Também é possível encontrar informações para sua seção de mercado de trabalho lendo sobre empresas e potenciais cargos para engenheiros. Considere cargos de engenharia que lhe interessem, procure na Internet e em outros recursos e documente informações sobre as empresas que empregam engenheiros nesses cargos.

Figura 6.10 Recursos de Centros de Carreira.

Mercado de trabalho – aplicação de informação

Use as informações desta seção que resumem os resultados de sua pesquisa de empresas para escolher que empresas contatar. Então, você pode adaptar sua carta de apresentação para a empresa e o cargo em particular. Inclua frases que demonstrem sua pesquisa sobre a empresa e no que você pode contribuir para aumentar o seu lucro.

Pesquise sobre as empresas antes de contatá-las.

6.5.3 Portfólio

Portfólio – fonte de informação

Como apresentado em nossa discussão de seu plano de marketing pessoal, a seção de portfólio é uma descrição de suas habilidades e experiências, como resumido na Figura 6.11. O Recurso 2 é um bom exemplo do portfólio. Há muitos recursos para ajudá-lo a desenvolver seu portfólio, incluindo aulas, laboratórios, organizações profissionais e outras atividades estudantis.

As experiências se expandem muito quando você faz um estágio, pois ele lhe proporciona oportunidades de aprender e aplicar novas habilidades técnicas, e você pode desenvolver muitas habilidades não técnicas enquanto trabalha com outros engenheiros. Use o Centro de Carreiras de sua universidade para encontrar trabalhos de meio período já nos primeiros semestres de sua experiência acadêmica e, então, adicione os resultados dessas experiências à seção de portfólio. O Centro de Carreiras de sua universidade também lhe ajudará no preparo de currículos. Apesar de você possivelmente não usar o currículo por um bom tempo, é muito mais fácil preparar um ao aproveitar

> **SEÇÃO 3**
> **PORTFÓLIO**
> - Informações de contato pessoal
> - Resumo da formação acadêmica
> - Cursos relevantes
> - Habilidades técnicas
> - Experiências de trabalho
> - Atividades profissionais
> - Honras e prêmios
> - Lista de disciplinas cursadas e notas
>   - Principal área de estudo
>   - Outros cursos relacionados
>   - Cursos não técnicos

Figura 6.11 Seção 3.

as oficinas e revisões de currículo de seu Centro de Carreiras desde já e adicionar informações ao portfólio com o passar do tempo. Uma forma efetiva de colocar informação em seu portfólio é usar um formato de currículo.

> "Nunca é tarde demais para começar a desenvolver sua rede de contatos pessoais. Todas as pessoas que você conhece têm potencial para se tornar um importante amigo e aliado de negócios. Alguns dos meus melhores contatos remontam aos tempos de faculdade, quando nosso único interesse era passar nos exames e fazer planos de final de semana 'típicos' de alunos de faculdade. A construção de um bom currículo de projetos é igualmente importante. Quer seja para manutenção de sua empregabilidade ou para o uso na construção de um negócio, possuir um portfólio sobre seu trabalho pode ajudá-lo a estar no controle do seu futuro. Tanto uma forte rede de contatos pessoais quanto um portfólio de projetos foram essenciais na construção das minhas empresas."
>
> (Jim Phillips, PE, Engenheiro Eletricista, Fundador da Brainfiller.com e do ArcFlashForum.com)

Portfólio – aplicação de informação

Seu portfólio é um recurso importante no preparo de currículos para cargos de estágio (curricular ou não) ou de emprego em tempo integral. Cada currículo deve ser preparado para uma oportunidade de trabalho específica, então é uma boa ideia acumular uma grande quantidade de informação em seu portfólio. Você poderá, dessa forma, escolher as informações mais apropriadas para cada oportunidade de trabalho específica.

> Use um formato de currículo para estruturar seu portfólio.

Como já discutimos, o principal propósito de seu currículo é abrir portas para uma entrevista pessoal. Além das informações capturadas em seu portfólio, sua pesquisa de empresas e cargos de engenharia pode ser usada para ajustar seu currículo a cada vaga específica de trabalho.

Uma comparação entre informações comuns para currículos iniciais e para currículos futuros, após a graduação, é demonstrada na Figura 6.12. Contato pessoal e seções sobre formação acadêmica são comuns a todos os currículos. Outras como habilidades desenvolvidas em cursos, laboratórios e experiências de trabalho, devem ser selecionadas de acordo com o emprego específico em consideração.

CURRÍCULOS INICIAIS	CURRÍCULOS FUTUROS
(Currículo para vagas de estágio)	(Currículo para vagas após graduação)
• Informações de contato pessoal	• Informações de contato pessoal
• Formação acadêmica	• Formação acadêmica
• Habilidades	• Cursos relevantes
• Experiência de trabalho	• Habilidades
• Projetos e atividades	• Experiência de trabalho
• Honras e prêmios	• Projetos e atividades
• Histórico acadêmico	• Honras e prêmios

Figura 6.12 Tipos diferentes de currículos.

Até que você tenha vários anos de experiência de trabalho, seu currículo deve se limitar a uma página. Entretanto, ao preparar currículos para vagas de estágio, é possível adicionar uma segunda página e listar cursos realizados e as respectivas notas. Isso ajuda um empregador a escolher um trabalho que se encaixe em suas habilidades.

Prepare cada currículo de forma personalizada à oportunidade de trabalho.

Vamos demonstrar como você pode usar informações de um portfólio para o preparo de currículos. No exemplo de portfólio demonstrado no Recurso 2, o formato é similar ao de um currículo. A vantagem de usar o mesmo formato para ambos é que você pode usar a ferramenta de copiar/colar para transferir informações do portfólio para os currículos. Inicialmente, seu portfólio será limitado a informações e habilidades obtidas durante os anos iniciais de sua experiência na graduação. Ao se aproximar da formatura, seu portfólio irá conter mais informação do que em um determinado currículo. Entretanto, o real valor de um portfólio está na flexibilidade de escolher para seu currículo as informações mais relevantes para cada vaga de emprego.

O Recurso 3 mostra um currículo baseado no portfólio de um aluno de último ano de graduação à procura de um estágio curricular. Repare como o recurso de portfólio foi usado nas seguintes áreas:

- Formação acadêmica (média das notas iniciais)
- Habilidades (algumas habilidades ainda não disponíveis)
- Experiência de trabalho (experiências iniciais)
- Projetos e atividades (projetos e atividades iniciais)
- Honras (limitado a honras iniciais)
- Histórico acadêmico (listado na segunda página)

Agora, compare com o exemplo de currículo para depois da graduação, no Recurso 4, que inclui

- Formação acadêmica (média de todas as notas)
- Cursos relevantes (mais apropriado que treinamento acadêmico)
- Habilidades (expandido para incluir novas habilidades)
- Experiências de trabalho (experiências de estágio)
- Projetos e atividades (envolvimento em projetos, organizações e atividades)
- Honras (prêmios de honra ao mérito e participação em sociedades de honra)

Como esses exemplos demonstram, o portfólio é um recurso de informação, e cada currículo deve ser preparado selecionando-se os itens mais apropriados para o trabalho específico.

6.5.4 Entrevista de emprego

Entrevista de emprego – fonte de informação

Uma lista de informações apropriadas para se anotar antes da entrevista de emprego é mostrada na Figura 6.13. Uma fonte excelente de informações para esta seção é o Centro de Carreiras de sua universidade. Os membros desse centro fornecem oficinas e outras informações para ajudá-lo a se preparar para as entrevistas.

SEÇÃO 4
ENTREVISTA DE EMPREGO

- Antes da entrevista
  - Potenciais perguntas a responder
  - Perguntas a fazer
- Indo à entrevista
  - Vestimenta apropriada
  - Horário, localização e contatos
- Durante a entrevista
  - Começo e fim
  - Resposta a perguntas
  - Elaboração de perguntas e anotações
- Acompanhamento posterior
  - Exemplos de mensagens de e-mail ou cartas

Figura 6.13 Seção 4.

Além das sugestões sobre como participar com sucesso de entrevistas de emprego, o Centro de Carreiras de sua universidade também ajudará você a criar autoconfiança e ganhar experiência ensaiando as entrevistas. As ideias mais marcantes que você aprender sobre literatura, oficinas e ensaios de entrevistas devem ser adicionadas a esta seção de seu sistema de captura de informações.

Entrevista de emprego – aplicação de informação

Use as informações desta seção para preparar-se para as entrevistas. Por exemplo, você pode preparar uma lista de perguntas para fazer durante a entrevista lendo os exemplos de perguntas armazenados nesta seção. Sua revisão de informações obtidas no Centro de Carreiras lhe ajudará a ter mais confiança para participar de futuras entrevistas. A maioria das informações desta seção foi obtida de oficinas e ensaios de entrevistas; assim, isso pode ajudá-lo a se lembrar de pontos importantes que devem constar nas entrevistas de emprego. Revisar essas informações trará benefícios ao receber ofertas de trabalho.

6.5.5 Histórico de carreira

Histórico de carreira – fonte de informação

Comece esta seção anotando informações sobre seus estágios e outros trabalhos de meio período. Adicionalmente, anote as experiências alcançadas em projetos de disciplinas e em projetos de organizações profissionais como parte de seu histórico de carreira. Informações típicas de uma seção de histórico de carreira são demonstradas na Figura 6.14.

```
SEÇÃO 5
HISTÓRICO DE CARREIRA
▪ Empregos de estágio e de meio período
    • Datas e contatos
    • Principais responsabilidades
    • Habilidades aplicadas
▪ Cargos de expediente integral
    • Datas e contatos
    • Principais responsabilidades
    • Projetos em equipe
    • Habilidades aperfeiçoadas
▪ Atividades profissionais
```

Figura 6.14 Seção 5.

Após sua graduação, esta seção continuará se tornando mais valiosa a cada nova anotação adicionada sobre suas experiências de trabalho e atividades profissionais. Quando você aprender novas habilidades, participar de oficinas e expandir sua capacidade de enfrentar novos desafios, deve adicionar tais informações a esta seção.

Histórico de carreira – aplicação de informação

Seu histórico de carreira é um excelente recurso para ajudá-lo a tornar públicas as suas habilidades, fazendo com que outros reconheçam sua contribuição a seu empregador. Ele geralmente está associado a trabalhos após a graduação, mas também pode lhe ajudar a obter mais oportunidades de experiência em trabalho de meio período enquanto você não estiver graduado. Mais importante do que isso, você pode usar informações sobre o que realizou quando precisar trocar de emprego.

> "Em cada proposta de Ciências Biológicas que enviamos a nossos clientes, incluímos perfis ou currículos de nossos funcionários. Muitas vezes, esses perfis são exigidos pelo cliente e podem ser o fator decisivo entre nós ou algum competidor receber o projeto. A manutenção de seu histórico academico e profissional de forma documentada ajudará você e sua empresa quando uma oportunidade aparecer. A manutenção deste histórico também será valiosa quando chegar o momento de sua revisão anual e seu gerente solicitar um retorno seu sobre o que foi realizado durante o ano. Ter essa informação de uma maneira organizada e detalhada pode ser tudo de que você precisa para impressionar seu gerente e outras pessoas que sejam fundamentais para seu desenvolvimento profissional, quer você esteja em um novo papel, cargo ou oportunidade de emprego."
>
> (Chris Phillips, Engenheiro Profissional, Tecnólogo em Engenharia Elétrica, e Gerente da Região Nordeste na RoviSys)

Como indicado nas questões iniciais deste capítulo, seu mundo é muito dinâmico. Quando as empresas sofrem mudança, você pode se beneficiar da mudança usando informações de seu histórico de carreira para tornar suas habilidades públicas. Se seu trabalho atual deixar de existir ou se sua empresa fechar, você pode usar seu histórico de carreira para aumentar seu sucesso em encontrar por um novo emprego.

Você pode também iniciar mudanças no curso de sua carreira com base na dinâmica da tecnologia. Quando você pensa no futuro e desenvolve novas habilidades, fica mais bem preparado para oportunidades inesperadas. Uma vantagem interessante de seu sistema de captura de informação é que ele o incentiva a adquirir novas habilidades e adicioná-las a seu histórico de carreira. Sua seção de histórico de carreira é também um valioso recurso de informações para ser usado no recebimento de prêmios por excelência no trabalho. Frequentemente, prêmios são concedidos por sua empresa e por seus colegas de profissão. Além do reconhecimento de seu bom trabalho, os prêmios também incentivam outras pessoas a alcançar maiores realizações. Então, existem muitos possíveis benefícios em se construir uma documentação de histórico de carreira.

Terminamos nossa discussão deste capítulo revendo as questões iniciais e analisando como um engenheiro profissional usa a captura de informação no trabalho para alcançar sucesso neste mundo dinâmico e desafiador. A seguinte conversa é com Elmer Paine, um engenheiro eletricista que trabalhou para uma empresa da Fortune 100 e para diversas empresas de consultoria.

Uma conversa com Elmer Paine

Elmer, você levantou questões muito interessantes sobre captura de informação no começo deste capítulo. Como engenheiro consultor, por que você captura informação e mantém uma documentação de suas atividades?

Resposta

"Existem muitos bons motivos para se capturar e manter uma documentação de meu histórico de experiências profissionais. O motivo óbvio é a manutenção de meu histórico de empregos. Além da captura e da manutenção de detalhes de minhas situações anteriores de emprego, eu também sempre tentei manter certo contato com o maior número de antigos supervisores e mentores possível.

Além da prática mais comum de manter um currículo dos cargos desempenhados ao decorrer de minha carreira, achei muito útil manter um diário do que eu faço. Mantenho também uma lista atualizada dos meus clientes e projetos. Existe um motivo bem prático para manter um diário profissional e uma lista abrangente de projetos. Como engenheiro consultor em exercício, recebo ligações para assinar planos de construção e especificações que produzo como instrumentos de meu trabalho em projetos. Esses documentos são contratos, e existe uma grande quantidade de responsabilidade civil que assumo cada vez que carimbo e assino um conjunto de planos e especificações para um projeto de construção.

Não há prescrição na lei para a responsabilidade pessoal de um engenheiro e, durante a carreira de um engenheiro, haverá possivelmente centenas ou milhares de documentos contendo seu carimbo. Consequentemente, é incumbente que o Engenheiro Profissional registrado mantenha uma documentação muito detalhada dos projetos que contenham seu carimbo.

Então, como você anota e usa as informações?

Resposta

"Na profissão de engenheiro consultor, estou sempre realizando entrevistas com clientes para a próxima comissão de concepção de projeto. Mesmo os clientes para os quais já trabalhamos anteriormente frequentemente nos pedem que preparemos e enviemos as 'qualificações', uma parte do processo de seleção que o cliente usa para contratar profissionais projetistas. Isso é sempre válido em relação a contratos para projetos governamentais publicamente financiados, como universidades, asilos para veteranos de guerra e tribunais.

As qualificações enviadas tipicamente devem listar de três a dez projetos, além de detalhes sobre cada um deles que for parecido em tipo e escopo com o projeto para o qual o cliente está contratando a equipe de projeto. Ter uma lista de projetos anteriores atualizada é essencial, porque a quantidade de tempo entre a divulgação do edital e o prazo de entrega das qualificações, no qual todas as equipes de projeto devem enviar suas propostas, pode ser bem limitada. Nunca há tempo o bastante para recompilar uma lista após a divulgação do edital.

Eu atualizo frequentemente minha lista. É melhor fazer isso imediatamente após completar cada projeto/tarefa, quando os detalhes ainda estão frescos em minha mente e a documentação do projeto ainda está facilmente disponível antes de ser arquivada em algum lugar. Adicionalmente, eu categorizo minha lista de projetos por tipo (por exemplo, hospitais, palcos de artes interpretativas, centros culturais de arte, tribunais, centros de processamento de dados, construções comerciais, escritórios, instituições de ensino supe-

rior, aeroportos, etc.) e por categoria de projeto (projeto de sistemas de média tensão, projeto de sistemas críticos, sistemas de controle de iluminação, projeto de subestações de distribuição de energia elétrica, alarmes de incêndio, sistemas integrados de chamada de enfermeira, geradores de emergência, etc.)".

Que habilidades não técnicas você aplica em seu trabalho de consultoria?

Resposta

"As habilidades não técnicas necessárias para a captura e documentação de minhas experiências de projeto incluem autodisciplina (perseverança) durante muitos anos para manter um banco de dados de experiência de projeto. Eu uso Microsoft Excel para anotar meus projetos, para que eu possa rapidamente ordenar a lista para um tipo particular de projeto, categorias inclusas e contatos de referência. Além disso, mantenho e alimento relações pessoais com antigos supervisores, mentores, clientes e potenciais empregadores, para que, se for necessário a um cliente ou potencial empregador validar meu histórico e/ ou experiência, isso possa ser feito com pouquíssimo esforço."

Quais são os principais benefícios de se capturar informação?

Resposta

"Recursos, como antigos supervisores e mentores que servissem de referências foram-me necessários para obter registros profissionais em muitos estados dos EUA. Em 30 anos de prática profissional, já tive a oportunidade de trabalhar em quinze diferentes projetos e/ ou empresas, cada vez com um 'chefe' diferente. Cada uma dessas oportunidades foi auxiliada por minha habilidade de apresentar evidências de minha experiência e meu portfólio.

Após quase 17 anos trabalhando com consultoria, minha lista de experiências possui mais de 300 projetos diferentes em cerca de dez categorias de projetos. Obviamente, seria impossível me lembrar de todos esses projetos sem coletar os dados em tempo real ao longo do caminho. Quando minha empresa recebe um convite para apresentar o pacote de qualificações da minha equipe para um projeto futuro, raramente levo mais de dez minutos para coletar a lista de projetos representativos dentre o conjunto de trabalhos realizados nos últimos 17 anos.

É claro que, quando surgiu a oportunidade (necessidade) de trocar de empregadores, sempre muito impressionante poder mostrar a um potencial empregador um documento mostrando uma lista abrangente de minha experiência e conjunto de trabalhos realizados."

Que conselho você compartilharia com os alunos?

Resposta

"A qualidade de trabalho de um engenheiro deve, no mínimo, ser condizente com o 'padrão de cuidado' de sua profissão. Esse trabalho é exigente, e erros podem resultar em tempo perdido, dinheiro perdido e às vezes até em morte. O jovem engenheiro deve começar cedo e desenvolver o HÁBITO de tomar notas no decorrer do dia. Suas anotações podem ajudar a evitar custosas queixas de danos e processos. Além disso, a documentação detalhada de projetos é uma necessidade de todo engenheiro no decorrer de sua carreira."

(Elmer Paine, Engenheiro Profissional, Engenheiro Eletricista e Engenheiro Eletricista Sênior na Affiliated Engineers)

6.6 Conclusão

Engenheiros bem-sucedidos desenvolvem a habilidade de pensar logicamente e de aplicar essa abordagem a áreas não técnicas de sua carreira. Como um aluno de engenharia, você pode aplicar esse mesmo processo para capturar, recuperar e usar importantes informações relacionadas à sua carreira. O Centro de Carreiras de sua universidade é uma excelente fonte de informação e treinamento, você pode usar seus recursos ao desenvolver as partes de seu sistema de captura de informação relativas ao emprego. Isso economizará seu tempo e será um recurso valioso ao procurar emprego como um aluno e após a graduação.

Seu sistema de captura de informação deve ser dinâmico e utilizado para capturar experiências durante sua carreira. Aprender como usar essa ferramenta lhe trará grandes benefícios agora e ao longo de sua vida profissional. Então, aproveite a oportunidade para começar seu SCI desde cedo, e você se beneficiará muito e por tempo indeterminado.

REVISÃO DE FINAL DE CAPÍTULO

Escolha a resposta mais adequada para as seguintes afirmações.
1. É importante que você capture a informação
    a. Para usá-la como recurso para preparar futuros currículos.
    b. Para preparar-se para entrevistas de emprego mais bem-sucedidas.
    c. Para ter um documento com suas realizações e estar pronto para oportunidades de emprego inesperadas.
    d. Para realizar todas as coisas acima.
2. O principal objetivo de sua carta de apresentação é
    a. Garantir que seu currículo seja entregue à pessoa correta.
    b. Incentivar os outros a lerem seu currículo.
    c. Ser chamado a uma entrevista de emprego.
    d. Identificar que você é o autor de seu currículo.
3. A principal utilidade de um portfólio bem construído é
    a. Economizar tempo e ser um recurso efetivo no preparo de currículos.
    b. Mostrar aos seus pais e amigos o que você já realizou na vida.
    c. Preparar cartas de apresentação e e-mails ao enviar seu currículo.
    d. Fornecer informação ao se preparar para uma entrevista de emprego.
4. O principal propósito de seu currículo é
    a. Obter um emprego após a graduação.
    b. Levá-lo a feiras do trabalho para que você possa apresentar a seus potenciais empregadores tudo o que você já realizou.
    c. Ser chamado a uma entrevista com uma empresa.
    d. Ser um documento de sua formação acadêmica e experiências de trabalho.
5. As informações da seção de características pessoais de seu SCI são um recurso para
    a. Ser incluído em uma carta de apresentação.
    b. Tornar sua carta de apresentação específica para as exigências da vaga de emprego.

c. Lembrá-lo de alguns tópicos a serem discutidos em uma entrevista de emprego.
d. Realizar todas as coisas acima.

6. O Centro de Carreiras de sua universidade fornece
   a. Informações sobre potenciais empregadores.
   b. Oficinas sobre currículos e cartas de apresentação.
   c. Ensaios de entrevista.
   d. Todos os itens acima.

7. O programa mais efetivo para a captura de informação é
   a. Algum programa disponível na Web.
   b. Um sistema muito detalhado no qual você pode anotar tudo o que faz.
   c. Um programa que você pode instalar em um dispositivo móvel.
   d. Um programa que se encaixa em seu estilo pessoal de manipulação de informação e seja fácil de usar.

8. A principal vantagem de um estágio ou trabalho de meio período é
   a. As experiências que você pode adicionar a seu portfólio.
   b. O dinheiro que você pode obter enquanto estuda.
   c. A oportunidade de não ter aulas todos os semestres.
   d. Nenhuma das alternativas acima.

9. Seu processo de captura de informação deve
   a. Iniciar quando você começa seu último ano da faculdade, quando tem muita informação para documentar.
   b. Iniciar agora e ser mantido adicionando-se informações apropriadas periodicamente.
   c. Ser uma cópia obtida de um amigo, para que você não tenha de gastar muito tempo para começar a usá-lo.
   d. Ser atualizado diariamente para ser efetivo.

10. A seção de histórico de carreira de seu sistema de captura de informação é
    a. Uma documentação de suas experiências e atividades bem-sucedidas enquanto aluno.
    b. Usada primariamente para se pedir prêmios e reconhecimento especial.
    c. Um bom recurso quando você estiver considerando grandes mudanças no caminho de sua carreira.
    d. Importante para mostrar a seu empregador por que você deve ser promovido.

Exercícios para desenvolver e aperfeiçoar suas habilidades

6.1 Desenvolva um sistema de captura de informação, prepare um relatório escrito com base no seguinte resumo e entregue seu relatório a seu professor até a data por ele designada. Envie uma cópia eletrônica de seu relatório para seu professor.

Relatório do Sistema de Captura de Informação

Preparado por _____

Visão geral do Sistema de Captura de Informação

Discuta o sistema que você selecionou ou aperfeiçoou para capturar informação.

Explique por que você escolheu esse sistema e como você irá recuperar informações.

Estrutura do sistema de captura de informação

forneça um resumo das principais seções de seu sistema.

Explique por que você escolheu essas seções e as fontes de informação a serem adicionadas a cada seção.

Recursos do centro de carreiras da universidade

discuta os recursos disponíveis no Centro de Carreiras da Universidade.

Explique como você planeja usar esses recursos e como a informação obtida desse centro será aplicada ao seu sistema de captura de informação.

Avaliação do processo de captura de informação

Relate sua avaliação sobre a vantagem de usar um sistema de captura de informação. Dê uma nota de 0 a 10 à sua experiência e apresente os motivos para tal nota. Discuta como você irá aplicar o que você aprendeu nessa experiência para futuras aulas e para sua carreira.

RECURSOS DE FINAL DE CAPÍTULO

Recurso 1 - Exemplo de Carta de Apresentação

Avenida XYZ, 1234   Data:
São Paulo, SP 00000-000
Sr. Alberto Santos-Dumont
Gerente de Operações

Companhia XYZ do Brasil

Rua LMN, 1234 Campinas, SP 13010-001

Caro Sr. Santos-Dumont:

A Sra. Fulana de Tal, do Departamento de Recursos Humanos, indicou que há uma vaga de Engenheiro Associado em seu setor. Como resultado de nossa conversa, acredito que meu conhecimento e minha experiência beneficiarão a Empresa XYZ do Brasil.

Neste semestre, receberei meu diploma de Bacharel em Engenharia Elétrica da Universidade Estadual Fictícia. Além das disciplinas cursadas em engenharia, participei de um projeto em equipe como trabalho de conclusão de curso, que envolvia a aplicação de programas de computador no agendamento de manutenção de equipamentos elétricos. Durante meus quatro anos de faculdade, obtive uma nota média de 8,7 e trabalhava meio período no laboratório de computação.

Minha experiência de estágio na empresa PQR foi uma excelente introdução à operação de grandes sistemas elétricos. Como indicado no currículo anexado, desenvolvi habilidades de apresentação oral durante meu trabalho de conclusão de curso e fui presidente do comitê de publicidade de uma grande conferência de estudantes. Essas experiências, aliadas ao meu *background* acadêmico, seriam uma adição valiosa à sua empresa.

Estou interessada no cargo de Engenheiro Associado e solicito uma entrevista para discutirmos como a minha formação e experiências de trabalho podem ir ao encontro das operações de sua empresa. Ligarei na próxima terça-feira para discutirmos quando poderemos conversar pessoalmente.

Atenciosamente,

Ana Maria de Souza

Recurso 2 - Exemplo de portfólio

Formação acadêmica
Instituto de Engenharias, Universidade Estadual Fictícia
Bacharel em Engenharia Elétrica
Data Prevista para Graduação: Junho de 2015
Média de notas: 8,7

Cursos relevantes

Sistemas de energia	Processamento de Sinais & Laboratório
Eletrônica de Potência & Laboratório	Engenharia Administrativa
Sistemas de Controle & Laboratório	Segurança e Saúde Industrial
Conversão de Energia Eletromecânica	

Habilidades
- Programação: C++ e Java
- Programas de função específica: MATLAB, PSpice, Solid Works
- Programação de CLP

Experiência de trabalho

11/9	Companhia de Energia Elétrica, Cidade, Estado
a	Atendimento ao cliente (cargo de estágio curricular)
11/12	Trabalhei com o Engenheiro Sênior na avaliação de gastos e requisitos de energia de clientes.
	Recomendei métodos de redução de demanda e custo de energia com resultados positivos.
	Forneci cálculos de uso de energia e relatórios aos clientes.

11/1	Consultores de Engenharia Os Melhores, Cidade, Estado
a	Desenhista (cargo de estágio curricular) e membro da equipe de projetos da estação de distribuição de energia.
11/5	
	Forneci desenhos e diagramas de fiação de equipamentos elétricos e de proteção de sistemas.
	Usei AutoCAD e AutoCAD Inventor.

10/6	Empresa Automobilística Qualquer, Cidade, Estado, RS
a	Técnico X
10/9	Mantive controles eletrônicos e realizei alterações de sistemas de controles.
	Analisei problemas em controladores programáveis em equipamento de automação.

9/6	Empresa de Fast Food, Cidade, Estado
a	Gerente Assistente (meio período)
9/6	Coordenei as atividades de quatro funcionários
	Trabalhei no caixa e atendi aos clientes.

Projetos e atividades

Membro do projeto de ciência para concepção e construção de um robô.
Aprendi a combinar eletrônica, mecânica e sensores para realizar funções.
Participei de um projeto em equipe de um robô que conseguia segurar e reposicionar objetos.

Membro de uma equipe de competição veicular XXX da Universidade
Trabalhei com o líder da equipe no sistema de ignição.
Projetei o sistema de ignição eletrônica.
Pesquisei sistemas e apliquei princípios de projeto; o veículo alcançou os objetivos de eficiência desejados.

Trabalho de conclusão: Projetei um sistema de controle para um aerogerador em conjunto com uma equipe de outros engenheiros.

Organizações profissionais: IEEE (tesoureiro), sociedade Tau Beta Pi, sociedade Eta Kappa Nu.

Atividades: Capitão da Equipe de Golfe, Membro do clube Toastmasters.

Premiações
- 2° lugar no Prêmio Jovem Cientista da Universidade Y
- Bolsa de iniciação tecnológica na Universidade Estadual Fictícia
- Aprovação no curso de engenharia com Honra ao Mérito
- Admissão nas sociedades Tau Beta Pi e Eta Kappa Nu

Histórico acadêmico

Disciplinas curriculares		Disciplinas eletivas	
Circuitos Elétricos I	A	Probabilidade e estatística	A
Eletrônica I	A	Administração e finanças	A
Circuitos Elétricos II	B	Termodinâmica	B
Eletrônica II	A		

Matemática e Ciências		Extracurriculares	
Química I	B	Civilização ocidental	A
Física I	A	História do latim	C
Cálculo I	A	Língua Portuguesa I	B
Física II	A	Comunicação	B
Cálculo II	B	Estudos Urbanos	B

Recurso 3 - Exemplo de currículo para cargos de estágio

(Nota: a informação a seguir fica na primeira página)

FULANO P. DA SILVA

Rua Ciclano, 1900 (Universidade)   (011) 2166.xxxx
Campinas, SP 00000-000   fulano.silva@algumsite.com
Rua Fulana, 9755 (Casa)   (011) 4406.xxxx
Campinas, SP 00000-000

Formação acadêmica
Instituto de Engenharias, Universidade Estadual Fictícia
Engenharia Elétrica
Data Prevista para Graduação: Junho de 2015
Média de notas: 8,7

Habilidades
- Programas específicos: MATLAB, PSpice, Solid Works
- Programação de CLP

Experiência de trabalho

10/6　　Empresa Automobilística Qualquer, Cidade, Estado
a　　　Técnico X
10/9　　Mantive controles eletrônicos e realizei alterações de sistemas de controles.
　　　　Analisei problemas em controladores programáveis em equipamento de automação.

9/6　　Empresa de Fast Food, Cidade, Estado
a　　　Gerente Assistente (meio período)
9/9　　Coordenei as atividades de quatro funcionários.
　　　　Trabalhei no caixa e atendi aos clientes.

Projetos e atividades

Membro do projeto de ciência para concepção e construção de um robô
　　Aprendi a combinar eletrônica, mecânica e sensores para realizar funções.
　　Participei em um projeto em equipe de um robô que conseguia segurar e reposicionar objetos.
Membro de uma equipe de competição veicular XXX da Universidade
　　Trabalhei com o líder da equipe no sistema de ignição.
Organizações profissionais: IEEE
Atividades: Equipe de Golfe

Premiações

- 2º lugar no Prêmio Jovem Cientista da Universidade Y
- Bolsa de iniciação tecnológica na Universidade Estadual Fictícia
- Aprovação no curso de engenharia com Honra ao Mérito

(Nota: a informação a seguir é apresentada na segunda página)

FULANO P. DA SILVA

Rua Ciclano, 1900 (Universidade)　　(011) 2166.xxxx
Campinas, SP 00000-000　　　　　　fulano.silva@algumsite.com
Rua Fulana, 9755 (Casa)　　　　　　　(011) 4406.xxxx
Campinas, SP 00000-000

Formação acadêmica

Instituto de Engenharias
Universidade Estadual Fictícia
Engenharia Elétrica

Histórico acadêmico

Disciplinas curriculares		Disciplinas eletivas	
Circuitos Elétricos I	A	Probabilidade e estatística	A
Eletrônica I	A	Administração e finanças	A
Circuitos Elétricos II	B	Termodinâmica	B
Eletrônica II	A		

Matemática e Ciências		Extracurriculares	
Química I	B	Civilização ocidental	A
Física I	A	História do latim	C
Cálculo I	A	Língua Portuguesa I	B
Física II	A	Comunicação	B
Cálculo II	B	Estudos Urbanos	B

Recurso 4 - Currículo para depois da graduação

FULANO P. DA SILVA

Rua Ciclano, 1900 (Universidade)   (011) 2166.xxxx
Campinas, SP 00000-000   fulano.silva@algumsite.com
Rua Fulana, 9755 (Casa)   (011) 4406.xxxx
Campinas, SP 00000-000

Formação acadêmica
Instituto de Engenharias, Universidade Estadual Fictícia
Bacharel em Engenharia Elétrica
Data Prevista para Graduação: Junho de 2015
Média de notas: 8,7

Cursos relevantes
Sistemas de energia   Sistemas de Controle & Laboratório
Processamento de Sinais & Laboratório   Segurança e Saúde Industrial
Eletrônica de Potência & Laboratório   Conversão de Energia Eletromecânica
Engenharia Administrativa

Habilidades
Programação: C++ e Java
Programas específicos: MATLAB, PSpice, Solid Works
Programação de CLP

Experiência de trabalho

11/9   Companhia de Energia Elétrica, Cidade, Estado
a   Atendimento ao cliente (cargo de estágio curricular).
1/12   Trabalhei com o Engenheiro Sênior na avaliação de gastos e requisitos de energia de clientes.
Recomendei métodos de redução de demanda e custo de energia com resultados positivos.
Forneci cálculos de uso de energia e relatórios aos clientes.

11/1   Consultores de Engenharia Os Melhores, Cidade, Estado
a   Desenhista (cargo de estágio curricular) e membro da equipe de projetos da estação de distribuição de energia.
11/5
Forneci desenhos e diagramas de fiação de equipamentos elétricos e de proteção de sistemas.
Usei AutoCAD e AutoCAD Inventor.

Projetos e atividades

Membro de uma equipe de competição veicular XXX da Universidade
    Projetei o sistema de ignição eletrônica.
    Pesquisei sistemas e apliquei princípios de projeto; o veículo alcançou os objetivos de eficiência desejados.

Trabalho de conclusão: Projetei um sistema de controle para um aerogerador em conjunto com uma equipe de outros engenheiros.

Organizações profissionais: IEEE (tesoureiro), sociedade Tau Beta Pi, sociedade Eta Kappa Nu.

Atividades: Capitão da Equipe de Golfe, Membro do clube Toastmasters.

Premiações
- Aprovação no curso de engenharia com Honra ao Mérito
- Admissão nas sociedades Tau Beta Pi e Eta Kappa Nu

CAPÍTULO

7

Ramos da engenharia – Uma forma fantástica de se divertir!

"Engenheiros são sonhadores que têm a habilidade de fazer seus sonhos se tornarem realidade!"

Charles Alexander

Objetivos de aprendizagem

Ao usar as informações e os exercícios deste capítulo, você será capaz de:
- Compreender a grande variedade de ramos da engenharia disponíveis.
- Compreender a incrível amplitude e profundidade das carreiras afins.
- Compreender as áreas de crescimento na economia mundial que irão favorecer empregos em engenharia.
- Saber onde encontrar informações a respeito de ramos específicos da engenharia.
- Identificar as diversas organizações profissionais que favorecem ramos específicos da engenharia.
- Compreender que a engenharia é uma das carreiras mais empolgantes disponíveis a qualquer pessoa hoje!
- Finalmente compreender que uma carreira em engenharia é "divertida"!

7.1 Introdução

A boa notícia é que, independentemente do que está acontecendo na economia mundial, vagas de emprego para engenheiros tendem a existir sempre. Às vezes, pode ser necessário um maior esforço para encontrá-las, e às vezes pode ser necessário realizar uma mudança para outro local. Além disso, dos dez empregos que melhor pagam estudantes de graduação hoje, oito se encontram em engenharia (incluindo ciência da computação); veja Figura a 7.1. O emprego que fica em sétimo lugar é voltado para físicos, e o oitavo envolve matemática aplicada.

Historicamente, engenheiros recebem vinte ofertas de trabalho para cada oferta de um graduado em outra área. Isso se confirma especialmente durante períodos de incerteza econômica.

Graduados em engenharia recebem historicamente alguns dos salários iniciais mais altos dentre os graduados, especialmente no caso de graduados que completam um mestrado!

Curso	Mediana anual do salário inicial	Média anual no meio da carreira
1 Engenharia de petróleo	$97.900	$155.000
2 Engenharia química	$64.500	$109.000
3 Engenharia elétrica	$61.300	$103.000
4 Engenharia e ciência dos materiais	$60.400	$103.000
5 Engenharia aeroespacial	$60.700	$102.000
6 Engenharia da computação	$61.800	$101.000
7 Física	$49.800	$101.000
8 Matemática aplicada	$52.600	$ 98.600
9 Ciência da computação	$56.600	$ 97.900
10 Engenharia nuclear	$65.100	$ 97.900

Figura 7.1 Os dez cursos que pagam melhores salários (nos EUA).
Fonte: Jobs.aol.com e OnlineDegrees.com

Como um aluno de graduação, você deve escolher uma área específica da engenharia para a obtenção de seu diploma. O objetivo deste capítulo é facilitar esse processo de seleção. Comecemos analisando quais os motores que criarão empregos de engenharia no futuro. Identificamos cinco grandes motores de empregos em engenharia no século XXI. Pode haver outros, mas sentimos que esses serão os principais. Além disso, respostas detalhadas a cada uma dessas áreas e como elas se desenvolverão poderiam tomar capítulos e/ou livros inteiros. Então, apresentaremos rapidamente cada uma delas e a partir de apenas uma perspectiva sobre que tipos de engenheiros serão necessários.

> Os cinco maiores motores de criação de empregos na engenharia no século XXI são:
> - Manufatura
> - Assistência médica de alta qualidade a custos acessíveis
> - Revitalização e aprimoramento de infraestrutura
> - Independência energética e estabilidade econômica
> - Aprimoramento de ambiente

É possível aprender sobre disciplinas específicas de engenharia acessando os sites das diferentes sociedades profissionais de engenharia. Vamos identificar muitos deles para que você possa aprender mais.

7.2 Habilidades para "manufatura"

Durante o fim do século XX e o começo do século XXI, instalações industriais, em geral, buscavam se localizar onde houvesse mão de obra de menor custo. Entretanto, essa tendência não irá durar por muito tempo; veremos o fluxo de manufatura fluir em direção aos países que possam manter instalações industriais altamente automatizados com mão de obra altamente qualificada. Essas instalações irão requerer quase todos os campos da engenharia, incluindo engenharia química, civil, da computação, mecânica e engenharia de software, ainda que não se limitando a elas.

> Veremos o fluxo de manufatura fluir em direção aos países que possam manter instalações industriais altamente automatizados com mão de obra altamente qualificada.

PROBLEMA PRÁTICO 7.2.1

Expanda a lista de disciplinas de engenharia associadas à manufatura. Faça uma busca na Internet por disciplinas de "engenharia de manufatura".

7.3 Habilidades para "assistência médica de alta qualidade a custos acessíveis"

Em todos os países, os sistemas de saúde atualmente em operação são inadequados para suprir assistência médica consistente e de alta qualidade a preços acessíveis. Então, é possível desenvolver um sistema assim? Felizmente, a resposta é sim! Dependerá principalmente de uma cooperação próxima entre a comunidade de engenharia e os profissionais de medicina para o desenvolvimento de tecnologias que tornem os sistemas de saúde de alta qualidade amplamente disponíveis a um custo razoável.

> Uma assistência médica de alta qualidade a custos acessíveis e amplamente disponível só pode vir de uma cooperação próxima entre a comunidade de engenharia e os profissionais de medicina.

A engenharia biomédica será um dos campos da engenharia mais prominentes para a contribuição a essa área, se não o mais prominente. Adicionalmente, os engenheiros eletricistas, da computação, de software, mecânicos, químicos e de sistemas também serão necessários.

PROBLEMA PRÁTICO 7.3.1

Expanda a lista de disciplinas de engenharia associadas à tecnologia de sistemas de saúde. Faça uma busca na Internet por disciplinas de "engenharia de sistemas de saúde ou biomedicina".

7.4 Habilidades para "revitalização e aprimoramento de infraestrutura"

Outra grande necessidade de engenheiros será a área de revitalização e aprimoramento de infraestrutura. O que denominamos infraestrutura inclui autoestradas, pontes, tratamento e distribuição de água, rede elétrica, usinas de energia elétrica, construções e sistema de esgoto. Adicionalmente, o aprimoramento destes significa elementos como autoestradas inteligentes, redes elétricas inteligentes e áreas de trabalho mais seguras em autoestradas.

> A revitalização e o aprimoramento da infraestrutura irão requerer uma enorme quantidade de engenheiros!

Obviamente os engenheiros civis estarão entre os mais prominentes a trabalhar nesses problemas. Além deles, também serão necessários engenheiros mecânicos, eletricistas, da computação, de software, químicos e de sistemas.

PROBLEMA PRÁTICO 7.4.1

Use a Internet para expandir a lista de disciplinas de engenharia associadas à infraestrutura.

7.5 Habilidades para "independência energética e estabilidade econômica"

A energia será provavelmente o campo no qual veremos o maior crescimento tanto no investimento financeiro quanto no investimento em pessoas (no qual a maior parte será engenheiros) no século XXI. Se analisarmos os recursos de energia disponíveis atualmente, veremos que podemos obter a energia necessária a partir de óleo, gás e carvão, além das fontes nucleares, hídricas, solares, eólicas, geotérmicas e maremotrizes. A geração de energia elétrica será muito provavelmente a de maior crescimento, e os meios de transporte, cada vez mais dependentes da eletricidade, serão parte importante disso. Algumas possibilidades empolgantes podem surgir do que potencialmente será a próxima geração de energia nuclear, reatores a flúor-tório líquido, ou LFTR, da sigla em inglês (http://thoriumenergy.blogspot.com/). Ademais, o uso de fontes de energia alternativas, como a eólica e a solar, irão requerer infraestruturas de armazenamento consideráveis, como volantes de motor, baterias, armazenamento de água por bombeamento e ar comprimido. Visto que esse será um mercado realmente amplo, os países que se dedicarem à construção de tais sistemas irão gerar uma renda considerável, assim como os países que tiverem recursos de energia à venda.

O projeto e a construção de sistemas de energia irão requerer grandes investimentos em capital econômico e humano. Boa parte do capital humano precisará ser composta por engenheiros.

PROBLEMA PRÁTICO 7.5.1

Use a Internet para expandir a lista de disciplinas de engenharia associadas à geração de energia elétrica e desenvolvimento de recursos.

7.6 Habilidades para "aperfeiçoamento do ambiente"

Se olharmos hoje para nosso meio ambiente, perceberemos o quanto ele precisa ser consertado e quão difícil parece ser fazer isso. Entretanto, se nos voltarmos para 100 ou 150 anos atrás, veremos que a tecnologia pode de fato consertar nossos problemas! Nossa expectativa de vida, por exemplo, aumentou em trinta e cinco anos em decorrência da tecnologia (boa parte disso associada ao consumo de água pura e ao saneamento básico moderno).

Só teremos o tipo de ambiente que queremos por meio do uso de tecnologia e engenharia!

Os engenheiros continuarão ocupando papel central no aperfeiçoamento de nosso ambiente para qualquer nível que queiramos. Engenheiros ambientais serão obviamente necessários, e serão auxiliados por engenheiros químicos, civis, da computação, eletricistas, mecânicos, de software e de sistemas.

PROBLEMA PRÁTICO 7.6.1

Use a Internet para expandir a lista de disciplinas de engenharia associadas ao aprimoramento da qualidade de nosso ambiente.

7.7 Sociedades profissionais de engenharia

Inúmeras sociedades de engenharia podem ajudá-lo a compreender as diversas disciplinas. As três principais sociedades (dos EUA) são: a Sociedade Americana de Engenheiros Civis (ASCE, American Society of Civil Engineers, http://www.asce.org/), a Sociedade Norte-americana de Engenheiros Mecânicos (ASME, American Society of Mechanical Engineers, http://www.asme.org/) e o Instituto de Engenheiros Eletricistas e Eletrônicos (IEEE, Institute of Electrical and Electronics Engineers, http://www.ieee.org/). Uma lista expandida pode ser encontrada por meio da lista de membros da Associação Americana de Sociedades de Engenharia (AAES, American Association of Engineering Societies, http://www.aaes.org/international/).

A melhor forma de descobrir o que uma disciplina de engenharia faz é visitar os websites de diversas sociedades de engenharia e explorá-los.

Neste capítulo, usamos as sociedades profissionais para ajudá-lo a compreender melhor o que as diversas disciplinas de engenharia fazem. Você verá que elas são o recurso mais valioso no desenvolvimento de uma rede de contatos, que será absolutamente essencial para o desenvolvimento de uma carreira e para o crescimento tecnológico.

Analisemos agora três sociedades norte-americanas.

7.8 Sociedade Americana de Engenheiros Civis (ASCE)

A ASCE é composta por diversas subdisciplinas como mostrado na Figura 7.2. O termo engenharia civil foi criado para estabelecer uma distinção com a engenharia militar, o único tipo de engenharia existente até sua criação. Todas as disciplinas de engenharia que conhecemos hoje descendem da engenharia civil. O site da ASCE é http://www.asce.org/.

A engenharia civil é, na realidade, composta por diversas subdisciplinas, como ambiental, estrutural, de transportes e de recursos hídricos.

> Instituto de Engenharia Arquitetural
> Instituto de Costas, Oceanos, Portos e Rios
> Instituto de Construção
> Instituto de Engenharia Mecânica
> Instituto de Recursos Ambientais e Hídricos
> Instituto de Geociências
> Instituto de Engenharia Estrutural
> Instituto de Desenvolvimento e Transporte
> Divisão Aeroespacial
> Conselho Técnico em Engenharia Ártica
> Conselho Técnico em Computação e em Tecnologia da Informação
> Conselho de Gestão de Riscos de Desastres
> Divisão de Energia
> Conselho Técnico de Engenharia Forense
> Divisão de Engenharia Cartográfica
> Conselho Técnico de Engenharia Sísmica
> Divisão de Dutos
> Conselho Técnico de Engenharia Eólica

Figura 7.2 Institutos, divisões e conselhos da ASCE.

PROBLEMA PRÁTICO 7.8.1

Visite o site da ASCE, escolha duas ou três subdisciplinas e determine o que fazem esses profissionais.

7.9 Sociedade Norte-americana de Engenheiros Mecânicos (ASME)

Assim como a engenharia civil, a engenharia mecânica possui uma ampla variedade de subdisciplinas e pode ser mais profundamente explorada no site da ASME, http://www.asme.org/. Os diversos institutos, grupos e divisões da ASME estão listados na Figura 7.3.

A engenharia mecânica é, na verdade, composta por diversas subdisciplinas, como termodinâmica, biomédica, de combustão, solar, eólica, mecatrônica e de controle e automação.

Institutos	Instituto Internacional de Turbina a Gás Instituto Internacional de Tecnologia Petrolífera Instituto de Nanotecnologia
Grupo Técnico de Engenharia Básica	Divisão de Mecânica Aplicada Divisão de Bioengenharia Divisão de Engenharia de Fluidos Divisão de Transferência de Calor Divisão de Materiais Divisão de Tribologia
Grupo de Conversão de Energia	Divisão de Motores de Combustão Interna Divisão de Engenharia Nuclear Divisão de Energia Hídrica Divisão de Sistemas de Energia Avançados Divisão de Energia Solar
Grupo de Gerência de Energia & Tecnologia	Divisão de Gerência Divisão de Engenharia de Segurança & Análise de Riscos Divisão de Tecnologia & Sociedade
Grupo de Ambiente & Transporte	Divisão Aeroespacial Divisão de Engenharia Ambiental Divisão de Acústica e Controle de Ruído Divisão de Transporte Ferroviário Divisão de Materiais & Recuperação de Energia
Grupo Técnico de Manufatura	Divisão de Engenharia de Manufatura Divisão de Engenharia de Materiais Divisão de Engenharia e Manutenção de Usinas Divisão de Indústrias de Processo
Grupo de Tecnologia de Pressão	Divisão de Ensaios Não Destrutivos Divisão de Vasos de Pressão e Oleodutos
Grupo de Sistemas e Projetos	Divisão de Engenharia da Computação e da Informação Divisão de Engenharia de Projetos Divisão de Sistemas Dinâmicos & Controle Divisão de Equipamentos Eletrônicos e Fotônicos Divisão de Tecnologia & Sistemas de Fluidos Divisão de Sistemas de Armazenamento & Processamento de Informação Divisão de Sistemas Microeletromecânicos

Figura 7.3 Institutos, grupos e divisões da ASME.

PROBLEMA PRÁTICO 7.9.1

Visite o site da ASME, escolha duas ou três subdisciplinas e determine o que fazem esses profissionais.

7.10 Instituto de Engenheiros Eletricistas e Eletrônicos (IEEE)

A maior sociedade técnico-profissional do mundo é o IEEE. Atualmente, ele possui mais de 400.000 membros ao redor do mundo e publica aproximadamente um terço da literatura mundial em eletrotecnologia. Assim como a ASCE e a ASME, ele possui um grande número de subdisciplinas, que podem ser encontradas no seu site, http://www.ieee.org/. As sociedades do IEEE são listadas na Figura 7.4, e os conselhos do IEEE são listados na Figura 7.5.

```
Sociedade de Sistemas Aeroespaciais e Eletrônicos
Sociedade de Antenas e Propagação
Sociedade de Tecnologia de Broadcast
Sociedade de Circuitos e Sistemas
Sociedade de Comunicações
Sociedade de Tecnologia de Componentes, Equipamentos e Manufatura
Sociedade de Inteligência Computacional
Sociedade da Computação
Sociedade de Produtos Eletrônicos
Sociedade de Sistemas de Controle
Sociedade de Dielétricos e Isolamento Elétrico
Sociedade de Educação
Sociedade de Dispositivos de Elétrons
Sociedade de Compatibilidade Eletromagnética
Sociedade de Engenharia em Medicina e Biologia
Sociedade de Geociências e Sensoriamento Remoto
Sociedade de Eletrônica Industrial
Sociedade de Aplicações Industriais
Sociedade da Teoria da Informação
Sociedade de Instrumentação e Medição
Sociedade de Sistemas de Transporte Inteligente
Sociedade de Magnetismo
Sociedade de Teorias e Técnicas de Micro-ondas
Sociedade de Ciência Nuclear e de Plasma
Sociedade de Engenharia Oceânica
Sociedade de Fotônica
Sociedade de Eletrônica de Potência
Sociedade de Potência e Energia
Sociedade de Engenharia de Segurança de Produtos
Sociedade de Comunicação Profissional
Sociedade de Confiabilidade
Sociedade de Robótica e Automação
Sociedade de Processamento de Sinais
Sociedade para Implicações Sociais da Tecnologia
Sociedade de Circuitos de Estado Sólido
Sociedade de Sistemas, Humanos e Cibernética
Sociedade de Ultrassonografia, Ferroelétrica e Controle de Frequência
Sociedade de Tecnologia Automotiva
```

Figura 7.4 Sociedades do IEEE.

> Conselho de Biometria
> Conselho para Automação de Projetos Eletrônicos
> Conselho de Nanotecnologia
> Conselho de Sensoriamento
> Conselho de Supercondutividade
> Conselho de Sistemas
> Conselho de Gestão de Tecnologias

Figura 7.5 Conselhos do IEEE.

O IEEE é a maior e mais ativa sociedade técnico-profissional do mundo e publica aproximadamente um terço da literatura mundial em eletrotecnologia.

PROBLEMA PRÁTICO 7.10.1

Visite o site do IEEE, selecione duas ou três sociedades e/ou conselhos e determine o que fazem esses profissionais.

7.11 Ramos da engenharia reconhecidos

Se você ainda estiver pensando sobre qual ramo da engenharia deseja seguir, recomendamos que visite o site da organização que credencia programas de engenharia nso Estados Unidos, a ABET (http://www.abet.org/). A Figura 7.6 lista as diferentes disciplinas de engenharia que a ABET reconhece, mas, visitando o site você pode descobrir quais instituições de ensino oferecem esses cursos e uma lista de instituições que oferecem esses programas.

7.12 Conclusão

Um dos resultados mais importantes deste capítulo é que você compreenda a amplitude e a profundidade das carreiras disponíveis a engenheiros. Uma vez que sua carreira (veja o capítulo sobre gestão de carreira) tem início, é importante que você realmente conheça todas essas possibilidades a fim de realizar decisões bem informadas. No decorrer do curso de graduação, e mais tarde em sua diplomação em pós-graduação ou em experiências de trabalho, você deverá rever o que aprendeu com os exercícios deste capítulo.

> Um dos resultados mais importantes deste capítulo é sua compreensão da amplitude e da profundidade das carreiras disponíveis a engenheiros.

Também avaliamos cinco das áreas de crescimento de emprego em engenharia no século XXI. Esses novos trabalhos surgirão em manufatura, sistemas de saúde, revitalização e aprimoramento de infraestrutura, geração de energia e no ambiente. Finalmente, aprendemos muito com a revisão das subdisciplinas em diversas sociedades de engenharia.

> Engenharia Aeroespacial
> Engenharia Agrícola
> Engenharia Arquitetônica
> Bioengenharia e Engenharia Biomédica
> Engenharia Biológica
> Engenharia Cerâmica
> Engenharia Química, Bioquímica ou Biomolecular
> Engenharia Civil
> Engenharia de Construção
> Engenharia Elétrica e da Computação
> Engenharia Geral, Engenharia Física ou Engenharia da Ciência
> Engenharia de Gestão de Projetos
> Mecânica Aplicada à Engenharia
> Engenharia Ambiental
> Engenharia de Proteção contra Incêndios
> Engenharia Geológica
> Engenharia Industrial
> Engenharia de Manufatura
> Engenharia de Materiais e Metalúrgica
> Engenharia Mecânica
> Engenharia de Minas
> Engenharia Naval ou de Máquinas Marítimas
> Engenharia Nuclear ou de Radiologia
> Engenharia Oceânica
> Engenharia de Petróleo
> Engenharia de Software
> Engenharia de Agrimensura
> Engenharia de Sistemas

Figura 7.6 Lista de cursos de engenharia que a ABET reconhece.

Uma área muito importante para empregos em engenharia e que não analisamos é a engenharia militar, ou associada às forças armadas. Todas as academias militares enfatizam diplomas em engenharia como um requisito muito importante para oficiais futuros. Além de treinar oficiais na área da engenharia, as forças armadas também empregam muitos civis diplomados em engenharia para trabalhar junto aos engenheiros militares.

REVISÃO DE FINAL DE CAPÍTULO

Escolha a resposta mais adequada para as seguintes afirmações.
1. Como uma profissão, a engenharia
   a. É uma profissão madura e bem estabelecida.

b. É uma profissão em declínio em termos de oportunidades de emprego.

c. Está começando a crescer e a prosperar agora.

d. Está adentrando uma nova e empolgante fase de crescimento e transformação.

2. A melhor forma de aprender sobre as diferentes disciplinas da engenharia é

   a. Afiliar-se e participar ativamente em uma ou mais sociedades de engenharia.

   b. Pesquisar na Internet.

   c. Falar com professores.

   d. Todas as anteriores.

3. Dentre os dez trabalhos que melhor pagam alunos de graduação, as engenharias contabilizam

   a. Três dentre os dez.

   b. Seis dentre os dez.

   c. Oito dentre os dez.

   d. Todos os dez.

4. A maioria dos empregos em manufatura serão

   a. Engenharia de manufatura.

   b. Engenharia de sistemas.

   c. Engenharia mecânica.

   d. Quase todos os ramos da engenharia.

5. Sistemas de saúde de alta qualidade e a custos realmente acessíveis só se tornarão uma realidade devido à área de

   a. Medicina.

   b. Burocracia governamental.

   c. Engenharia em cooperação próxima com a comunidade médica.

   d. Todas as alternativas acima.

6. Os empregos de engenharia na área de sistemas de saúde serão relacionados a

   a. Engenharia biomédica.

   b. Engenharia elétrica.

   c. Engenharia mecânica.

   d. Todas as anteriores, além de muitas outras áreas de outras disciplinas da engenharia.

7. Os empregos de engenharia relacionados à revitalização e ao aprimoramento de infraestrutura serão

   a. Engenharia civil com o auxílio de um grande número de outras disciplinas de engenharia.

   b. Engenharia civil.

   c. Engenharia mecânica.

   d. Engenharia de sistemas.

8. As disciplinas de engenharia que estarão envolvidas na obtenção de independência energética e de estabilidade econômica serão
   a. Engenharia de sistemas.
   b. Engenharia elétrica.
   c. Engenharia nuclear.
   d. Todas as anteriores e muitas outras.
9. A produção do tipo de ambiente que todos queremos só será possível graças à engenharia! Que engenheiros terão o maior impacto na criação desse ambiente?
   a. Engenheiros ambientais.
   b. Engenheiros civis.
   c. Engenheiros mecânicos.
   d. Todas as alternativas acima.
10. Em uma época em que engenheiros desempenharão um papel central, muitas das vagas de emprego nos cinco motores de emprego em engenharia do século XXI serão vagas para engenheiros, porque
    a. Engenheiros precisarão projetar e desenvolver formas de automatização de mais tarefas rotineiras.
    b. Engenheiros precisarão interagir com a população em geral da mesma forma que médicos e advogados fazem atualmente.
    c. Engenheiros precisarão garantir que tenhamos o melhor ambiente possível.
    d. Todas as alternativas anteriores.

Exercícios para desenvolver e aperfeiçoar suas habilidades

Trabalhos para casa

Note que a maioria dos problemas para casa está, na verdade, espalhada por este capítulo como Problemas Práticos.

7.1 Se você não sabia qual ramo da engenharia seguir, este capítulo o ajudou a decidir a área ou, pelo menos, a reduzir sua busca? Se você já reduziu sua busca, que prós e contras encontrou para cada área? Que processo você usará para escolher sua área em particular?

7.2 Modifique seu plano de carreira para incluir o que você aprendeu neste capítulo. Identifique e explique as modificações que você realizou.

7.3 Que conselho você daria às pessoas que estão considerando cursar engenharia? Que conselho você daria aos que já decidiram cursar engenharia, mas ainda não escolheram a área?

CAPÍTULO 8

A habilidade de aplicar a abordagem sistêmica à engenharia

> Planos não passam de boas intenções a menos que se transformem imediatamente em trabalho duro.
>
> Peter Drucker

Objetivos de aprendizagem

Ao usar as informações e os exercícios deste capítulo, você será capaz de:

- Compreender os benefícios de usar um processo estruturado para quase tudo o que você faz em sua vida.
- Saber equilibrar de forma apropriada o planejamento, a organização e a resolução de problemas, além de conseguir realizar tudo isso junto.
- Compreender a importância de definir o que você precisa fazer.
- Desenvolver alternativas para a resolução de problemas.
- Definir e desenvolver restrições.
- Compreender o *brainstorming* aplicado à abordagem sistêmica.
- Determinar quão bem você atendeu os requisitos do sistema e saber se chegou a uma solução bem-sucedida.
- Compreender o equilíbrio entre planejamento e execução.
- Compreender a importância da documentação.
- Compreender a importância da comunicação.

Uma parte importante deste livro é o conceito de que a aplicação de uma abordagem estruturada produz melhores resultados mais rapidamente e com menos esforço. Tal abordagem resulta em maior acurácia em relação às soluções e aos projetos resultando em uma melhor percepção global através do processo. Essa abordagem é chamada de abordagem sistêmica, mas também tem outros nomes. Em resumo, podemos dividir a abordagem nos seguintes passos: compreender e refinar o problema a ser resolvido, desenvolver diferentes estratégias para a resolução do problema e avaliação de qual abordagem ou quais abordagens devem ser seguidas e, finalmente, avaliar os resultados e concluir se eles são aceitáveis. Se não forem aceitáveis, deve-se analisar se o delineamento do problema deve ser modificado e/ou se a estratégia de resolução do problema deve ser modificada. Novamente, o processo é, então, seguido como anteriormente até que resultados aceitáveis sejam obtidos ou se tome a decisão de não procurar mais por uma solução para o problema.

8.1 Introdução

Vamos começar avisando que não somos, de forma alguma, especialistas em teoria de sistemas. Entretanto, tendo aprendido o bastante sobre esse tema e trabalhado com ele por tempo suficiente (mais de trinta anos), percebemos que essa é uma das ferramentas mais poderosas que um engenheiro pode ter. Na verdade, todas as pessoas poderiam se beneficiar da aplicação dos elementos básicos da abordagem sistêmica em quase todos os aspectos de suas vidas. Neste capítulo, apresentamos esses elementos e o ajudamos a desenvolver a habilidade de utilizá-los para formular suas tarefas ou projetos e permitir que você alcance os resultados desejados com um mínimo de esforço e em uma quantidade de tempo razoável.

Todas as pessoas poderiam se beneficiar da aplicação dos elementos básicos da abordagem sistêmica em quase todos os aspectos de suas vidas!

Um exemplo de como essa abordagem funciona é considerar como minha filha mais velha conseguiu completar uma tarefa que via como muito intimidante. Em algum momento durante seu ensino fundamental, ela recebeu a tarefa de escrever de um artigo para uma aula de inglês. Nós simplesmente usamos a abordagem sistêmica para escolher inicialmente um tópico geral e, então, quebrar o tema em parágrafos. Tudo o que ela teve de fazer foi focar a escrita de um parágrafo por vez. Ela o entregou e recebeu a maior nota que já havia recebido em um artigo para a aula de inglês.

Consideremos outra tarefa que visivelmente não poderia ter sido completada se não fosse o uso da abordagem sistêmica. No começo dos anos 1960, o presidente Kennedy exigiu que a NASA enviasse um homem à Lua antes do final da década.

A tecnologia necessária para a realização disso não existia naquela época. A NASA começou a tarefa de levar o homem à Lua e trazê-lo de volta com segurança à Terra. Se a NASA tivesse começado com um projeto inteiro, isso nunca teria funcionado. No entanto, funcionou, e o projeto teve tanto sucesso que ninguém morreu nos milhões de passageiros-quilômetro viajados (três astronautas, Gus Grissom, Roger Chaffee e Ed White acabaram morrendo em um infeliz experimento que deu terrivelmente errado).

Esse programa nunca teria sido bem-sucedido se os engenheiros da NASA não tivessem usado uma abordagem sistêmica. Felizmente, eles usaram o processo de decomposição do problema em subsistemas e componentes manejáveis. Para lhe dar uma ideia do escopo do problema, a solução final foi o foguete Saturno, com mais de 3 milhões de partes, uma altura de trinta e seis andares e que havia sido construído pelo licitante que ofereceu menor preço!

Como um auxílio à compreensão da abordagem sistêmica, um diagrama de fluxos da aplicação da abordagem sistêmica é demonstrada na Figura 8.1. Este capítulo cobre os seguintes elementos:

1. Definição do problema ou subsistema, incluindo a especificação das interfaces entre módulos (como os módulos decompostos se conectam uns aos outros e que valores serão recebidos e transferidos)
2. Metas e objetivos
3. Restrições
4. Alternativas
5. Estratégias
6. Resultados
7. *Feedback*
8. Documentação – item coberto de forma mais completa no capítulo sobre captura de informação
9. KCIDE
10. Decomposição *top-down*
11. Realização *bottom-up*
12. Definição do problema
13. Preparar, fogo, apontar (Waterman e Peters)

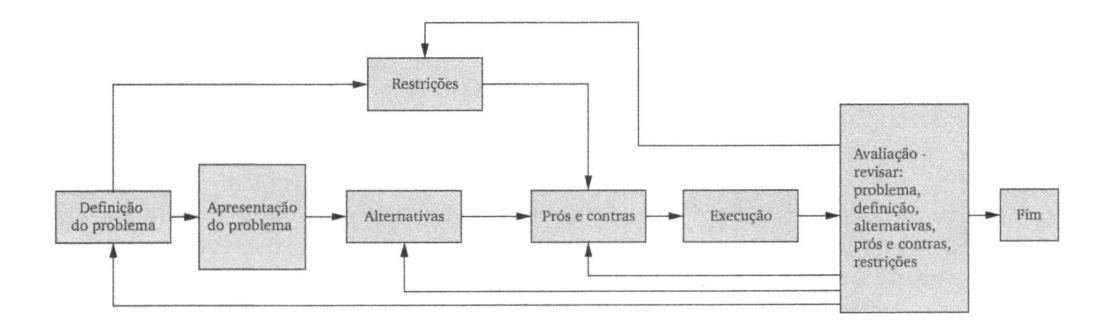

Figura 8.1 Diagrama de fluxos demonstrando como a abordagem sistêmica é aplicada.

8.2 Definição do problema ou da tarefa

"**A necessidade de definir claramente a tarefa ou o problema**" é um tema abordado pelos outros capítulos, com a ideia de que a repetição é absolutamente necessária a fim de se aprender propriamente uma habilidade. É preciso seguir o processo de "definir"-e-"apresentar" para quem quer que tenha designado a tarefa ou problema até que estejamos certos de que entendemos claramente o problema ou tarefa. Precisamos seguir esse processo em cada nível para garantir que nada tenha mudado, ou, se algo tiver mudado, que tenhamos feito os ajustes apropriados. Uma das características dos seres humanos, especialmente dos engenheiros, é o desejo de completar tarefas. Quer seja a pintura de uma cadeira, a escrita de um livro ou a resolução de uma lição de casa, queremos só começar a fazer o mais rápido possível. Quantas vezes você já começou a resolver problemas de uma prova sem antes parar para pensar no problema e no resto da prova? Garanto que você sempre se sairá melhor se parar por um minuto e pensar sobre o que precisa fazer para ter sucesso.

Em todos os casos, um pouco de esforço no começo resultará em uma enorme redução de esforço (sem nem mencionar frustração) no final das contas. Você realmente precisa desenvolver uma habilidade e um processo de claramente definir cada tarefa em que você for trabalhar. Isso é uma coisa realmente simples e fácil de se fazer, e ainda assim muitos de nós a evitam rotineiramente. Primeiramente, é importante saber que a definição clara de algo geralmente exige um processo iterativo. Você obtém o delineamento do problema verbalmente ou, melhor ainda, de forma escrita. É necessário, então, converter isso em uma forma possível de se entender. Usando suas próprias palavras e interpretações, pergunte se essa é uma compreensão clara do problema delineado. Otimistamente, você terá isso escrito em algum lugar.

Vamos começar com alguns exemplos simples.

EXEMPLO 8.2.1

A definição do problema é "Venha me buscar na estação de trem".

Visivelmente, muitas informações estão faltando. As mais óbvias são quando e onde. Além disso, há informações secundárias que poderiam ser importantes, como "você está sozinho ou em grupo?" Se for em um grupo, "quantos de vocês devo buscar?" "Você está carregando bagagem?" "Para onde vou levar você?"

Muitas vezes, podemos inferir algumas dessas respostas por meio do contexto em que a definição do problema é apresentada. Um exemplo seria saber se o trem está se deslocando pela cidade ou se é interurbano. Também, a questão do "onde" pode já ser de seu conhecimento se o indivíduo estiver vindo para sua casa. Vamos agora analisar sua primeira experiência de trabalho como engenheiro ou como aluno de estágio curricular. Na maioria das vezes, seu supervisor lhe dará uma tarefa. Frequentemente, ele pensará na tarefa rapidamente, sem refletir muito sobre definir o problema de forma clara. Agora você precisa trabalhar com o supervisor para definir o problema de forma clara. Em algum momento, você sabe que terá de agradecer ao supervisor e voltar à sua mesa.

Uma vez que você estiver na mesa, o que deve fazer? Você provavelmente tem um delineamento do problema que cai em uma das duas categorias:

1. O delineamento é razoavelmente bem definido e você pode prosseguir para desenvolvê-lo mais completamente. Comentaremos esse processo mais adiante.
2. Você ainda não tem um delineamento claro. Logo, ainda precisa saber mais antes de prosseguir.

Para começar, vamos analisar o segundo caso. Você deveria vê-lo como uma verdadeira oportunidade de demonstrar o quão bom você é! Eu sugiro que você escreva exatamente o que você entende a respeito do delineamento atual do problema. Depois, escreva o que você acredita que precisa saber antes de prosseguir. Você também pode realizar uma pausa neste momento e enviar o que você já tem a seu supervisor, mas eu não recomendo; minha experiência demonstrou que você realmente precisa desenvolver suas ideias primeiro e, só então, enviar o delineamento reescrito a ele. Você pode ficar surpreso quando o supervisor aceitar suas ideias como uma reflexão das ideias dele, dizendo que era isso o que ele estava esperando, ou quando ele parabenizá-lo por ter tomado iniciativa. Neste caso, o supervisor ou lhe dará permissão para continuar, ou lhe dará um novo delineamento de problema, desta vez muito mais específico que o original. Em ambos os casos, você sairá ganhando.

EXEMPLO 8.2.2

Expanda o delineamento de problema do Exemplo 8.2.1.

Em todos os casos, não pare por aqui. Primeiramente, continue a trabalhar no problema em consonância com o seu atual delineamento e, então, reúna seus conhecimentos e expanda o delineamento do problema para que se torne um plano de trabalho. Uma vez feito isso, apresente-o a seu supervisor para garantir que vocês tenham o mesmo entendimento do que precisa ser feito.

Delineamento original, "Venha me buscar na estação de trem".

Primeira iteração (perguntas que precisam ser respondidas)

Segunda iteração (seu novo delineamento do problema original)

Delineamento completamente desenvolvido (inclui todas as respostas direcionadas ao novo delineamento do problema)

Outra consideração importante desta parte do processo é que se houver uma interface entre essa tarefa ou subsistema e outras tarefas ou subsistemas, temos de ser extremamente claros sobre a interface e tudo o que interage com ela. Em outras palavras, devemos especificar as interfaces de módulos (como os módulos decompostos se conectam uns aos outros e "quais são os valores a serem recebidos e transferidos") e garantir que suas especificações sejam seguidas.

8.3 Decomposição do problema ou da tarefa

Uma vez que o problema esteja claramente definido, você precisa decompô-lo em módulos simples e bem definidos. Nesse momento, já teremos o problema delineado. O processo pode ser executado usando-se a abordagem sistêmica e, no caso dos problemas mais complicados, a abordagem que estamos definindo deve ser seguida.

8.4 Definição dos elementos do processo de resolução

Agora que o problema está decomposto em blocos (ou módulos) de problemas mais manejáveis, podemos prosseguir no desenvolvimento de soluções para esses blocos. O processo que seguimos agora é a definição dos elementos do processo de resolução de problemas. Os elementos do processo de resolução são cobertos nas Seções 8.5 a 8.9.

8.5 Metas

A compreensão do que é uma meta é razoavelmente simples: é o que queremos fazer ou o que queremos alcançar. Contudo, ao usar a abordagem sistêmica, uma meta torna-se muito mais do que isso. Temos metas relativas ao sistema em geral e, quando dividimos um problema complicado em unidades menores, tais unidades também têm suas metas, que são diferentes das metas do nível superior.

Esse conceito se tornará claro ao progredirmos neste capítulo e no decorrer do resto do livro. Adotaremos as seguintes definições:

> Uma meta é algo que você deseja realizar ou alcançar.

Um bom exemplo de meta é resolver um problema em particular. Outro exemplo pode ser escrever um livro.

Isso levanta a pergunta "como determinar uma meta"? Também nos leva à abordagem sistêmica. Retornemos ao exemplo de resolução de um problema em particular. À primeira vista, essa parece ser uma meta simples o bastante. Entretanto, de onde ela veio? Claramente, como estudantes, temos a meta de nos formarmos. E, para nos formarmos, temos de passar nas disciplinas. Para passar nas disciplinas, precisamos estudar o livro e os problemas propostos. É possível perceber que o objetivo de resolver um problema vem, na realidade, de uma meta muito maior que é receber um diploma. Essa é a abordagem sistêmica: você parte de um problema muito maior e o divide em unidades cada vez menores até que tenha uma unidade suficientemente simples que possa ser resolvida prontamente em um espaço de tempo razoável e com uma quantidade razoável de esforço. Claramente, você consegue ver como isso lhe permitirá obter seu diploma.

Metas também podem ser o resultado do uso da abordagem sistêmica em um nível mais alto. Outro exemplo seria "realizar uma viagem de Filadélfia a Washington". Essa é uma meta, mas o meio de transporte não está determinado. Pode-se fazer esse trajeto facilmente de carro, avião ou trem. Cada meio tem seus próprios méritos e, dependendo das suas restrições e preferências pessoais, pode ser o meio que você escolherá usar. A propósito, você aprenderá que chamamos esses diversos modos de transporte de "alternativas". Trabalharemos nesse exemplo mais adiante neste capítulo.

EXEMPLO 8.5.1

Planeje uma viagem de Filadélfia a Washington.

Continuando com esse exemplo, no processo de avaliação dessas alternativas, o meio de transporte se torna uma meta para esse módulo. Uma das metas para o módulo também pode ser a viagem de Filadélfia a Washington de carro.

Vamos analisar um exemplo de resolução de problema. É importante e necessária a avaliação de diversas técnicas para se determinar qual é a melhor delas. Nesse processo de avaliação, devemos escolher cada técnica específica, então a resolução do problema com a técnica escolhida surgiria como meta.

Uma última consideração relativa às metas: selecione uma que esteja sob o seu controle. Por exemplo, uma boa meta para uma disciplina é aprender tanto quanto possível sobre o material apresentado em sala. Uma meta ruim seria receber conceito "A". Obviamente, é o professor que controla as notas que você recebe, então as notas são boas métricas, mas não boas metas.

8.6 Restrições

Restrições são extremamente importantes nesse processo. Elas limitam o uso de técnicas e processos de resolução de problema e limitam as técnicas e processos de projeto. Adicionalmente, elas também limitam ou impõem exigências sobre o resultado.

Quais são as restrições mais óbvias para a resolução de problemas? No meu caso, seria o tempo. Se um único problema de uma disciplina tomaria mais de 100 horas do meu tempo para resolvê-lo (e não fosse parte de um trabalho principal), eu definitivamente não trabalharia no problema. O resultado poderia ser que eu prepararia o processo de resolução de problema e entregaria a descrição do processo ao professor, partindo para o próximo problema.

Outra restrição poderia ser a técnica de resolução. Por exemplo, é possível que peçam que resolvamos um problema de circuitos elétricos usando análise nodal. Essa restrição eliminaria a análise de malhas da lista de alternativas que poderíamos empregar na resolução do problema. Isso também leva à preocupação de quão grande é o circuito. Mesmo que você tenha apenas cinco nós no circuito, já não será fácil resolver o problema manualmente, então as alternativas podem ser o uso de software para resolver seu problema (MATLAB, por exemplo) no lugar de um conjunto demorado de cálculos manuais. Adicionalmente, pacotes de análise de circuito como PSpice poderiam ser usados.

EXEMPLO 8.6.1

Quais são as restrições mais óbvias do Exemplo 8.5.1?

Quais são as restrições mais óbvias do Exemplo 8.5.1? A mais óbvia seria que estamos restritos a considerar apenas carro, avião ou trem. Isso elimina outros meios, como viajar a pé, a cavalo ou de ônibus. Outra restrição pode ser econômica, ainda que em alguns casos isso não seja uma consideração. A duração da viagem também pode ser uma restrição, ou a hora de chegada ao destino – por exemplo, se você precisar estar em São Paulo até o meio-dia de uma data específica. Essas seriam as restrições mais óbvias.

8.7 Alternativas

Como se pode ter concluído na seção anterior, as alternativas são os diversos métodos de alcançar suas metas. Metas indicam que um problema deve ser resolvido e levam a um projeto de execução em particular. Alternativas são a forma como você resolve os problemas (que técnicas deve usar) e como realizar um projeto específico (novamente, que técnicas e/ou processos deve usar).

Quais são as alternativas para a resolução de um problema? Algumas alternativas óbvias que podemos ter para todos os problemas seria utilizando técnicas manuais (essa é, a propósito, a forma ainda usada em muitas disciplinas), técnicas com calculadoras ou usando um pacote de software específico. Alternativas adicionais seriam específicas ao problema, como no caso dos circuitos, por exemplo. Aqui você poderia usar uma combinação de técnicas manuais e MATLAB ou um pacote específico de análise de circuitos como PSpice.

EXEMPLO 8.7.1

Quais são as alternativas para o Exemplo 8.5.1?

No nosso exemplo, quais são as alternativas? As mais óbvias já foram apresentadas: carro, avião e trem. Você pode pensar que já tem suas alternativas. Entretanto, mais alternativas surgem quando cada uma das alternativas originais é dividida e transformada em metas, que terão então suas próprias alternativas. Vamos analisar brevemente o uso do carro como uma alternativa. Se nossa meta for viajar de Filadélfia a Washington de carro, as alternativas podem ser ir com o seu próprio carro, com o carro de um amigo ou vizinho, ou alugar um.

8.8 Avaliação e prós e contras

Na maioria das vezes, não desejamos executar cada alternativa (ainda que, quando razoável fazê-lo, poderíamos fazer isso). Aqui nós precisamos avaliar cada alternativa e escolher aquela que usaremos para alcançar nossa meta. É aqui que começam os conflitos de escolhas.

Por que dizemos que há prós e contras quando estamos avaliando que alternativa usar? Isso vem do fato de que não existe uma alternativa perfeita. Geralmente, cada alternativa tem suas características positivas e negativas. Uma vez que acabaremos por escolher uma alternativa, sabemos que as outras terão propriedades desejáveis que a selecionada não tem, ou que tem em um nível mais fraco. Por exemplo, podemos escolher um processo de resolução mais rápido que não seja tão exato quanto um mais demorado. Vejamos os nossos exemplos.

Dado o problema do Exemplo 8.5.1, quais são os prós e contras óbvios? No cálculo da solução de um sistema complicado de equação manualmente *versus* usando um computador, podemos tentar identificar os prós e contras. Antigamente, as soluções de computador tendiam a não ser tão precisas ou tão precisamente realizadas quanto os cálculos manuais. Atualmente, entretanto, cálculos no computador podem ser muito mais precisos que os cálculos manuais mais cuidadosos, além de mais precisos que os resultados gerados pelas calculadoras mais precisas. Então, os prós e contras óbvios entre cálculo manual e cálculo em computadores consistem em cálculos manuais menos precisos e extremamente mais lentos de executar. Na verdade, a partir de uma certa complexidade, os cálculos manuais começam a nunca produzir resultados corretos.

Consequentemente, se você estiver disposto a arcar com perda de precisão e velocidade de cálculo, você pode decidir resolver o problema manualmente. Nem todos os problemas têm prós e contras simples. Às vezes, isso pode confundir mais que esclarecer. Quando isso acontece, você deve procurar outras pessoas que possam ajudá-lo com o processo de avaliação.

Obviamente, no processo de decisão informada com base em prós e contras, precisamos conhecer todas as questões relevantes para cada uma das alternativas. Isso significa que precisamos avaliar todos os pontos fortes e todas as limitações de cada alternativa. A melhor forma de fazer isso é aderindo às restrições relevantes.

EXEMPLO 8.8.1

Avalie cada alternativa para o Exemplo 8.5.1 e, então, escolha um conjunto apropriado de prós e contras.

Para o exemplo 8.5.1, avalie cada alternativa na Figura 8.2 e escolha um conjunto apropriado de prós e contras.

Se sua meta ou restrição é viajar para outra cidade em uma quantidade mínima de tempo, a viagem por trem pode ser a melhor opção se você morar perto da estação de trem. Se não for esse o caso, você deve considerar o tempo de ida até a estação e de retorno para casa. Isso pode aumentar o tempo da viagem em 3 horas ou mais em relação aos outros modos de viagem. Se sua meta é redução de custos, a viagem de carro pode ser a mais vantajosa. Deve ser considerado o desgaste do carro e o cuidado extra de dirigir em estradas. Alugar um carro exige mais esforço do que o uso do seu próprio carro, sem mencionar a dificuldade de encontrar um estacionamento na cidade de destino.

8.9 Resultados e feedback

Você alcançou os resultados desejados? Se não, precisa se perguntar se é necessário modificar alternativas, prós e contras, restrições, etc. Uma vez que você tenha feito essas modificações, determine se elas levam ao resultado desejado.

	Exemplo 8.5.1		
	Custo	Horário de chegada	Duração
Carro pessoal	$135	Qualquer horário	3 horas
Carro alugado	$150	Qualquer horário	3 horas
Trem	$160	A cada hora, aos trinta minutos	1 hora e 15 minutos
Avião	$250	A cada hora em ponto	3 a 4 horas
Os custos da viagem com carro foram calculados como $0,45 por milha, por 300 milhas.			
A duração para o avião leva em conta o tempo adicional necessário por questões de segurança no aeroporto.			

Figura 8.2 Tabela comparando custos, momentos de chegada e duração de cada alternativa.

Na verdade, essa parte do processo é um ciclo que não termina até que você alcance os resultados ou sinta que eles nunca serão alcançados. Na nossa experiência, a maioria de nós acaba encontrando um resultado desejado, mas não necessariamente o que buscávamos inicialmente.

8.10 Brainstorming

Esse é o processo pelo qual se determinam os diversos elementos da abordagem sistêmica.

Uma pergunta óbvia, agora, é como poderemos determinar todas essas coisas se elas não nos forem dadas inicialmente. A solução é uma técnica que provavelmente será familiar a muitos dos leitores. *Brainstorming* é nada mais do que o desenvolvimento de muitas ideias em um ambiente "livre". A palavra-chave aqui é "livre". No *brainstorming*, permitimos que as ideias fluam livremente sem qualquer restrição. Começamos com uma meta e, então, são apresentadas alternativas de como alcançá-la. A parte "livre" vem de não discutir ou explicar as alternativas, que deve ser feita posteriormente. O processo de apresentação de alternativas é bem similar a esse, podendo começar lentamente, chegar a um pico e desaparecer lentamente ao se exaurir a lista de possíveis alternativas.

Brainstorming é um processo em que muitas ideias são desenvolvidas em um ambiente "livre". As ideias precisam poder fluir livremente sem estarem sujeitas a avaliação ou crítica!

O mesmo processo pode ser usado para o desenvolvimento de restrições. Algumas de suas restrições são obtidas da apresentação das metas, mas outras também podem surgir de uma sessão de *brainstorming*.

8.11 Conclusão

A abordagem sistêmica é nada mais que uma abordagem magnificamente organizada para a resolução de muitos dos problemas que enfrentaremos durante nossas carreiras. Engenheiros que dominarem tal abordagem aumentarão significantemente suas chances de sucesso, reduzindo o estresse e aumentando o nível de "diversão"!

REVISÃO DE FINAL DE CAPÍTULO

Escolha a resposta mais adequada para as seguintes afirmações.

1. A abordagem sistêmica para a engenharia
    a. Só funciona para engenheiros.
    b. Pode ser usada em quase qualquer aspecto da vida.
    c. Foca-se primariamente na resolução de problemas de engenharia.
    d. É melhor usada para corrigir problemas de engenharia.
2. A parte mais importante da abordagem sistêmica é
    a. A definição do problema ou da atividade.
    b. A determinação das alternativas.
    c. O *brainstorming*.
    d. Os prós e contras.
3. Decompor um problema ou uma tarefa significa
    a. Começar embaixo, nos subproblemas, e ir subindo.
    b. Começar no topo, dividindo os problemas em elementos menores.
    c. Simplificar o problema ou tarefa.
    d. Pedir a um especialista que decomponha o problema ou tarefa.
4. Um exemplo de meta apropriada é
    a. Receber conceito "A" em uma disciplina.
    b. Receber um ótimo salário.
    c. Resultados sobre os quais você tenha controle.
    d. Todas as alternativas acima.
5. Alternativas são
    a. Formas diferentes de definir um problema ou tarefa.
    b. Formas diferentes de resolver um problema ou tarefa.
    c. Resultados diferentes.
    d. Todas as respostas acima.
6. *Brainstorming* significa
    a. Desenvolver alternativas sem discuti-las ou justificá-las.
    b. Discutir e justificar cada alternativa no momento que for proposta.
    c. Votar cada alternativa no momento que for proposta.
    d. Todas as alternativas acima.

7. Um exemplo de restrição normal é
   a. O número de indivíduos que estão disponíveis para trabalhar em um projeto ou tarefa.
   b. O número de horas que cada indivíduo pode dedicar a um problema ou tarefa.
   c. A verba disponível para resolver um problema ou tarefa.
   d. Todas as alternativas acima.
8. Análise de prós e contras
   a. São às vezes necessárias para alcançar metas.
   b. Geralmente não são importantes.
   c. Devem ser realizadas independentemente de serem ou não necessárias.
   d. Todas as alternativas acima.
9. A área da engenharia para a qual a abordagem sistêmica é importante é a
   a. Engenharia de sistemas.
   b. Engenharia civil.
   c. Engenharia mecânica.
   d. Todos os ramos da engenharia.
10. A abordagem sistêmica é realmente nada mais do que uma abordagem magnificamente organizada para a resolução de muitos dos problemas que enfrentaremos durante nossas carreiras. Engenheiros que dominarem essa abordagem aumentarão significantemente sua chance de
    a. Sucesso.
    b. Redução de estresse.
    c. Aumento do nível de "diversão".
    d. Todas as alternativas acima.

Exercícios para desenvolver e aperfeiçoar suas habilidades

8.1 Escreva uma história envolvendo essa abordagem.
8.2 Resolva um problema matemático usando essa abordagem.
8.3 Resolva um problema de física usando essa abordagem.
8.4 Tome uma decisão de que disciplina cursar usando essa abordagem.
8.5 Resolva um problema de gestão de tempo usando essa abordagem.
8.6 Resolva um problema de uma de suas disciplinas de ciência usando essa abordagem.
8.7 Resolva um problema de uma de suas disciplinas de engenharia usando essa abordagem.

Referências

In Search of Excellence: Lessons from America's Best-Run Companies, Thomas J. Peters and Robert H. Waterman, Jr., HarperCollins Publishers, February 19, 2004.

System Analysis, Design, and Development: Concepts, Principles, and Practices, Charles S. Wasson, Wiley, December 23, 2005.

CAPÍTULO 9

A gestão de projetos no aprimoramento da carreira

"Dentre todas as coisas que eu já fiz, a mais importante foi coordenar os talentos das pessoas que trabalham para nós e orientá-los em direção a determinadas metas."

Walt Disney

Objetivos de aprendizagem

Ao usar as informações e os exercícios deste capítulo, você será capaz de:

- Compreender por que a gestão de projetos é importante para o sucesso na carreira.
- Desenvolver uma compreensão do processo de gestão de projetos.
- Entender melhor a importância do planejamento.
- Compreender a gestão de recursos.
- Compreender a importância de marcos e prazos.
- Compreender a importância de motivar a si mesmo e a seus funcionários.
- Controlar custos e recursos.
- Monitorar e revisar elementos da gestão de projetos.
- Desenvolver oportunidades de aprimorar suas habilidades de gestão de projetos.

Neste capítulo, você aprenderá sobre os elementos da gestão de projetos e como eles podem ajudá-lo a se tornar um engenheiro bem-sucedido. Você será contratado pelo que sabe fazer, e não pelo que você sabe conceitualmente. Além disso, você sempre trabalhará em grupos e em projetos. Quanto mais você souber sobre gerência de projetos, mais bem realizadas serão suas tarefas. Os elementos mais importantes do processo de gerenciamento de projetos são o planejamento, a organização, a motivação, a direção, o controle e, finalmente, o monitoramento, a avaliação e a revisão de todos os elementos. Você também aprenderá a aprimorar suas habilidades de gerência de projetos e compreenderá o impacto disso no sucesso de sua carreira.

A gerência de projetos se assemelha muito à gerência de um orçamento. Algumas pessoas pensam que o desenvolvimento de um orçamento nada mais é do que a identificação de seus gastos, e que isso é seu orçamento. Todos gostaríamos de viver em um mundo assim. Na verdade, você tem uma fonte de renda fixa e deve planejar seus gastos com base nela, e isso sim se torna seu orçamento. Na gerência de projetos, você faz basicamente a mesma coisa.

Outro elemento importante da gerência de projetos é que ela usa fortemente os princípios da abordagem sistêmica. Explicaremos isso mais detalhadamente adiante.

9.1 Introdução

Logo que começamos a ajudar alunos e profissionais a aperfeiçoar suas carreiras, percebemos a importância das habilidades de gerência de projetos. Na verdade, não conseguimos imaginar um projeto que não se beneficiaria do uso de elementos de gerência de projetos. Um dos projetos de liderança que desenvolvemos foi para os Ramos Estudantis do IEEE. Era completamente baseado nos elementos da gerência de projetos e promoveu a duplicação da participação de estudantes na IEEE em apenas três anos. Usamos esses elementos para aprimorar as experiências de aprendizagem em disciplinas de graduação de engenharia. Finalmente, os aplicamos também em nosso programa de Planejamento de Carreira, discutido no capítulo de habilidades de gerência de carreira. Como você verá, também aplicamos esses elementos a outras abordagens estruturadas usadas em uma variedade de aplicações.

Primeiramente, precisamos de uma definição provisória do que constitui um projeto. Essencialmente, um projeto tem um começo, um meio e um fim. Ele pode ser tão simples quanto a resolução de uma lição de casa ou tão complicado quanto a criação de uma nova unidade de produção. Para alunos, provavelmente o trabalho de conclusão de curso será o projeto mais complicado em que trabalharão. Exemplos de projetos incluem

- A resolução de uma lição de casa em particular
- O desenvolvimento de um plano de carreira
- O desenvolvimento de um plano de gestão de tempo
- O término de seu trabalho de conclusão de curso
- O desenvolvimento de um plano para programas de organização estudantis por um ano acadêmico

Exemplos de atividades que não são projetos incluem

- A manutenção de um plano de carreira

- A implementação de um processo de resolução de exercícios de forma contínua
- A implementação de um plano de gestão de tempo

Devemos enfatizar que, quando nos referimos à gestão de projeto, estamos pensando no uso eficiente dessas ferramentas, mas não se deve ficar obcecado com seu uso. Quando você usar corretamente os elementos de gerência de projeto, você perceberá

- Resultados significativamente melhores
- Que é capaz de completar o projeto em um espaço de tempo mais curto
- Que completará o projeto usando menos recursos
- Que tem muito menos frustração no decorrer do projeto

9.2 Por que a gerência de projetos é importante

Nossa natureza humana é programada para, essencialmente, ao receber uma tarefa, começar a resolvê-la imediatamente, sem refletir sobre planejamento ou sobre como deveríamos completar a tarefa. Quantas vezes você já fez uma prova na qual começou imediatamente a resolver um primeiro problema e quis completá-lo desesperadamente antes de começar o segundo problema? Se você for como o resto de nós, essa é a forma com que você abordou a resolução de problemas no decorrer de sua carreira acadêmica até agora. Entretanto, uma abordagem muito melhor seria analisar o problema e, então, determinar como você pretende resolvê-lo. Em seguida, fazer o mesmo para cada um dos outros problemas da prova. Depois, você trabalharia sobre cada problema até faltar apenas aplicar os valores para obter a solução. Finalmente, você voltaria a cada problema e aplicaria os valores relevantes para resolvê-los. Um último passo seria conferir cada problema. Deve ser óbvio que, seguindo esse processo, especialmente considerando provas em que as notas não são binárias, você receberia notas mais altas com um menor esforço total.

As mesmas vantagens são válidas ao aplicar técnicas de gerência de projeto a qualquer projeto em que você queira trabalhar. Entretanto, há vários exemplos em que uma implementação inapropriada dessas técnicas levou os projetos ao fracasso.

> Novamente, aconselhamos você a ser cuidadoso para não ficar obcecado com o uso das ferramentas a ponto de as técnicas de gerência de projeto acabarem atrapalhando sua tarefa de completar um projeto fácil e de forma eficiente.

Por que é importante que estudantes considerem o uso das técnicas de gerência de projeto?

> Como um estudante, a aplicação de técnicas de gestão de projeto a lições de casa, testes e provas, experimentos de laboratório e trabalhos de conclusão de curso resultarão em:

- Notas mais altas
- Um uso mais eficiente do seu tempo
- Menos frustração e talvez mais diversão em seus estudos
- Um melhor aprendizado, no geral
- Professores mais felizes
- Outros alunos querendo trabalhar com você

9.3 O processo de gestão de projetos

Para o propósito deste capítulo, definimos os elementos da gestão de projeto como
- Definição
- Comunicação
- Planejamento
- Organização
- Motivação
- Direção
- Controle
- Monitoramento, avaliação e revisão

9.3.1 Definição

Os projetos começam com a definição do que é o projeto. Essa definição pode vir de você ou da pessoa que designou o projeto a você. O tempo gasto aqui será recompensado mais tarde, quando o projeto já estiver sendo executado. Muitas vezes, as pessoas que designam ou desenvolvem projetos não possuem uma compreensão clara do que deve ser feito, então você precisa garantir que as suas perguntas levem a uma quantidade de respostas corretas suficiente para que se consiga uma compreensão completa do projeto. Na verdade, a definição do projeto pode evoluir ainda mais quando o projeto vai sendo desenvolvido. É preciso ter uma data certa para que o projeto esteja completo, e é importante entender que ela deve refletir de forma realista o tempo que o projeto levará para ser concluído. Por exemplo, se seu projeto é cortar a grama e o cortador de gramas que você tem em mãos leva 3 horas para realizar essa tarefa, esperar que toda a grama esteja cortada em 5 minutos nunca irá funcionar, independentemente do que você faça. A data de término dependerá de muitos fatores, incluindo os recursos que você tem para auxiliá-lo a completar o projeto.

Outra parte da definição do projeto é a identificação das partes interessadas e de outros que podem impactar o projeto. As partes interessadas são as pessoas que estão associadas ao projeto de maneira ativa. Elas serão parte da realização do projeto. Os outros são as pessoas que não estão necessariamente envolvidas de forma ativa no projeto, mas que podem servir de defensores do que você está tentando realizar ou que talvez estejam apenas interessados no que você está fazendo. A identificação desses indivíduos é muito importante e, como na definição de um projeto, esse grupo pode ficar maior ou mrnor com o passar do tempo. Por conveniência, chamaremos esse grupo de "grupo de contatos". Alguns chamam tal grupo de contatos de "audiência".

O grupo de contatos inclui as partes interessadas, além de todas as outras pessoas com as quais você sente que precisa se comunicar.

9.3.2 Comunicação

Não podemos enfatizar o quão importante é a comunicação na gestão de um projeto. Você deve determinar como se comunicará com seu grupo de contatos. Vamos analisar como você pode realizar isso de forma adequada.

O elemento mais importante da gestão de projeto está na comunicação!

Uma comunicação adequada, embora não se limite a estas opções, inclui
- Reuniões presenciais
- Reuniões em grupo
- Memorandos
- E-mail
- Videoconferências
- Relatórios

Uma das melhores formas escritas de comunicação em gestão de projetos é o chamado "one-page project manager (OPPM)". Ele está disponível no site www.onepageprojectmanager.com a um pequeno custo. Realmente vale a pena usá-lo.

É extremamente importante ter um plano claro de comunicação como parte integral da gestão de projeto como um todo. Ainda que isso possa parecer estranho, mesmo se seu grupo de contatos for apenas você, ter um plano claro de comunicação com você mesmo trará benefícios futuros, principalmente se desenvolver algo que possa ser patenteado ou que possua direitos autorais. Sugerimos que o OPPM seja usado como uma parte central do plano de comunicação.

Por que planejar as reuniões pessoais? Ainda que possam ser planejadas espontaneamente, recomenda-se que isso seja feito regularmente. Reuniões frequentes (talvez semanais) devem ser planejadas para toda a equipe que trabalha no projeto. Você deve limitar o tempo gasto em cada reunião a um máximo de 1h30. Lembre-se de que seu objetivo é completar o projeto, então essas reuniões devem abordar os problemas encontrados, em que se espera que a opinião do resto do grupo possa ajudar a resolver. Relatórios de andamento do projeto só são necessários quanto há um problema em alcançar seus objetivos.

Relatórios escritos devem ser atualizados regularmente. Cronogramas como o Diagrama de Gannt são fáceis de serem lidos e darão a todos uma visão geral do andamento de várias tarefas do projeto.

Sugerimos que pelo menos 10% de seu tempo seja dedicado à comunicação. Note que, se estiver excedendo 25% de seu tempo em comunicação, ou você é o supervisor de vários indivíduos trabalhando no projeto ou está gastando tempo demais em comunicação.

9.3.3 Planejamento

Como você já deve ter imaginado, as atividades que estamos abordando possuem uma grande intersecção entre si. Discutimos o planejamento como parte do processo de definição e também como parte do processo de comunicação. Aqui, atentamos especificamente ao planejamento no sentido de "como planejar a execução de um projeto". Expandimos sobre os documentos que desenvolvemos como parte da definição de projeto e de nossos planos de comunicação, e desenvolvemos um plano detalhado de como completaremos o projeto. Uma parte importante do plano será o desenvolvimento de um conjunto de restrições. O término do projeto exigirá

- Recursos humanos em termos de número de indivíduos necessários para completar o projeto e uma estimativa realista do número de pessoas que estão realmente disponíveis. Com sorte, esses dois números serão próximos.
- Recursos de pessoas-hora em termos do número de horas de trabalho que cada indivíduo pode trazer ao projeto, além de uma estimativa do número total de pessoas-hora que o projeto irá exigir. Novamente, esperamos que a estimativa não seja maior do que o que temos disponível.
- Uma estimativa realista dos recursos financeiros que serão necessários para completar o projeto e a verificação da disponibilidade desses recursos.
- Uma compreensão clara de todos os outros recursos que serão necessários, como espaço e equipamentos.

Uma parte assencial desse plano é a identificação dos elementos de projeto importantes e de um cronograma para o término desses elementos ou tarefas. Isso servirá como base para um diagrama de Gannt, como mencionado no plano de comunicação.

Também gostaríamos de ver, como parte do plano, uma narrativa de como você espera completar o projeto e de quais são os resultados esperados. Ela pode ser útil em sua comunicação com outras pessoas.

No processo de completar seu plano, você precisa compartilhá-lo com pessoas que possam lhe dar um bom *feedback*. É importante obter o máximo de ajuda possível nessa etapa, para que todos os problemas e todas as limitações possam ser identificados o mais cedo possível. Uma vez que você tiver um plano completo, ele precisará ser aprovado pelas pessoas certas.

9.3.4 Organização

Ainda que você possa começar a organização da equipe de projeto e das atividades antes que o plano tenha sido aprovado, uma vez que ele for aprovado, você deve organizar tudo o mais rápido possível e começar a trabalhar no projeto. Observe que você já começa a trabalhar no projeto com um plano bem desenvolvido, uma clara definição do projeto e um plano de comunicação bem desenvolvido. Você precisa designar as tarefas aos indivíduos apropriados e garantir que compreendam inteiramente o que se espera deles. É possível procurar a opinião de sua equipe quanto a que tarefas cada indivíduo gostaria de realizar. A atribuição de responsabilidade é uma das partes mais importantes da gerência de um projeto. Pode-se fazer uma analogia com a condução de uma orquestra: você precisa garantir que as atribuições estejam alinhadas aos talentos de cada pessoa responsável. Às vezes, isso não é possível, então um bom líder precisa identificar incompatibilidades o mais rápido possível e habilmente realizar os ajustes necessários.

9.3.5 Motivação

É muito importante perceber que a motivação da equipe é identificada como um dos oito elementos da gerência de projetos. Somos todos seres humanos. Engenheiros, assim como todas as outras pessoas, têm desempenho muito maior se gostam do que estão fazendo e se veem suas tarefas como uma parte importante do projeto. Imagine uma engenheira desenvolvendo uma peça sem saber que esta será usada em um programa de viagem espacial da NASA. Como seria melhor se ela soubesse a importância do seu papel em enviar pessoas à Lua com segurança!

O primeiro passo em motivar outras pessoas é você mesmo estar empolgado. Lembre-se de que é muito difícil enganar os outros; você precisa estar sinceramente empolgado com o que está fazendo. Claramente, expressar aos outros como você se sente em relação ao projeto e ao papel que eles estão desempenhando será muito importante. Uma parte fundamental de motivar os outros está na qualidade da comunicação (novamente, voltamos para a importância da comunicação eficaz) que você mantém com eles. É muito importante que você perceba que *escutar* é uma parte muito valiosa da comunicação efetiva, tanto quanto falar. Você pode aprender muito com sua equipe e o que a motiva escutando o que ela tem a dizer.

Na verdade, motivar os outros não é tão difícil quanto pode parecer a princípio. Motivá-los não significa que você deva ser um astro da motivação como algumas pessoas que você vê na televisão. Os engenheiros já são altamente motivados por natureza. Você pode se aproveitar desse fato garantindo que sua equipe esteja completamente engajada no projeto e que suas contribuições sejam apropriadamente reconhecidas. Busque frequentemente opiniões sobre o andamento do projeto e faça-a sentir que pode fazer sugestões sobre como o projeto pode ser melhorado.

9.3.6 Direção

> "Se você sempre culpar os outros por seus erros, nunca irá melhorar."
>
> (Joy Gumz)

Você é a pessoa responsável pelo sucesso do projeto. Se ele falhar, você será o culpado. É importante que um bom líder garanta que os membros da equipe recebam crédito quando o projeto for bem-sucedido.

A direção das atividades do projeto, a gestão do projeto e a motivação da equipe requerem habilidades de liderança. Muito do que é necessário para a motivação da equipe já foi abordado na Seção 9.3.5. Quando os projetos são pequenos o bastante para que você possa ser um membro ativo da equipe, você pode liderar por meio de suas ações, o que pode ser muito efetivo. Se um projeto for muito grande para que isso aconteça, você deve simular o papel de um diretor de orquestra, pois assim como o maestro, sua tarefa principal é garantir que todos sejam membros efetivos da equipe. Adicionalmente, você deve resistir à tendência de colocar muita pressão em membros da equipe sob a noção equivocada de que a pressão e a tensão aumentam a produtividade de indivíduos criativos e talentosos. Na verdade, a reação causada é completamente oposta. Descobrimos que calma e equilíbrio emocional criam um ambiente muito mais produtivo!

Bons diretores e bons líderes exibem confiança e permanecem calmos mesmo quando tudo parece estar indo errado. Isso nos leva à recomendação de garantir que sua equipe mantenha-se focada, vitalizada, precisa e animada. Sobrecarregá-la e criar fontes de tensão ou competição interna são atividades contraproducentes e devem ser evitadas. Garanta que os prazos sejam cumpridos. Se eles não forem, determine o porquê. Se descobrir que não havia recursos suficientes, disponibilize-os ou mude o cronograma. Se descobrir que a tarefa não havia sido bem compreendida e precisa de modificações, modifique-a. Se o indivíduo errado estava responsável pela tarefa, altere a responsabilidade para outra pessoa.

Lembre-se de que quase qualquer problema possui uma solução razoável e simples; tudo o que você precisa fazer é encontrá-la. Sugerimos que você, ao tentar resolver problemas, resista à tentação de determinar se consegue resolver o problema, algo que todos nós tendemos a fazer. Em vez disso, suponha que você já tenha resolvido o problema e, então, pergunte a si mesmo como o problema foi resolvido. Você ficará surpreso com quão efetiva essa perspectiva pode ser.

Apenas seguir seu plano de gestão de projetos e seu plano de comunicação já lhe ajudará a providenciar a direção e a liderança apropriadas. Novamente, escutar sua equipe muitas vezes lhe indicará o que você deve fazer.

9.3.7 Controle

Já mencionamos alguns dos pontos mais importantes para se controlar enquanto o projeto estiver em andamento. Destes, alguns dos mais importantes são

- Motivação de sua equipe
- Certificação de que a comunicação seja mantida em alto nível e que seja simples, direta e clara
- Minimização da tensão e da competição entre membros da equipe
- Certificação de que prazos sejam razoáveis e cumpridos
- Certificação de que recursos sejam gastos de forma razoável e apropriada

9.3.8 Monitoramento, avaliação e revisão

Monitorar o progresso do seu projeto é extremamente importante e, novamente, a comunicação é um elemento essencial. Trabalhe em conjunto com sua equipe para acompanhar o progresso de cada tarefa e para lidar com as áreas problemáticas rapidamente. Se uma tarefa não estiver em um caminho crítico, você terá mais flexibilidade para resolvê-la. Se a tarefa estiver em um caminho crítico e ameaçar o término do projeto no prazo e orçamento estipulados, o problema deve ser resolvido imediatamente. Organize rapidamente os membros de sua equipe que possam ajudá-lo a resolver o problema e garanta que o projeto termine a tempo. Se o problema for uma questão de recursos, você precisa determinar se pode obter facilmente os recursos adicionais. Se não puder, pode ser necessário reduzir os gastos em outras áreas.

Se o problema for técnico, ou ele deverá ser resolvido ou seu impacto no resto do projeto deverá ser minimizado. Raramente você encontrará problemas técnicos que destruam um projeto por completo. Lembre-se de que você já resolveu o problema, só precisa determinar como ele foi resolvido!

Uma vez que você tenha resolvido a questão, é preciso reavaliar o plano de projeto, fazer as modificações necessárias e comunicá-las aos demais. Isso deverá ser feito independentemente da natureza do problema.

Se o problema não estiver em um caminho crítico, você terá mais tempo e flexibilidade para fazer o que for necessário. Se o problema estiver relacionado a recursos, é preciso determinar se a extensão dos prazos de término ajudará a resolvê-lo. Se não, é possível que a tarefa seja revisada para manter seus requisitos de recursos razoáveis? Se isso não for possível, você poderia eliminar a tarefa? Se puder, elimine-a.

Se o problema for técnico, ele pode ser resolvido com uma revisão do cronograma? Se não puder, a tarefa pode ser eliminada? Se sim, elimine-a.

A avaliação de seu progresso e da distribuição de recursos é um processo contínuo. Seus diversos planos vão auxiliá-lo a avaliar tudo, mantendo os problemas sob controle, e irão alertá-lo quanto a potenciais problemas e questões que precisam ser resolvidos. De fato, o monitoramento e a avaliação servirão de base para qualquer revisão em seus diversos planos. Uma vez que o projeto esteja completo, seus planos e comunicações lhe ajudarão a encerrá-lo e a gerar relatórios dos resultados.

9.4 Oportunidades de aperfeiçoar habilidades de gerenciamento de projetos

Vamos resumir as habilidades que são necessárias para uma boa gestão de projeto. Ainda que haja outras, as seguintes são as que consideramos mais importantes

- Habilidades de comunicação
- Habilidades de planejamento
- Habilidades organizacionais
- Habilidades motivacionais
- Habilidades de liderança
- Habilidades de estruturação de equipe

Muitos dos capítulos deste livro lidam com formas de melhorar tais habilidades. Aqui, simplesmente sugerimos que você trabalhe em conjunto com organizações estudantis para melhorar suas habilidades enquanto estiver estudando, e que continue fazendo o mesmo após se formar. Trabalhar com organizações profissionais permitirá um aperfeiçoamento de todas essas habilidades sem qualquer risco significativo. Também resultará em uma rede de contatos expandida, necessária para uma carreira de sucesso.

9.5 Impacto das habilidades de gerenciamento de projetos no sucesso da carreira

A aquisição das habilidades necessárias para uma boa gestão de projetos, por si só, levará a uma carreira mais bem-sucedida, mesmo se você nunca aplicá-las em um grande projeto. Claramente, ter essas habilidades ao enfrentar um grande projeto deve melhorar significantemente suas chances de sucesso e possivelmente levar a oportunidades de gerência importantes (se isso for parte de seu plano de carreira).

Uma análise mais atenta dessas habilidades revela que elas também são necessárias para um profissional (engenheiro, no seu caso) de sucesso na sua carreira em geral. Um subproduto adicional do desenvolvimento e do aperfeiçoamento dessas habilidades será uma satisfação maior com sua experiência de trabalho e até mesmo mais diversão no trabalho!

9.6 Conclusão

Ainda que haja muito mais a aprender sobre gestão de projetos por meio de leitura de livros e até mesmo por meio de disciplinas ou cursos, fornecemos uma excelente introdução e informações suficientes para que você possa lidar com projetos de pequeno e médio porte.

Contudo, ainda não abordamos a variedade de pacotes de software disponíveis para auxiliar a gerência de projetos, então vamos nos deter por um minuto aqui para a discussão desses programas. Primeiramente, se você nunca usou um programa de gestão de projetos, é aconselhável que você aprenda a usá-los com uma boa antecedência. Algumas empresas indicam pacotes de software específicos para seus projetos. Se sua empresa fizer isso, você deve aprender a usar o programa com uma boa antecedência ao começo do seu primeiro projeto.

Como revisão e resumo, os elementos de gerência de projeto são os seguintes.

O projeto e todos os elementos relacionados a ele devem ser completamente **definidos**. Da mesma forma, seu "grupo de contatos" (as partes interessadas e todas as outras pessoas que você sente que precisem participar da comunicação) devem ser **definidos**. Um importante subgrupo das partes interessadas é a equipe que completará o projeto.

Um plano de **comunicação** precisa ser desenvolvido e seguido. Da mesma forma, você deve iniciar seu processo de **comunicação** com seu "grupo de contatos".

Um **plano** de gerência de projetos detalhado precisa ser preparado e seguido. O **plano** deve incluir estimativas razoáveis dos recursos que serão exigidos, incluindo o número de pessoas necessárias ao projeto, o número de horas que cada indivíduo pode gastar no projeto, a quantia financeira necessária para o término bem-sucedido do projeto e quaisquer outros recursos que possam ser necessários.

Uma vez que o plano tenha sido aprovado, a equipe que irá completar o projeto deve ser **organizada** e o projeto deve ser iniciado. Recursos também precisam ser **organizados**.

Uma parte fundamental da execução do plano e do término do projeto dependerá da **motivação própria** e da **motivação** dos membros da equipe.

Durante a execução do projeto, o gerente de projetos dará a **direção** às diversas atividades de tarefas fundamentais para o término do projeto.

Durante a execução do projeto, o gerente de projetos será responsável pelo **controle** da alocação e dos gastos de recursos. O gerente de projetos também será responsável pelo **controle** dos prazos das diversas tarefas.

Finalmente, o gerente de projetos será responsável pelo **monitoramento** dos diversos elementos do projeto e de seu progresso, pela **avaliação** do progresso dos diversos elementos do projeto, e pela **revisão** do plano de projeto quando necessário, pela **revisão** da alocação de recursos e pela **revisão** das datas de término para os diversos elementos do projeto.

REVISÃO DE FINAL DE CAPÍTULO

Escolha a resposta mais adequada para as seguintes afirmações.

1. Engenheiros são contratados primariamente
    a. Pelo que sabem conceitualmente.
    b. Pelo que sabem fazer.
    c. Por quão bem sabem liderar projetos.
    d. Por quão bem trabalham em equipe.
2. Os elementos do gerenciamento de projeto são importantes para
    a. Engenheiros de projeto.
    b. Engenheiros de sistema.
    c. Engenheiros civis.
    d. Todos os engenheiros.
3. A compreensão da gestão de projeto é importante porque lhe ajudará a
    a. Realizar melhor suas tarefas de engenharia e sua resolução de problemas.
    b. Trabalhar em equipes de engenharia.
    c. Compreender o "sucesso" em projetos ou tarefas.
    d. Alcançar todas as alternativas acima.
4. Os elementos mais importantes do processo de gestão de projetos são

a. Definição, comunicação, planejamento, organização, motivação, direção, controle, monitoramento, avaliação e revisão.

b. Planejamento, *brainstorming*, alternativas, prós e contras e resultados.

c. Planejamento, comunicação, estruturação de equipe e estabelecimento de metas.

d. Planejamento, organização, motivação, direção, controle, monitoramento, avaliação e revisão.

5. A gerência de projetos se baseia fortemente em que ramo da engenharia?

   a. Engenharia de manufatura
   b. Engenharia de sistemas
   c. Engenharia industrial
   d. Engenharia mecânica

6. A restrição mais importante com que a gerência de projetos deve lidar é

   a. Tempo.
   b. Recursos disponíveis.
   c. A designação de projetos.
   d. Todas as alternativas acima.

7. Como estudante, a aplicação dos princípios da gestão de projetos resultará em

   a. Notas mais altas.
   b. Menos tempo gasto fora da sala de aula em cada disciplina.
   c. Menor frustração.
   d. Todas as alternativas acima.

8. O elemento mais importante no processo de gerenciamento de projetos é

   a. O planejamento.
   b. A organização.
   c. A motivação.
   d. A direção.

9. Qual é o ponto mais importante a se manter em mente durante a etapa de planejamento?

   a. Levar em conta todas as metas e limitações.
   b. Não criar sua equipe antes da etapa de planejamento.
   c. Não gastar muito tempo em planejamento (preparar, fogo, apontar).
   d. Alocação de recursos.

10. O elemento mais importante de todo o processo de gerenciamento de projetos é

    a. O planejamento.
    b. A organização.
    c. A direção.
    d. A comunicação.

Exercícios para desenvolver e aperfeiçoar suas habilidades

9.1 Use os elementos da gestão de projetos para desenvolver seu programa de estudos (disciplinas que você precisará completar antes de se formar) e as habilidades que você precisará dominar antes de se graduar.

9.2 Use os elementos da gestão de projetos para desenvolver um programa de aperfeiçoamento para suas habilidades de gestão de projetos.

9.3 Use os elementos de gestão de projetos para planejar seu trabalho de conclusão de curso, tanto seu projeto quanto sua execução.

9.4 Use os elementos da gestão de projetos para desenvolver um plano de gerenciamento de uma de suas organizações estudantis, incluindo um programa de atividades e a gestão dessas atividades.

Referências

Absolute Beginner's Guide to Project Management, 2nd Edition, Greg Horine, Que, 2009.

A Guide to the Project Management Body of Knowledge (Pmbok Guide) by the Project Management Institute, 4th Edition, December 31, 2008.

Microsoft Project 2010 Step by Step (Step By Step (Microsoft)), Carl Chatfield and Timothy Johnson, Microsoft Press, June 21, 2010.

Project Management: A Systems Approach to Planning, Scheduling, and Controlling, Harold Kerzner, Wiley, 2009.

Project Management for DUMMIES, 3rd Edition, Stanley E. Portny, PMP, Wiley, 2010.

Sun Tzu: The Art of War for Managers, Gerald Michaelson, Adams Media Corp, 2001.

The Fast Forward MBA in Project Management (Portable Mba Series), Eric Verzuh, Wiley, 2008.

The One-Page Project Manager, Clark Campbell, Wiley, 2007.

CAPÍTULO

10

Habilidades de desenvolvimento de equipes

"Trabalho em equipe é o combustível que ajuda pessoas comuns a alcançar resultados incomuns."

Jim Watson, Engenheiro Profissional, Presidente, Watson Associates

Objetivos de aprendizagem

Ao usar as informações e os exercícios deste capítulo, você será capaz de:

- Compreender e aplicar os princípios de um desenvolvimento de equipes bem-sucedido.
- Estar preparado para participar de projetos em equipe mais desafiadores.
- Observar e reconhecer traços de personalidade em você mesmo e nos outros.
- Adaptar seus traços de personalidade às atividades em equipe.
- Reconhecer e usar oportunidades para desenvolver habilidades de desenvolvimento de equipes para alcançar maior sucesso na carreira.

CENÁRIO DE DESENVOLVIMENTO DE EQUIPES

"Como líder de projetos de uma equipe multifuncional, recebi a tarefa de criar um plano para um novo produto que satisfizesse os critérios do cliente, gastasse uma quantidade limitada de custos e recursos, e estivesse pronto dentro do prazo.

Nossa equipe precisava satisfazer uma meta de custos agressiva em relação à solução completa (produto, pacote, acessórios e outros materiais) para alcançar o preço esperado no mercado-alvo. Isso significa que não podíamos fazer as coisas 'à maneira antiga'. Tivemos de ser criativos sem sacrificar a qualidade ou a experiência do cliente."

(Beth Moses, Engenheira Eletricista e Gerente de Programas, Hewlett-Packard Company)

Beth Moses resumiu uma situação em equipe típica de muitos projetos empresariais. Vamos identificar os princípios envolvidos no desenvolvimento de equipes e, então, em nossa discussão ao final deste capítulo, descobrir como Beth aplicou muitos desses princípios nesse projeto.

10.1 Introdução

Equipes de engenharia frequentemente são usadas para se lidar com a complexidade da elaboração de projetos. Este capítulo foi projetado para prepará-lo para ser um líder ou membro de equipe bem-sucedido.

Aproveite as oportunidades de elaboração de equipes agora.

Como um estudante, suas habilidades de construção de equipe podem ser desenvolvidas por meio da participação de equipes de laboratório, equipes de trabalho de conclusão de curso e projetos patrocinados por organizações profissionais de engenharia. Ao desenvolver e aperfeiçoar suas habilidades de desenvolvimento de equipes desde cedo, você estará mais bem preparado para lidar adequadamente com oportunidades em equipe durante seu estágio e ao longo de sua carreira de trabalho.

10.2 Desenvolvimento de equipes

Trabalho em equipe é uma ferramenta poderosa para profissionais técnicos, e as equipes frequentemente substituem indivíduos como a unidade primária de operação. Isso é especialmente verdade nas organizações mais inovadoras dos negócios, da indústria, do governo, da pesquisa e do meio acadêmico.

10.2.1 Definição da equipe

Uma equipe normalmente *não é* apenas
- Um grupo de indivíduos que trabalham no mesmo lugar.

- Um grupo de indivíduos que trabalham para a mesma pessoa.
- Um grupo de indivíduos que realizam o mesmo tipo de trabalho.

Uma equipe de sucesso é mais do que um grupo de indivíduos.

Uma equipe *é*
- Um grupo que compartilha uma tarefa em comum.
- Um grupo que reconhece que precisa das contribuições de todos os membros.
- Um grupo comprometido em alcançar os melhores resultados dentro das limitações impostas.

10.2.2 Características de uma equipe bem-sucedida

Uma equipe bem-sucedida é um grupo unificado de indivíduos com talentos especiais e únicos que trabalham juntos para alcançar objetivos em comum. Equipes fortes e efetivas veem a diversidade de ideias como uma boa forma de combinar as habilidades e os pontos fortes de cada indivíduo para alcançar um resultado maior do que apenas a soma das contribuições individuais.

Equipes bem-sucedidas compartilham diversas características, incluindo:
- Objetivos claros
- Uma forte liderança e papéis apropriados para cada membro
- Boa comunicação, confiança e receptividade a novas ideias
- Cooperação e habilidade de lidar com conflito
- Habilidade de equilibrar inovação, qualidade e custo

10.2.3 Vantagens e desvantagens das equipes

Ainda que as equipes ajudem as empresas a alcançar grandes metas, há vantagens e desvantagens quando se participa de atividades em equipe. Estas podem ser resumidas da seguinte forma:

Vantagens de um membro de equipe
- Trabalhar em projetos novos e mais desafiadores.
- Compartilhar recursos e habilidades para uma meta em comum.
- Participar de experiências de aprendizagem que aperfeiçoem a carreira pessoal.
- Praticar habilidades interpessoais e desenvolver habilidades de liderança.
- Produzir resultados melhores a partir da sinergia das discussões em grupo.

Desvantagens de um membro de equipe
- Abdicar da liberdade de operar independentemente.

- Considerar as diferentes ideias de outros membros da equipe.
- Possivelmente sacrificar metas individuais para alcançar as metas da equipe.
- Perder tempo se este não for bem administrado.

10.3 Processo de desenvolvimento de equipes

O estabelecimento de uma equipe bem-sucedida é mais do que simplesmente pedir a alguns indivíduos que trabalhem em um projeto. Os membros de uma equipe devem ser cuidadosamente selecionados com base em suas habilidades e conhecimentos e na sua habilidade de trabalhar efetivamente com outros membros da equipe.

Como estudante de engenharia, você tem habilidades importantes no desenvolvimento de equipes. Um bom exemplo é sua capacidade de resolver problemas por meio de um processo lógico e procedural, e tal habilidade pode ser aplicada a uma tarefa em equipe. Vamos rever os princípios básicos do desenvolvimento de equipes e ver como suas habilidades podem tornar esse empreendimento bem-sucedido.

10.3.1 Formação

As seguintes atividades geralmente fazem parte da formação de uma equipe:

- Uma equipe se forma quando os membros se reúnem para se conhecer e escolher um líder.
- As informações e motivações pessoais geralmente não são enfatizadas inicialmente.
- Os objetivos e metas específicas do projeto são identificados e estabelecidos.
- As regras básicas importantes para a operação da equipe são estabelecidas.
- Os papéis de cada membro da equipe são identificados.

Figura 10.1 Atividades de formação de equipe.

Como indicado na Figura 10.1, você pode contribuir com a formação de uma equipe mais bem-sucedida ao participar da definição de itens importantes associados ao projeto. O objetivo do projeto e as metas específicas para alcançá-lo precisam estar claros desde o início.

Como membro de uma equipe, você será mais produtivo quando compreender o seu papel específico, começando no estágio de formação. Discutiremos os papéis de membros de equipe em detalhes na Seção 10.5. Os papéis durante o estágio de formação são muito importantes e servem de preparação a uma equipe efetiva. Você auxiliará sua equipe a ter sucesso quando:

- Contribuir com suas ideias durante o desenvolvimento de objetivos e regras básicas de equipe.
- Voluntariar-se para participar de atividades em equipe que usem suas maiores habilidades.

- Escutar os outros e encorajar membros da equipe a trabalharem juntos e usarem habilidades de trabalho em equipe.
- Estiver preparado para investir tempo suficiente e aplicar suas habilidades para alcançar objetivos.

Igualmente importante à identificação de objetivos de equipe é o estabelecimento das regras básicas que servirão de fundação para as discussões e auxiliarão a equipe no desenvolvimento de recomendações. Alguns exemplos de regras básicas são mostrados na Figura 10.2.

- Chegar na hora para reuniões
- Permitir que um membro fale de cada vez
- Compartilhar o uso do tempo
- Incentivar novas ideias com *brainstorming*
- Escutar todas as opiniões
- Criticar as *ideias*, não as *pessoas* que as apresentaram
- Oferecer soluções, não reclamações
- Manter os objetivos da equipe em foco
- Trabalhar em direção a um consenso honesto
- Apoiar as decisões da equipe
- Assumir responsabilidade por tarefas em equipe
- Completar os trabalhos designados no prazo

Figura 10.2 Regras básicas típicas para equipes.

O tempo investido na formação de uma equipe cujos membros trabalham bem juntos resultará em tempo economizado durante o projeto e aumentará o nível de harmonia dentro do grupo. Mais importante, uma equipe bem formada chega a melhores soluções para o projeto, e isso pode ter um impacto positivo em carreiras pessoais para membros da equipe.

O estágio de formação deve ser realizado na primeira reunião da equipe. O próximo passo, turbulência, leva uma quantidade significativamente maior de tempo, e com frequência exige uma série de reuniões.

10.3.2 Turbulência

O termo "turbulência" é uma boa indicação de que essa parte do processo de equipe pode ser agitada e talvez até mesmo estressante para alguns membros. A habilidade de a equipe chegar à melhor solução possível para o projeto se baseia em quão bem os indivíduos participam do estágio de turbulência.

Vamos começar com uma visão geral desse item, como mostrado na Figura 10.3.

- Indivíduos apresentam suas ideias e metas
- Membros escutam outras ideias e consideram seu valor
- Membros promovem suas próprias ideias e questionam as ideias dos outros
- As regras básicas são usadas para minimizar o caos

Figura 10.3 Atividades do estágio turbulência.

Quando você entra em uma equipe, geralmente possui algumas ideias preconcebidas sobre o projeto. Algumas de suas ideias serão baseadas em suas habilidades e no interesse em partes específicas do projeto. É de se imaginar que outros membros também terão ideias sobre o projeto, e muitas das ideias deles poderão ser diferentes das suas. Com frequência, você representará sua área de trabalho e seu supervisor irá sugerir resultados desejados na solução do projeto.

A maioria dos membros de equipe entra em cena com seus planos próprios e é motivada a influenciar a decisão da equipe em prol da execução desses planos. Além disso, você pode descobrir que os membros de equipe muitas vezes têm planos ocultos que dizem respeito a suas metas pessoais de carreira.

Devido ao fato de os membros de equipe terem tais planos ocultos, as discussões serão mais produtivas se forem seguidas regras básicas quando as soluções de projeto forem apresentadas. Esse é o momento para cada membro da equipe propor e discutir novas ideias.

Você, assim como todos os outros membros, precisa contribuir para que a equipe tenha a vantagem de explorar muitas formas diferentes de concepção do projeto. Se todas as potenciais soluções não forem discutidas, a decisão final pode ser menos do que o esperado. Logo, é importante agendar tempo suficiente para que muitas ideias diferentes possam ser discutidas.

A sessão de turbulência torna-se muito mais produtiva quando há sinergia entre escutar uma ideia e desenvolver outra ideia relacionada com a primeira. Isso é *brainstorming*, e é uma maneira demonstradamente eficaz de expandir as opções disponíveis. Os resultados de um *brainstorming* são maximizados quando os membros não criticam os outros por terem sugerido novas ideias. As regras básicas devem incentivar o *brainstorming*. O tempo investido na introdução de novas ideias pode produzir melhores resultados, e a equipe não deve ficar impaciente quando membros quiserem expandir a sessão de turbulência.

Explore inúmeras opções para chegar à melhor solução.

A segunda parte importante da sessão de turbulência é que cada membro defenda suas ideias e ofereça documentação para apoiá-los. Quando um membro apresentar uma ideia, os outros possuem três tarefas – escutar cuidadosamente; realizar perguntas de clarificação e informação adicional; e discutir o valor da ideia. Ainda que isso seja muitas vezes frustrante, esse é o melhor método para que uma equipe decida o que deve ser incluído em suas recomendações.

A sessão de turbulência pode ser uma parte desafiadora do desenvolvimento de equipes. Quando os membros estão entusiasmados com suas próprias ideias, frequentemente veem perguntas como críticas e levam comentários para um lado mais pessoal. Quando isso acontece, o líder da equipe precisa ser um mentor, aplicar os princípios de resolução de conflito, lembrar a equipe das regras básicas e remover o aspecto pessoal das discussões.

Um princípio importante do estágio de turbulência é que a equipe deve levar o maior tempo possível para chegar em uma solução viável. Uma ou mais soluções melhores podem passar despercebidas caso não haja tempo para que muitas ideias sejam oferecidas e discutidas antes de uma decisão ser tomada. Para membros da equipe que preferem decisões imediatas, isso pode parecer um gasto desnecessário de tempo, entretanto, os resultados em geral valem o investimento extra de tempo nessa sessão.

10.3.3 Conformidade

Para ser eficiente e cumprir cronogramas razoáveis no desenvolvimento de projetos, a equipe precisa realizar uma transição, partindo da discussão de opções individuais e chegando a uma solução em conjunto. Isso se chama conformidade porque todos os membros provavelmente terão de fazer algumas concessões para que a equipe chegue a uma única solução. As atividades dessa etapa estão listadas na Figura 10.4. As recomendações irão impactar todos os membros, então eles devem trabalhar duro para encontrar a melhor solução para a equipe.

- O líder da equipe assume o controle e coloca a equipe em modo cooperativo
- Motivações pessoais podem ser reveladas para solicitar o apoio dos outros
- Os indivíduos se conformam e chegam a uma solução em equipe
- A solução da equipe é clarificada e os membros identificam suas tarefas

Figura 10.4 Atividades de conformidade.

A responsabilidade de levar a equipe a uma única solução repousa fortemente sobre o líder da equipe. Em razão de os indivíduos poderem ter planos pessoais, o líder precisa começar essa etapa cuidadosamente, focando mais os conceitos do que os indivíduos que estão defendendo cada ideia. Isso normalmente inclui uma abordagem de troca de ideias, processo no qual alguns dos planos ocultos das pessoas podem acabar sendo revelados.

Um dos principais papéis do líder de uma equipe é manter a equipe nos trilhos.

Ao final de tudo, a solução final é projetada e todos os membros precisam concordar em trabalhar sob as decisões da equipe. Esse é um momento em que a comunicação efetiva deve ser usada para garantir que todos os membros compreendam a solução e qual será seu papel em realizá-la.

A solução da equipe para o projeto deve ser escrita e distribuída para todos os membros, e essa é a melhor forma de você e outros membros da equipe terem uma imagem clara do que a equipe decidiu e como cada membro participará na implementação da solução.

Isso nos leva ao quarto e último passo do desenvolvimento de equipes – o desempenho.

10.3.4 Desempenho

As principais atividades da etapa de desempenho são mostradas na Figura 10.5.

- A equipe se compromete com as metas e com completar o projeto
- Os membros conferem as tarefas definidas e começam a trabalhar em espírito de cooperação
- O líder avalia o trabalho em progresso e incentiva seu término
- Os membros da equipe comunicam os resultados aos níveis de gerência apropriados

Figura 10.5 Atividades de desempenho.

A atitude é importante quando os membros da equipe chegam na quarta etapa. Se os membros que não sentiram que a solução da equipe atendia às suas metas ou às metas de seu departamento apresentarem uma atitude negativa, podem não completar suas tarefas em equipe de forma apropriada.

Uma forma de minimizar as atitudes negativas é organizar informações auxiliares que demonstram por que a decisão da equipe é a melhor para todos os envolvidos. Isso também ajudará os membros a comunicar resultados a seus departamentos e pode evitar impactos negativos em suas carreiras.

O líder da equipe deve continuar a coordenar a implementação do projeto e a cobrar a execução de tarefas de membros, quando necessário. Quando todos os membros conseguem alcançar seus resultados dentro do prazo de término estipulado, todos se beneficiam.

A comunicação é uma chave importante para o sucesso.

A comunicação durante a implementação do projeto é tão importante quanto a comunicação em sessões de trabalho em equipe. Os conceitos discutidos no capítulo sobre comunicação escrita podem ser aplicados a relatórios em equipe e ajudarão a coordenar a implementação do projeto. Você pode também adicionar o relatório de projeto aos seus registros de resultados alcançados.

"Ser uma estudante líder com muitas diferentes facetas de minha vida foi sinônimo de ser uma juíza em um concurso de talentos. Eu precisava identificar o potencial e os talentos de colegas que, do contrário, não tomariam uma iniciativa para participar em vários aspectos. Em pouco tempo, havia um grupo de conhecidos e uma cultura de alunos com os quais eu estudava e trabalhava. Isso permitiu que eu delegasse questões importantes com as quais eu não podia lidar pessoalmente. Por exemplo, eu formei minha equipe de trabalho de conclusão de curso, mas selecionei um colega como líder da equipe, e por conta disso nossa equipe recebeu o prêmio de melhor projeto do ano."

(Sedofia Gedzeh, Engenheira Eletricista)

Você pode se preparar para projetos em equipe em sua carreira aproveitando oportunidades de praticar o desenvolvimento de equipes desde já. Algumas dessas oportunidades são aulas em laboratórios e projetos em equipe. Também é possível praticar o desenvolvimento de equipes nas participações em projetos de organizações profissionais. Essas experiências podem ajudá-lo a se tornar um membro melhor de trabalhos em equipe em sua carreira.

10.4 Traços de personalidade

Até aqui, discutimos o desenvolvimento de equipes do ponto de vista de uma equipe. Agora, vamos voltar nossa atenção à parte mais importante de uma equipe – você e os outros indivíduos envolvidos.

Cada indivíduo é especial e único, somos diferentes em *backgrounds*, experiências, atitudes e habilidades. Todos temos oportunidades, desafios, decepções e momentos de sucesso. Em razão disso, respondemos a situações de forma diferente. E as diferenças pessoais podem melhorar nossas vidas, porque, ao interagirmos com os outros, aprendemos novas ideias e observamos diferentes traços de personalidade.

Tais traços não são bons ou ruins, são apenas únicos. A pessoa mais importante para você estudar e entender é você mesmo. Como você é único, será mais fácil compreender os outros se primeiro compreender suas próprias tendências comportamentais.

> Cada indivíduo é único e importante.

O conhecimento a respeito de seus pontos fortes e de suas limitações fornece um embasamento para alcançar atitude profissional e ética de trabalho. Com isso, você pode maximizar seus pontos fortes, minimizar suas limitações e aprender a ser efetivo nas relações interpessoais. E quando você compreender seus traços de personalidade, conseguirá observar traços similares e diferentes nos outros.

Padrões comportamentais podem ser identificados por avaliação e interpretação profissionais. Talvez você já tenha feito esse tipo de avaliação e esteja ciente de seus traços de personalidade. Nossa discussão neste capítulo tem por objetivo ajudá-lo a aplicar suas habilidades mais efetivas para que possa aproveitar seu envolvimento em uma equipe e ser o mais produtivo possível.

10.4.1 Categorias de traços de personalidade

Traços de personalidade são tipicamente identificados olhando-se para quatro padrões comportamentais básicos associados à participação de situações em grupo. Por questões de simplicidade, usaremos a seguinte nomenclatura:

- Piloto
- Influenciador
- Especialista
- Perfeccionista

10.4.2 Pontos fortes e limitações dos traços de personalidade

Uma visão geral dos pontos fortes típicos de cada um dos quatro principais traços serve de fundamento para a discussão de como eles afetam o desenvolvimento de equipes. Por exemplo, os *pilotos* são geralmente bons em aceitar desafios e assumir a responsabilidade de fazer as coisas acontecerem. Eles podem visualizar o futuro e assumir controle de situações difíceis resolvendo problemas. Em razão de questionarem o *status quo*, eles frequentemente causam problemas a pessoas que resistem a mudanças.

Em contraste, os *influenciadores* adoram interagir com outras pessoas e são bons em expressar suas ideias e causar primeiras impressões positivas. Eles são prestativos, geralmente estão ativos nas situações em grupo e podem ser realmente divertidos. Eles trazem entusiasmo ao grupo e tendem a falar mais do que escutar. Como não se preocupam com detalhes, frequentemente são percebidos como superficiais.

Como indicado por seu título, os *especialistas* sentem-se bem operando em um mundo bem estabelecido. Eles gostam de permanecer em um ambiente confortável, de se concentrar em sua parte do projeto e de usar habilidades especializadas. Eles são pacientes, leais, sinceros e honestos. Apreciam segurança e são bons ouvintes. Como não gostam de mudanças, sentem-se desconfortáveis se precisam "pensar fora da caixa".

Os *perfeccionistas* concentram-se em detalhes, seguem padrões e gostam de ser 100% precisos. Eles são diplomáticos, gostam de ser supervisionados por outros e aceitam as decisões dos outros. Apreciam elogios a seu bom trabalho, mas podem também ser críticos do mau desempenho apresentado pelo trabalho dos outros.

A maioria das pessoas apresenta uma mistura desses traços, mas geralmente um ou dois deles tendem a se sobressair nas avaliações de personalidade. Em cada caso, você pode usar seus traços para obter resultados bem-sucedidos.

10.5 Aplicação dos traços de personalidade em equipes de projeto

Uma compreensão básica dos traços de personalidade serve para melhor compreender os outros e aprender os melhores métodos de interagir com as pessoas ao nosso redor. Quando evitamos tentar mudar os outros e nos esforçamos para compreender e apreciar seus traços, ajudamos a equipe a alcançar resultados muito melhores.

Felizmente, não precisamos de uma análise detalhada de outras pessoas para observar seus traços de personalidade mais fortes. Fortes líderes frequentemente demonstram traços de *pilotos*. Os *influenciadores* trazem criatividade e entusiamos ao grupo. Os membros da equipe *especialistas* são excelentes em completar o trabalho e permanecerão leais ao projeto. Os *perfeccionistas* são diplomáticos e produzem trabalho de qualidade.

Com base nos resultados de nossas observações, podemos aprender a influenciar os outros ou a aumentar a cooperação dentro das atividades em grupo, fornecendo uma atmosfera na qual os outros se sintam motivados e bem-sucedidos. Isso servirá para desenvolver uma equipe forte.

Então, como aplicar suas melhores habilidades no contexto de uma equipe? Se você tiver fortes traços de *piloto*, pode se oferecer para preparar os procedimentos de um experimento de laboratório, liderar um trabalho de conclusão de curso ou coordenar um projeto em uma organização profissional.

Já se você tiver fortes traços de *influenciador*, pode efetivamente verbalizar os resultados de um projeto em equipe. Seu recurso mais forte em uma atividade em equipe é seu entusiasmo e criatividade. Se corretamente aplicada, sua criatividade contribuirá para o sucesso de uma equipe de laboratório ou de outras atividades em grupo.

Os *influenciadores* não gostam de detalhes em um projeto, mas são excelentes defensores de uma equipe. Então, se você for um *influenciador*, será bom em comunicar as necessidades e os resultados da equipe e deve desempenhar um grande papel nas apresentações escritas e orais, parte importante de todos os projetos.

Cada equipe precisa de um ou mais *especialistas*. Se você tiver fortes traços de *especialista*, deve ser um bom ouvinte e pode se concentrar nas tarefas a serem completadas. Você será mais efetivo quando o procedimento for bem definido e não ficar mudando.

Os *especialistas* precisam se identificar com o resto do grupo e são motivados pelos elogios dos outros. Se você for um *especialista*, tende a não ser profissionalmente agressivo e pode precisar de ajuda em começar a trabalhar. Sua lealdade incentivará os outros a completar a tarefa, e isso ajudará na obtenção de resultados.

Uma vez que a precisão dos resultados é importante, a equipe precisa de pelo menos um *perfeccionista*. Se você se encaixa nesse tipo de personalidade, manterá um controle sobre os procedimentos, e isso ajudará sua equipe a obter resultados precisos. Em reuniões de planejamento em grupo, você deverá constantemente conferir se os procedimentos estão corretos e se a informação está precisa. Você revisará planos e instruções muito cuidadosamente e irá garantir que o grupo não cometa erros graves. Como um *perfeccionista*, você será mais efetivo se lhe derem a oportunidade de ser exato.

As equipes têm melhor desempenho quando seus membros possuem diferentes traços de personalidade.

Se todos os membros da equipe tiverem os mesmo traços de personalidade, a equipe não será produtiva. Uma equipe cujos membros são todos *pilotos* gastará a maior parte de seu tempo tentando definir um líder. Os *influenciadores* passarão um dia inteiro conversando sobre uma diversidade de tópicos, sem nunca estabelecer um plano de projeto. Uma equipe de *especialistas* irá esperar indefinidamente para que alguém atribua as tarefas. E uma equipe de *perfeccionistas* irá apenas analisar as tarefas sem começar a trabalhar nelas.

Então, as equipes mais produtivas são compostas por membros com uma diversidade de traços de personalidade. Para obter melhores resultados, as tarefas devem combinar com os traços mais fortes de cada membro. Isso não garante harmonia na equipe, mas implica um maior sucesso em alcançar objetivos de projetos.

10.6 O valor da diversidade

As equipes são uma oportunidade excelente para que você participe de atividades de tomada de decisão e tenha uma maior sensação de realização. Como equipes são formadas por indivíduos, seu sucesso depende de quão bem os indivíduos trabalham juntos. Os resultados da equipe estarão diretamente relacionados a quão bem os membros da equipe representam uma diversidade de ideias.

Se sua equipe consiste em membros de *background* diversificado, com diferentes ideias e habilidades, isso pode gerar grandes vantagens se os membros aceitarem essa diversificação como uma forma de expandir suas opções. As regras básicas devem incentivar ideias e diversos pontos de vista novos e diferentes, e os membros devem dedicar uma ampla quantidade de tempo escutando e respeitando todas as ideias, especialmente durante atividades de *brainstorming*.

> "A verdadeira beleza do trabalho em equipe emerge quando ele oferece um vislumbre de soluções criativas além das limitações de seu viés e de suas preconcepções. Para novas equipes, descobri que o maior impedimento para alcance dessas conclusões é uma falha em incorporar a diversidade de experiências de vida além das habilidades técnicas. Sem essa diversidade, as equipes correm o risco de reforçarem ideias sofríveis e produzirem resultados medíocres. Essas falhas frequentemente pegam equipes de surpresa, apesar de continuarem sem perceber que estiveram trabalhando dentro de sua zona de conforto durante todo esse tempo."
>
> (Joshua Brandoff, Programador Matemático e Especialista de TI no Museum of Mathematics)

Indivíduos são diferentes em suas atitudes, habilidades e experiências, portanto respondem a situações em equipe de formas diferentes. O valor da diversidade é que diferentes pessoas têm diferentes ideias, e isso expande as opções para que a equipe encontre a melhor solução para um projeto. Sua contribuição para uma equipe será valiosa quando você maximizar os pontos fortes de seus traços de personalidade e minimizar suas limitações.

Uma conversa com Beth Moses

Beth, conte como você aplicou princípios do desenvolvimento de equipes em seu projeto apresentado no início deste capítulo.

Resposta:

"Vou responder a essa pergunta indicando como nós usamos os passos de desenvolvimento básicos.

Formação:

Nossa equipe consistia em dez profissionais, variando de engenheiros de software a gerentes de marketing. Os membros eram especialistas com habilidades específicas para garantir uma ampla perspectiva através de toda a experiência de clientes. Cada pessoa trouxe backgrounds e experiências diversificados.

Como líder da equipe, em nossa primeira reunião, resumi a situação... o cliente visado e a experiência desejada, a meta de custo do projeto, o cronograma, o escopo do que poderíamos alterar e os itens fixos que não poderiam ser modificados.

Logo no começo do projeto, era importante dedicar um tempo para conhecermos uns aos outros. Fizemos discussões frequentes no formato 'mesa redonda' que permitiram a cada pessoa sentada 'ao redor da mesa' compartilhar o estado atual e descrever problemas e preocupações sobre o projeto. Isso permitiu que cada um tivesse uma chance de falar e que nós pudéssemos compreender melhor os traços de personalidade e pontos fortes de cada membro da equipe.

Turbulência:

Rapidamente identificamos pilotos, influenciadores, especialistas e perfeccionistas na equipe. Isso me ajudou, como líder, a solicitar tarefas e atividades de cada membro da equipe com base no que melhor combinava com seus traços de personalidade.

Dedicamos tempo ao brainstorming e à discussão de ideias sobre como exceder as expectativas do cliente e, ao mesmo tempo, utilizar os recursos de nossa equipe dentro das restrições de custo. Como líder da equipe, escrevi as ideias em um cavalete flip-chart para garantir que nada se perdesse. Realizamos uma rápida avaliação das ideias para determinar o impacto na experiência do cliente, prazo requerido, recursos necessários e custo da solução.

Esse exercício envolvia as diversas opiniões e especialidades de todas as pessoas, para garantir que tivéssemos avaliado as ideias a partir de todos os ângulos. Essa etapa foi crucial para incluir todos os membros na equipe, já que nenhuma pessoa da equipe tinha todas as respostas.

Conformidade/Desempenho:

Ao final, nossa equipe determinou diversas formas pelas quais poderíamos entregar um produto melhor e de mais alta qualidade, fornecendo informação de uma forma diferente e mais interativa. Para garantir que o cliente fosse bem-sucedido ao começar a usar o produto, incluímos um grande pôster usando diversos recursos visuais para reduzir o número de palavras e traduções ao mínimo possível. Essa solução nos ajudou a rapidamente transmitir as instruções iniciais de uso, fornecendo uma ótima experiência aos clientes de muitos países e custando menos que as abordagens anteriores.

Para instruções de operação mais específicas, aprimoramos as instruções apresentadas na tela do produto. Ao usar recursos visuais e ilustrações direto no produto, o cliente pôde rapidamente acessar informações e direções sempre que necessário na operação do produto. Finalmente, incluímos um manual escrito completo no CD do software. Dessa forma, o cliente poderia ler as instruções de operação passo a passo em um computador ou mesmo imprimi-las, se desejado.

Em geral, a solução foi uma abordagem efetiva em custo-benefício e proporcionou um produto de alta qualidade ao cliente. Adicionalmente, pudemos usar nossos recursos de uma forma inovadora e diferente, ainda assim cumprindo os prazos estipulados."

Como você resumiria os resultados de sua participação nessa oportunidade de carreira?

Resposta:

"Nossa equipe conseguiu encontrar uma solução criativa que excedeu as expectativas do cliente e, ao mesmo tempo, usou os recursos de forma eficiente, alcançou metas de custo e lançou o produto no mercado dentro do prazo. Ao reunir um grupo diverso de pessoas que estavam focadas em cumprir os objetivos da equipe, criamos e entregamos um produto bem-sucedido.

Como líder da equipe, usei proveitosamente a perícia dos membros, mas também desafiei cada um a pensar de forma diferente na resolução dos problemas. A disposição dos membros da equipe de juntar-se aos outros e criar uma solução melhor e inovadora foi o ponto decisivo.

Como líder, senti também que o sucesso deveria ser reconhecido e celebrado. Às vezes, eu simplesmente as anunciava durante as reuniões em equipe. Outras vezes, trazia doces e biscoitos para celebrá-las (adorávamos isso no jardim de infância, então por que não no local de trabalho?). Conquistas maiores mereciam notas por e-mail à gerência. Finalmente, celebramos grandes marcos conquistados com grandes comemorações na empresa."

Uma última pergunta – que conselho você compartilharia com alunos?

Resposta:

- *Logo no começo da formação da equipe, o líder deve fornecer visão geral clara, objetivos, escalas de tempo e restrições à equipe. Isso ajudará a alinhar todos os membros às metas e aos desafios em comum.*
- *Reúna membros-chave da equipe que tenham* backgrounds*, perícias e especialidades diversas.*
- *Dedique um pouco de tempo, logo no começo da formação da equipe, para conhecer os membros e compreender seus pontos fortes e traços de personalidade.*
- *Escute a ideias e solicite a opinião dos que forem mais quietos ou tímidos – use a abordagem da 'mesa redonda', na qual todo mundo na equipe tem sua vez para compartilhar estado atual, sucessos, frustrações e problemas.*
- *Monitore, reconheça e celebre o sucesso (grande e pequeno).*

(Beth Moses, Engenheira Eletricista e Gerente de Programas, Hewlett-Packard Company)

10.7 Conclusão

O capítulo sobre desenvolvimento de equipes foi incluso nesse livro porque você estará frequentemente envolvido em projetos em equipe. A melhor forma de se preparar para futuros projetos em equipe após a formatura é aproveitar as oportunidades de adquirir e aperfeiçoar suas habilidades de trabalho em equipe desde já.

Algumas oportunidades para você desenvolver habilidades de trabalho em equipe estão presentes em aulas e laboratórios. Outras podem ser encontradas voluntariando-se a ser um membro ativo de uma ou mais organizações profissionais e participando de atividades em grupo.

Enfatizamos o valor da aquisição de habilidades não técnicas para o desenvolvimento de equipes, pois isso lhe ajudará a alcançar melhores resultados em sua carreira. Além disso, você também terá mais sucesso como membro de equipe quando usar os princípios da engenharia de pensamento lógico e organização.

Usamos os princípios de engenharia neste capítulo para estabelecer os passos lógicos no desenvolvimento de equipes e na aplicação dos traços de personalidade para o trabalho em equipe. Então, busque equilíbrio de habilidades técnicas e não técnicas em suas futuras oportunidades em equipe e você desfrutará dos benefícios de trabalhar com outras pessoas para completar projetos bem-sucedidos.

REVISÃO DE FINAL DE CAPÍTULO

Escolha a resposta mais adequada para as seguintes afirmações.

1. Uma equipe é
   a. Um grupo de pessoas que trabalham no mesmo departamento e possuem interesses em comum.
   b. Diversos engenheiros que trabalham para a mesma pessoa.
   c. Um grupo escolhido para desenvolver um projeto ou resolver um problema.
   d. Todas as alternativas.
2. Uma característica típica de uma equipe de sucesso é
   a. A escolha de um líder forte.
   b. Boa comunicação entre os membros da equipe e com as partes interessadas.
   c. A habilidade de comparar muitas opções para encontrar uma solução para o projeto.
   d. Todas as alternativas acima.
3. A vantagem mais importante de estar em uma equipe é
   a. Obter promoções alcançando os objetivos de seu departamento.
   b. Poder ser um líder e dizer aos outros o que fazer.
   c. Poder trabalhar em projetos mais desafiadores e mais recompensadores.
   d. Não precisar gastar tanto tempo em atividades de rotina em seu trabalho.
4. A maior desvantagem de trabalhar em uma equipe é
   a. Precisar abandonar algumas de suas metas próprias para encontrar uma solução para a equipe.
   b. Ter de possivelmente trabalhar com pessoas das quais você não gosta.

c. Ter de realizar hora extra para dar conta do resto de seu trabalho.
   d. Ter de fazer anotações e entregar um relatório a seu supervisor.
5. Você pode determinar seus traços de personalidade
   a. Pedindo que outras pessoas lhe digam o que gostam em você.
   b. Usando ferramentas de avaliação e pensando nas áreas em que você tende a se sair melhor.
   c. Perguntando a seu supervisor por que você recebe determinadas tarefas.
   d. Todas as alternativas acima.
6. A habilidade mais efetiva de uma pessoa que tem fortes traços de diretor é
   a. Ter liderança e habilidade para fazer as coisas acontecerem.
   b. Pensar antes de decidir o que fazer.
   c. Ter habilidade de relaxar e não se preocupar com o que pode acontecer.
   d. Envolver-se com detalhes para que os resultados sejam perfeitos.
7. Pessoas com fortes traços de influenciador não são boas em:
   a. Interagir com outras pessoas.
   b. Causar primeiras impressões positivas, porque falam demais.
   c. Ser pacientes com pessoas que gostam de detalhes.
   d. Demonstrar entusiasmo para um projeto.
8. Os especialistas são importantes em uma equipe, porque
   a. Introduzem novas ideias.
   b. São bons em se adaptar a mudanças.
   c. Podem lidar com diversas tarefas de uma só vez.
   d. São pacientes, sinceros e muito honestos.
9. Pessoas com fortes traços perfeccionistas não são boas em
   a. Delegar trabalho a outros membros da equipe.
   b. Concentrar-se em detalhes ou padrões.
   c. Aceitar as decisões dos outros.
   d. Dizer aos outros quando seu trabalho não condiz com o padrão.
10. Uma equipe de sucesso deveria consistir em
    a. Diversos membros com traços de piloto para que o trabalho seja realizado.
    b. Membros com diversos traços de personalidade para aproveitar a diversidade.
    c. Muitos membros com traço perfeccionista para obter maior precisão nos resultados.
    d. Todos os membros com fortes traços de influenciador, para poder ter boa comunicação.

Exercícios para desenvolver e aperfeiçoar suas habilidades

10.1 Exercício de equipe de projeto

Opção 1: Seu instrutor discutirá detalhes e definirá um exercício de projeto em equipe com base do Recurso 1, Cenário de Equipe de Projeto Envirocar.

Opção 2: Peça a membros de seu grupo de estudos que usem o Recurso 1, Cenário de Equipe de Projeto Envirocar, e pratiquem habilidades de desenvolvimento de equipes.

10.2 Relatório do exercício de equipe de projeto

Relatório de Equipe de Projeto

Se seu instrutor escolheu a Opção 1 do Exercício 10.1, reveja os resultados de seu exercício de equipe de projeto e complete seu relatório de equipe de projeto usando o seguinte formato e os cabeçalhos.

Relatório da Equipe de Projeto Envirocar

Nome_____(seu nome)_____

Identificação da equipe:

Nome dos membros da equipe:

Seu cenário definido:

Solução da equipe:

Principais razões para a escolha dessa solução pela equipe:

Em que atividades em equipe você seria mais efetivo? Justifique suas escolhas.

Como você participou de cada uma das etapas do desenvolvimento da equipe?

Formação:

Turbulência:

Conformidade:

Quais seriam suas contribuições mais efetivas a esse projeto durante o estágio de desempenho?

10.3 Autoavaliação de traços de personalidade

Seu instrutor pode pedir que você realize esse exercício, ou você pode escolher completá-lo por si mesmo. Use o formulário de autoavaliação do Recurso 2 para determinar suas pontuações de traços de personalidade em um cenário de equipe de projeto.

10.4 Relatório de equipe de projeto incluindo a aplicação de resultados da avaliação de traços de personalidade.

Use os resultados de autoavaliação de seus traços de personalidade do Exercício 10.3 para considerar como seus traços serão aplicados ao Exercício 10.1 e complete seu relatório de equipe de projeto usando o seguinte formato.

Relatório de Equipe de Projeto Envirocar

Nome_____(seu nome)_____

Solução da equipe:

Principais motivos para a escolha da solução pela equipe:

Subtotais numéricos do exercício de autoavaliação de traços de personalidade:

  Piloto

  Influenciador

  Especialista

  Perfeccionista

Com base em sua autoavaliação de traços de personalidade e de suas habilidades, em quais atividades da equipe você seria mais efetivo? Justifique suas escolhas.

Como você participou de cada um dos estágios do desenvolvimento da equipe?

Formação:

Turbulência:

Conformidade:

Quais seriam suas contribuições mais efetivas para esse projeto durante o estágio de desempenho?

RECURSOS DE FINAL DE CAPÍTULO

Recurso 1

Cenário de Equipe de Projeto Envirocar

Visão geral da competição: A meta de sua equipe é projetar um carro de corrida que alcance o maior número de pontos totais em uma corrida de 12 horas. O carro deve ser construído por alunos usando as instalações da universidade e participará de uma competição em uma pista de testes da Honda, na qual os alunos de outras sete universidades competirão.

Detalhes da competição:
1. A corrida acontecerá dentro de seis mesas em uma Pista de Testes da Honda, das 10h às 22h.
2. As equipes se limitarão a oito pessoas, incluindo os motoristas.
3. As equipes terão a um máximo de 80 litros de gasolina regular não aditivada.
4. Participantes serão julgados com base em um sistema de pontos:
   - 500 pontos por completar as 12h de competição.
   - Bônus de 1 ponto/quilômetro percorrido.
   - Pontuação bônus para os menores valores de equipamento total do carro, de construção e de gasto de combustível:
     - 300 pontos para o carro de menor custo dentre todos os participantes.
     - 200 pontos para o segundo carro de menor custo dentre todos os participantes.
     - 100 pontos para o terceiro carro de menor custo dentre todos os participantes.
   - Pontos por impacto ambiental:
     - 500 pontos por zero uso de gasolina.
     - 300 pontos por um uso máximo de 40 litros de gasolina.
     - 100 pontos por um uso máximo de 60 litros de gasolina.

Os projetos de carros de corrida estão limitados aos seguintes:

1. Usar um motor elétrico movido a células fotovoltaicas solares no carro para carregar baterias e trocar baterias quando necessário durante pit stops.
2. Usar um motor de combustão interna barato, corpo alumínio, rodas de 18 polegadas e pneus de alta pressão para obter alta eficiência de combustível.
3. Usar um motor híbrido novo e experimental que seja alimentado por gasolina e um motor elétrico alimentado por baterias de chumbo-ácido.

Exercício de desenvolvimento de equipe: reveja os planos do cenário definido, prepare um esboço de como promover esse cenário, reúna-se com sua equipe e siga os seguintes passos.

Cenário Envirocar 1 – carro solar

Detalhes do projeto:

- Usar células fotovoltaicas localizadas no teto do carro para recarregar baterias de níquel-hidreto metálico.
- Usar motor de corrente contínua e um controle simples de velocidade.
- Construir o carro usando fibra de vidro para reduzir o peso e aço para garantir a resistência.
- Escolher um formato de carro que maximize a exposição das células fotovoltaicas e minimize a resistência do ar.

Planos da competição:

- Escolher pequenos motoristas para reduzir o peso.
- Trocar baterias conforme necessário durante os pit stops.
- Adicionar um carregador de baterias e usar tomadas elétricas existentes na pista.

Potenciais vantagens:

- Não requer uso de gasolina, qualificando-se para os 500 pontos por zero impacto ambiental.
- Resulta em zero custo de combustível durante a competição.
- Aumenta a conservação de energia e quilômetro percorridos com uma pequena razão potência/peso.
- Fornece uma oportunidade de demonstrar habilidades de engenharia usando sistemas futuristas e deve melhorar as futuras oportunidades de emprego para os membros da equipe.

Potenciais desvantagens:

- Custo de construção estimado de $12.000 pode ser maior do que o de outros projetos.
- A energia das células fotovoltaicas será reduzida se o tempo não for ensolarado e desaparecerá após o pôr-do-sol, algumas horas antes do final da competição.

- As diversas conexões elétricas associadas às células fotovoltaicas aumentarão o tempo de construção (600 horas) e poderão resultar em falhas durante a competição.
- Limitação de energia de apenas usar baterias após anoitecer pode limitar a habilidade de completar a corrida.
- Velocidade máxima limitada a 50km/h.

Seu papel neste exercício em equipe:

- Antes de se reunir com sua equipe,
  - Leia o esboço da competição e os detalhes deste cenário de projeto.
  - Esboce seu plano para a discussão desse projeto.
- Durante o processo de formação com sua equipe,
  - Apresente-se e anote os nomes dos outros membros da equipe.
  - Participe da seleção do líder.
  - Ofereça ideias para regras básicas.
- Durante o processo de turbulência com sua equipe,
  - Discuta brevemente esse cenário e promova as vantagens.
  - Prepare-se para defender o cenário quando surgirem questões relacionadas a potenciais desvantagens.
  - Escute outras discussões de cenários e faça perguntas sobre potenciais desvantagens.
- Durante o processo de conformidade com sua equipe,
  - Faça as concessões necessárias para ajudar a equipe a escolher uma concepção de projeto final.
  - Anote as vantagens do projeto final para que você possa discutir com o orientador de sua equipe.
- Complete o processo de desempenho.
  - Prepare um relatório escrito, como exigido pelo professor.

Cenário Envirocar 2 – Carro de alumínio

Detalhes do projeto:

- Usar alumínio para estruturas do carro para manter um peso baixo.
- Usar motor de combustão interna de um cortador de grama para obter um baixo custo inicial.
- Usar rodas de 18 polegadas e pneus de alta pressão para obter maior eficiência de combustível.
- Manter um pequeno tamanho de carro para reduzir o consumo de energia.

Planos da competição:

- Usar tanque de combustível de 80 litros para reduzir o número de pit stops.

- Escolher dois motoristas pequenos e alterná-los para minimizar a fadiga.
- Velocidade limitada a 60 km/h para conservar combustível.

Potenciais vantagens:

- A alta eficiência deve auxiliar a completar a competição e receber os 500 pontos.
- A obtenção de eficiência no motor de mais de 20 quilômetros/litro pode resultar em 100 pontos bônus.
- O custo total de construção de $5.000 através do uso de motor e materiais baratos deve aumentar o potencial de aumentos de bônus por custo.
- O design simples deve reduzir o tempo de construção para 400 horas.
- A redução em pit stops deve aumentar a distância percorrida e a pontuação bônus.

Potenciais desvantagens:

- Fazer fortes soldas de alumínio requer habilidades especializadas.
- A maioria dos motores de cortadores de grama não foi projetada para ficar ativa em altas velocidades por 12 horas seguidas.
- O alumínio é mais provável de ser danificado se houver contato com outros carros ou com a pista.
- A velocidade máxima de 60 km/h pode limitar a pontuação bônus por distância total percorrida.

Seu papel neste exercício em equipe:

- Antes de se reunir com sua equipe,
    - Leia o esboço da competição e os detalhes deste cenário de projeto.
    - Esboce seu plano para a discussão desse projeto.
- Durante o processo de formação com sua equipe,
    - Apresente-se e anote os nomes dos outros membros da equipe.
    - Participe da seleção do líder.
    - Ofereça ideias para regras básicas.
- Durante o processo de turbulência com sua equipe,
    - Discuta brevemente esse cenário e promova as vantagens.
    - Prepare-se para defender o cenário quando surgirem questões relacionadas a potenciais desvantagens.
    - Escute outras discussões de cenários e faça perguntas sobre potenciais desvantagens.
- Durante o processo de conformidade com sua equipe,
    - Faça as concessões necessárias para ajudar a equipe a escolher uma concepção de projeto final.
    - Anote as vantagens do projeto final para que você possa discutir com o orientador de sua equipe.

- Complete o processo de desempenho.
  - Prepare um relatório escrito, como exigido pelo professor.

Cenário Envirocar 3 – Carro híbrido

Detalhes do projeto:
- Usar o novo sistema experimental híbrido da Honda com um motor movido a gasolina e outro elétrico.
- Usar baterias, de chumbo-ácido padrão para alimentar o motor elétrico.
- Projetar o carro com baixa resistência ao ar para maior eficiência de combustível.
- Usar câmbio automático para reduzir a fadiga do motorista.

Planos da competição:
- Usar tanque de 40 litros para reduzir o peso.
- Planejar correr no máximo a velocidades de 80 km/h.
- Trocar de baterias durante pit stops.

Potenciais vantagens:
- Alta velocidade média deve resultar em um grande bônus por distância percorrida.
- O uso do motor híbrido resultará em 300 pontos bônus.
- O uso de sistemas da Honda criará vínculos com a empresa e poderá levar a oportunidades de emprego após a graduação.
- Universidade será vista por abraçar novas tecnologias.

Potenciais desvantagens:
- A adaptação de novas tecnologias pode resultar em problemas durante a construção.
- O sistema híbrido não estará disponível até 2 meses antes da competição – isso pode complicar a construção, estimada em 300 horas para o chassi e 200 horas para o sistema híbrido.
- Usar uma tecnologia nova e não totalmente testada pode limitar a distância percorrida e a habilidade de terminar a competição.
- O alto custo dessa tecnologia ($10.000) pode minimizar a oportunidade de pontuação bônus por custo.
- O esqueleto que segurará os motores e o sistema de bateria precisa ser muito resistente, o que pode aumentar o tempo de construção.

Seu papel neste exercício em equipe:
- Antes de se reunir com sua equipe,
  - Leia o esboço da competição e os detalhes deste cenário de projeto.
  - Esboce seu plano para a discussão desse projeto.

- Durante o processo de formação com sua equipe,
  - Apresente-se e anote os nomes dos outros membros da equipe.
  - Participe da seleção do líder.
  - Ofereça ideias para regras básicas.
- Durante o processo de turbulência com sua equipe,
  - Discuta brevemente esse cenário e promova as vantagens.
  - Prepare-se para defender o cenário quando surgirem questões relacionadas a potenciais desvantagens.
  - Escute outras discussões de cenários e faça perguntas sobre potenciais desvantagens.
- Durante o processo de conformidade com sua equipe,
  - Faça as concessões necessárias para ajudar a equipe a escolher uma concepção de projeto final.
  - Anote as vantagens do projeto final para que você possa discutir com o orientador de sua equipe.
- Complete o processo de desempenho.
  - Um relatório escrito, como exigido pelo professor.

Recurso 2

Autoavaliação de traços de personalidade

Determinando sua posição em um cenário de equipe de projeto

Assinale "1" em todos os traços que representam *os pontos nos quais você se sai bem* em uma situação em grupo ou equipe.

Parte "Piloto"	Parte "Influenciador"
___ Fazer as coisas acontecerem	___ Interagir com os outros
___ Reconhecer conquistas	___ Causar boas primeiras impressões
___ Aceitar desafios	___ Sentir-se confortável expressando ideias
___ Tomar decisões	___ Empolgar-se com um projeto
___ Questionar o *status quo*	___ Aumentar o entusiasmo dos outros
___ Assumir responsabilidade	___ Divertir as pessoas
___ Causar problemas	___ Ajudar os outros
___ Resolver problemas	___ Participar ativamente de um grupo
___ Visualizar o futuro	___ Falar mais do que escutar
___ Assumir o comando em situações difíceis	___ Não se preocupar com detalhes

Parte "Especialista"	Parte "Perfeccionista"
___ Usar procedimentos de trabalho estabelecidos	___ Seguir padrões
___ Permanecer fisicamente em um único lugar	___ Concentrar-se em detalhes
	___ Ser supervisionado por outros
___ Demonstrar paciência	___ Ser diplomático
___ Usar habilidades especializadas	___ Procurar manter precisão
___ Concentrar-se em sua parte do projeto	___ Aceitar decisões
___ Demonstrar lealdade	___ Criticar o desempenho
___ Ser um bom ouvinte	___ Pensar criticamente
___ Acalmar pessoas empolgadas	___ Gostar de situações de trabalho familiares
___ Ser sincero e honesto	___ Receber elogios por bom trabalho
___ Querer se sentir seguro	

Resumo de seus resultados de disposição: **Total da parte "Piloto"** _____
Total da parte "Influenciador" _____
Total da parte "Especialista" _____
Total da parte "Perfeccionista" _____

Recurso 3

Informações adicionais sobre os traços de personalidade
Características típicas de traços de personalidade

Pessoas com fortes traços de **piloto**

Podem não ser boas em	Sentem-se motivadas com	Para obter sucesso, precisam
Avaliar alternativas	Poder e autoridade	Lidar com tarefas difíceis
Ser cuidadosas	Prestígio e desafios	Compreender o que os outros precisam
Trabalhar em um ambiente familiar	Conquistas	
	Oportunidades de avançar	Ser práticos
Completar pesquisas	Respostas diretas	Levar um choque esporádico
Refletir antes de decidir	Diversidade de atividades	Identificar-se com os membros da equipe
Trabalhar em um ambiente previsível	Independência	
	Desafios diversificados	Explicar suas ações aos outros
Sacrificar a si mesmas em prol dos outros		Obter uma percepção das consequências
Ter paciência e disciplina		Relaxar mais

Cap. 10 Habilidades de desenvolvimento de equipes **197**

Pessoas com fortes traços de **influenciador**

Podem não ser boas em	Sentem-se motivadas com	Para obter sucesso, precisam
Manter disciplina em seu trabalho Coletar informação Falar diretamente Valorizar a honestidade Trabalhar independentemente Preferir coisas a pessoas Pensar em novas ideias Ser pacientes	Reconhecimento social Reconhecimento público das suas habilidades Liberdade de expressão Outras pessoas com as quais podem conversar Atividades de grupo não associadas ao trabalho Liberdade do controle dos outros Ambientes confortáveis Oportunidades de se expressar	Usar seu tempo mais efetivamente Objetividade Ter um líder democrático Obter controle emocional De uma sensação de urgência Ser menos ideológicas Focar mais os produtos finais Melhorar suas habilidades de organização

Pessoas com fortes traços **especialistas**

Podem não ser boas em	Sentem-se motivadas com	Para obter sucesso, precisam
Adaptar-se a mudanças Atividades físicas exigentes Realizar diferentes tarefas ao mesmo tempo Ser oportunistas Impor pressão Trabalhar em ambientes incertos Ser agressivas Dar início a novas ideias	Situações seguras Estabilidade Uma vida pessoal feliz Procedimentos tradicionais Sinceridade da parte dos outros Território limitado Elogios constantes Autoidentificação com os outros	Ser condicionadas antes de uma mudança Usar mais métodos que economizem tempo Apreciar seu valor próprio Ajudar com novas tarefas Ter grupos que as apoiem Receber ordens antes de agir Ter outras pessoas que incentivem sua criatividade De maior autoconfiança

Pessoas com fortes traços **perfeccionistas**

Podem não ser boas em	Sentem-se motivadas com	Para obter sucesso, precisam
Aceitar controle Delegar trabalho aos outros Tomar decisões Agir independentemente Manter uma posição firme Adotar opiniões impopulares Completar seu trabalho rapidamente Dar início a novas ideias	Garantias de segurança Procedimentos de rotina Ambiente de trabalho seguro Reafirmação da parte dos outros Circunstâncias previsíveis Fazer parte de um grupo Atenção individual Ter tempo para alcançar resultados perfeitos	Ter um trabalho detalhado Ter um planejamento cuidadoso Receber muitas explicações Ter descrições de trabalho exatas Gastar menos tempos em detalhes Ter outras pessoas que respeitem seu valor Receber frequente *feedback* sobre seu progresso Aceitar um pouco de imperfeições

CAPÍTULO

11

Habilidades de engenharia para dilemas éticos

Objetivos de aprendizagem

Ao usar as informações e os exercícios deste capítulo, você será capaz de:
- Apreciar a necessidade de comportamento ético.
- Reconhecer os sinais iniciais e se preparar para situações de dilema ético.
- Usar as ferramentas e equipes de engenharia para resolver dilemas éticos.
- Avaliar potenciais impactos na tomada de decisões éticas.
- Comunicar as soluções recomendadas a todas as partes interessadas.
- Compreender o impacto das decisões éticas em sua carreira pessoal.

CENÁRIO DE DILEMA ÉTICO

"Como líder de uma equipe de engenharia, você sofre a pressão de entregar um design inovador dentro do prazo e dentro do orçamento. Você desenvolveu os requisitos, o projeto está progredindo e você está confiante de que o design será revolucionário no mercado.

Entretanto, rumores recentes de um novo produto de um competidor estão lhe fazendo duvidar da superioridade desse design. Um colega lhe aborda um dia oferecendo informação que pode ajudá-lo a ganhar vantagem sobre o competidor. Ele obteve um pacote com uma apresentação detalhada que resume as características e a arquitetura do produto emergente do competidor. Esses dados permitiriam que você revisasse seu design e garantisse que ele tivesse maior desempenho que a competição.

Depois de fazer algumas perguntas, você descobre que a informação foi obtida por meio de táticas questionáveis. Além disso, o material está marcado como 'Confidencial' e está coberto por um Acordo de Confidencialidade feito entre o competidor e um de seus clientes. O que você faz?"

(James Peterman, Gerente de produtos sênior, Strategic Projects - Tekelec)

Jim Peterman traz uma pergunta muito interessante nesse cenário. Em nossa conversa com ele, ao final do capítulo, você verá como ele resolveu esse dilema ético.

11.1 Introdução

Engenheiros afetam a qualidade de vida dos outros.

Esse cenário de caso dá introdução a nosso tópico para este capítulo – a ética. Diferentemente de muitos outros princípios da engenharia, a ética é difícil de estruturar e ensinar. O dicionário Webster define ética como "referente às morais" e ético como "de acordo com as regras ou padrões para a conduta ou prática correta, especialmente os padrões de uma profissão".

Uma profissão é uma ocupação aprendida que requer conhecimento sistemático e treinamento, além de um compromisso com o bem social. A engenharia é a arte criativa de aplicar a ciência para o benefício de toda a humanidade e é, portanto, uma profissão.

Em razão de a engenharia ser uma profissão, devemos considerar o impacto da ética em nosso comportamento. Por exemplo, somos éticos quando fornecemos produtos e outros serviços de qualidade. Por outro lado, somos antiéticos quando intencionalmente colocamos em risco as vidas de outros com nossas ações. Assim, uma das qualidades mais importantes de engenheiros profissionais é saber causar um impacto positivo na qualidade de vida.

A ética é especialmente importante porque o que fazemos afeta o mundo não técnico. A sociedade tem um alto nível de expectativa em relação ao desempenho e à segurança de nossos produtos e serviços. O público em geral frequentemente não compreende a tecnologia, portanto deposita sua confiança nos engenheiros, esperando que os produtos projetados sejam seguros e fáceis de usar.

O fato de as pessoas confiarem nos engenheiros significa que temos uma maior responsabilidade de sermos éticos e garantir tanto a segurança pessoal quanto a segurança nacional em tudo que fazemos. Essa confiança também significa que precisamos estabelecer uma conduta ética como a base de nossas carreiras. Na verdade, a ética é tão importante para as boas práticas da engenharia quanto é a matemática, a física, as habilidades de design e outros fundamentos da engenharia.

11.2 Preparando-se para os dilemas éticos

É uma boa ideia começar seu estudo de ética desde já. Como a situações e problemas éticos podem aparecer repentinamente, a melhor forma de estar preparado para lidar com eles é construir uma base de comportamento ético nos estudos, na família e na sua comunidade. Felizmente, você possui muitas fontes de informação que podem ajudá-lo a desenvolvê-la.

11.2.1 Código pessoal de ética

Seus valores pessoais são estabelecidos ao longo de sua vida, começando com o impacto de sua família e de suas crenças. Os valores éticos são formados quando você observa as ações de seus pais e de outros. Seus pais lhe dão direção dizendo e mostrando a você aquilo que acreditam ser certo e errado. Você ainda aprende outros padrões de comportamento de seus professores na escola e de outros adultos que tenha como modelos.

Inicialmente, as pequenas coisas podem não parecer tão importantes, mas definem a forma como você lidará com situações mais importantes em sua vida e profissão. Por exemplo, se alguém lhe dá troco para $20 quando você lhe deu $10, o que você faz? A forma como você responde a essa questão define o padrão de como você lidaria com questões maiores, como no cenário apresentado no começo deste capítulo.

"A pessoa honesta anda em paz e segurança, mas a desonesta será desmascarada. Prov. 10:9

Essas palavras, escritas há mais de 2000 anos, são válidas ainda hoje. Quer sejam aplicadas a sua vida pessoal ou a seu trabalho, a verdade é que se comprometermos nossa integridade e sacrificarmos nossa ética, não seremos mais alguém confiável. Podemos até conseguir enganar algumas pessoas, mas algum dia seremos descobertos. Quando cultivamos uma vida de integridade, colhemos a confiança de nossa família, nossos amigos e nossos sócios."

(Kevin F. White, Engenheiro Profissional, Gerente de Engenharia e Operações, Northeast Missouri Electric Power Cooperative)

Como indicado pelos comentários de Kevin White, sua habilidade de obter confiança dos outros depende de seu código de ética pessoal, o qual deve se basear em padrões comprovados para a vida e para sua profissão. Vamos rever as fontes de informação para ajudá-lo a desenvolver mais profundamente seu código de ética.

11.2.2 Código de ética da National Society of Professional Engineers

O código de ética estabelecido pela National Society of Professional Engineers é uma excelente fonte de informação que pode ajudá-lo a definir a forma de exercer a profissão de engenheiro. Ele está disponível na Internet, em http://www.nspe.org/Ethics/CodeofEthics/index.html. A revisão de julho de 2007 desse código é mostrada no Recurso 1.

O preâmbulo desse código de ética resume o conteúdo dessa importante diretriz profissional, como segue:

> A engenharia é uma profissão importante e culta. Como membros dessa profissão, espera-se que os engenheiros demonstrem os maiores padrões de honestidade e integridade. A engenharia possui um impacto direto e vital na qualidade de vida de todas as pessoas. Portanto, os serviços fornecidos por engenheiros requerem honestidade, imparcialidade, justiça e equanimidade e devem ser dedicados à proteção da saúde, da segurança e do bem-estar públicos. Os engenheiros devem trabalhar sub um padrão de comportamento profissional que exige aderência aos princípios mais altos de conduta ética.

"Um Engenheiro Profissional não recebe seu certificado em uma disciplina particular de engenharia. Entretanto, os Cânones exigem que ele pratique apenas a área para a qual adquiriu perícia. Minha área de perícia é a combustão. Muitas vezes, dei consultoria em consultórios de advocacia sobre incêndios desastrosos que haviam resultado em perda de vidas. Em todos os casos, o advogado do autor do processo utilizou como especialista um engenheiro profissional que possuía apenas um treinamento mínimo na área.

O suposto especialista criava teorias ridículas sobre como o incêndio havia começado e por que o fabricante do dispositivo deveria ser responsabilizado. Em minha opinião, esses especialistas estão fazendo mau uso de seus registros profissionais e não deveriam ter testificado em uma área fora de seu conhecimento. A perda de vidas em cada um dos casos foi trágica, mas não foi mau funcionamento de um equipamento, e sim negligência da parte dos indivíduos envolvidos. É tentador querer culpar um terceiro, mas isso deve sempre ser evitado a não ser que haja uma boa razão científica."

(Dr. Richard Cohen, Engenheiro Profissional, Professor Associado de Engenharia Mecânica, Temple University)

11.2.3 Códigos de ética de sociedades profissionais

Neste livro, enfatizamos o valor da participação ativa em organizações profissionais. Um benefício importante quando se é membro dessas organizações é a oportunidade de usar seus códigos de ética como um guia adicional para o seu comportamento.

A seguinte citação do Dr. Paul Bosela realça os princípios fundamentais mais importantes do código de ética da American Society of Civil Engineers Code, adotados em 2 de setembro de 1914 e revisados em 23 de julho de 2006.

> " 'A segurança do público deve ser a principal preocupação no exercício da engenharia civil.' O código de ética da American Society of Civil Engineers apresenta os princípios e cânones fundamentais para a prática ética da Engenharia Civil, particularmente afirmando que os 'Engenheiros devem manter em primeiro lugar a segurança, a saúde e o bem-estar do público e devem obedecer aos princípios de desenvolvimento sustentável no exercício de seus deveres profissionais...' Alguns dos principais aspectos do exercício ético incluem 'usar conhecimentos e habilidades para o aprimoramento de bem-estar humano e do ambiente', 'ser honesto e imparcial', 'trabalhar apenas nas suas áreas de competência', 'manter a honra, integridade e dignidade da profissão de engenharia' com 'tolerância zero ao suborno, à fraude e à corrupção'."
>
> (Dr. Paul Bosela, Engenheiro Profissional, Professor de Engenharia Civil & Ambiental na Universidade Estadual de Cleveland)

Outro exemplo de códigos de conduta é mostrado no Recurso 2 sobre a American Society of Mechanical Engineers.

Códigos de ética de organizações profissionais são similares aos padrões estabelecidos pelo Accreditation Board for Engineering and Technology (ABET). Os cânones fundamentais da ABET, listados na Figura 11.1, são uma base para o desenvolvimento ético durante suas experiências acadêmicas.

---

1. Os engenheiros devem manter, em primeiro lugar, a segurança, a saúde e o bem-estar do público.
2. Os engenheiros devem trabalhar apenas nas suas áreas de competência.
3. Os engenheiros devem realizar declarações públicas apenas de forma objetiva e verdadeira.
4. Os engenheiros devem agir, para cada empregador ou cliente, como um agente de confiança e devem evitar conflitos de interesse.
5. Os engenheiros devem desenvolver sua reputação profissional sobre os méritos de seus serviços, não competindo injustamente com os outros.
6. Os engenheiros devem trabalhar de forma a manter e promover a honra, a integridade e a dignidade da profissão.
7. Os engenheiros devem continuar seu desenvolvimento pessoal no decorrer de suas carreiras e devem fornecer oportunidades para o desenvolvimento profissional e ético dos engenheiros que estiverem sob sua supervisão.

Figura 11.1 Cânones fundamentais da ABET.

11.2.4 Códigos de ética corporativos

A maioria das corporações inclui procedimentos éticos em suas práticas formais ou informais de operação. Estes podem ser encontrados nos objetivos e nas políticas das corporações ou podem ser mais informais na cultura estabelecida da companhia. A Figura 11.2 identifica tópicos comuns em muitos códigos de ética corporativos.

- Qualidade de produtos
- Suporte de produtos
- Relações com clientes
- Responsabilidade com os recursos da empresa
- Suborno de fornecedores
- Segredos industriais
- Impacto ambiental
- Saúde e segurança públicas
- Operações internacionais
- Viagens e representações da empresa
- Informações associadas a competidores

Figura 11.2 Tópicos de códigos de ética corporativos.

Você pode discutir atitudes éticas com potenciais empresas durante as entrevistas de emprego pedindo uma cópia de seu código de ética ou realizando perguntas que se refiram a sua atitude em relação ao impacto de seu produto ou serviço nos clientes.

Para alcançar metas éticas, muitas empresas estabelecem procedimentos para que os empregados discutam situações éticas com a alta gerência. Isso inclui conversar com seu supervisor ou, em alguns casos, com níveis mais altos de gerência. Alguns procedimentos podem também incluir conversas com um indivíduo do Departamento de Recursos Humanos ou um consultor externo.

Seguir o código de ética corporativo estabelecido é importante em todas as situações de emprego. Eles lhe ajudam a definir diretrizes para a tomada de decisões sobre a qualidade de seu trabalho e sua relação com outros funcionários e clientes.

11.3 Reconhecimento dos sinais iniciais de dilemas éticos

O terceiro parágrafo do cenário apresentado no início deste capítulo indica que uma situação de dilema ético está provavelmente envolvida. Algumas dessas afirmações são uma indicação forte de circunstâncias ou atividades incomuns que fazem você considerar se as sugestões do colega são éticas e se devem ser seguidas. Quando a situação for antiética, haverá, com frequência, alguns sinais iniciais, e os engenheiros têm a responsabilidade de avaliar tais sinais.

Procure por sinais iniciais indicando comportamento antiético.

Quando os sinais inciais de uma situação potencialmente antiética são percebidos, o próximo passo é anotar informações. Isso cria um fundamento sobre o qual você pode decidir se há algum problema e, se houver, sobre o que você deve fazer. Isso nos leva à parte mais importante de como lidar com dilemas éticos – o uso de ferramentas da engenharia para resolvê-los.

11.4 Uso de ferramentas da engenharia em dilemas éticos

Ao investigar e documentar uma situação potencialmente antiética, você descobrirá que muitos dos problemas são tons de cinza com diferentes impactos em cada pessoa. Isso dificulta um pouco sua habilidade de encontrar a solução correta. Sua meta ao lidar com um dilema ético deve ser a de transformar esses tons de cinza em soluções em preto e branco. Então, como fazer isso?

Em muitas de suas aulas, você aprende a resolver problemas de engenharia seguindo o processo mostrado na Figura 11.3. Essa mesma abordagem pode ser usada para resolver problemas éticos. É possível lidar com uma situação ética com confiança, porque, com suas habilidades de engenharia, você saberá por onde começar, como proceder e como avaliar os resultados de sua solução.

1. Definição do problema
2. Determinação de objetivos
3. Identificação de soluções alternativas
4. Identificação de restrições
5. Escolha de uma solução
6. Teste de potenciais impactos da solução
7. Documentação e comunicação da solução

Figura 11.3 Processo de resolução de problemas.

11.4.1 Definição do problema

Ao resolver um problema técnico de engenharia, o passo mais importante é identificar todas as grandezas conhecidas. Essa abordagem é também o passo mais importante para solucionar uma situação ética.

Quando algo parece ser antiético com base em comentários de colegas de trabalho ou de observações casuais, é hora de procurar fatos. Enquanto você está identificando detalhes da situação, evite afirmar ou dar a entender que isso é antiético. É arriscado fazer julgamentos apressados sobre uma situação sem antes determinar todos os fatos.

Uma decisão sobre ética deve ser feita apenas depois que toda a informação tiver sido coletada. Se você fizer falsas acusações, sua reputação e sua carreira podem ser arruinadas.

Comece sua investigação obtendo informações quantitativas. Você pode fazer isso pedindo informações para outros envolvidos, buscando garantir que a situação esteja sendo corretamente avaliada. Orientações adicionais podem ser solicitadas de amigos e colegas de trabalho em quem possa confiar para manter o processo de avaliação confidencial. Assegure-se de documentar uma quantidade detalhada de informação.

11.4.2 Determinação de objetivos

Quando algo parece ser antiético com base nos fatos de investigações iniciais, o próximo passo é determinar se você tem motivos para tomar uma atitude. A resposta a essa questão é determinada pela amplitude do ato antiético.

Por exemplo, é importante que você revele um aluno que está colando? A resposta pode ser sim se isso ocorrer em uma prova que poderia afetar suas notas e as notas de outros alunos. Entretanto, você pode primeiro ter uma conversa particular com o aluno e sugerir que isso não vai lhe trazer vantagens em longo prazo.

Se um dos membros de sua equipe de laboratório age de forma antiética e usa informações de relatórios de laboratórios roubados, isso pode ter consequências para você e para os membros de sua equipe. Nesse caso, você deve conversar com seu colega e, se necessário, também com seu instrutor.

> A decisão de se envolver em um dilema ético se baseia em códigos de conduta.

Como estudante, sua decisão de se envolver em dilemas éticos pode ser determinada por seu código pessoal de ética. Você terá maior sucesso em lidar com seus primeiros dilemas éticos se seu código pessoal for baseado em códigos profissionais. Como engenheiro em exercício, a decisão de se envolver ou não deve sempre se basear em códigos pessoais e corporativos de ética.

Uma análise similar às que fizemos para situações estudantis antiéticas pode ser usada quando consideramos o envolvimento em situações éticas durante sua carreira. Comece perguntando a si mesmo quão importante é o dilema ético.

Por exemplo, as pessoas estão levando lápis para casa para serem usados por seus filhos na escola ou estão fornecendo segredos industriais a um competidor? A prática antiética irá afetar você, sua empresa ou seus clientes? Sua decisão sobre se envolver em situações éticas deve geralmente se basear nos potenciais impactos sobre você, sua família e sua empresa.

O primeiro passo na maioria das políticas éticas é discutir a situação com seu supervisor. Entretanto, se seu supervisor estiver envolvido na situação antiética, você terá um grande desafio. O objetivo de seu envolvimento, nesse caso, geralmente será determinado por meio de uma ponderação entre os potenciais riscos de conversar com um terceiro ou evitar seu supervisor e falar com alguém em um nível mais alto da gerência.

11.4.3 Identificação de soluções alternativas

Quando decidir lidar com um dilema ético, avalie as opções de abordagens para encontrar uma solução. Se apenas uma pessoa estiver sendo antiética, você pode incentivá-la a mudar. Se muitas estiverem envolvidas, seu objetivo pode ser usar o processo corporativo estabelecido para tratar de problemas éticos.

Para dilemas éticos mais complexos, é apropriado formar uma equipe de assistentes para rever o máximo de opções possíveis e considerar as consequências de cada uma delas. Tipicamente, isso irá revelar os impactos positivos e negativos sobre os diversos indivíduos e grupos e, assim, você poderá encontrar a melhor solução para as partes interessadas com base em uma revisão cuidadosa dessas opções.

Ao aplicar o processo apresentado no capítulo sobre o desenvolvimento de equipes, as potenciais soluções alternativas serão expandidas, porque mais membros da equipe estarão contribuindo com ideias. A sinergia do grupo pode resultar em mais opções e na seleção de melhores recomendações finais.

Outra razão para usar uma abordagem de equipes é que há menos risco pessoal durante a solução de dilemas éticos. As recomendações feitas por várias pessoas são geralmente consideradas mais viáveis dos que aquelas oferecidas por apenas uma. Se as recomendações forem impopulares, o impacto negativo em membros individuais é reduzido quando elas são apresentadas na forma de uma solução da equipe.

11.4.4 Identificação de restrições

Soluções alternativas incluem várias restrições, então pode ser difícil escolher a "melhor" solução. Os dilemas éticos geralmente não são em preto e branco, e sim em diferentes tons de cinza. Você pode definir algumas restrições revendo as anotações realizadas durante o processo de descoberta. Lembre-se de que o principal objetivo é transformar algo que parece ter tons de cinza em opções em preto e branco e, então, escolher uma solução com base em um código profissional de ética.

Você pode identificar outras restrições ao investigar os detalhes de soluções alternativas. Como aluno, se você sugerir que um membro de equipe de laboratório pare de praticar plágio nos relatórios, você pode não ter o apoio dos outros membros da equipe. Como engenheiro em exercício, você pode trabalhar para uma empresa que tenha recursos limitados para lidar com o impacto ambiental do projeto. A maioria das opções possui limitações associadas, então é necessário identificar e incluir as restrições no processo de avaliação ao procurar soluções.

11.4.5 Escolha da solução

Chegamos à parte mais difícil da resolução de dilemas éticos – encontrar a solução correta. Você pode escolher soluções apropriadas usando fatos documentados, avaliando opções e restrições e mantendo discussões com orientadores e membros da equipe.

O impacto nas diversas partes interessadas deve também ser parte da equação. Sua capacidade de obter aceitação e apoio dos outros para suas decisões frequentemente depende de como elas os afetam pessoalmente. Em todos os casos, as soluções devem se basear em códigos de ética pessoais, profissionais e da sua empresa.

11.4.6 Teste de potenciais impactos da solução

Antes de tornar públicas as soluções sugeridas, é recomendável testar os potenciais impactos sobre todos os envolvidos. Isso pode ser realizado em uma equipe, conversando com amigos confiáveis e discutindo com supervisores. As decisões possuem diferentes impactos nas diferentes partes interessadas. Se uma pessoa é antiética, a implementação de uma solução que corrija o problema pode prejudicar sua carreira, mas pode também salvar as carreiras de muitos outros que trabalham para a empresa.

> Teste os possíveis impactos das soluções antes de tomar decisões finais.

As partes interessadas incluem tanto os clientes quanto a empresa. Se um produto não for seguro, ele pode ferir seus usuários. Além disso, também pode resultar em custosas retiradas de produto do mercado e em processos, o que pode afetar todos os funcionários.

Outras partes interessadas importantes são os membros de sua família, como mostra a Figura 11.4. Ainda que eles não estejam diretamente envolvidos em seu trabalho, são afetados pelo que você faz. Discuta com sua família os potenciais impactos relacionados a soluções éticas antes de tomar decisões finais.

Figura 11.4 Discussões em família sobre opções para dilemas éticos.

11.4.7 Documentação e comunicação da solução

É importante documentar informações do começo ao fim ao lidar com um dilema ético. Isso apresenta os fatos por meio dos quais você pode tomar melhores decisões e será um importante recurso quando você comunicar as recomendações.

O último passo na resolução de um problema de engenharia consiste em comunicar a resposta a seu instrutor ou supervisor. O mesmo é válido para a resolução de problemas éticos. Sua eficácia em comunicar a solução e os motivos apresentados irá determinar fortemente a aceitação e apoio dos outros. Assim, o tempo gasto na documentação e na comunicação de suas recomendações será um bom investimento e pode ser o diferencial entre sua solução ser aceita ou rejeitada.

11.5 Impacto da ética no sucesso na carreira

Como indicado na introdução deste capítulo, o mundo não técnico depende dos engenheiros para o fornecimento de produtos e serviços de qualidade. Quando essa confiança é violada devido à conduta antiética, existem consequências. Sua empresa e sua carreira pessoal podem sofrer impactos muito negativos quando a ética não é uma parte integral de tudo que você faz.

11.5.1 Consequências da ética em longo prazo

As consequências de algumas atividades antiéticas podem, a princípio, não parecer prejudiciais. Os exemplos de levar um lápis para casa ou de usar a fotocopiadora da empresa para benefícios próprio parecem ser insignificantes. Afinal, algumas pessoas podem pensar, a empresa é grande, tem muito dinheiro e ninguém perceberá essas ações.

No entanto, o problema das pequenas ações antiéticas é que elas podem se transformar em algo muito maior, e as consequências podem ser prejudiciais à empresa, à pessoa e à sua carreira. A ideia de roubar um lápis é realmente tão antiética quanto roubar segredos industriais e fornecê-los a um competidor. Em ambos os casos, a propriedade pertence a outra pessoa.

Da mesma forma que sua carreira começou no dia em que você deu seu primeiro passo na universidade, sua atitude ética também deve começar cedo. Uma boa forma de estabelecer um comportamento ético é incorporar os cânones fundamentais e códigos profissionais de ética da ABET em seu código pessoal de ética.

Continue seu foco em ética baseando seu comportamento nos códigos profissionais ao iniciar sua carreira. Devido ao desejo da maioria das empresas de apresentar uma imagem ética para ter estabilidade em longo prazo, você precisa incluir o comportamento ético ao trabalhar para uma empresa. O comportamento ético é uma das melhores formas de entregar trabalhos e produtos de qualidade e de aumentar o nível potencial de seu sucesso pessoal.

O comportamento antiético em uma organização será descoberto algum dia. Se você está sendo antiético, isso pode interferir em suas futuras oportunidades dentro da empresa e pode resultar em sua demissão, como indicado na Figura 11.5. Ainda que talvez não seja aparente à primeira vista, o comportamento antiético é arriscado e pode resultar em impactos negativos em sua carreira.

Figura 11.5 Potenciais resultados do comportamento antiético.

11.5.2 O valor de uma posição de poder

Quando você se envolve em um dilema ético, pode sofrer riscos pessoais e precisa estar preparado para os possíveis resultados. Suas recomendações podem ser percebidas como denúncias traiçoeiras em uma situação antiética e podem resultar na sua demissão.

Então, como você pode se preparar para os possíveis impactos negativos ao lidar com um dilema ético? A melhor resposta para essa pergunta é operar em uma posição de poder. Isso começa com uma história de sua lealdade à empresa e de seu trabalho de qualidade. Sua posição se torna mais forte quando seu supervisor e outras pessoas estão cientes de suas contribuições para o sucesso da empresa.

A segunda forma de estar em uma posição forte é ter um plano de carreira bem projetado, que lhe ajude a antecipar potenciais desvios e a estar pronto para aproveitar oportunidades inesperadas. Discutiremos os planos de carreira em detalhe no capítulo sobre gestão de carreiras.

Para lidar com os potenciais impactos negativos associados à resolução de problemas éticos, seja proativo, e não reativo. Assim, você terá muito mais controle sobre seu futuro e poderá aproveitar os desvios disponíveis.

Uma conversa com Jim Peterman

Jim, como você lidou com o dilema ético apresentado no começo deste capítulo?

Resposta:

"Simples tomada de decisão e análise de objetivos são a chave para lidar com aquele dilema. Quais são os prós e contras do uso daqueles dados? Enquanto os benefícios parecem inicialmente valer qualquer preço, a percepção de que os dados foram efetivamente roubados traz muitas desvantagens. Poderia haver repercussões legais decorrentes do uso dos dados, incluindo problemas associados ao acordo de confidencialidade e com a potencial violação de direitos de propriedades intelectuais. A integridade pessoal de nossa empresa também estava em grande risco. A comunicação e as habilidades interpessoais foram também necessárias para discutir nossa decisão com o colega que ofereceu a informação e explicar-lhe nossa motivação em não aceitar os dados.

Em resumo, o projeto permaneceu em pé sem quaisquer iterações no design, e foi lançado na data prevista. Enquanto produtos similares do competidor também surgiram, nossa habilidade de entregar na data prevista e demonstrar integridade ajudaram a amadurecer e melhorar nosso relacionamento com clientes fundamentais, o que acabou levando a muitos acordos de compra em longo prazo."

Que habilidades não técnicas você usou nessa situação?

Resposta:

"É importante estabelecer disciplina pessoal para evitar reagir a situações inesperadas imprudentemente. Todas as decisões, especialmente as não técnicas, requerem uma avaliação cuidadosa, então você deve ter disciplina para reservar tempo e considerar a situação. Sabendo que situações difíceis surgirão, você deve identificar indivíduos experientes que demonstrem sabedoria e possam servir como orientadores ou mentores de confiança. Escolha pessoas que reflitam com integridade em todas as situações."

Que conselho você compartilharia com alunos?

Resposta:

"Considere as habilidades não técnicas que são exigidas em seu emprego e distribua uma energia igual para o seu desenvolvimento. A compreensão de questões éticas antes de lidar com dilemas difíceis lhe ajudará a se preparar. Reveja o código de ética do IEEE e as Regras de Conduta Empresariais de sua empresa. Identifique também os contatos de ética de sua empresa, que geralmente oferecem anonimato para a discussão ou relatório de problemas éticos. Identifique um ou mais recursos confiáveis que você possa usar para consulta e aconselhamento. Finalmente, perceba que sua reputação por excelência e integridade ética na engenharia é seu maior bem pessoal. Manchá-lo em razão de um julgamento apressado quando um dilema ético surgir pode ter efeitos negativos permanentes em sua carreira."

(James Peterman, Gerente de produtos sênior, Strategic Projects - Tekelec)

11.6 Conclusão

Como discutimos neste capítulo, soluções em preto e branco precisam ser desenvolvidas para situações éticas que inicialmente parecem em tons de cinza. Nesses dilemas, os engenheiros desempenham um papel fundamental em razão de poderem usar os códigos de ética comprovados para encontrar a melhor resposta. Em todos os casos, precisamos perguntar se algo deve ser feito, além de simplesmente perguntar se pode ser feito.

Ao tomar decisões éticas, precisamos ser sensíveis ao impacto que nossas decisões terão sobre os outros. Muitas opções terão resultados diferentes, apesar de serem igualmente importantes. Diversos grupos de interesse podem ser afetados em aspectos importantes.

Ainda que o comportamento ético seja baseado em valores pessoais, você precisa usar diretrizes profissionais para ajudá-lo a tomar decisões éticas. Essas decisões podem não ser fáceis, e os resultados podem ter impactos negativos em sua empresa, sua carreira e sua família. Como outros também são afetados, você deve discutir com eles suas opções antes de tomar uma decisão final sobre o que fazer ao enfrentar uma decisão ética.

No mundo competitivo dos negócios, há frequentemente a tentação de focar os lucros a curto prazo. Quando os lucros são importantes para que as empresas se mantenham no negócio, para ser profissional, você deve aceitar a responsabilidade pelo comportamento ético e a relação entre seu trabalho e a sociedade em geral na qual você vive. A hora de desenvolver as atitudes e habilidades éticas para lidar com futuras situações desse tipo é agora.

REVISÃO DE FINAL DE CAPÍTULO

Escolha a resposta mais adequada para as seguintes afirmações.

1. A melhor forma de desenvolver comportamento ético é
   a. Perguntar a seus amigos de confiança como lidar com uma situação antiética.
   b. Ler as diretrizes publicadas por sociedades profissionais.
   c. Seguir diretrizes éticas pessoais, profissionais e da empresa.
   d. Ser ético nas tarefas designadas em seu trabalho.

2. Você geralmente pode ver sinais iniciais de comportamento antiético
   a. Coletando fatos e comparando-os com os padrões éticos.
   b. Simplesmente usando o bom senso.
   c. Perguntando a pessoas por que estão fazendo algo suspeito.
   d. Por meio de suas expressões faciais e olhares culpados.
3. A diretriz mais importante para ser ético é
   a. O que seus pais lhe ensinaram sobre o que é certo e errado.
   b. O que a empresa para a qual você trabalha estabelece como códigos de ética.
   c. O que seu supervisor e seus colegas dizem ser o correto.
   d. O que as organizações profissionais publicam sobre éticas.
4. Quando um possível dilema antiético é identificado, a primeira atitude a se tomar é
   a. Dizer a seu instrutor ou supervisor que há um problema.
   b. Formar uma equipe e começar a procurar uma solução.
   c. Coletar e documentar tantos fatos quanto possível.
   d. Ir até o jornal local e pedir que eles investiguem a situação.
5. A maior vantagem de se usar uma equipe para encontrar uma solução para um problema ético é
   a. Poder culpar outros membros da equipe se as pessoas não gostarem da solução.
   b. Encontrar mais restrições para possíveis soluções.
   c. Demorar mais para tomar uma decisão e torcer para que o problema desapareça.
   d. Desenvolver a melhor solução usando a sinergia das discussões em grupo.
6. Antes de realizar uma recomendação final para um dilema ético, a melhor coisa a fazer é
   a. Documentar tudo sobre a situação.
   b. Testar os possíveis impactos sobre todas as partes interessadas.
   c. Determinar o objetivo de seu envolvimento em tentar encontrar uma solução.
   d. Perguntar a seu instrutor ou supervisor se gostam de sua recomendação.
7. O maior risco de se envolver na resolução de um dilema ético é que
   a. Você pode perder seu emprego e ganhar a reputação de traiçoeiro.
   b. Uma pessoa antiética pode se vingar.
   c. Você pode gastar muito de seu tempo pessoal.
   d. Seus colegas podem nunca mais falar com você.
8. O maior problema em ser antiético nas pequenas coisas é que
   a. Você pode não ser promovido se alguém souber o que você fez.
   b. Você pode desenvolver um padrão que levará a ações antiéticas muito mais sérias.
   c. Você está arriscando que alguém descubra.
   d. Nenhuma das alternativas acima.

9. Um grande impacto potencial de ser antiético, em longo prazo, é que
   a. Você se sentirá culpado e perderá sua autoestima.
   b. Você pode prejudicar a reputação de seu empregador.
   c. Você pode ser despedido por seu empregador.
   d. Todas as alternativas acima.
10. A melhor forma de estar preparado para os potenciais impactos ao resolver um dilema ético é
    a. Ter um plano de carreira que o prepare para mudanças de emprego, se necessárias.
    b. Ter uma forte amizade com seu supervisor.
    c. Ter o apoio de sua família caso você seja despedido.
    d. Não ter qualquer dívida, para que você não perca seus bens caso seja despedido.

Exercícios para desenvolver e aperfeiçoar suas habilidades

11.1 Exercício de dilema ético

Escolha um dos três dilemas éticos listados no Recurso 3, Exemplos de dilemas éticos, e use o **relatório de dilema ético** para resolver as questões e forneça comentários escritos e sua solução recomendada para o dilema.

Inclua um parágrafo chamado **avaliação do exercício de dilema ético** para relatar sua avaliação deste exercício com relação ao dilema ético.

Leve seu relatório ao centro de produção literária de sua universidade e peça que um funcionário revise e comente suas habilidades de escrita. Em seguida, adicione um parágrafo final chamado **avaliação do contato e da experiência com o centro de produção literária da universidade** para relatar o nome da pessoa que revisou seu relatório e discutir a experiência de trabalhar com o centro neste exercício.

A data de entrega de seu relatório será estabelecida por seu professor. Entregue-o escrito no começo da aula e envie uma cópia eletrônica a seu professor na data estipulada.

Relatório de Dilema Ético

Escrito por _____ (seu nome) _____

Avaliação de um dilema ético

1. Resumo do dilema ético

Resuma os principais tópicos do dilema em um parágrafo.

2. Opções de solução

Desenvolva várias opções para a solução desse dilema e discuta-as usando um parágrafo para cada opção.

3. Potencial impacto das opções de solução

Defina os potenciais impactos positivos e negativos de cada opção de solução definida na segunda parte deste relatório e discuta-as usando um parágrafo para cada opção.

4. Solução recomendada

Escolha a solução que você recomendaria e use um parágrafo para discutir os motivos para recomendá-la.

Avaliação do exercício de dilema ético

Use um parágrafo para discutir sua experiência em completar este exercício e sua impressão da vantagem de participar dele.

Avaliação do contato e da experiência com o centro de produção literária da universidade

Use um ou mais parágrafos para relatar o nome da pessoa que você contatou no centro de produção literária, sua experiência no trabalho com o centro e como isso lhe ajudará em trabalhos escritos no futuro.

11.2 Exercício de dilema ético em equipe

Reveja o dilema ético no Recurso 4, **Exemplos de estudos de caso éticos da NSPE**, especificado por seu professor. Lidere uma discussão em equipe como especificado e prepare seu **Relatório de dilema ético** individual para responder a questões, fornecendo comentários escritos associados à discussão em equipe e à solução recomendada pela equipe para o dilema.

Inclua um parágrafo chamado de **Avaliação do exercício de dilema ético** para relatar sua avaliação deste exercício com relação a esse dilema ético.

Leve seu relatório ao centro de produção literária de sua universidade e peça que um funcionário revise e comente suas habilidades de escrita. Em seguida, adicione um parágrafo final chamado de **Avaliação do contato e da experiência com o centro de produção literária da universidade** para relatar o nome da pessoa que revisou seu relatório e discutir a experiência de trabalhar com o centro neste exercício.

A data de entrega de seu relatório será estabelecida por seu professor. Entregue-o escrito no começo da aula e envie uma cópia eletrônica a seu professor na data estipulada.

Relatório de Dilema Ético

Escrito por _____ (seu nome) _____

Avaliação de um dilema ético

1. Resumo do dilema ético

Resuma os principais tópicos do dilema em um parágrafo.

2. Opções de solução

Desenvolva várias opções para a solução desse dilema e discuta-as usando um parágrafo para cada opção.

3. Potencial impacto das opções de solução

Defina os potenciais impactos positivos e negativos de cada opção de solução definida na segunda parte deste relatório e discuta-as usando um parágrafo para cada opção.

4. Solução recomendada

Escolha a solução que você recomendaria e use um parágrafo para discutir os motivos para recomendá-la.

Avaliação do exercício de dilema ético

Use um parágrafo para discutir sua experiência em completar este exercício e sua impressão da vantagem de participar ele.

Avaliação do contato e da experiência com o centro de produção literária da universidade

Use um ou mais parágrafos para relatar o nome da pessoa que você contatou no centro de produção literária, sua experiência no trabalho com o centro e como essa experiência lhe ajudará em trabalhos escritos no futuro.

11.3 Discussão de dilema ético em grupos de estudo

Se seu instrutor não requisitar o Exercício 11.2, você pode aperfeiçoar suas habilidades éticas e de desenvolvimento de equipes escolhendo um dos Casos éticos da NSPE do Recurso 4 e discutir esse caso com um grupo de estudos.

RECURSOS DE FINAL DE CAPÍTULO

Recurso 1

Código de ética para engenheiros da National Society of Professional Engineers
Segundo revisão de julho de 2007

Preâmbulo

A engenharia é uma profissão importante e culta. Como membros dessa profissão, espera-se que os engenheiros demonstrem os maiores padrões de honestidade e integridade. A engenharia possui um impacto direto e vital na qualidade de vida de todas as pessoas. Portanto, os serviços fornecidos por engenheiros requerem honestidade, imparcialidade, justiça e equanimidade e devem ser dedicados à proteção da saúde, da segurança e do bem-estar públicos. Os engenheiros devem trabalhar sub um padrão de comportamento profissional que exige aderência aos princípios mais altos de conduta ética.

I. Cânones fundamentais

Os engenheiros, no cumprimento de seus deveres profissionais, devem:

1. Manter em primeiro lugar, a segurança, a saúde e o bem-estar do público.
2. Trabalhar apenas nas suas áreas de competência.
3. Realizar declarações públicas apenas de forma objetiva e verdadeira.
4. Agir, para cada empregador ou cliente, como um agente de confiança.
5. Evitar atos enganosos.
6. Manter uma conduta honrável, responsável, ética e direita, para aumentar a honra, reputação e utilidade da profissão.

II. Regras de prática

1. Os engenheiros devem manter, em primeiro lugar, a segurança, a saúde e o bem-estar do público.
    a. Se o julgamento de um engenheiro for rejeitado sob circunstâncias que ponham em risco vidas ou propriedades, ele deve notificar seu empregador ou cliente e outras autoridades apropriadas.
    b. Os engenheiros devem aprovar apenas os documentos de engenharia que estejam em conformidade com os padrões aplicáveis.

c. Os engenheiros não devem revelar fatos, dados ou informações sem o consentimento prévio de seu cliente ou empregador, exceto se autorizado ou exigido pela lei ou por este Código.

d. Os engenheiros não devem permitir o uso de seu nome ou se associar a negócios de qualquer empresa que acreditem estar envolvida em empreendimentos fraudulentos ou desonestos.

e. Os engenheiros não devem ser cúmplices da prática ilegal de engenharia por alguma pessoa ou empresa.

f. Engenheiros que tenham conhecimento de qualquer suposta violação deste Código devem relatar às autoridades profissionais apropriadas e, quando relevante, às autoridades públicas, cooperando com elas no fornecimento de informação ou qualquer auxílio necessário.

2. Os engenheiros devem trabalhar apenas nas suas áreas de competência.

    a. Os engenheiros devem aceitar tarefas apenas quando qualificados por educação ou experiência nas áreas técnicas específicas envolvidas.

    b. Os engenheiros não devem fornecer sua assinatura a quaisquer planos ou documentos que lidem com assuntos sobre os quais não possuem competência, nem a quaisquer planos ou documentos que não tenham sido preparados sob sua direção e controle.

    c. Os engenheiros podem aceitar tarefas e assumir responsabilidade pela coordenação de um projeto inteiro e assinar os documentos de engenharia para o projeto inteiro, dado que cada segmento técnico seja assinado apenas pelos engenheiros qualificados que prepararam o segmento.

3. Os engenheiros devem realizar declarações públicas apenas de forma objetiva e verdadeira.

    a. Os engenheiros devem ser objetivos e verdadeiros em relatórios profissionais, declarações e testemunhos. Eles devem incluir todas as informações relevantes e pertinentes em tais relatórios, declarações ou testemunhos, que devem conter uma data indicando quando foram realizados.

    b. Os engenheiros podem expressar publicamente opiniões técnicas que forem fundadas sobre conhecimento dos fatos e competência no assunto.

    c. Os engenheiros não devem realizar declarações, críticas ou argumentos sobre questões técnicas que sejam inspirados ou financiados por terceiros, a não ser que tenham precedido seus comentários com uma identificação explícita das partes interessadas que estiverem representando e que revelem a existência de qualquer interesse que os engenheiros possam ter no assunto.

4. Os engenheiros devem agir, para cada empregador ou cliente, como um agente de confiança.

    a. Os engenheiros devem revelar quaisquer conflitos de interesse, conhecidos ou potenciais, que possam influenciar ou parecer influenciar seu julgamento ou a qualidade de seus serviços.

b. Os engenheiros não devem aceitar compensação, financeira ou de outra espécie, de mais de uma fonte para os serviços de um mesmo projeto ou para serviços associados a um mesmo projeto, a não ser que as circunstâncias sejam completamente divulgadas e sejam do acordo de todas as partes interessadas.

c. Os engenheiros não devem solicitar ou aceitar consideração financeira ou de outros valores, diretamente ou indiretamente, de agentes externos em conexão com o trabalho pelo qual são responsáveis.

d. Os engenheiros no serviço público como membros, orientadores ou empregados de um órgão ou departamento governamental ou quase-governamental não devem participar de decisões com respeito aos serviços solicitados ou providenciado por eles ou suas organizações no exercício privado ou público da engenharia.

e. Os engenheiros não devem solicitar ou aceitar um contrato com órgão governamental do qual um diretor ou funcionário de sua organização seja membro.

5. Os engenheiros devem evitar atos enganosos.

a. Os engenheiros não devem falsificar suas qualificações ou permitir a representação incorreta das qualificações de seus sócios. Eles não devem representar incorretamente ou exagerar sua responsabilidade em relação a trabalhos passados. Catálogos e outras representações associadas à solicitação de emprego não devem representar incorretamente os fatos pertinentes a respeito de empregadores, empregados, sócios, empreendimentos conjuntos ou conquistas passadas.

b. Os engenheiros não devem oferecer, entregar, solicitar ou receber, direta ou indiretamente, qualquer contribuição que influencie a concessão de um contrato por autoridade pública ou que possa razoavelmente ser interpretada pelo público como tendo o efeito ou a intenção de influenciar a concessão de um contrato. Eles não devem oferecer qualquer contribuição ou outras considerações de valor com o objetivo de assegurar um trabalho. Não devem pagar comissão, porcentagem ou pagamentos de intermediação com o objetivo de assegurar trabalho, exceto a empregados genuínos ou a agências comerciais ou de marketing bem estabelecidas que sejam retidas por eles.

III. Obrigações profissionais

1. Os engenheiros devem ser guiados em todas as suas relações pelos mais altos padrões de honestidade e integridade.

a. Os engenheiros devem reconhecer seus erros e não devem distorcer ou alterar os fatos.

b. Os engenheiros devem aconselhar seus clientes ou empregadores quando acreditarem que um projeto não terá sucesso.

c. Os engenheiros não devem aceitar emprego externo em detrimento de seu trabalho ou interesse regular. Antes de aceitar qualquer emprego externo de engenharia, devem notificar seus empregadores.

d. Os engenheiros não devem tentar atrair um engenheiro de outro empregador por meio de pretensões falsas ou enganosas.

e. Os engenheiros não devem promover seu próprio interesse às custas da dignidade e da integridade da profissão.

2. Os engenheiros devem, todo o tempo, se esforçar para servir ao interesse público.
    a. Os engenheiros são incentivados a participar em questões cívicas; orientação profissional para jovens; e trabalhar para o avanço da segurança, da saúde e do bem-estar de sua comunidade.
    b. Os engenheiros não devem completar ou assinar planos ou especificações que não estejam em conformidade com os padrões vigentes da engenharia. Se o cliente ou empregador insistir em tal conduta não profissional, devem notificar as autoridades competentes e recusar subsequente envolvimento no projeto.
    c. Os engenheiros são incentivados a estender o conhecimento e a apreciação do público em relação à engenharia e a suas conquistas.
    d. Os engenheiros são incentivados a aderir aos princípios do desenvolvimento sustentável com o objetivo de proteger o ambiente para as gerações futuras.

3. Os engenheiros devem evitar qualquer conduta ou prática que engane o público.
    a. Os engenheiros devem evitar o uso de declarações contendo uma representação factualmente incorreta ou omitindo algum fato.
    b. Consistentemente com o mencionado, os engenheiros podem anunciar o recrutamento de funcionários.
    c. Consistentemente com o mencionado, os engenheiros podem preparar artigos para leigos ou para meios técnicos, mas os artigos não devem sugerir crédito ao autor pelo trabalho realizado por outros.

4. Os engenheiros não devem revelar, sem consentimento, informações confidenciais a respeito de questões de negócios ou processos técnicos de qualquer cliente ou empregador, atual ou passado, ou de órgão público em que trabalhem.
    a. Os engenheiros não devem, sem o consentimento de todas as partes interessadas, promover ou organizar um novo emprego ou exercício em conexão com um projeto específico sobre o qual o engenheiro tenha obtido conhecimento particular e especializado.
    b. Os engenheiros não devem, sem o consentimento de todas as partes interessadas, participar ou representar um interesse adversário em conexão com um projeto ou processo específico no qual o engenheiro tenha obtido conhecimento particular e especializado em favor de algum cliente ou empregador passado.

5. Os engenheiros não devem ser influenciados em seus deveres profissionais por interesses conflitantes.
   a. Os engenheiros não devem aceitar considerações financeiras ou de outra espécie, incluindo projetos de engenharia gratuitos, de fornecedores de materiais ou equipamentos, para especificar seu produto.
   b. Os engenheiros não devem aceitar comissões ou abonos, direta ou indiretamente, de contratantes ou terceiros que estejam lidando com clientes ou empregadores do engenheiro em conexão com o trabalho pelo qual o engenheiro é responsável.
6. Os engenheiros não devem tentar obter emprego, antecipações ou obrigações profissionais por meio da crítica inverídica de outros engenheiros, ou por meio de outros métodos impróprios ou questionáveis.
   a. Os engenheiros não devem exigir, propor ou aceitar comissão em uma base pontual sob circunstâncias em que seu julgamento possa estar comprometido.
   b. Os engenheiros em posições assalariadas devem aceitar trabalho de engenharia de meio período apenas até onde for consistente com as políticas do empregador e em concordância com as considerações éticas.
   c. Os engenheiros não devem, sem o devido consentimento, usar equipamentos, materiais, laboratórios e recursos de escritório de um empregador para realizar procedimentos pessoais externos ao trabalho.
7. Os engenheiros não devem tentar ferir, maliciosa ou falsamente, direta ou indiretamente, a reputação profissional, as perspectivas, as práticas ou o emprego de outros engenheiros. Os engenheiros que acreditarem que outros são culpados de prática ilegal ou antiética devem apresentar essa informação às autoridades apropriadas para que estas tomem providência.
   a. Os engenheiros no exercício privado não devem examinar o trabalho de outro engenheiro para o mesmo cliente, exceto se houver o conhecimento deste engenheiro ou se sua conexão com o trabalho tiver sido terminada.
   b. Os engenheiros em emprego governamental, industrial ou educacional possuem permissão para examinar e avaliar o trabalho de outros engenheiros quando assim exigido pelas obrigações do emprego.
   c. Os engenheiros em emprego de vendas ou industriais possuem permissão para realizar comparações de engenheira entre os produtos representados e os produtos de outros fornecedores.
8. Os engenheiros devem aceitar responsabilidade pessoal por suas atividades profissionais, contanto que possam buscar indenização por serviços gerados pelo seu exercício por causa que não seja grave negligência, nas quais os interesses do engenheiro não podem ser protegidos.
   a. Os engenheiros devem se sujeitar às leis de registro profissional no exercício da engenharia.
   b. Os engenheiros não devem usar a associação com outro não engenheiro, com uma empresa ou com sócios para "mascarar" atividades antiéticas.

9. Os engenheiros devem atribuir o crédito pelo trabalho de engenharia às pessoas às quais o crédito é devido, reconhecendo os interesses proprietários dos outros.

   a. Os engenheiros devem, sempre que possível, indicar o nome das pessoas que possam ser individualmente responsáveis por designs, invenções, elaborações ou outras realizações.

   b. Engenheiros usando designs supridos por um cliente devem reconhecer que o design permanece propriedade do cliente e não pode ser duplicado para outros sem explícita permissão.

   c. Antes de assumir um trabalho com um terceiro com o qual o engenheiro possa realizar melhorias, planos, designs, invenções ou outros registros que possam justificar obtenção de direitos autorais ou patentes, este deve entrar em um acordo com o cliente atual quanto à posse dos direitos pelo trabalho realizado.

   d. Os designs, dados, registros e anotações dos engenheiros que se refiram exclusivamente ao trabalho de um empregador são propriedade deste empregador. O empregador deve indenizar o engenheiro pelo uso da informação por qualquer propósito que não seja o original.

   e. Os engenheiros devem continuar seu desenvolvimento profissional no decorrer de suas carreiras e devem manter-se atualizados em suas áreas de especialidade se envolvendo no exercício profissional, participando em cursos profissionalizantes contínuos, estudando a literatura técnica e participando de reuniões e seminários profissionais.

Recurso 2

Código de ética para engenheiros da American Society of Mechanical Engineers

Segundo a revisão de abril de 2009

A ASME exige o exercício ético de cada um de seus membros, e adotou o seguinte Código de ética para engenheiros como referenciado na Constituição da ASME, Artigo C2.1.1.

Os princípios fundamentais

Os engenheiros mantêm e promovem a integridade, a honra e a dignidade da profissão de engenharia ao:

   I. usarem seus conhecimentos e habilidades para o aperfeiçoamento do bem-estar humano;

   II. serem honestos e imparciais, servindo com fidelidade seus clientes (incluindo seus empregadores) e o público; e

   III. esforçarem-se para aumentar a competência e o prestígio da profissão de engenharia.

Os cânones fundamentais

1. Os engenheiros devem manter, em primeiro lugar, a segurança, a saúde e o bem-estar do público na realização de seus deveres profissionais.
2. Os engenheiros devem trabalhar apenas nas suas áreas de competência; devem construir sua reputação profissional com base no mérito de seus serviços e não devem competir injustamente com os outros.
3. Os engenheiros devem continuar seu desenvolvimento pessoal no decorrer de suas carreiras e devem fornecer oportunidades para o desenvolvimento profissional e ético dos engenheiros que estiverem sob sua supervisão.
4. Os engenheiros devem agir, para cada empregador ou cliente, como agentes de confiança, evitando conflitos de interesse ou a aparência de conflitos de interesse.
5. Os engenheiros devem respeitar a informação proprietária e os direitos de propriedade intelectual de outros, incluindo organizações de caridade e sociedades profissionais na área da engenharia.
6. Os engenheiros devem se associar apenas a pessoas e organizações de reputação.
7. Os engenheiros devem realizar declarações públicas apenas de maneira objetiva e honesta, evitando qualquer conduta que traga descrédito à profissão.
8. Os engenheiros devem considerar o impacto ambiental e o desenvolvimento sustentável na execução de seus deveres profissionais.
9. Os engenheiros não devem buscar sancionamento contra outro engenheiro exceto quando houver bons motivos para fazê-lo nos códigos, políticas e procedimentos que governem sua conduta ética.
10. Os engenheiros que forem membros da Sociedade devem se esforçar para obedecer a Constituição, os Estatutos e as Políticas da Sociedade, e devem revelar o conhecimento sobre qualquer incidente envolvendo uma suposta violação deste Código de Ética ou da Política de Conflitos de Interesse da Sociedade de maneira rápida, completa e honesta ao presidente do comitê de normas éticas.

Recurso 3

Exemplos de Dilemas Éticos

Decisão do que pertence à empresa e do que pertence a você

Durante a pausa para almoço, você e um colega de trabalho desenvolveram uma nova planilha no computador do escritório. Ela é efetiva, e ainda assim é mais fácil de usar que programas similares disponíveis à venda. Em razão de seu programa ser tão original, seu colega quer comercializá-lo.

Essa é uma ideia muito atraente, já que você tem um grande financiamento estudantil que precisa pagar e tem confiança de que isso resultaria em uma grande margem de lucros para você e seu colega. Entretanto, vocês desenvolveram o programa usando equipamentos da empresa no escritório da empresa. O que você deve fazer nesse caso?

Transferência de projetos de software de uma empresa para outra

Na época de sua graduação em engenharia da computação, você trabalhava para uma pequena empresa de software que se especializava no desenvolvimento de programas para tarefas de gerência. Você era o contribuidor primário em um sistema inovador de software para serviços a clientes.

Agora, você está trabalhando para uma empresa de software muito maior. Você percebe que, ao realizar pequenas modificações no sistema inovador que desenvolveu na empresa pequena, poderia simplificar e significativamente aperfeiçoar a realização das novas tarefas na empresa atual. Como você não trabalha mais para a empresa onde desenvolveu o programa, deveria usar uma versão levemente modificada desse programa no seu cargo de agora para ajudar sua empresa atual, sendo mais produtivo?

Equipamento de diálise para diferentes situações econômicas

Como engenheiro projetista de uma empresa que fornece equipamentos de diálise para uso em todo o mundo, você sabe que os recursos dos países de terceiro mundo são mais limitados do que o dos países economicamente desenvolvidos. Infecções secundárias são um risco da diálise, e pacientes com doenças renais podem sofrer danos de longo prazo e um maior risco de morte, caso infectados. Você precisa escolher entre três modelos:

- O primeiro modelo tem uma taxa de infecção secundária de 1 em 1000.
- O segundo modelo tem uma taxa de infecção secundária de 1 em 1.000.000, mas custa 10 vezes mais do que o primeiro modelo.
- O terceiro modelo tem uma taxa de infecção secundária de 1 em 5.000.000, mas custa 100 vezes mais do que o primeiro modelo.
- Perguntas: que modelo você escolherá? Faria diferença se o modelo fosse usado primariamente em países economicamente desenvolvidos ou em países de terceiro mundo?

Recurso 4

Exemplos de estudos de caso éticos da NSPE

As fontes de informação para este Recurso são os casos éticos listados no website da National Society of Professional Engineers (http://www.niee.org/cases/).

Estas informações são apresentadas para uso exclusivamente educacional. Elas podem ser reproduzidas sem autorizações adicionais contanto que esta declaração seja incluída antes ou depois do texto do caso e que a atribuição apropriada seja fornecida ao conselho de revisão ética da National Society of Professional Engineers.

Estudo de caso 1: Informação de emprego obtida em uma visita da ABET

Cenário

A engenheira A é uma educadora de engenharia que está trabalhando como avaliadora de uma equipe de vistoria do Accreditation Board for Engineering and Technology (ABET), inspecionando um programa de engenharia da Universidade Estadual X. Como o engenheiro B está considerando sair da Universidade Estadual X, esta poderá ter uma vaga disponível para a posição de chefe do seu departamento de engenharia química. A Universidade Estadual X ainda não divulgou ou anunciou a abertura da vaga.

A engenheira A visita a Universidade Estadual X com uma equipe de vistoria da ABET em outubro. Durante a visita da ABET e as entrevistas com o reitor, com chefes de departamentos e com docentes de engenharia, torna-se visível à engenheira A que o engenheiro B pode ir embora e que o cargo de chefe de engenharia química na Universidade Estadual X ficará vago.

A engenheira A termina sua avaliação e não tem mais influência sobre o relatório ou sobre as últimas medidas da ABET. Em junho, ela recebe a notificação de abertura da vaga de chefe de departamento, inscreve-se para o cargo, é escolhida pela comissão eleitoral e toma posse do cargo de chefe do departamento de engenharia química da Universidade Estadual X.

Pergunta: Foi ético a engenheira A se inscrever para o cargo de chefe de departamento na Universidade Estadual X?

Estudo de caso 2: Uso de material supostamente perigoso em uma fábrica

Cenário

O engenheiro A é um engenheiro formado e trabalha em uma unidade de produção que usa substâncias tóxicas em suas operações. Seu trabalho não tem qualquer relação com o uso e controle desses materiais.

Uma substância chamada de "MegaX" é utilizada no local. Recentemente, noticiários vêm relatando supostos riscos genéticos imediatos e de longo prazo associados à inalação e ao contato de humanos com MegaX. As notícias se baseiam em descobertas de experimentos laboratoriais realizados em camundongos por um estudante de pós-graduação no departamento de fisiologia de uma universidade de renome. Outros cientistas ainda não confirmaram nem refutaram os resultados experimentais. Nem o governo federal nem o estadual se pronunciaram oficialmente sobre o assunto.

Diversos colegas de fora da empresa já abordaram o engenheiro A e pediram que ele "tome uma providência" para eliminar o uso do MegaX na unidade de produção. O engenheiro A menciona essa preocupação a seu gerente, que diz ao engenheiro A: "não se preocupe, temos um especialista em Segurança Industrial que lida com isso".

Dois meses se passam e o MegaX ainda é usado na fábrica. A controvérsia na imprensa continua, mas como não há evidências científicas adicionais a favor ou contra a substância, os problemas não são resolvidos. O uso da substância na unidade de produção aumentou, e agora mais funcionários estão diariamente expostos à substância do que dois meses atrás.

Pergunta: O engenheiro A tem a obrigação de tomar novas medidas, dados os fatos e as circunstâncias?

Estudo de caso 3: Oferta de emprego de um vendedor

Cenário

Ao se graduar em um programa de engenharia civil reconhecido pela ABET/EAC, o engenheiro A é empregado pela U&I Construction Co., cujos donos e administradores são os engenheiros B e C, ambos engenheiros profissionais registrados. O engenheiro A é rapidamente encarregado de preparar estruturas de produtos para projetos de construção que contenham uma provisão apropriada para gastos e para negociações de materiais com fornecedores.

O engenheiro A negocia a quantidade, o cronograma, as especificações e o preço, enviando então uma recomendação a seu supervisor, que não possui formação mas é altamente experiente, e este então providencia que uma autoridade de aprovação da empresa realize a contratação, caso o compromisso financeiro com algum fornecedor do projeto exceda $250. Após dois anos, o engenheiro expressa a seu supervisor a preocupação de que seu trabalho parece repetitivo e não possui a variedade de experiências e desafios que se associam à amplitude de sua formação.

O engenheiro A é informado de que está fornecendo um serviço essencial à empresa com proficiência excepcional, para o qual ele parece ser bem remunerado, e que ele será considerado em oportunidades futuras que se tornem disponíveis – desde que um substituto seja encontrado para substituí-lo em suas atividades atuais. A autoridade financeira do engenheiro A é elevada a $500 para qualquer fornecedor do projeto.

Outro ano se passa, e o engenheiro A ainda está realizando os mesmo tipo de trabalho. Ele já adquiriu uma reputação altamente respeitada quanto a seu conhecimento, sua imparcialidade e sua integridade entre os fornecedores da U&I Construction Co. O engenheiro D, um empregado da Fornecedora ACE, que frequentemente fornece materiais à U&I, já desenvolveu uma relação de negócios com o engenheiro A. Quando abre uma vaga para engenheiros civis na ACE, o engenheiro D conta ao engenheiro A sobre essa vaga. O engenheiro A realiza uma entrevista para o cargo e, após um período de avaliação, recebe uma oferta de emprego da ACE.

A carta de oferta afirma que a ACE está "ansiosa para ter o engenheiro A em sua equipe, com início em uma data de acordo mútuo... que o engenheiro A não será um empregado da ACE até que compareça fisicamente para o trabalho nas instalações da ACE, execute os acordos de patentes e informações proprietárias, e que o médico do empregador confirme que o engenheiro A não possui condição médica preexistente que o impeça de realizar o trabalho exigido pelo cargo."

Em uma subsequente discussão com o engenheiro A, o engenheiro D menciona que o cargo é um que o vice-presidente de Engenharia da ACE tem o direito de ocupar, mas que às vezes o diretor executivo da ACE elimina o cargo mesmo quando há uma oferta de contrato de trabalho pendente, até que as condições dos negócios melhorem ou que um cliente importante expresse descontentamento com a contratação de algum funcionário.

O engenheiro A realiza seu pedido de demissão à U&I com o aviso prévio habitual de duas semanas. O supervisor do engenheiro A, engenheiro E, torna-se inquieto com o pedido de demissão e expressa o desejo de que o engenheiro A permaneça na U&I, dizendo que se ele pudesse evitar sua demissão, o faria. O engenheiro A insiste que sua decisão é final. O engenheiro E não pergunta, e o engenheiro A não acredita que esteja nos seus melhores interesses mencionar que ele será empregado pela ACE.

O engenheiro E pede que o engenheiro A traga todo o seu trabalho a um ponto bem estabelecido que facilite uma transição de suas atividades a outros funcionários da U&I, e que complete o máximo de trabalhos pendentes possíveis antes de sair. Durante as próximas duas semanas antes de sair da U&I, o engenheiro A continua a negociar e a preparar suas recomendações sobre propostas de fornecedores, inclusive as realizadas pela ACE.

Perguntas:

1. Foi ético o engenheiro A não divulgar à U&I a informação de que ele seria empregado pela ACE dentro de duas semanas?
2. Foi ético o engenheiro D incentivar o engenheiro A a considerar um emprego na ACE?
3. Foi ético o engenheiro A participar de entrevista com um fornecedor da U&I sem primeiro informar a U&I sobre suas intenções?
4. Foi ético o Vice-presidente de Engenharia da ACE oferecer emprego ao engenheiro A sem primeiro divulgar o risco de que a oferta possa ser rescindida pelo Diretor Executivo da ACE?
5. Teria sido ético se a U&I interferisse na mudança de empregos do engenheiro A caso ela se tornasse ciente da identidade do futuro empregador e da suscetibilidade da ACE sofrer pressão econômica da U&I?

Estudo de caso 4: Bem-estar da população – Estrutura de uma ponte

Cenário

O engenheiro A, que trabalha para o governo local, tomou conhecimento de uma situação crítica envolvendo uma ponte de 90m de largura, 10m acima de um rio. A ponte consistia em um tabuleiro de concreto sobre pilares de madeira e fora construída nos anos 50 pelo governo, tendo sido parte de um sistema viário secundário entre as cidades.

Em junho de 2000, o engenheiro A recebeu um telefonema de um inspetor de pontes afirmando que a ponte precisava ser fechada devido ao grande número de pilares podres. Em menos de uma hora, o engenheiro A se encarregou de estabelecer bloqueios e sinalizações naquela tarde de sexta-feira. Os residentes da área precisaram realizar um desvio de 15 km para chegar ao outro lado.

Um relatório de inspeção detalhado foi preparado e assinado por uma empresa de consultoria em engenharia, indicando que sete pilares exigiam substituição. Dentro de três semanas, o engenheiro A já havia obtido autorização para a substituição da ponte. Diversos departamentos de transporte federais e estaduais precisaram completar suas avaliações da situação antes que as verbas pudessem ser usadas.

A população formou uma manifestação, e uma petição com aproximadamente 200 assinaturas pedindo que a ponte fosse reaberta de forma parcial foi apresentada aos órgãos governamentais locais. O engenheiro A explicou quão ampla era a deterioração e apresentou os esforços que estavam sendo realizados para se substituir a ponte. A decisão do governo foi de não reabrir a ponte.

Investigações preliminares do local tiveram início. Foram realizados estudos ambientais, geológicos, de direitos de passagem, entre outros. Foi tomada uma decisão de se usar uma única licitação para definir a empresa contratada tanto para o projeto quanto para a construção da ponte, de forma a evitar uma análise prolongada do projeto de pilares.

Um diretor de obras públicas sem formação em engenharia pediu a um inspetor de pontes aposentado, que não era engenheiro, que examinasse a ponte, e foi tomada a decisão de se construírem dois pilares extras de suporte sob a ponte e liberar o acesso à ponte com um limite máximo de 5 toneladas. Nenhuma inspeção subsequente foi realizada.

O engenheiro A observa que o tráfego está fluindo e o movimento da ponte é assustador. Caminhões carregando toras de madeira e carros-tanque atravessam a ponte com frequência. Ônibus escolares desviam.

Pergunta:

Quais são as obrigações éticas do engenheiro A nestas circunstâncias?

Estudo de caso 5: Falsificação de formação acadêmica

Cenário

O engenheiro A é um engenheiro profissional que ocasionalmente fornece serviços de engenharia forense como parte do processo de disputas jurídicas. Como parte de um documento escrito de uma ação judicial, ele indica que possui formação em engenharia elétrica e um doutorado em engenharia elétrica. Na verdade, o diploma de graduação do engenheiro A foi obtido em tecnologia da engenharia, e seu doutoramento é na verdade um título de doutor *honoris causa* concedido por uma instituição de engenharia.

O engenheiro B, que conhece o engenheiro A, toma conhecimento dessas falsificações durante uma discussão com seu colega, o engenheiro C, que é perito no lado oposto ao do cliente do engenheiro A. O engenheiro C não sabe que o engenheiro A está apresentando falsas credenciais acadêmicas.

Pergunta:

Quais são as obrigações éticas do engenheiro B, dados os fatos e as circunstâncias deste caso?

Estudo de caso 6: Ex-consultor de concessionárias de energia como perito em um caso de queixa de clientes sobre concessionárias

Cenário

A Companhia Estadual de Luz Elétrica Ltda (CELEL) é uma empresa concessionária de energia elétrica que faz parte de um grupo de companhias de distribuição de energia. Durante vários anos, a sociedade controladora da CELEL manteve um engenheiro eletricista como consultor de diversos estudos para a CELEL. Esse consultor, o engenheiro B, recebeu recentemente a solicitação de atuar como perito para o Cliente X, autor de uma queixa ao Comitê Estadual de Energia Pública (CEEP) contra a CELEL.

Pergunta:

É ético que o engenheiro B testifique em favor de alguém que tenha registrado queixa no Comitê Estadual de Energia Pública contra a CELEL?

Estudo de caso 7: Bem-estar da população – o dever de um engenheiro empregado pelo governo

Cenário

O engenheiro A, um engenheiro ambiental empregado pela divisão de proteção ambiental do estado, recebe a requisição de preparar um alvará para a construção de uma usina elétrica em uma unidade de produção. Seu superior pede que ele prepare o alvará diligentemente e "evite contratempos" em relação a questões técnicas. O engenheiro A acredita que os planos atualmente esboçados não sejam adequados para cumprir os requisitos da regulação. Isso se deve a purificadores externos serem necessários para a redução da emissão de dióxido de enxofre, e sua ausência no alvará violaria os padrões de poluição exigidos pela Lei do Ar Limpo de 1990.

Seu superior acredita que os planos que envolvem calcário misturado com carvão em um processo de leito fluidizado removeriam 90% do dióxido e cumpririam os requisitos da regulação. O engenheiro A contata o conselho regional de engenharia e recebe a informação de que, com base na informação limitada disponível ao conselho, haveria a possibilidade de suspensão ou cassação de seu registro de engenharia se ele aprovasse um alvará que violasse regulamentações ambientais.

O engenheiro A se recusa a aprovar o alvará e envia suas constatações a seu superior. O departamento autoriza a aprovação do alvará. O caso recebe grande publicidade na mídia e passa a ser investigado pelas autoridades estaduais.

Perguntas:

1. Teria sido ético o engenheiro A se recusar a continuar trabalhando nesse caso?
2. Teria sido ético o engenheiro A aprovar o alvará?
3. Foi ético o engenheiro A se recusar a aprovar o alvará?

Estudo de caso 8: A obrigação de um engenheiro de relatar dados referentes a uma pesquisa

Cenário

O engenheiro A está realizando pesquisa de pós-graduação em uma universidade de renome. Como parte dos requisitos para completar sua pesquisa e obter seu diploma, ele precisa desenvolver um relatório de pesquisa.

Consistente com o desenvolvimento do relatório, o engenheiro A compila dados pertencentes ao tema de seu relatório. A maior parte dos dados favorece fortemente as conclusões do engenheiro A e as conclusões de trabalhos anteriores. Entretanto, alguns aspectos dos dados estão em desacordo e não estão completamente consistentes com as conclusões contidas no relatório do engenheiro A.

Estando convencido da validade de seu relatório e preocupado que a inclusão dos dados ambíguos distorçam a essência do relatório, o engenheiro A decide omitir as referências aos dados ambíguos no relatório.

Pergunta:

Foi antiético o engenheiro A remover a referência aos dados ambíguos em seu relatório?

Estudo de caso 9: Um engenheiro exagerando conquistas profissionais em seu currículo

Cenário

O engenheiro A está procurando por emprego com a empresa Y. Como um empregado da empresa X, o engenheiro A ocupou uma mesma posição que outros cinco funcionários engenheiros. A equipe de seis engenheiros era responsável pelo projeto de alguns produtos. Enquanto trabalhava para a empresa X, o engenheiro A trabalhou com os outros cinco engenheiros de sua equipe, e eles tiveram sua autoria atribuída a uma série de produtos patenteados.

O engenheiro A envia seu currículo à empresa Y e dá a entender que ele foi pessoalmente responsável pelo projeto dos produtos que foram na verdade projetados por meio de um esforço coletivo entre os membros da equipe.

Pergunta:

Foi ético o engenheiro A dar a entender em seu currículo que ele foi pessoalmente responsável pelo projeto de produtos que, na verdade, foram projetados por meio de um esforço coletivo entre os membros de sua equipe?

Estudo de caso 10: O dever de revelar reclamações disciplinares a clientes

Cenário

O engenheiro A é contratado pelo cliente B para realizar serviços de projeto e fornecer um cronograma como base no método de caminho crítico (CPM - Critical Path Method) para uma unidade de produção. O engenheiro A prepara os planos e as especificações do cronograma CPM.

Durante a prestação de serviços ao cliente B, o conselho regional de engenheiros profissionais entra em contato com o engenheiro A devido a uma reclamação disciplinar registrada contra ele pelo cliente C relativa a serviços prestados em um projeto similar ao do cliente B. O cliente C alega que o engenheiro A não teve competência para realizar os serviços em questão.

O engenheiro A não acredita que seja necessário notificar o cliente B sobre essa queixa pendente. Mais tarde, o cliente B é informado por um terceiro sobre a queixa registrada contra o engenheiro A e expressa insatisfação com a alegação e com o fato de o engenheiro A não ter trazido o incidente à sua atenção.

Pergunta:

Foi antiético o engenheiro A não divulgar ao cliente B as reclamações disciplinares registradas contra ele pelo cliente C?

Estudo de caso 11: Relatórios de serviços a clientes passados

Cenário

Muitos anos atrás, o engenheiro E, um engenheiro mecânico, trabalhou como consultor para a empresa A, uma fabricante de vasos de pressão, em um problema específico de vasos de pressão associado ao design de um sistema de caldeiras. O trabalho do engenheiro E focava defeitos específicos de design e fabricação que causavam a deterioração do sistema de caldeiras. O engenheiro E completou seu trabalho e foi pago por seus serviços.

Agora, o engenheiro E foi contratado pelo advogado X em um caso envolvendo a explosão fatal de um vaso de pressão recentemente projetado e fabricado em uma instalação antigamente controlada pelo cliente anterior do engenheiro E, a empresa A. A instalação foi vendida para a empresa B sete anos antes da explosão.

O processo judicial não envolve qualquer um dos problemas com os quais o engenheiro E lidou ao trabalhar para a empresa A dez anos atrás. O advogado de defesa descobriu por meio dos depoimentos do engenheiro E sobre sua experiência profissional que este havia trabalhado para a empresa A em um problema de vasos de pressão.

O engenheiro E explica ao advogado de defesa que não está se baseando em seu trabalho antigo para a empresa A nesse caso. Ainda assim, o advogado de defesa pede que o engenheiro E forneça os relatórios do trabalho realizado para a empresa A.

Pergunta:

Seria ético o engenheiro E voluntariamente divulgar os relatórios ao advogado de defesa?

Estudo de caso 12: Especificação de equipamento de empresa pertencente ao engenheiro

Cenário

Uma empresa pede à engenheira A que prepare as especificações para um sistema de compressão de ar. Ela deixa claro à empresa que é a presidente (e a acionista majoritária) de uma empresa que fabrica e vende sistemas de compressão de ar, mas que não veria problemas em preparar um conjunto genérico de especificações. A engenheira A também fornece à firma uma lista de quatro fabricantes de sistemas de compressão de ar, para realização de orçamentos, e não inclui sua empresa como uma das quatro fabricantes especificadas.

A empresa agora quer marcar uma reunião com a engenheira A e um vendedor de sua empresa. A engenheira indica à empresa que poderia haver um conflito de interesse.

Pergunta:
Haveria um conflito de interesse se a engenheira A preparasse o conjunto de especificações para um sistema de compressão de ar e, em seguida, sua empresa fabricasse o sistema de compressão de ar, considerando os fatos?

Estudo de caso 13: Não revelar outros interesses de negócios

Cenário

O engenheiro A, um engenheiro de minas, é contratado por uma empresa que possui terras onde se localizam minas de carvão. O engenheiro A fornece serviços de engenharia e agrimensura para determinar a localização de veias de carvão na mina, define empreiteiros para localizações da mina e realiza outros serviços de engenharia que sejam necessários.

O engenheiro A também possui um laboratório que avalia a qualidade do carvão minado pelos empreiteiros associados ao dono da mina de carvão. A qualidade e o custo da mineração podem variar.

Apesar de o engenheiro A ter mencionado que possui um laboratório, ele nunca informou ao dono da mina de carvão sobre a amplitude de seu laboratório, que é de tamanho considerável e emprega muitos outros engenheiros e técnicos, além de nunca ter mencionado seus próprios clientes que estão minerando o carvão do proprietário.

Pergunta:
Foi ético o engenheiro A deixar de revelar completamente a amplitude de seu laboratório e a existência de seus clientes ao proprietário da mina de carvão?

Estudo de caso 14: Teste de projeto de software

Cenário

O engenheiro A foi contratado por uma empresa de software e está envolvido no projeto de programas especializados para a operação de instalações que lidam com a saúde e a segurança públicas. O projeto de software inclui a realização de um teste extensivo pelo engenheiro A. Ainda que os testes demonstrem que o programa é seguro se utilizado sob os padrões vigentes, o engenheiro A está ciente de um novo conjunto de padrões que será brevemente lançado por uma organização de padronização – padrões aos quais o programa projetado pode não aderir.

A realização de testes é extremamente custosa, e os clientes da empresa estão ansiosos para concluir esse projeto. A empresa de software deseja satisfazer seus clientes, proteger as finanças da empresa e proteger os empregos existentes; mas a gerência da empresa quer garantir que o programa seja seguro de se usar.

Uma bateria de testes proposta pelo engenheiro A deve determinar se o uso do programa é seguro. Os testes são custosos, atrasarão o projeto em pelo menos seis meses, colocarão a empresa em desvantagem competitiva e lhe custarão uma quantia significativa de dinheiro. Durante a época de testes, a tarifa estadual de energia elétrica aumentará significantemente. A empresa solicita a recomendação do engenheiro A quanto à necessidade de testes de software adicionais.

Pergunta:

Sob o código de ética, o engenheiro A possui a obrigação profissional de informar a empresa sobre seus motivos para realização de testes adicionais e suas recomendações de que isso seja feito?

CAPÍTULO
12

Habilidades de liderança

"Se suas ações inspiram os outros a sonhar mais, aprender mais, realizar mais e tornar-se mais, você é um líder."

John Quincy Adams, 2º presidente dos Estados Unidos

Objetivos de aprendizagem

Ao usar as informações e os exercícios deste capítulo, você será capaz de:

- Compreender por que as habilidades de liderança são uma parte importante de seu conjunto de habilidades.
- Aplicar princípios básicos de liderança.
- Aproveitar oportunidades de desenvolver habilidades de liderança.
- Trabalhar com líderes de forma bem-sucedida.
- Aplicar habilidades de liderança em futuras oportunidades de carreira.

CENÁRIO DE LIDERANÇA

"Como aluno de engenharia, você lida constantemente com desafios técnicos para os quais seu currículo de engenharia o preparou durante os quatro anos de faculdade. Você precisa entregar seus lições de casa no prazo, estudar novos termos técnicos, equações e conceitos de engenharia. É justo dizer que, durante esses quatro anos, a maior parte de seu foco estará na resolução de problemas técnicos.

Uma das lições mais importantes a se aprender durante sua graduação é que os desafios técnicos e as soluções inovadores para problemas técnicos não são as únicas atividades que você realizará depois de formado. Você também precisa desenvolver habilidades não técnicas como a liderança, de forma a obter sucesso como aluno e, mais tarde, em sua carreira."

(Krenar Komoni, Engenheiro Eletricista e Empresário)

Krenar apresentou uma boa base para nossa discussão sobre a liderança, indicando que você precisa de mais do que habilidades técnicas para ser um engenheiro de sucesso. Depois de mostrarmos como desenvolver habilidades de liderança neste capítulo, veremos como ele usou tais habilidades para melhorar sua formação e se tornar um empresário de sucesso.

12.1 Introdução

A liderança é uma ótima ferramenta da engenharia, e aprender a ser um líder efetivo em diversos ambientes aumentará significativamente seu sucesso pessoal e profissional. A liderança será parte de sua carreira quando você for um líder e quando trabalhar com outros líderes.

Qual é a definição de líder? Milhares de livros de História já foram escritos a respeito. Normalmente, eles focam indivíduos que tenham sido chefes de estados, generais militares, diretores de empresas, líderes de uma causa e indivíduos excepcionais em meios acadêmicos e em outras áreas.

Como indicado na citação de John Adams, a liderança não se limita aos famosos da História. Na verdade, ela pode ser encontrada em todas as situações, algumas muito peculiares. Felizmente para a humanidade, os engenheiros continuarão a ser líderes que aplicam importantes tecnologias para ajudar na resolução de muitos dos desafios de um mundo em rápida evolução.

Líderes são pessoas que têm visão e a habilidade de inspirar os outros a se realizar em grandes coisas. Há dois motivos pelos quais você se beneficiará ao compreender e aplicar os princípios de liderança. O primeiro é que você obterá maior sucesso. O segundo é que a complexidade da vida em um mundo de aplicações aceleradas de novas tecnologias exige que você assuma papéis maiores de liderança.

O objetivo deste capítulo é discutir a liderança de forma que você possa desempenhar os papéis de liderança no futuro e apresentar-lhe como tornar a liderança uma parte importante de seu conjunto de habilidades de engenharia. Tal discussão incluirá:

- Práticas comuns de liderança
- Suas oportunidades de desenvolver e aperfeiçoar habilidades de liderança
- Formas de praticar o trabalho com líderes
- Formas de aplicar sua experiência em papéis de liderança a sua carreira de trabalho
- Formas de usar habilidades de liderança em sua profissão e na comunidade

12.2 Princípios de liderança

"As pessoas não nascem líderes, elas aprendem a ser. E esse aprendizado ocorre como todos os outros, por meio de muito trabalho. É esse o preço que teremos de pagar para alcançar esse objetivo, ou qualquer outro."

(Vince Lombardi, lendário treinador do time de futebol americano profissional Green Bay Packers)

Ainda que algumas pessoas possam parecer líderes natos, devemos considerar a afirmação de um dos treinadores de futebol americano mais bem-sucedidos da história, Vince Lombardi. As pessoas podem ter personalidades voltadas à liderança, mas ainda precisam aperfeiçoar suas habilidades de liderança da mesma forma que outras habilidades.

Um bom líder tem visão e habilidade de ver os objetivos de forma clara quando outros podem não entender, concordar ou apoiar. Os líderes usam uma abordagem sistemática para alcançar seus objetivos.

As habilidades de liderança precisam ser praticadas e desenvolvidas mesmo enquanto você ainda estiver estudando. Ao aproveitar novas e amplas oportunidades, você naturalmente se envolverá em projetos que exijam habilidades de liderança para inspirar e permitir que os outros se envolvam ativamente. Esses exemplos demonstram que a liderança possui um forte foco nas pessoas.

Antes de abordar como os diversos princípios de liderança são aplicados a diferentes situações, vamos analisar algumas das habilidades mais comuns e importantes geralmente demonstradas por líderes de sucesso, como resumido na Figura 12.1.

```
Visão
Inovação
Entusiasmo
Caráter forte
Tomada de decisão
Trabalho de qualidade
Autoconfiança
Comunicação
Relacionamentos interpessoais
```

Figura 12.1 Habilidades de liderança

Para ajudar-nos a obter uma melhor compreensão do que essas habilidades de liderança realmente significam, vamos expandir nossa discussão e considerar as características típicas de cada habilidade.

Visão
- Olhar para além do presente e perceber o potencial de novas oportunidades
- Correr riscos razoáveis e se estimular com a aventura de novos conceitos
- Encarar desafios como oportunidades

Inovação
- Pensar "fora da caixa" e expandir os conceitos existentes
- Fazer o possível, mas também tentar fazer o impossível às vezes
- Incentivar e apoiar os outros quando eles receberem desafios

Entusiasmo
- Interpretar mudanças como oportunidades empolgantes
- Expressar alegria quanto à vida e às atividades do trabalho
- Manter uma atitude positiva quando as situações se tornarem difíceis ou inesperadas

Caráter forte
- Definir princípios, comunicá-los aos outros e colocá-los em ação
- Tornar-se respeitado por ser honesto e sincero
- Aproveitar as experiências de fracasso para construir caráter e confiança em atividades futuras

Tomada de decisão
- Usar fatos e intuições para tomar decisões
- Dar aos outros a oportunidade de falarem antes de tomar decisões finais
- Começar a agir após ter tomado as decisões

Trabalho de qualidade
- Fortalecer o trabalho obtendo informações e expandindo seu conhecimento
- Prestar atenção aos detalhes, mas manter o foco nos objetivos de longo prazo
- Exceder as expectativas, prometendo menos e realizando mais

Autoconfiança
- Adquirir novas habilidades e autoconfiança, mas manter-se realista sobre limitações
- Evitar o desânimo quando as situações se tornarem difíceis
- Desenvolver um senso de perspectiva, sem reagir exageradamente a pequenos problemas

Comunicação
- Praticar habilidades efetivas de comunicação oral e escrita frequentemente
- Escutar ideias e preocupações dos outros
- Garantir que os outros compreendam o que você quer

Relacionamentos interpessoais
- Dar responsabilidades aos outros e incentivá-los a serem inovadores
- Ser sensível aos outros e aplicar a Regra Áurea
- Ser você mesmo e dar bons exemplos

12.3 Oportunidades de praticar as habilidades de liderança

Vejamos como essas habilidades de liderança podem ser desenvolvidas enquanto ainda se é um estudante.

12.3.1 Grupos de estudo

Grupos de estudo informais oferecem muitos benefícios importantes, incluindo oportunidades de desenvolver habilidades de liderança e de equipes. Você pode praticar as habilidades interpessoais e de comunicação incentivando seu grupo de estudo a ser inovador ao tomar decisões sobre como resolver problemas. Ainda que a participação em grupos de estudo possa não ser a forma mais agradável de investir seu tempo, se você demonstrar entusiasmo e contribuir com as discussões da equipe, desenvolverá habilidades de liderança e se sentirá mais confiante ao lidar com grupos.

12.3.2 Grupos de laboratório e equipes de projeto

Aproveite a oportunidade de praticar a liderança quando fizer parte de equipes de laboratório e de projetos. Observe como os diferentes membros da equipe respondem a seus esforços de liderança e à dinâmica das atividades do grupo. Essa é também uma boa oportunidade para aprender a trabalhar com outros líderes e a ser um membro ativo na equipe.

Em equipes, os líderes possuem visão, são entusiásticos com o que pode ser feito e oferecem ideias a respeito de como completar os objetivos. Os líderes de equipe não têm medo de tomar decisões e ajudam outros membros a produzir resultados de qualidade. Você pode aperfeiçoar suas habilidades de liderança sendo inovador em discussões em grupo e usando boa comunicação para incentivar os outros a compreender e aceitar suas ideias. Dessa forma, é possível desenvolver muitas habilidades de liderança, além de aprender a aplicar a tecnologia ao trabalhar com projetos técnicos.

"A educação na engenharia tende a dar uma ênfase excessiva ao desenvolvimento de proficiência técnica especializada, e isso contribui para a formação de uma representação deficiente sobre o que é necessário para se ter um engenheiro completamente formado e bem-sucedido. Na prática, acima de todas as suas proezas técnicas, as pessoas precisam apreciar o fato de que você se importa. A habilidade de formular e comunicar visões autênticas é essencial para motivar equipes a resolver problemas desafiadores. O julgamento propositado e reflexivo e as habilidades de comunicação oral e escrita fornecem um contexto por meio do qual a visão se transforma em ação, e o engenheiro profissional se transforma em um líder efetivo."

(Dr. Daniel E. Raible, Engenheiro Eletricista em um laboratório federal de pesquisa aeroespacial nos EUA)

12.3.3 Organizações profissionais

Costumamos pensar em organizações profissionais como uma fonte de informação técnica. Esse é, realmente, um dos grandes benefícios de ser membro dessas organizações. Entretanto, sua participação ativa em organizações estudantis profissionais é também uma forma excelente de praticar e aperfeiçoar sua liderança e muitas outras habilidades não técnicas.

Atividades estudantis são planejadas e coordenadas por diretores e outros líderes, portanto você pode observar como eles lideram os voluntários. Esse é um ambiente amigável no qual você pode se voluntariar para trabalhar com líderes. Aprender a trabalhar com os outros é uma excelente base sobre a qual você pode desenvolver suas habilidades de liderança e de trabalho em grupo.

Ao obter experiência trabalhando com líderes, você pode considerar oportunidades de assumir responsabilidade e liderar projetos. Há muitas razões pelas quais o envolvimento voluntário em organizações estudantis lhe ajudará e desenvolver habilidades de liderança. Por exemplo, é fácil encontrar oportunidades para praticar o desenvolvimento de equipes e outras habilidades interpessoais quando você participa de projetos.

"Os líderes têm facilidade em reconhecer os pontos fortes das pessoas e em desenvolver equipes que usem as características principais de todos, trabalhando com uma meta em comum. Os melhores líderes são mentores e preparam futuros líderes que continuarão guiando a equipe quando o primeiro líder tiver ido embora. Os líderes nunca se esquecem de seus valores, aprendem com as pessoas que estão liderando e trabalham para obter progresso em algum objetivo, não para obter reconhecimento próprio. Estar no IEEE me ensinou o significado de ser um líder. Eu me envolvi durante meu primeiro ano da faculdade e, ao obter novas habilidades, fui me tornando mais capaz de ajudar. Adquiri habilidades de gerenciamento de tempo, de comunicação e de resolução de problemas. Fiz amizades e desenvolvi uma rede profissional; muito mais do que eu poderia esperar. É quando alguma coisa não funciona da forma que deveria que você descobre o que você e sua equipe realmente são capazes de fazer e adquire a confiança necessária para enfrentar qualquer tarefa."

(Sonja Abbey, Ex-diretora do Ramo Estudantil do IEEE na Universidade de Ohio)

Quando você se voluntariar, pratique algumas das habilidades de liderança básicas em cada projeto. Comece sendo entusiástico e comunicando sua visão aos outros, explicando por que isso será vantajoso a eles e à organização. Desenvolva sua autoconfiança aceitando papéis de liderança, como mostrado na Figura 12.2, para alcançar objetivos de projetos.

Figura 12.2 Seja voluntário a papéis de liderança em organizações profissionais.

O desafio de convencer outras pessoas a voluntariamente seguir seus esforços de liderança é um excelente treinamento para papéis de liderança na carreira. Entretanto, note que esse é geralmente um grande desafio.

O mais importante a se lembrar sobre os voluntários é que eles não têm a obrigação de estar envolvidos. Ao serem voluntários, estão doando seu tempo em prol dos outros, sem a expectativa de recompensas. Então, seu tempo é uma doação à organização.

"Não se lidera batendo na cabeça das pessoas – isso é ataque, não liderança."
(Dwight D. Eisenhower, 34º presidente dos Estados Unidos)

Consequentemente, como indicado pela afirmação do presidente Eisenhower, a liderança de voluntários possui um importante e novo significado. Na verdade, se você for bem-sucedido em influenciar voluntários a seguir suas ideias, terá aprendido a usar algumas das ferramentas mais efetivas da liderança na carreira.

Um comentário comum associado a organizações profissionais é que os membros estão ocupados demais e não estão interessados em se envolver. Então, como é possível motivá-los a se envolver? Bem, é impossível. No entanto, você pode muitas vezes estabelecer um ambiente no qual eles motivarão a si mesmos e verão o valor de seu envolvimento.

Para desenvolver um ambiente em que os outros se sintam motivados, use boas habilidades de comunicação, como o fornecimento de direções claras a serem seguidas, o interesse e a atenção às ideias dos outros a respeito de como realizar o projeto e o incentivo para que outros invistam nos resultados. Nesse caso, certifique-se de reconhecer um bom trabalho, pessoal e publicamente. Você pode ser um líder de sucesso ao trabalhar com outras pessoas em situações em que você não tenha autoridade direta se seguir os princípios listados na Figura 12.3.

LIDERANÇA BEM-SUCEDIDA EM GRUPOS DE VOLUNTÁRIOS
- Organize-se em torno de um propósito
- Escolha voluntários que estejam genuinamente interessados em se envolver
- Esteja ativamente envolvido entre os voluntários
- Certifique-se de que os outros entendam o que você quer
- Seja leal e apoie os outros
- Esforce-se para evitar brigas e estabelecer claramente o que deve ser feito
- Incentive os outros a aceitarem desafios
- Apoie a inovação e dê o devido crédito aos outros
- Escolha tarefas iniciais que forneçam sucessos pequenos e rápidos
- Não se desmotive facilmente quando os outros não atenderem a suas expectativas
- Desenvolva um senso de perspectiva, sem reagir exageradamente a pequenos problemas
- Escute ideias e preocupações dos outros
- Critique ideias, não pessoas
- Reconheça e aprecie publicamente o trabalho de qualidade feito pelos outros

---

Figura 12.3 Chaves para o sucesso em posições de liderança voluntária.

E se você não se sentir confortável em papéis de liderança? Você deve, ainda assim, considerar envolver-se em trabalho voluntário em uma organização? Sim, porque, nesse caso, você poderá aprender a trabalhar com líderes, e isso também será uma habilidade importante em sua carreira de trabalho.

12.4 Oportunidades de aplicar e aperfeiçoar habilidades de liderança após a graduação

Quando você iniciar sua carreira, suas oportunidades de liderança serão limitadas. Você provavelmente terá suas tarefas definidas por seu supervisor. Outras tarefas podem incluir sua participação em uma equipe de projetos. Até que você obtenha experiência, deverá trabalhar sob a liderança de outros.

12.4.1 Preparação para papéis de liderança

Então, como é possível desenvolver habilidades de liderança no início de seu emprego? Essa pergunta pode ser respondida usando os mesmos princípios discutidos para grupos de estudo, laboratórios, equipes de projetos e organizações profissionais.

Seu papel inicial em experiências de grupos estudantis é geralmente o de observar outros líderes e aplicar muitas de suas habilidades para auxiliá-los a completar as metas desejadas. Isso também vale para as primeiras tarefas em grupo de sua carreira de trabalho.

Mesmo que não seja um líder, você pode ser entusiástico e oferecer ideias inovadoras, pode demonstrar autoconfiança tomando decisões apropriadas e realizando trabalho de qualidade, pode demonstrar boas habilidades interpessoais ao trabalhar com membros de um grupo e ao se comunicar efetivamente. Quando você trabalhar com líderes e colegas de forma bem-sucedida, poderá usar essa experiência para fortalecer suas habilidades de desenvolvimento de equipes.

12.4.2 Trabalho em grupo

Ao progredir em sua carreira, suas responsabilidades crescerão e, geralmente, incluirão trabalhos de liderança. Inicialmente, estes podem ser projetos pequenos, mas são oportunidades excelentes de aperfeiçoar e aplicar habilidades de liderança.

Como um líder de equipe, você pode ser inovador e usar sua visão do projeto para encorajar outros membros da equipe a alcançar metas de equipe. Seu entusiasmo e suas habilidades interpessoais e de comunicação demonstrarão que você tem a autoconfiança para ser um líder de equipe bem-sucedido.

Quando necessário, um bom líder demonstra forte caráter, tomando as melhores decisões para o projeto, mesmo que nem todos os membros concordem. Se os líderes demonstrarem alta qualidade em sua contribuição à equipe, servirão de bom exemplo a outros membros.

Além de seu envolvimento pessoal no projeto, líderes efetivos mudam o foco de "eu consigo fazer isso" para "nós conseguimos fazer isso". Métodos de desenvolver um foco no "nós" são mostrados na Figura 12.4. Um líder não realiza todo o trabalho sozinho, mas reúne pessoas e recursos para obter melhores resultados.

DESENVOLVIMENTO DE UM FOCO EM "NÓS"
- Seja você mesmo e forneça um exemplo que ajude os outros a crescerem profissionalmente
- Prometa menos e produza mais
- Seja sensível aos outros e aplique a Regra Áurea
- Analise os pontos fracos e os pontos fortes dos outros
- Aprenda a trabalhar com diferentes traços de personalidade
- Obtenha informação suficiente sobre o que os outros sabem fazer para poder julgar suas ideias
- Designe tarefas que combinem com a pessoa
- Desenvolva o trabalho em equipe e inclua diversidade
- Aprenda a delegar responsabilidade com sucesso
- Confronte discordâncias com fatos
- Aprenda o valor de encontrar um meio-termo e use-o para alcançar melhores resultados
- Incentive os outros a aceitarem desafios
- Esteja ativamente envolvido com seus subordinados
- Pratique habilidades de comunicação frequentes e efetivas
- Dê a todos a oportunidade de falar antes de tomar as decisões
- Comece a agir após ter tomado as decisões
- Escute as ideias e preocupações dos outros
- Preste atenção nos detalhes, mas mantenha em foco os objetivos de longo prazo

Figura 12.4 Focando-se nos outros.

Líderes efetivos aprendem que ter autoridade dentro de um grupo não garante sucesso por si só. Em vez de usar a autoridade para guiar os membros de um grupo, líderes habilidosos desenvolvem a capacidade de transmitir a informação de forma convincente, para que outros se sintam motivados a apoiar e a se envolver.

> Líderes estabelecem um ambiente que incentiva os outros a se motivarem.

Um líder efetivo pede informação, escuta as ideias dos outros e usa tais ideias quando apropriado. Os líderes entendem o valor da propriedade e dão o devido crédito aos outros por suas ideias, a fim de consolidar seu apoio à equipe.

Se um líder tenta levar crédito pelo trabalho dos outros, o sucesso será muito menor do que se todos os envolvidos se sentissem parte dos resultados. Logo, a humildade e a habilidade de incentivar os outros com elogios e respeito são habilidades importantes.

A troca de informação é vital para qualquer projeto ou atividade em grupo, então um líder deve possuir e utilizar habilidades efetivas de comunicação. Isso inclui todas as quatro formas de comunicação – escuta, leitura, escrita e fala. A comunicação deve ser frequente e clara, e não se limita ao grupo de trabalho, devendo ser dirigida a todas as pessoas que tenham interesse nos resultados.

Até esse ponto de nossa discussão, focamos o líder. Apesar de você provavelmente estar esperando por isso, nós também precisamos discutir outra parte da liderança.

Podemos supor que a maioria dos engenheiros é capaz de completar tarefas individuais. Entretanto, nem todas as pessoas se sentem confortáveis ou mesmo desejam ser líderes em uma situação em grupo. Se você se encaixa nessa categoria, pode perguntar "como a informação deste capítulo se aplica a mim?" Essa é uma boa pergunta, então vamos pensar um pouco sobre isso.

> Você pode trabalhar de forma mais eficiente com líderes entendendo os princípios da liderança.

Em uma situação em equipe ou em grupo, deve haver apenas um líder. Ainda assim, todas as pessoas no grupo precisam trabalhar com esse líder. Uma das melhores formas de se fazer isso é entender o que envolve o processo de ser um líder e como responder à sua liderança de forma a auxiliar no sucesso do grupo.

Isso ajuda o líder a ser bem-sucedido e, ainda mais importante, contribui para o sucesso do projeto. Então, mesmo que você não seja o líder, sua habilidade de compreender os princípios de liderança e de trabalhar efetivamente com líderes e com outros membros do grupo terá um impacto positivo em sua carreira.

12.4.3 Organizações profissionais e atividades na comunidade

A participação ativa e contínua em organizações profissionais após sua graduação é uma das melhores formas de manter suas habilidades técnicas atualizadas. As sociedades fornecem uma grande riqueza de informações a respeito de mudanças na tecnologia. Talvez até mais importante do que isso seja o fato de essas mesmas organizações lhe oferecerem oportunidades de aplicar suas habilidades de liderança e de continuar a aperfeiçoar suas habilidades interpessoais e de redes de contatos.

Suas habilidades de liderança e de gerência de projetos podem ser de grande valor ao lidar com importantes questões profissionais. As sociedades profissionais foram formadas para promover a tecnologia e atender às necessidades dos membros da profissão. Como membro voluntário de um ou mais grupos profissionais, você pode contribuir com o avanço da tecnologia e ajudar alunos a se prepararem melhor para carreiras de sucesso.

O mundo continua se tornando mais complexo devido às muitas mudanças causadas pela expansão da aplicação da tecnologia. Nesse ambiente, você pode desempenhar um papel fundamental ajudando sua comunidade a compreender e a usar a tecnologia de forma eficiente. Suas habilidades de liderança serão sempre bem-vindas pelas pessoas que têm a responsabilidade de fornecer recursos à comunidade.

> "A liderança é a prática de converter metas institucionais em um plano de ação, compartilhando sua visão com seus colegas, subordinados e supervisores e guiando as equipes na realização das metas. As sociedades profissionais fornecem oportunidades de voluntariado, e essa é uma plataforma maravilhosa para que indivíduos de todos os níveis de experiência, desde estudantes até executivos proficientes, possam desenvolver habilidades de liderança. Eu estou pessoalmente envolvida com a liderança do IEEE desde que me formei na graduação, e minha educação, minha carreira e meu voluntariado têm sido indissoluvelmente associados. Os benefícios que acumulei, além do treinamento em liderança executiva, incluem diversas experiências inesquecíveis."
>
> (Monica Mallini, Engenheira Profissional, Engenheira Eletricista e Mecânica e Professora Assistente no Northern Virginia Community College)

Ainda que o envolvimento em projetos da comunidade exija investimentos de tempo, a experiência obtida ajuda em sua carreira, além de ajudar a comunidade. Como você desenvolve habilidades especiais como um engenheiro, deve considerar seriamente a possibilidade de ser um líder ativo em sua comunidade e compartilhar tais habilidades e conhecimentos com alunos, líderes da comunidade e outros grupos importantes. Essa experiência trará recompensas pessoais e profissionais e é uma excelente forma de contribuir para tornar o mundo um lugar melhor.

Uma conversa com Krenar Komoni

Krenar, como você desenvolveu habilidades de liderança quando era um aluno?
Resposta:
"Durante meu penúltimo ano da faculdade, tive a oportunidade de me candidatar a presidente do ramo estudantil do IEEE, e com o apoio de meus colegas de classe, fui

eleito naquele ano. Essa foi uma ótima plataforma, na qual pude aprender, aperfeiçoar e exercitar minhas habilidades de liderança e comunicação, estimulando nosso ramo e organizando diversos eventos.

Durante meu último ano, fui eleito uma segunda vez, e em um período de dois anos, organizamos mais de vinte eventos, participamos de mais de dez excursões e trouxemos nove palestrantes para falar sobre suas experiências de engenharia após terem se formado. Além do IEEE, também fui eleito presidente da Tau Beta Pi Engineering Honor Society – naquele ano, nosso instituto recebeu o prêmio Most Outstanding Chapter Award da Tau Beta Pi Association."

Que habilidades não técnicas você aperfeiçoou como líder?
Resposta:
"Como líder do ramo estudantil do IEEE, uma das habilidades não técnicas que cultivei foi a capacidade de planejar. Eu rapidamente percebi que o planejamento é o que nos permite criar uma visão e uma missão para a organização e para as pessoas que estão sendo lideradas. A visão que eu criei para o ramo estudantil do IEEE é o que guiou a mim, minha equipe executiva e os membros do ramo na direção de melhorar nossa organização, planejar todos os eventos realizados e obter um saldo positivo ao final de cada ano. Essas habilidades permanecem comigo ainda hoje e me ajudaram a dar início ao meu próprio negócio e a instigar seu crescimento.

Além de planejar e criar uma missão e uma visão para a organização, há uma infinidade de outras habilidades não técnicas usadas na liderança de uma equipe. As habilidades não técnicas que eu uso mais frequentemente são a gestão de tempo, a capacidade de realizar reuniões efetivas e as habilidades de comunicação. Durante qualquer experiência como aluno de engenharia, acredito que precise haver uma ênfase nessas habilidades, especialmente as habilidades de comunicação.

A capacidade de compartilhar seus pensamentos e ideias com clareza a uma audiência é a chave para o sucesso de qualquer líder. Uma vez que você tenha criado a visão da organização, a comunicação dessa visão a seus colegas de equipe é crucial. Como líder, isso lhe permitirá criar um bom ambiente de trabalho em equipe e incentivar todas as pessoas a trabalharem com uma meta em comum.

Outra habilidade não técnica que me ajudou tremendamente durante minha graduação foi a gestão de tempo. A disciplina que eu adquiri enquanto exercitava minhas habilidades de gestão de tempo me ajudou a focar as tarefas imediatas, em vez de pensar nas tarefas futuras, apenas criando distrações.

Finalmente, uma habilidade importante que aprendi com meus professores durante minha graduação foi a de conduzir reuniões efetivas. Tais reuniões precisam de uma pauta, de um tempo predestinado para cada item da pauta, e deve-se certificar de que a pauta seja conhecida por todos os participantes da reunião. Eu costumava imprimir de vinte a trinta pautas para cada reunião e distribuí-las a todos que participavam – essa era a melhor forma de deixar todos envolvidos com o que estávamos fazendo e, ao mesmo tempo, obter deles o máximo de interesse."

Como você aplica as habilidades de liderança que desenvolveu nos meios acadêmicos em sua carreira?

Resposta

"A oportunidade de liderança que eu tive durante minha graduação me ajudou enormemente na criação do meu próprio negócio e em me tornar um empresário. Eu acredito firmemente que minha participação nas oportunidades de liderança que tive como aluno de graduação moldou o meu caráter e me preparou para as incertezas que advêm de uma carreira de empreendedorismo.

Após a obtenção de meu diploma de graduação, tive a sorte de ser contratado como engenheiro de projeto em uma empresa de engenharia de radiofrequência. Trabalhando em um ambiente de startup, tive de apresentar minhas ideias pelo menos uma vez a cada algumas semanas, demonstrando meu progresso a toda uma equipe de engenharia. Lá, percebi que as habilidades de apresentação e comunicação que cultivei durante minha graduação foram proveitosas e me ajudaram diretamente a melhorar minha carreira, dando-me confiança para começar meu próprio negócio."

Que conselho você compartilharia com alunos?

Resposta:

"Em comparação a outros cursos, a graduação em engenharia fornece uma infinidade de oportunidades de liderança. Há uma grande quantidade de organizações de engenharia que possuem ramos estudantis em sua universidade.

Você pode facilmente tomar iniciativa e se tornar o líder de organizações estudantis de prestígio, como IEEE, Tau Beta Pi Engineering Honor Society, Eta Kappa Nu Engineering Honor Society, American Society of Mechanical Engineers (ASME), American Society of Civil Engineers (ASCE), Association for Computing Machinery (ACM) e muitas outras organizações que tenham representação em sua universidade.

Se uma dessas organizações despertar seu interesse, eu o incentivaria a se envolver e a se voluntariar aos cargos de liderança.

Você será um líder mais efetivo e obterá maior sucesso na carreira quando você:

- *Estiver aberto a oportunidades.*
- *Esperar desafios.*
- *Não permitir que o medo de falhar lhe impeça de alcançar seus sonhos.*
- *Seguir seus interesses."*

(Krenar Komoni, Engenheiro Eletricista e Empresário)

12.5 Conclusão

As diversas mudanças tecnológicas que estão ocorrendo no século XXI trazem consigo uma crescente necessidade de que os engenheiros sejam líderes. E a boa notícia é que os engenheiros podem ser líderes excelentes. No futuro, mais engenheiros serão promovidos a cargos de gerência de alto nível, e os que não forem gerentes poderão se tornar efetivos de outras formas.

Comece desde já a praticar e desenvolver as habilidades de liderança. Isso irá lhe preparar para melhores oportunidades em sua carreira de trabalho e lhe ajudará a decidir se você quer ser um líder ou, se não, a trabalhar melhor com líderes.Oportunidades incríveis de desenvolver liderança e autoconfiança podem ser encontradas em organizações profissionais estudantis. Esse é um dos melhores e mais econômicos "laboratórios" no qual você poderá aperfeiçoar suas habilidades.

As habilidades de liderança estão definitivamente associadas a ser um diretor de qualquer organização. Apesar de a adoção das responsabilidades de diretor realmente ajudar a desenvolver habilidades de liderança, existem outras formas de aperfeiçoar tais habilidades. Você pode ser o presidente de uma comissão ou grupo de trabalho dentro da organização ou participar de uma equipe ou comissão e ajudar o líder a definir as direções e trazer sucesso ao projeto.

Um último ponto a considerar é que, mesmo que você não deseje ser um líder em uma equipe ou em outras situações em grupo, ainda pode ser uma parte importante do papel desempenhado pela profissão de engenharia. Seu apoio de líderes e seu trabalho honesto, ético e competente ajudarão o mundo técnico e não técnico a desfrutar dos benefícios das aplicações da tecnologia. Então, em ambos os casos, você terá um papel importante no futuro da sociedade.

REVISÃO DE FINAL DE CAPÍTULO

Escolha a resposta mais adequada para as seguintes afirmações.

1. O motivo mais importante para se desenvolver habilidades de liderança é
   a. Ganhar muito dinheiro.
   b. Ter mais sucesso ao liderar ou trabalhar com líderes em projetos em equipe.
   c. Garantir que você se torne um diretor de sua empresa.
   d. Satisfazer a vontade de sua comunidade de que você lidere projetos.
2. A maioria dos líderes desenvolve habilidades efetivas associadas a
   a. Visão e habilidade de guiar os outros.
   b. Relações interpessoais e comunicação.
   c. Tomada de decisões importantes.
   d. Todas as alternativas acima.
3. A maioria dos líderes é bem-sucedida em
   a. Lidar com suas vidas pessoais.
   b. Estabelecer um ambiente no qual as pessoas se tornem motivadas.
   c. Ganhar muito dinheiro e ser admirado por seus colegas.
   d. Lidar com muitos detalhes associados a um projeto.
4. As habilidades de liderança iniciais podem ser desenvolvidas mais facilmente em projetos de trabalhos em grupo
   a. Observando como o líder usa as diversas habilidades para obter sucesso no grupo.
   b. Fornecendo conselhos ao líder para ajudá-los a coordenar a equipe.

c. Realizando a sua parte do projeto.

d. Pensando em como seu estilo de liderança seria melhor.

5. O líder de uma equipe de projeto é mais efetivo quando
   a. Realiza a maior parte do trabalho.
   b. Certifica-se de que todos na equipe saibam que ele é o chefe.
   c. Mantém uma atitude focada em "nós", e não no "eu".
   d. Dá início ao trabalho em equipe e depois evita a maioria das discussões.

6. Ao trabalhar com voluntários, os líderes podem obter sua cooperação se
   a. Incentivarem a inovação e derem o devido crédito por sua contribuição.
   b. Disserem às pessoas como devem fazer as coisas e deixá-las em paz.
   c. Definir estritamente o que elas devem fazer e exigir que entreguem relatórios periódicos.
   d. Discordar de suas ideias se não concordarem com o que você pensa.

7. Uma das maiores vantagens em participar ativamente de organizações profissionais é que
   a. É uma boa adição a seu currículo.
   b. Você pode ser um diretor e dizer aos outros o que fazer.
   c. Você pode praticar a liderança de forma confortável em um ambiente econômico.
   d. Você pode assistir a apresentações técnicas.

8. A população precisa que engenheiros assumam papéis mais ativos de liderança porque
   a. Os engenheiros sabem como usar a tecnologia para o bem comum da sociedade.
   b. Há muitos advogados em posições de liderança.
   c. A Internet deveria ser controlada por pessoas técnicas.
   d. Nenhuma das alternativas acima.

9. Se você não gosta de liderar, você ainda pode fazer parte de uma equipe
   a. Simplesmente fazendo o que pedem que você faça.
   b. Compreendendo os princípios de liderança e aprendendo a trabalhar com líderes.
   c. Não causando problemas quando você não gostar do que o líder está fazendo.
   d. Certificando-se de que o líder gosta de você e é seu amigo.

10. É importante aperfeiçoar habilidades de liderança para
    a. Preparar-se para oportunidades inesperadas de liderança e de progressão na sua carreira.
    b. Aprender a trabalhar com outros em um projeto em equipe.
    c. Obter maior sucesso em sua carreira.
    d. Alcançar todas as coisas acima.

Exercícios para desenvolver e aperfeiçoar suas habilidades

12.1 Quando determinado por seu instrutor, responda às seguintes perguntas de estudo de caso referentes à conversa com Krenar Komoni, ao fim do capítulo:

1. Quais são as duas habilidades de liderança mais importantes usadas por Krenar para estabelecer um ambiente no qual outros estudantes poderiam se envolver com as atividades do Ramo Estudantil do IEEE?
2. Quais são as duas habilidades não técnicas que Krenar usou para ser um líder de equipes bem-sucedido?
3. Qual é uma importante chave para a realização de reuniões efetivas?
4. Como a experiência de liderança enquanto estudante ajudou Krenar a se preparar para o sucesso como empresário?
5. Qual é uma das maiores oportunidades de desenvolver a liderança e as habilidades de trabalho em equipe durante a experiência de graduação?
6. Discuta as recomendações de Krenar para obter maior sucesso quando você
   - Está mais aberto a oportunidades.
   - Espera desafios.
   - Não permite que o medo de errar lhe impeça de alcançar seus sonhos.
   - Segue seus interesses.
7. Qual é a mensagem mais importante que se pode retirar dessa conversa sobre liderança com Krenar?

12.2 Quando determinado por seu instrutor, use o formulário do Recurso 1 para completar uma avaliação de suas características de liderança. Participe de uma discussão em classe a respeito de como os resultados de sua avaliação representam suas habilidades de liderança.

Se esse exercício não for requisitado por seu professor, você ainda assim pode usar o Recurso 1 para identificar suas habilidades de liderança. Pontuações no intervalo 70–100 indicam que você tem fortes habilidades de liderança. Pontuações no intervalo 31–69 demonstram que você tem certas habilidades de liderança e que pode aprender a aperfeiçoá-las, para que se tornem mais efetivas. Se sua pontuação for 30 ou menos, é provável que você seja mais efetivo em situações em equipe nas quais você não é o líder.

12.3 Talvez você não tenha certeza se quer ou não ser um líder, ou se seria um líder efetivo. Uma forma de ajudá-lo a descobrir suas qualidades de liderança é fazer parte de uma atividade em grupo. A primeira parte desse exercício é estabelecer ou unir-se a um grupo de estudo.

Trabalho – Liderança em grupo de estudo

Considere seu grupo de estudos como uma equipe. Você pode escolher uma ou mais opções neste exercício.

Opção 1:

Voluntarie-se para ser o líder de um grupo por um mês. Pratique habilidades de liderança e use o processo de gerência de projetos para desenvolver um plano de atividades de estudo para aquele mês. Peça a opinião dos membros de seu grupo e estabeleça um objetivo geral, um cronograma das reuniões, critérios para a medição de sucesso e métodos de registro de resultados.

Prepare um plano de grupo de estudo e distribua-o a todos os membros da equipe. Deixe-os envolvidos no processo de planejamento e implementação para que sejam proprietários do trabalho. Trabalhe para estabelecer um ambiente no qual todos se tornem motivados a participar e contribuam para a realização dos objetivos.

Ao final do tempo designado para esse projeto, discuta como as atividades futuras podem ser continuadas e talvez até aperfeiçoadas. Sugira que outros membros do grupo se revezem como líderes do grupo de forma similar à que você demonstrou.

Se você escolher essa opção, complete seu trabalho como definido por seu instrutor e prepare um relatório escrito de sua experiência usando o formato do Recurso 2.

Opção 2:

Pratique trabalhar com o líder do grupo de estudos. Releia os princípios de liderança deste capítulo e identifique como o líder está operando. Pense em como você pode auxiliar o líder a realizar um bom trabalho para que o grupo de estudos possa alcançar o máximo de resultados dentro do tempo estipulado.

Ainda que não seja o líder, você deve se sentir confortável em sugerir formas com as quais o grupo pode ser mais eficiente ou mais produtivo. Conte ao grupo sobre seu envolvimento nesse exercício para que possam lhe ajudar com informações para preparar seu relatório escrito.

Se você escolher essa opção, complete seu trabalho como definido por seu instrutor e prepare um relatório escrito de sua experiência usando o formato do Recurso 2.

RECURSOS DE FINAL DE CAPÍTULO

Recurso 1

AUTOAVALIAÇÃO DE CARACTERÍSTICAS DE LIDERANÇA			
Características	Percentual de tempo		
	0-30	31-69	70-100
Visão			
Reconhecer potenciais oportunidades			
Assumir riscos razoáveis			
Inovação			
Pensar "fora da caixa" e explorar novas ideias			
Incentivar os outros a se esforçarem			
Entusiasmo			
Encarar o desafio como uma oportunidade empolgante			
Ter uma atitude positiva			
Caráter forte			
Ser respeitado por ser honesto			
Aprender com os erros e aumentar o sucesso futuro			
Tomada de decisão			
Basear suas decisões em fatos			
Começar a agir após ter tomado decisões			
Trabalho de qualidade			
Prestar atenção em detalhes			
Exceder as expectativas			
Confiança			
Desenvolver novas habilidades			
Evitar o desânimo			
Comunicação			
Comunicar mensagens frequentes e efetivas			
Escutar tão bem quanto fala			
Relacionamentos interpessoais			
Incentivar os outros a serem inovadores			
Delegar responsabilidade aos outros			
Responder às necessidades dos outros			
Ser sincero e servir de bom exemplo			
Total			

Recurso 2

Relatório de liderança de grupo de estudos

Nome _____(seu nome)_____

Descrição do grupo de estudo (nomes de membros do grupo, horários e localizações de reuniões, etc.)

Principais objetivos

Critérios para medição de sucesso

Processo de documentação

Seu papel nesse grupo de estudos e sua avaliação deste trabalho

CAPÍTULO

13

Habilidades de gestão de carreira

"Se você não sabe para onde está indo, qualquer caminho lhe levará. Entretanto, você pode não gostar dos resultados. Passar pela vida sem um planejamento é o mesmo que viajar por uma estrada sem mapas ou navegar sem uma bússola."

Jim Watson, Engenheiro Profissional, Presidente da Watson Associates

Objetivos de aprendizagem

Ao usar as informações e os exercícios deste capítulo, você será capaz de:

- Compreender por que a gestão da carreira é tão importante para seu sucesso.
- Identificar o que é importante no desenvolvimento de um plano de carreira.
- Desenvolver um plano de carreira efetivo.
- Perceber por que escrever e implementar planos de ação são fundamentais para o sucesso.
- Documentar e avaliar resultados para planejamentos futuros.
- Controlar sua carreira por meio da gestão de carreiras.

CENÁRIO DE GESTÃO DE CARREIRA

"Como seu mundo é dinâmico, seu primeiro percurso profissional pode incluir alguns desvios. Se você estiver insatisfeito com seu primeiro emprego, deveria considerar mudar de carreira? Se sim, o que pode fazer para aproveitar oportunidades novas e diferentes? Como pode se preparar para grandes mudanças em seu trabalho e na vida? Como pode ser proativo e assumir o controle de seu futuro?"

(Kathryn Paine, Engenheira Profissional, Engenheira Mecânica e Diretora de Engenharia & Vendas Internas na Mechanical Products SW, Inc.)

Essas são excelentes perguntas feitas por Kathryn Paine. Veremos como ela lidou com as mudanças em sua carreira em nossa discussão ao final deste capítulo. Para começarmos, vamos pensar sobre sua carreira e como usar a gestão de carreira para guiá-lo pelas diversas oportunidades e desafios de suas experiências com a engenharia.

13.1 Introdução

Ao começar a gerência de sua carreira, prepare-se para desafios e oportunidades e para desfrutar de uma jornada incrível. Este capítulo fornece ferramentas práticas para que você possa desenvolver e usar um plano dinâmico de gestão de carreiras.

> A profissão de engenheiro é uma cultura.

Antes de discutir os detalhes do planejamento de carreira, vamos pensar em como isso se relaciona à nossa profissão. A profissão de engenheiro é, na verdade, uma cultura. Ela inclui uma educação formal, uma aprendizagem que dura uma vida inteira, experiência e foco em ajudar as pessoas por meio resolução de problemas. Isso pode ser feito com maior facilidade aplicando a tecnologia de forma criativa, eficiente e ética, buscando melhorar a qualidade de vida.

Por muitos anos, a indústria e os governos vêm buscando engenheiros tecnicamente competentes. Eles também desejam que esses engenheiros tenham habilidades não técnicas, que saibam trabalhar com os diversos níveis de gerência, ao mesmo tempo em que trabalham como líderes e membros de equipes de projeto. Para isso, é preciso mais do que conhecimento e habilidades técnicas.

> "Desenvolver habilidades técnicas é de fundamental importância, porém a empregabilidade também depende de habilidades e competências pessoais. O gerenciamento de tempo, as habilidades de comunicação oral e escrita e a gestão da carreira têm importância essêncial."
>
> (Comentários da IEEE Industry 2000 Conference)

O desafio é incluir o desenvolvimento de habilidades técnicas e não técnicas em seu plano de carreira para assegurar melhores oportunidades de emprego. Quando há um equilíbrio entre essas habilidades, obtém-se um melhor preparo para aproveitar oportunidades de avançar na carreira.

Há outro motivo para incluir habilidades não técnicas em seu plano de carreira: as pessoas que não fazem parte do mundo técnico não estão familiarizadas com a tecnologia da engenharia, e esta pode ser um pouco confusa para elas, incluindo seus colegas de trabalho de outros departamentos e até mesmo para a população em geral. Quando as pessoas não entendem o que você faz e por que isso é importante, elas podem afetar negativamente sua carreira.

Para garantir que os outros compreendam sua contribuição como um engenheiro, você precisa escrever e falar com clareza e usar outras habilidades para causar uma impressão positiva nos outros. Aos usar os conceitos de gestão de carreira deste capítulo, que incluem a harmonia entre habilidades técnicas e não técnicas, você estará preparado para trabalhar em diferentes contextos e comunidades.

13.2 Sua carreira de engenharia

Seu interesse na engenharia provavelmente começou muito antes da matrícula em um curso de engenharia. Você pode ter desmontado objetos para ver como funcionavam e, então, ter remontado para obter a satisfação de seu feito. Provavelmente você tinha facilidade em matemática e em ciência no ensino médio, e, com base em seus interesses, está agora seguindo seu caminho em uma carreira de engenharia.

> Sua carreira começa no momento em que você dá seu primeiro passo na universidade.

Você pode pensar que sua carreira começará quando se formar como engenheiro, mas ela começou no seu primeiro ano da faculdade de engenharia, ou mesmo antes disso. Suas decisões iniciais incluem a escolha de um tipo específico de engenharia e a escolha de disciplinas eletivas que complementarão sua área de interesse. Você pode maximizar sua experiência educacional começando a planejar sua carreira desde já.

> "Não existe garantia de emprego na engenharia. Os empregos são controlados pelos outros e isso tipicamente exclui a maioria das formas de segurança em relação a emprego. Entretanto, os engenheiros podem desenvolver a segurança de sua carreira. Assim, para ter sucesso, você precisa planejar e controlar sua carreira."
>
> (Larry Dwon, Engenheiro Profissional, Engenheiro Eletricista aposentado pela American Electric Power Corporation)

Essa afirmação, feita por um engenheiro muito experiente, Larry Dwon, baseia-se em mais de sessenta anos bem-sucedidos de exercício da engenharia, e é uma importante mensagem para todos os engenheiros. Quando você receber seu diploma e começar sua carreira de trabalho, logo perceberá que os cargos de engenheiros carregam certo risco. As condições tecnológicas ou econômicas podem mudar rapidamente, resultando na redução de empregos. Se você trabalha para outras pessoas, elas controlam seu futuro. Mesmo se você tiver sua própria empresa, seus clientes e seus empregados têm um grande impacto no que você é capaz de fazer.

Tudo isso gera uma pergunta interessante: quando outras pessoas têm o poder de afetar seu trabalho, como você controla seu futuro? A resposta é: sendo proativo e planejando sua carreira por meio de princípios comprovados de gestão de carreira. Este capítulo mostrará como fazer isso e apresentará oportunidades de colocar esses princípios em prática.

13.3 Seu plano de carreira

Para estabelecer um plano de carreira bem-sucedido, cada parte do processo de planejamento deve estar associada aos objetivos gerais de sua vida pessoal. Seu plano começa com a identificação de suas visões pessoais e profissionais. Em seguida, é preciso desenvolver uma estratégia de metas e habilidades necessárias associadas a suas visões.

Os detalhes de como planejar a execução de sua estratégia estão identificados em um plano de ação, um valioso mapa que lhe guiará no cumprimento de metas e no aperfeiçoamento de suas habilidades. Os importantes passos finais são a implementação de seu plano de ação, a documentação e avaliação de resultados, a comparação de resultados com suas visões e a revisão de seu plano de carreira, quando apropriado. Um resumo do processo de planejamento de carreira é demonstrado na Figura 13.1.

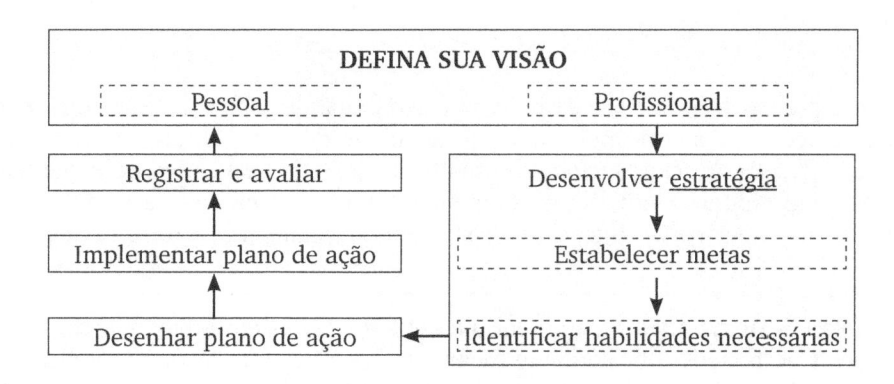

Figura 13.1 Processo de planejamento de carreira.

À primeira vista, o processo de planejamento de carreira da Figura 13.1 pode parecer trabalhoso e dar a impressão de tomar muito tempo. O planejamento de carreira realmente demanda um pouco de tempo e esforço, mas não é tão complicado e é fácil aplicá-lo à sua vida. O segredo, que discutiremos neste capítulo, é construir um plano usando abordagem lógica e etapas comprovadas.

13.3.1 Visão pessoal

Antes de escrever um plano de carreira, você deve parar e fazer a si mesmo algumas perguntas bem pessoais. O que é importante para você, pessoalmente? Se pudesse projetar uma vida perfeita, o que ela incluiria? Como isso envolveria outras pessoas? O que geraria satisfação e felicidade para você?

Mais especificamente, que tipo de vida você quer levar? Você quer realizar muitas coisas e ter crescimento pessoal? As crenças religiosas são muito importantes na sua vida? É importante manter uma boa saúde? Você gostaria de ter muitos amigos, desfrutar de uma variedade de atividades de lazer e se divertir bastante?

Onde você gostaria de morar? Se pudesse escolher qualquer parte do mundo, quais critérios de seleção seriam importantes?

Quão importante é sua família? É menos importante que sua carreira, tão importante quanto, mais importante que sua carreira ou a coisa mais importante de sua vida?

Quanto envolvimento você gostaria de ter em sua comunidade local e profissional? Você quer evitá-los, estar informado, estar um pouco envolvido ou ser um líder? Quando você deixar esse mundo, como gostaria que as pessoas se lembrassem de você?

Sua visão pessoal é o que você quer da sua vida.

As respostas a essas perguntas são a base de sua visão pessoal e, em grande parte, determinarão como você investirá seu tempo. Não se pode aumentar o número de horas em um dia, mas é possível usar o tempo de forma mais eficiente com o desenvolver de um sistema de gestão de tempo. Você pode gerenciar melhor sua carreira quando estiver gerenciando o tempo por meio dos princípios comprovados de gestão de tempo.

Muitas pessoas pensam sobre o que querem da vida, mas a maioria não expressa o que quer por meio de uma declaração escrita de sua visão. Então, o primeiro passo importante na preparação de um plano de carreira é escrever uma visão pessoal e mantê-la em foco ao desenvolver o resto do plano.

Minha visão pessoal envolve o estabelecimento de uma vida segura para mim e minha família, divertindo-me nesse processo. Apesar de eu querer obter um emprego com uma renda razoável, minha família é realmente a parte mais importante da minha vida. Quero participar da minha comunidade, envolvendo-me com escolas locais.

Figura 13.2 Exemplo de visão pessoal estudantil.

Note que o exemplo de visão pessoal da Figura 13.2 inclui o relacionamento entre a pessoa e sua família e comunidade. As declarações de visão podem ser curtas ou longas, mas precisam identificar o que é realmente importante. Exemplos de declarações de visão pessoal são demonstrados nos Recursos 2 e 3.

> "Tão melhor é ousar coisas extraordinárias e receber gloriosos triunfos, mesmo que marcados por fracassos, do que se equiparar aos pobres espíritos que pouco se alegram ou sofrem, porque vivem na penumbra cinza que não conhece nem vitória nem derrota."
>
> (Theodore Roosevelt, 26º presidente dos Estados Unidos)

Comece sonhando ALTO, ainda que você possa ter limitações e restrições quanto à realização de seus sonhos. Por exemplo, Jim Watson tem 1,70m. Se sua visão "irrestrita" incluir jogar em uma equipe na NBA (National Basketball Association), sua pequena estatura pode impedir que ele alcance essa parte da sua visão. Você consegue imaginá-lo em uma competição de "enterradas"?

Como indicado pela citação de Roosevelt, é melhor começar com altas expectativas e falhar ao satisfazer apenas algumas delas do que nunca sonhar alto e se contentar com muito menos. Então, primeiro pense no que é importante, sem limitações. Em seguida, seja realista e considere as possíveis restrições ao completar seu plano.

13.3.2 Visão profissional

> Sua visão profissional é o que você quer alcançar.

Desenvolva uma visão profissional considerando o que você quer em relação a seu trabalho. Qual é seu principal foco profissional? É ser um generalista ou um especialista? Você quer saber um pouco sobre diversas áreas de tecnologia ou o máximo possível a respeito de apenas uma ou duas áreas?

Outras questões a considerar estão associadas ao tipo de trabalho. Por exemplo, você está interessado em pesquisa para desenvolvimento de produtos futuros? Ou prefere desenvolver a concepção inicial por meio de modelagem computacional? Você gostaria de usar sua criatividade e aplicar conceitos gerais a produtos específicos? Ou quer testar novos produtos e projetos? Você gostaria de se envolver na produção ou venda de produtos?

Além dos trabalhos tradicionais na engenharia, é possível considerar outras oportunidades associadas a uma carreira de engenharia, incluindo administração, consultoria, empreendedorismo e carreira acadêmica. Os engenheiros frequentemente escolhem após ter experiência com os primeiros projetos de trabalho. A segunda área de sua visão profissional está associada a seu ambiente de trabalho. Onde você quer se localizar geograficamente? Você quer trabalhar em uma empresa grande, pequena, quer ser dono de sua própria empresa? Está interessado em trabalhar para o governo ou no setor privado?

Outras considerações estão associadas ao que você quer obter. Respeito, segurança econômica, autoridade, excelência ou satisfação pessoal de um trabalho bem feito? As respostas a essas e outras perguntas associadas à sua visão profissional fornecem uma direção para o desenvolvimento de seu plano de carreira.

> Meu foco na engenharia civil é a área de recursos hídricos. Quero desenvolver métodos eficientes de usar a água para a produção de eletricidade, para a eliminação da sede dos cidadãos de países subdesenvolvidos e para a adição de nutrientes na agricultura. Desejo trabalhar ao ar livre e em um escritório. Minha maior conquista seria o uso das habilidades de engenharia para ajudar os outros.

Figura 13.3 Exemplo de visão profissional estudantil.

A Figura 13.3 é um exemplo de declaração de visão profissional. Outros exemplos estão no Recurso 3.

Ainda que você possa achar difícil definir as atividades de trabalho no começo de sua experiência educacional, é possível analisar opções agora para formar sua visão profissional. Lembre-se de que os planos de carreira são dinâmicos, então você sempre pode modificá-lo para refletir novas ideias e oportunidades.

Quando você tem uma visão clara, é mais provável que alcance níveis mais altos de sucesso, tanto pessoal quanto profissionalmente. Consideremos o exemplo a seguir que demonstra por que o alcance de um alto nível de sucesso será benéfico para você.

Muitas companhias de distribuição de energia elétrica realizaram investimentos substanciais para aumentar a tensão (potencial) de sua rede de 138kV para 765kV ou mais. Isso foi feito porque a quantidade de potência elétrica que pode ser enviada em um cabo da rede é diretamente proporcional à tensão. Então, as empresas usam uma maior potência de transmissão para entregar mais produto (energia) a um menor custo e maior valor para os clientes.

Esse exemplo de aumento de tensão ou potencial de transmissão pode ser facilmente associado à sua carreira. Há muitos benefícios em alcançar suas maiores conquistas potenciais. Quando você proporciona mais resultado em sua carreira, favorece a si mesmo, sua família, a empresa para a qual trabalha e os clientes que utilizam seu produto ou serviço.

> "Minha visão profissional é lidar constantemente com problemas desafiadores. Eu aprecio a aprendizagem e quero poder aplicar meu conhecimento para resolver problemas novos e interessantes do mundo real. Prefiro lidar com uma ampla abordagem, porque há mais escopo para tentar diversas soluções. Minhas metas de carreira são tornar-me tecnicamente proficiente dentro da minha área da engenharia e aplicar minhas habilidades interpessoais e de negócios para ser um solucionador efetivo de problemas."
>
> (Akshay Kashyap, Engenheiro Eletricista e Financial Technology Associate no Citadel Investment Group)

13.3.3 Estratégia

Ao usar suas declarações de visão pessoal e profissional como base, o próximo passo em seu plano de carreira é desenvolver uma estratégia para obter resultados. Como demonstrado na Figura 13.1, isso inclui a definição de metas e identificação de habilidades necessárias. Vamos abordar a primeira parte focando o processo e o valor de definir metas que estejam diretamente associadas à sua visão.

> Metas são os alvos de conquistas desejadas.

Definição de metas

Metas devem ser específicas, mensuráveis, atingíveis e devem estar diretamente associadas às suas visões. Os exemplos na Figura 13.4 demonstram a diferença entre declarações de meta fortes e fracas. Metas fracas são genéricas demais para serem mensuráveis.

DEFINIÇÃO DE METAS	
Exemplos fracos	Exemplos fortes
Obter um "A" em Física	Aprender os princípios básicos de Física
Ser rico	Aprender a investir para obter lucro
Ter tempo livre	Desenvolver um sistema de gerenciamento de tempo
Ter saúde	Exercitar-me e controlar minha alimentação
Ter um trabalho de estágio	Usar meus recursos para encontrar um estágio
Aposentar-me aos 55 anos de idade	Criar um plano de carreira com aposentadoria aos 55 anos

Figura 13.4 Exemplos de metas fracas e fortes.

Ao definir suas metas, releia suas visões e escreva algumas que lhe ajudarão a alcançar o que você quer. Seja realista, mas não tenha medo de exagerar um pouquinho. É melhor planejar altas conquistas e alcançá-las parcialmente do que estabelecer atividades que não sejam desafiadoras.

Três tipos de metas devem ser considerados e estabelecidos: longo prazo, médio prazo e curto prazo.

Metas de longo prazo

- Devem focar a visão geral
- Baseiam-se no que você quer daqui a muitos anos
- Devem estar associadas à sua visão
- Podem ser mais genéricas do que as metas de médio e curto prazo

Metas de médio prazo

- Devem focar os anos intermediários de sua carreira
- São mais fáceis de estabelecer, pois não é necessário olhar para um futuro tão distante
- Podem ser mais bem estruturadas que metas de longo prazo
- Devem contribuir com as metas e visões de longo prazo

Metas de curto prazo

- Devem focar a situação atual

- São muito mais fáceis de desenvolver
- Podem ser mais fáceis de alcançar, porque o presente é mais estável e bem definido
- Devem contribuir com as metas e visões de médio e longo prazo

Para expandir nossa discussão sobre metas, vamos usar a Figura 13.5 para desenvolver metas típicas que contribuam para a visão pessoal de nosso exemplo.

Ao rever os exemplos de metas da Figura 13.5, note que elas são identificadas como de longo prazo, médio prazo e curto prazo. Cada meta possui uma conexão direta com a visão pessoal.

Uma abordagem similar, demonstrada na Figura 13.6, pode ser aplicada à visão profissional.

Como no caso de metas da visão pessoal, as metas da Figura 13.6 são listadas como de longo prazo, médio prazo e curto prazo. Cada meta possui uma conexão direta com a visão profissional. Exemplos adicionais de metas estão no Recurso 3.

Identificação de habilidades necessárias

O próximo passo é considerar suas habilidades atuais e identificar as que você precisa desenvolver ou aperfeiçoar. Comece esse processo no início de sua experiência educacional, pois você terá muitas escolhas durante os anos subsequentes. Considere suas habilidades e identifique o que será necessário para alcançar suas metas.

Visão pessoal estabelecida na Figura 13.2:

Minha visão pessoal envolve o estabelecimento de uma vida segura para mim e minha família, divertindo-me nesse processo. Apesar de eu querer obter um emprego com uma renda razoável, minha família é realmente a parte mais importante da minha vida. Quero participar da minha comunidade, envolvendo-me com escolas locais.

▼

Exemplos de metas relacionadas:

Longo prazo:
- Estabelecer uma poupança e investir em segurança em longo prazo.
- Planejar viagens em família e conhecer novos lugares do mundo.
- Assumir um papel ativo na Associação de Pais e Mestres e agendar excursões para que os alunos de ensino médio observem engenheiros no trabalho.

Médio prazo:
- Estabelecer uma poupança para os gastos com a faculdade dos meus filhos.
- Gerenciar meu tempo para reduzir o estresse e planejar atividades em família.
- Desenvolver um plano e trabalhar com professores de matemática e ciências.

Curto prazo:
- Usar um orçamento pessoal para equilibrar minhas necessidade pessoais.
- Desenvolver um sistema de gerenciamento de tempo efetivo.
- Estabelecer um sistema de mentoria que ajude alunos de engenharia a melhorar suas habilidades de matemática e física.

Figura 13.5 Metas associadas à visão pessoal.

> **Visão pessoal estabelecida na Figura 13.3:**
>
> Meu foco na engenharia civil é a área de recursos hídricos. Quero desenvolver métodos eficientes de usar a água para a produção de eletricidade, para a eliminação da sede dos cidadãos de países subdesenvolvidos e para a adição de nutrientes na agricultura. Desejo trabalhar ao ar livre e em um escritório. Minha maior conquista seria o uso das habilidades de engenharia para ajudar os outros.

▼

> **Exemplos de metas relacionadas:**
>
> Longo prazo:
> - Participar de conferências locais e internacionais sobre recursos hídricos
> - Coordenar grandes projetos que incluam projeto e implementação
> - Desenvolver habilidades de liderança em atividades internacionais da ASCE
>
> Médio prazo:
> - Encontrar empregos de estágio com tarefas ao ar livre e em escritório
> - Obter um diploma de mestrado em engenharia civil
> - Passar no exame PE e exercer o trabalho de engenheiro profissional
>
> Curto prazo:
> - Escolher cursos eletivos associados à utilização de recursos hídricos
> - Passar no exame FE e preparar-me para o exame PE
> - Associar-me à ASCE e tornar-me um membro ativo

Figura 13.6 Metas associadas à visão profissional.

A identificação das habilidades necessárias lhe ajudará a definir o que precisa ser melhorado para alcançar suas metas.

A identificação das habilidades necessárias é parte do planejamento e do preparo para potenciais oportunidades. Alcançar sua visão requer mais do que pura sorte. As pessoas que parecem sortudas são geralmente proativas, e não reativas, como indicado por Thomas Jefferson. Elas planejam e se preparam para futuras oportunidades desenvolvendo habilidades apropriadas.

Como discutido anteriormente, as habilidades necessárias podem ser tanto técnicas como não técnicas. Ao estabelecer seu plano de carreira, identifique habilidades nas duas áreas. Durante o processo de educação na graduação, você deverá escolher sua área principal de enfoque assim como as disciplinas eletivas, então escolha disciplinas que lhe ajudem a desenvolver as habilidades técnicas que você identificou em seu plano de carreira.

"Eu realmente acredito na sorte, e percebo que quanto mais eu me esforço trabalhando, mais sorte tenho."

(Thomas Jefferson, 3º presidente dos Estados Unidos)

Habilidades técnicas

Para obter maior vantagem de cada disciplina, comece se perguntando "que habilidades técnicas eu posso aperfeiçoar ao participar dessa disciplina? Como isso contribuirá com minha estratégia e visões? Que mais eu posso fazer para maximizar a utilidade dessa disciplina?"

Prepare-se para as aulas lendo o livro-texto e fazendo anotações. Use as anotações para determinar que informações você precisa obter em sala de aula para que possa fazer as devidas perguntas durante a aula. Essa abordagem aumentará seu conhecimento técnico e auxiliará sua estratégia de desenvolvimento de habilidades. Fazer perguntas em aula é também uma boa forma de desenvolver autoconfiança e aprender a se comunicar em um ambiente em grupo.

Considere outras habilidades técnicas que sejam mais genéricas, mas que ainda estejam diretamente associadas às suas metas. Por exemplo, você pode usar programas de computador para um sistema de gerenciamento de tempo ou usar ferramentas da Internet para investimentos financeiros. Se estiver envolvido em um programa de estágio ou em outras atividades associadas a um trabalho, procure oportunidades de desenvolver habilidades técnicas que lhe ajudem a ser mais produtivo e útil à sua empresa.

Se uma de suas metas de médio prazo for se tornar um engenheiro profissional registrado, algo que recomendamos fortemente, você deve identificar que habilidades específicas lhe ajudarão a se preparar para os exames Fundamentals of Engineering e Principles and Practice of Engineering.* As oportunidades de desenvolver muitas dessas habilidades aparecerão bem antes das datas dos exames.

Para alcançar maior sucesso na sua carreira, recomendamos que você inclua a obtenção de um diploma de mestrado em engenharia em suas metas de médio prazo. Assim, pode aproveitar as oportunidades atuais de seus laboratórios para aperfeiçoar suas habilidades técnicas e não técnicas, preparando-se para futuros projetos de pesquisa associados aos diplomas de pós-graduação.

Habilidades não técnicas

O segundo tipo de habilidades necessárias são as não técnicas. Você encontrará muitas oportunidades de aperfeiçoar tais habilidades em sua experiência de graduação. Você poderá aperfeiçoar suas habilidades de comunicação ao fazer perguntas em aula e participar de grupos de estudo. É possível aperfeiçoar suas habilidades interpessoais ao aprender a interagir efetivamente com pessoas de diferentes *backgrounds* e que possam ter ideias distintas das suas.

"Como engenheiros, uma das motivações para as quais nosso mecanismo humano responde é a correta comunicação da informação técnica – independentemente de qual seja nossa cultura. Hoje, uma das necessidades humanas básicas – a comunicação oral – permanece vital para o sucesso, e um engenheiro de sucesso

---

* N. de T.: Esses exames são necessários nos Estados Unidos, mas não no Brasil.

precisa ter um conhecimento de diversas línguas e uma compreensão das culturas mundiais. Uma carreira de trinta e oito anos em um líder mundial na fabricação de maquinário para forjamento a quente e a frio me ensinaram que o sucesso de um engenheiro depende de um conhecimento básico da língua e da cultura de seus clientes."

(Gary Stroup, Engenheiro Mecânico)

A sala de aula é um excelente lugar para se aplicar a ética, outra habilidade não técnica importante. Você estará sendo ético se estudar para as provas em vez de obter cópias de provas passadas (a não ser que isso seja sugerido pelo instrutor como auxílio de estudos). Se você usar informações preparadas por outros, deve dar o devido crédito. A fraude é inapropriada e nada profissional.

As organizações profissionais oferecem outra ótima forma de desenvolver habilidades não técnicas. Esses "laboratórios" econômicos oferecem incríveis oportunidades de praticar muitas habilidades não técnicas em um ambiente confortável. Quando você se voluntaria para participar de atividades, as organizações lhe acolherão em seu ambiente com prazer.

Além de listar em seu currículo as organizações das quais você participa, torne-se membro ativo delas. Isso lhe propiciará muitas oportunidades de aperfeiçoar habilidades importantes, como a comunicação oral e escrita, o trabalho em equipe, a gerência de projetos, a gestão do tempo e a ética. Feito isso, você poderá expandir seu currículo com uma lista de atividades, demonstrando como se envolveu em organizações profissionais. Esse é frequentemente um dos tópicos de discussão mais importantes em entrevistas de emprego.

Considere sua lista de habilidades não técnicas atuais. Você se sente confortável trabalhando para outras pessoas? Sabe escrever de forma clara e concisa? Sente-se confiante em realizar uma apresentação diante de uma plateia? Já desenvolveu habilidades de liderança ou tem experiência na gerência de projetos? Você é um bom membro de equipes? Se a resposta a qualquer uma dessas perguntas for "não", você pode adicionar o desenvolvimento de tais habilidades ao seu plano de carreira.

Ainda que costumemos focar a necessidade de habilidades técnicas, as habilidades não técnicas possuem maior impacto no sucesso de nossa carreira. Então, você deve identificar habilidades não técnicas importantes de que você precisa e planejar seu aperfeiçoamento em curto, médio e longo prazo.

As habilidades tipicamente necessárias para as metas do exemplo de visão pessoal estão apontadas na Figura 13.7. Outras habilidades, listadas na Figura 13.8, ajudarão a alcançar suas metas de visão profissional.

Os exemplos das Figuras 13.7 e 13.8 demonstram como conectar habilidades necessárias a metas de estejam associadas a suas visões pessoais e profissionais. Outros exemplos de habilidades necessárias são demonstrados no Recurso de Capítulo 13.3. Mantenha em mente esses exemplos ao definir suas habilidades necessárias e certifique-se de que tenham uma ligação direta com suas metas e visões.

Exemplos de metas relacionadas:

Longo prazo:
- Estabelecer uma poupança e investir em segurança em longo prazo.
- Planejar viagens em família e conhecer novos lugares do mundo.
- Assumir um papel ativo na Associação de Pais e Mestres e agendar excursões para que os alunos de ensino médio observem engenheiros no trabalho.

Médio prazo:
- Estabelecer uma poupança para os gastos com a faculdade dos meus filhos.
- Gerenciar meu tempo para reduzir o estresse e planejar atividades em família.
- Desenvolver um plano e trabalhar com professores de matemática e ciências.

Curto prazo:
- Usar um orçamento pessoal para equilibrar minhas necessidade pessoais.
- Desenvolver um sistema de gerenciamento de tempo efetivo.
- Estabelecer um sistema de mentoria que ajude alunos de engenharia a melhorar suas habilidades de matemática e física.

▼

Exemplos de habilidades necessárias

Habilidades técnicas
- Obter experiência em ferramentas para investimento pela Internet
- Aprender a usar um sistema eletrônico de gestão de tempo
- Expandir meus conhecimentos em matemática e física

Habilidades não técnicas
- Aprender a equilibrar os gastos e as economias
- Aprender a ser mais organizado
- Aprender a trabalhar como parte de uma equipe

Figura 13.7 Habilidades necessárias para as metas de visão pessoal.

13.3.4 Plano de ação

Até aqui, discutimos como você pode definir o que quer da vida, o que você gostaria de alcançar e como criar suas metas e identificar habilidades necessárias. Esse é um bom começo, mas não é um plano completo. Como a Figura 13.1 indica, há mais a ser realizado, e o próximo passo é projetar um plano de ação que torne sua estratégia uma realidade.

> Seu plano de ação reúne todas as peças, incluindo os resultados planejados e quando e como alcançá-los.

Um plano de ação fornece os detalhes sobre quando, como e que partes de sua carreira controlar. Ele inclui diversas atividades específicas diretamente associadas à sua estratégia. Sem um plano de ação efetivo, você pode não alcançar suas visões. Para ser efetivo, projete um plano que funcione como um mapa do percurso da jornada que você escolheu ao desenvolver suas visões.

> **Exemplos de metas relacionadas:**
>
> Longo prazo:
> - Participar de conferências locais e internacionais sobre recursos hídricos
> - Coordenar grandes projetos que incluam projeto e implementação
> - Desenvolver habilidades de liderança em atividades internacionais da ASCE
>
> Médio prazo:
> - Encontrar empregos de estágio com tarefas ao ar livre e em escritório
> - Obter um diploma de mestrado em engenharia civil
> - Passar no exame PE e exercer o trabalho de engenheiro profissional
>
> Curto prazo:
> - Escolher cursos eletivos associados à utilização de recursos hídricos
> - Passar no exame FE e preparar-me para o exame PE
> - Associar-me à ASCE e tornar-me um membro ativo

⬇

> **Exemplos de habilidades necessárias**
>
> Habilidades técnicas
> - Expandir meu conhecimento dos fundamentos de mecânica dos fluidos
> - Aumentar meu conhecimento básico de sistemas de geração hidrelétrica
> - Manter-me atualizado quanto a mudanças na tecnologia hídrica
>
> Habilidades não técnicas
> - Desenvolver métodos de obter o maior benefício das disciplinas
> - Desenvolver habilidades de liderança
> - Aprender a estrutura e realizar apresentações profissionais

Figura 13.8 Habilidades necessárias para as metas de visão profissional.

Comece com metas de curto prazo e habilidades que possam ser desenvolvidas nas próximas semanas e meses. Resuma as atividades e defina os detalhes do que fazer, estabelecendo datas como prazos para cada atividade. Seus planos de ação deve ser alcançáveis e mensuráveis e devem incluir um processo de registro de resultados.

Divida as atividades de longo prazo em etapas menores que possam ser completadas em uma quantidade razoável de tempo. Assim, você poderá parabenizar a si mesmo a cada atividade completada. Isso pode parecer insignificante, mas lhe ajudará a manter o interesse no processo de gerência de sua carreira.

Bons e maus exemplos de itens de um plano de ação

Bom: Agendar para segunda-feira, às 20h-21h, a leitura do Capítulo 3 do livro-texto e a resolução dos problemas das Seções 3, 4 e 5 para a aula de estatística.

Mau: Estudar estatística. (Deve ser mais específico e mensurável.)

Bom: Juntar-se a um grupo de estudo e reservar pelo menos 1h, três vezes por semana, para resolver problemas de cálculo com o grupo.

Mau: Obter uma boa nota na prova de cálculo. (O que é uma "boa" nota e como você vai alcançá-la?)

Ao desenvolver planos de ação, é importante entender a diferença entre um item de um plano de ação e uma meta. Uma meta é algo que você quer obter ou alcançar, enquanto um item de plano de ação é o que você fará para atingir essa meta.

Podemos demonstrar a relação entre uma meta e os planos de ação para atingir essa meta usando um exemplo de uma meta de curto prazo estabelecida para a visão profissional. Isso está apresentado na Figura 13.9.

Meta de curto prazo para alcançar a visão profissional da Figura 13.8:
- Escolher cursos eletivos associados à utilização de recursos hídricos

▼

Exemplo de planos de ação para essa meta:
- Reunir-me com meu orientador para avaliar opções de disciplinas
- Preparar um cronograma que inclua as disciplinas associadas aos recursos hídricos
- Focar em obter informações e aperfeiçoar minhas habilidades em cada disciplina

---

Figura 13.9 Exemplo de itens de plano de ação para metas.

Uma forma eficiente de desenvolver itens de planos de ação é começar com metas de curto prazo. Os planos de ações para essas metas são normalmente mais fáceis de estabelecer, pois você irá implementá-los primeiro. Decida o que você deve fazer, como deve fazer e quando deve fazer para atingir sua primeira meta de curto prazo. Continue definindo itens de plano de ação para outras metas de curto prazo. Então, passe às metas de médio prazo e complete o processo com as metas de longo prazo.

Após determinar metas de planos de ação, use uma abordagem similar para definir os planos de ação para desenvolver novas habilidades dentre as identificadas em sua lista de habilidades necessárias. Exemplos de planos de ação para uma habilidade técnica e para uma habilidade não técnica associadas à visão profissional são demonstrados na Figura 13.10.

Os exemplos das Figuras 13.9 e 13.10 ilustram a diferença entre itens de planos de ação e metas e habilidades necessárias. Esses planos de ação são específicos, mensuráveis e possuem relação direta com cada meta ou habilidade necessária. Exemplos adicionais são demonstrados no Recurso 3.

Vamos resumir o processo usado para criar planos de ação com base em sua estratégia. Os planos de ação são desenvolvido após você estabelecer o que quer fazer projetando os detalhes de como isso será feito, como demonstrado na Figura 13.11.

Habilidade técnica para alcançar a visão profissional da Figura 13.8:
- Expandir meu conhecimento dos fundamentos de mecânica dos fluidos

▼

Exemplo de planos de ação para essa habilidade necessária:
- Escolher e completar as disciplinas de mecânica e dinâmica dos fluidos
- Participar de conferências, seminários e apresentações sobre esses tópicos
- Entrar em um grupo de estudos e trabalhar em exercícios
- Escolher um projeto de conclusão de curso que esteja associado a esses tópicos

Habilidade não técnica para alcançar a visão profissional da Figura 13.8:
- Desenvolver métodos para obter o maior benefício das disciplinas

▼

Exemplo de planos de ação para essa habilidade necessária:
- Conversar com o professor para estabelecer uma rede de contatos pessoal
- Fazer uma lista do que eu posso aprender nessa disciplina que esteja associado à minha visão
- Estabelecer um cronograma e ler o livro-texto antes de cada aula
- Fazer anotações enquanto estiver lendo e identificar as informações que não entendo
- Prestar atenção à aula e fazer anotações efetivas sobre o conteúdo
- Usar minhas anotações para fazer perguntas apropriadas durante o momento de esclarecimentos
- Adicionar a resposta do professor às notas de aula

Figura 13.10 Exemplos de planos de ação para o desenvolvimento de habilidades.

PROCESSO QUE LEVA AO DESENVOLVIMENTO DE UM PLANO DE AÇÃO

Estabelecer o que fazer

Estratégia para alcançar as visões pessoal e profissional
- Definir metas
  - Longo prazo
  - Médio prazo
  - Curto prazo
- Determinar habilidades necessárias
  - Técnicas
  - Não técnicas

Projetar os detalhes de como fazer

Planos de ação para alcançar a estratégia
- Planos de ação para metas
  - Longo prazo
  - Médio prazo
  - Curto prazo
- Itens de plano de ação para o desenvolvimento das habilidades
  - Técnicas
  - Não técnicas

Figura 13.11 Resumo do desenvolvimento de um plano de ação.

Você tem uma variedade de fontes de informação e atividades que o ajudam a decidir o que incluir em seus planos de ação. Muitas delas estão associadas à sala de aula. É possível expandir suas opções usando recursos fora da sala de aula. Por exemplo, se você precisa melhorar suas habilidades de matemática, junte-se a um grupo de estudo de matemática ou contrate um professor particular. Se suas habilidades de escrita são fracas, visite o centro de produção literária de sua universidade e peça ajuda.

Associamos o desenvolvimento de habilidades técnicas às aulas e aos laboratórios, mas, ao preparar seu plano de ação, você pode incluir o desenvolvimento de habilidades técnicas e não técnicas nessas aulas. Uma boa oportunidade de desenvolver habilidades interpessoais e de trabalho em equipe ocorre quando você trabalha com sua equipe de laboratório. Outras oportunidades de aperfeiçoar suas habilidades não técnicas se apresentam durante os exercícios em sala de aula, como discutimos no capítulo sobre o desenvolvimento de seu conjunto de habilidades.

"Experimente as oportunidades que sua universidade oferece. Entre em um estágio não curricular, junte-se a uma sociedade estudantil técnica (de preferência uma que trabalhe com projetos reais ou participe de competições profissionais). Participe de eventos de recrutamento corporativo e converse com os alunos que realizaram estágio na empresa. Participe de um programa de iniciação científica ou tecnológica. As coisas mais interessantes acontecem fora da sala de aula; o melhor que você pode propiciar a si mesmo é encontrar as oportunidades e descobrir o que elas significam para você."

(Akshay Kashyap, Engenheiro Eletricista e Financial Technology Associate na Citadel Investment Group)

Identificamos como você pode aperfeiçoar suas habilidades não técnicas por meio do envolvimento ativo em organizações profissionais estudantis. Além de melhorar suas habilidades interpessoais, de comunicação, de gerência de projetos e de trabalho em equipe, as atividades voluntárias ajudam no desenvolvimento de autoconfiança e agregam importantes experiências a seu currículo. Então, pense em como você pode aproveitar a existência dessas organizações ao desenvolver seu plano de ação.

13.3.5 Implementação de um plano de ação

"A genialidade depende um por cento da inspiração e noventa e nove por cento da transpiração."

(Thomas Edison, famoso inventor norte-americano)

Até aqui, já analisamos exemplos de visões pessoais e profissionais, desenvolvemos uma estratégia que inclui algumas metas e habilidades necessárias e combinamos parte disso em um plano de ação. Essas são etapas importantes, mas ainda ainda não terminamos.

Os planos de ação são como a história dos três sapos sentados em uma tora de madeira no meio de um lago. Seus nomes são Bud, Wise* e Ur. Uma mosca pousou em uma folha próxima. Ur não tinha um plano de ação e não soube, então, como capturar a mosca.

Bud tinha um plano de ação e decidiu pular da madeira para comer a mosca. Então, quantos sapos permaneceram na madeira? A resposta lógica pode parecer dois, mas essa resposta está incorreta. Bud *decidiu* pular, mas *não implementou* seu plano de ação e não pulou!

Wise, como você pode ter deduzido a partir de seu nome, foi mais bem-sucedido. Ele teve um plano de ação e, quando viu a mosca, decidiu implementar seu plano de ação pulando da madeira e comendo a mosca. A moral da história é: seja sábio, tenha um plano de ação para potenciais oportunidades e implemente o plano quando as oportunidades surgirem.

Planos de ação são inúteis sem uma implementação.

O plano de ação mais inútil é o que não é implementado! A implementação de um plano de ação exige o investimento de seu tempo. O horário e a forma de realização das atividades que você agenda têm um grande impacto em quão bem-sucedido você será em completá-las em tempo hábil. Então, use o gerenciamento de tempo para planejar, agendar e completar as atividades.

13.3.6 Documentação e análise de resultados

Três etapas adicionais importantes são necessárias para completar seu plano: documentação de resultados, avaliação de resultados e ajuste fino de seu plano. Nesta seção, discutiremos o valor da documentação e como os resultados registrados podem ser usados para melhorar o sucesso futuro.

Documentação

Seu plano de ação deve identificar o processo que você usará para documentar os resultados das metas que alcançar e seu sucesso em aperfeiçoar suas habilidades. Como demonstrado pelo aluno na Figura 13.12, você pode estabelecer desde já seu processo de documentação e começar a registrar suas conquistas em sala de aula, nos laboratórios, nos projetos de organizações profissionais e em seus empregos.

É melhor registrar os resultados assim que você terminar cada parte de seu plano de ação, para que ainda se lembre deles ao anotá-los. A documentação é um importante recurso na gestão de carreiras, porque fornece uma base para a avaliação de resultados e serve de registro de suas conquistas para referência futura.

A documentação de atividades associadas a experiências de trabalho é especialmente importante e útil. Se você tiver a sorte de estar envolvido em um estágio enquanto estuda, as experiências obtidas nesses empregos estarão entre os melhores exemplos de seu desenvolvimento de habilidades e conquistas. Adicione-as a seu portfólio e você terá uma história mais efetiva para contar durante suas futuras entrevistas de emprego.

---

* N. de T.: Do inglês, *wise* significa "sábio".

Figura 13.12 Documentação dos resultados do plano de carreira.

A documentação se tornará ainda mais importante em sua futura carreira de trabalho. Você provavelmente trabalhará em diversos cargos, e possivelmente também trabalhará para diversas empresas durante sua carreira. A melhor forma de demonstrar suas habilidades durante uma entrevista de emprego é usar o registro do que você conquistou em cargos passados.

Avaliação

Seu plano de ação deve também incluir um processo sistemático de análise de resultados. Ao avaliar o que você fez, é possível determinar se você alcançou as metas e desenvolveu as habilidades definidas em sua estratégia de realização de suas visões. Isso lhe fornece uma fundação para eventuais revisões do plano de carreira e para a determinação de áreas que precisam ser refinadas ou modificadas.

Ao avaliar os resultados, você verá que muitas de suas metas foram atingidas. Apreciar o sucesso é bom, mas você pode aprender ainda mais com seus fracassos.

Ao desenvolver seu plano de carreira, inclua alguns riscos razoáveis. A palavra-chave aqui é "razoável". Então não tenha medo de fracassar. Você vai errar de vez em quando, assim como todo mundo, mas lembre-se de que os erros não são algo ruim, desde que não sejam muito graves.

Assim, não se sinta desanimado quando alguns resultados não atenderem a suas expectativas. A falha é uma ótima professora e pode lhe guiar no sucesso. Mesmo as pessoas mais bem-sucedidas falham às vezes, e quase todos os bons produtos já sofreram algum tipo de falha durante seu processo de desenvolvimento.

A propósito, o fracasso não está em cair – está em não se levantar após ter caído. Analise o processo que o levou ao fracasso e aprenda a usar essa experiência para aperfeiçoar sua carreira. Use a retrospectiva para aprender com o passado, e foque mais o futuro e como suas experiências podem torná-lo mais bem-sucedido.

Ajuste fino do plano de carreira

Chegamos agora à discussão da última parte do processo de plano de carreira: a realização de modificações apropriadas no planejamento para o futuro com base nos resultados da implementação de seu plano de ação. Note como a Figura 13.1 demonstra um circuito fechado entre a avaliação e suas visões. Você deve realizar um ajuste fino de suas visões para aproveitar mudanças nas condições e novas oportunidades.

Mesmo que sua visão ainda seja válida, é recomendável revisar sua estratégia e seus subsequentes planos de ação. Muitas novas oportunidades profissionais requerem habilidades diferentes ou aperfeiçoadas. Você será mais bem-sucedido em aproveitar oportunidades inesperadas quando for proativo e desenvolver habilidades para possíveis situações quando elas aparecerem.

Uma conversa com Kathryn Paine

Kathryn, você fez perguntas muito interessantes no começo deste capítulo. Como gerenciou sua carreira?

Resposta:

"A gestão de carreiras e seu sucesso tipicamente são uma busca que dura a vida toda. Eu tive três grandes experiências em que decidi mudar o foco de minha carreira.

A primeira foi uma mudança realmente grande. Eu tinha um diploma em contabilidade e cheguei à conclusão de que precisava de algo mais desafiador. Tendo morado com um engenheiro eletricista por 10 anos, decidi que uma mudança seria interessante. Voltei a estudar e obtive um diploma em engenharia mecânica.

Ao me graduar com o diploma de engenharia, esperava começar a trabalhar na área de AVAC. O mercado de trabalho estava difícil, e acabei trabalhando com estimativas para uma empresa fabricante de moldes na região metropolitana do nordeste de Ohio. Ainda assim, foi interessante ver como aquela empresa funcionava, e isso me deu um background para uma futura mudança na minha carreira na engenharia. Nunca subestime a oportunidade de aprender com o que parece ser um retrocesso.

Não demorou muito para que eu explorasse o panorama da área da AVAC e transformasse minha carreira em consultoria de engenharia. Após quase 5 anos trabalhando em uma pequena empresa projetando sistemas de AVAC/encanamento para construções comerciais, surgiu a oportunidade de meu cônjuge se mudar da região Centro-Oeste para o Sudoeste dos Estados Unidos. Ao mesmo tempo, eu havia decidido que deveria aprofundar meu foco em relação à engenharia de instalações mecânicas.

Após me ajustar à mudança no Sudoeste, consegui obter um cargo com o representante comercial de uma fabricante de equipamento de AVAC. Essa terceira mudança na minha carreira foi realmente um foco muito mais específico, concentrando-se em tipos particulares de equipamentos para fábricas particulares. A engenharia de vendas, como profissão, talvez não seja tão tecnicamente desafiadora, mas é certamente benéfica em muitos outros aspectos."

Como você decidiu realizar as mudanças do percurso de sua carreira?

Resposta:

"Todas as três grandes decisões foram oportunidades iniciadas por mim. Nos três casos, eu realizei uma pesquisa e tomei as ações necessárias para a realização de minhas metas. Eu explorei programas de graduação disponíveis e realizei diversas mudanças em meu emprego durante 5 anos para acomodar os estudos na faculdade de engenharia. Para encontrar um cargo em consultoria de AVAC, uni-me à divisão local da organização profissional associada, a ASHRAE (Sociedade Americana de Engenheiros de Aquecimento, Refrigeração e Condicionamento de ar, American Society of Heating, Refrigerating and Air-Conditioning Engineers), da qual fui membro durante a faculdade.

Nunca é cedo demais para começar a criar uma rede de contatos profissionais. No meu caso, eu estava em uma reunião da divisão local quando conheci meu futuro cliente do mundo de consultoria. Para obter emprego em uma nova localização geográfica, usei os contatos que construí nos negócios de consultoria e me aproximei de profissionais similares em minha nova cidade."

Que habilidades não técnicas você usou para gerenciar sua carreira?

Resposta:

"As habilidades não técnicas necessárias para a gestão de qualquer carreira envolvem pesquisa, estudo, boas habilidades de escrita, habilidade de lidar com pessoas e de se autopromover. Ela também requer tarefas não-técnicas que não estão associadas à engenharia, como a introspecção e a avaliação própria, em uma tentativa de descobrir o que você deseja e reconhecer em que áreas se sobressai. Você também precisa da capacidade de reexaminar essas mesmas coisas no decorrer de sua carreira, caso algum ajuste seja necessário.

Em todas as três situações, a mudança na minha carreira foi uma experiência positiva, repleta dos benefícios associados à aprendizagem de novas habilidades, à criação de novos contatos profissionais e ao aumento progressivo de recompensa monetária. Cada experiência prévia beneficiou o cargo seguinte que ocupei em minha carreira."

Que conselho você compartilharia com alunos?

Resposta:

"A maioria dos indivíduos tecnicamente inclinados, como os alunos de engenharia, tende a ver o mundo em termos de questões em preto e branco, analisando os problemas como possíveis de respostas "sim" ou "não" e acreditando que tudo deva ser precisamente especificado e bem definido. A matemática e a ciência têm essas tendências.

Entretanto, a minha opinião é que você terá maior sucesso em sua vida profissional e pessoal se aprender a expandir seus horizontes, ver e considerar o panorama geral, além de manter uma mente aberta para considerar muitas opções. É importante lembrar que cada experiência, quer seja vista imediatamente (ou mesmo em retrospecto) como boa ou ruim, é uma experiência de aprendizagem."

(Kathryn Paine, Engenheira Profissional, Engenheira Mecânica e Diretora de Engenharia & Vendas Internas na Mechanical Products SW, Inc.)

13.4 Conclusão

Como Kathryn demonstrou com seu exemplo pessoal de gestão de carreira, as carreiras de sucesso são o resultado de um papel ativo e pessoal no planejamento, controle, avaliação e revisão do que queremos conquistar, seguidos pela tomada dos passos necessários para se preparar para oportunidades inesperadas muito antes de elas ocorrerem.

Ainda que você não possa evitar as mudanças causadas por negócios e outras situações econômicas, pode dar início a mudanças se estiver preparado para novas oportunidades, como descrito por Kathryn. Faça isso revisando o estado de sua carreira, definindo metas e habilidades a serem desenvolvidas e se preparando para dar início a mudanças na carreira quando for o momento para isso. Em outras palavras, não bata à porta da oportunidade enquanto não tiver desenvolvido as habilidades apropriadas para ser bem-sucedido em um novo cargo em sua carreira.

Então, quem é o responsável pela gestão de sua carreira? Olhe no espelho. Quando você deve começar o planejamento e controle de sua carreira? Agora! Quando você pode relaxar e parar de controlar sua carreira? Talvez nunca, mas certamente não antes de ter alcançado sua visão profissional ou ter se aposentado. E, ainda nesse caso, você terá de focar sua visão pessoal para obter satisfação em sua vida.

REVISÃO DE FINAL DE CAPÍTULO

Escolha a resposta mais adequada para as seguintes afirmações.

1. A atitude mais importante que você pode tomar para alcançar um maior sucesso em sua carreira é
    a. Esforçar-se academicamente e obter uma nota média de 9,5 ou mais alta.
    b. Juntar-se a uma sociedade profissional e participar de suas atividades.
    c. Equilibrar o desenvolvimento de habilidades técnicas com habilidades não técnicas.
    d. Realizar entrevistas em vagas de emprego assim que elas estiverem disponíveis.
2. O primeiro passo no preparo de um plano de carreira é
    a. Escrever as metas de curto prazo, porque elas podem ser alcançadas rapidamente.
    b. Desenvolver um plano de ação para que você possa começar a usar o processo o mais cedo possível.
    c. Determinar como você irá documentar e avaliar os resultados.
    d. Escrever declarações de visão pessoal e profissional.
3. A consideração mais importante ao preparar a visão pessoal é
    a. Quais serão suas conquistas.
    b. Decidir o que você quer pessoalmente e, então, determinar o papel que sua família e sua comunidade desempenharão em sua vida.
    c. Pensar em como você quer que sua vida seja quando você tiver 60 anos de idade.
    d. Perguntar a seus pais e amigos o que você deveria fazer da vida.

4. Declarações de visão pessoal são mais efetivas quando incluem
   a. O tipo de trabalho que você quer, onde quer morar e trabalhar e o que você gostaria de realizar na sua vida.
   b. Um plano de aprendizagem que abranja a vida toda.
   c. Uma declaração do tipo de trabalho que você gostaria de realizar e se você quer ser dono de sua própria empresa ou se quer trabalhar para uma corporação.
   d. Detalhes das atividades de trabalho e como você fará para se aposentar mais cedo.
5. Para serem mais efetivas, suas metas devem ser desenvolvidas de forma a
   a. Garantir que você não perca tempo em tarefas que não sejam importantes.
   b. Ajudá-lo a alcançar suas visões pessoais e profissionais.
   c. Ajudá-lo a aprender novas habilidades técnicas e não técnicas.
   d. Fornecer informações sobre a discussão com seu supervisor para que você esteja trabalhando nas atividades corretas.
6. Ao preparar a lista de habilidades necessárias, você deve
   a. Escolher habilidades de contribuam com suas metas e lhe ajudem a alcançar suas visões profissional e pessoal.
   b. Listar as habilidades que você não aprendeu nas disciplinas anteriores para que possam ser obtidas em disciplinas eletivas ainda durante a graduação.
   c. Identificar as habilidades que você acredita que serão fáceis, para que você possa aproveitar o período de seu aprendizado.
   d. Aprender as habilidades que prepararão você para ter sua própria empresa.
7. O propósito mais importante de um plano de ação é
   a. Ajudá-lo a lembrar-se de suas metas e habilidades necessárias.
   b. Fornecer os detalhes de sua visão profissional.
   c. Estruturar seu plano de gerenciamento de tempo para garantir que você complete suas tarefas efetivamente.
   d. Identificar como, quando, onde e o que você fará para alcançar suas metas e aperfeiçoar suas habilidades que realizarão suas visões pessoais e profissionais.
8. A maior utilidade de documentar resultados é
   a. Ter um banco de dados com informações para futura revisão e para o ajuste fino de metas futuras e declarações de habilidades necessárias.
   b. Manter um relatório de suas conquistas para usá-lo quando você for pedir um aumento no trabalho ou mostrar a um professor o quanto você se esforçou em uma disciplina.
   c. Ter um recurso para o caso de você querer escrever uma autobiografia.
   d. Ter uma forma de reduzir o trabalho ao usar futuras versões de seu plano de carreira.
9. Para alcançar o sucesso no planejamento de carreira, a etapa mais importante é
   a. Definir claramente as visões pessoal e profissional.
   b. Escolher uma estratégia apropriada de metas e habilidades necessárias.
   c. Desenvolver, implementar e documentar um plano de ação que lhe ajudará a alcançar habilidades necessárias, metas e visões.
   d. Realizar todas as alternativas acima.

10. A maior utilidade do planejamento de carreira é
   a. Obter boas notas nessa disciplina.
   b. Estar no controle de sua vida e carreira e preparado para aproveitar oportunidades inesperadas.
   c. Manter-se organizado para não perder tempo.
   d. Realizar todas as alternativas acima.

Exercícios para desenvolver e aperfeiçoar suas habilidades

13.1 Declarações de visão

Os exercícios abaixo foram projetados para ajudá-lo a desenvolver um plano de carreira bem-sucedido. Complete as seguintes afirmações como um fundamento para o desenvolvimento de suas visões:

Minha definição de sucesso pessoal é _____

_____

_____

Em relação à minha carreira, minha família é _____

_____

_____

Meu papel desejado na comunidade é _____

_____

_____

Em minha vida pessoal, eu gostaria de ser lembrado como _____

_____

_____

Minha definição de sucesso profissional é _____

_____

_____

Minha primeira escolha de lugar para morar seria _____

_____

_____

O ambiente de trabalho mais desejável para mim seria _____

_____

_____

Em minha vida profissional, eu gostaria de ser lembrado por _____

_____

_____

13.2 Definição de plano de carreira

Os seguintes passos foram projetados para ajudá-lo a definir um plano de carreira inicial.

PASSO 1

Use o Formato de Plano de Carreira do Recurso 1 para desenvolver um plano de carreira inicial.

Reveja os resultados do Exercício de Plano de Carreira 13.1. Desenvolva sua visão pessoal em um formato de parágrafo. Comece com o que é importante para você pessoalmente e, em seguida, adicione um parágrafo relativo à sua família e um parágrafo relativo à sua comunidade.

Reveja o exemplo de visões profissionais e escreva três parágrafos associados a três áreas de sua visão profissional: foco inicial na carreira, ambiente de trabalho desejado e conquistas em geral.

PASSO 2

Visualize sua vida quando você tiver 55 anos. Em seguida, considere o que poderia tornar essa visão uma verdade. Não use muitos detalhes, mas escolha uma meta geral que esteja de acordo com a visão de sua vida aos 55 anos. Expresse essa meta como um tópico na lista de metas de longo prazo.

Adicione outros dois tópicos para metas de médio prazo dos próximos 5 a 10 anos. Repita esse processo com três tópicos para metas de curto prazo dos próximos 1 a 5 anos.

Revise suas visões e metas e escolha ao menos duas habilidades técnicas que lhe ajudarão a alcançá-las. Adicione-as como tópicos na lista de Habilidades Técnicas.

Repita esse processo para pelo menos duas habilidades não técnicas como tópicos na lista de Habilidades Não técnicas.

PASSO 3

Desenvolva seu plano de ação revendo a primeira meta de curto prazo. Escreva um ou mais tópicos de plano de ação para realizá-la. Continue esse processo para cada um dos outros subtópicos, concluindo com um plano de ação para suas habilidades não técnicas necessárias. Certifique-se de que seus itens de plano de ação sejam mensuráveis e lhe ajudem a realizar metas, habilidades necessárias e visões.

Complete seu plano de ação identificando como você documentará os resultados. Você deve usar um plano estruturado que inclua documentação periódica e que possa ser facilmente usado para atualizar resultados e revisar seus futuros planos de gestão de carreira. Salve o arquivo com o título de "Plano de Carreira de Fulano DDMMAA" (dia, mês, ano).

PASSO 4
Entregue uma cópia impressa de seu plano de gestão de carreira ao começo da aula do dia estabelecido por seu professor e forneça a ele uma cópia eletrônica no mesmo dia.

PASSO 5
Reveja sua avaliação e realize as revisões necessárias em seu plano de carreira. Para obter o maior benefício, mantenha seu plano de carreira dinâmico realizando as mudanças apropriadas.

RECURSOS DE FINAL DE CAPÍTULO

Recurso 1

Formato de Plano de Carreira

Plano de carreira

Preparado por _____(Seu nome)_____

Visão pessoal

(Três parágrafos relacionados a você, sua família e sua comunidade local/profissional)

Visão profissional

(Três parágrafos relacionados a seu foco inicial na carreira, seu ambiente de trabalho desejado e suas conquistas desejadas)

Estratégia
Metas

Longo prazo ✓

Médio prazo ✓

Curto prazo ✓

Habilidades necessárias

Técnicas ✓

Não técnicas ✓

Plano de ação

Para alcançar metas de curto prazo ✓

Para alcançar metas de médio prazo ✓

Para alcançar metas de longo prazo ✓

Para melhorar as habilidades técnicas ✓

Para melhorar as habilidades não técnicas ✓

Plano de documentação

(Três parágrafos discutindo: [1] como você documentará os resultados; [2] como você avaliará os resultados; [3] como você planeja manter seu plano de carreira dinâmico e efetivo).

Recurso 2

Exemplo de um excelente Plano de Carreira

autoria de James Sadey

Visão pessoal

Quando penso no meu futuro, eu nunca me preocupo com estabilidade financeira, eu penso em ter uma família e uma vida maravilhosa e satisfatória. Isso me indica que eu sempre coloco minha família antes da minha profissão. Eu não quero ser o pai que trabalha sete dias por semana e não pode fazer parte das atividades pessoais dos filhos. Meus pais sempre dedicaram tempo para mim, e isso é exatamente o que eu planejo fazer. Ao planejar corretamente minha carreira, quero ser o pai atencioso que harmoniza sua vida pessoal com a profissional.

A família, na minha visão, é a parte mais importante da vida de uma pessoa. Eles são as pessoas mais próximas que alguém pode ter e, no final das contas, são tudo de que alguém precisa. As pessoas têm desejos que podem abandonar, mas viver sem uma família me parece uma façanha impossível. Eu fui criado em um ambiente em que a família é tudo o que importa. Vontades, hobbies e amizades ficam todos em segundo lugar em comparação com passar o tempo com a família.

Essa é minha mentalidade quando considero ter uma família algum dia. Quero ser um modelo exemplar para meus filhos e um marido atencioso. Mal posso esperar pela oportunidade de ser a pessoa de que minha família precisa, admira e ama incondicionalmente. Ter uma carreira agradável satisfará minhas necessidades profissionais, permitirá que eu sustente minha família e me dará confiança para ser a pessoa que quero ser.

Em relação à minha comunidade, tenho um plano bem simples: tomar mais atitudes positivas do que negativas. Quero um ambiente seguro para constituir minha família, e essa opção pode não existir se eu não me tornar um participante ativo. Quanto à minha comunidade profissional, penso da mesma forma. Adoraria me envolver demonstrando práticas positivas e éticas. Eu acredito que, ao realizar contribuições positivas, o resultado final será construtivo.

Visão profissional

Meu foco inicial na carreira é vago atualmente porque eu ainda não explorei as incontáveis áreas da engenharia elétrica. Estou seguro de que minha paixão é pelo campo da engenharia elétrica, mas ainda não decidi em que direção prefiro seguir. Atualmente, estou interessado no projeto de fontes de energia, porque sempre fui fascinado pelo desenvolvimento de coisas novas. O campo da energia está popular neste momento, e eu estou interessado nas muitas possibilidades que podem surgir nessa área.

Meu ambiente de trabalho desejado é ao ar livre. Não sou alguém que gosta de ficar preso entre paredes por um longo período de tempo, e não consigo ficar sentado sem me mover por muito tempo. Tenho a necessidade de sempre estar fazendo alguma coisa, e a possibilidade de trabalhar ao ar livre me agradaria muito. Apesar disso, se eu estiver focado em algo como a construção ou criação de uma nova ideia, posso passar horas ou dias sem sair da minha área de trabalho. Eu fico empolgado com a criação de coisas e, apesar de ficar em um ambiente fechado ser quase uma necessidade de nossa profissão, eu adoraria a oportunidade de ser um engenheiro eletricista trabalhando ativamente ao ar livre.

Ao pensar no que eu gostaria de conquistar com a minha carreira, algumas coisas vêm à minha mente. Acima de tudo, eu gostaria de aprender tudo o que eu puder sobre a engenharia elétrica. Obter mais conhecimento não só me ajudará profissionalmente, mas, na verdade, satisfará uma meta pessoal. A vida é curta e eu gostaria de aprender o máximo que eu puder no tempo que eu tiver.

Eu também tenho uma meta específica que eu gostaria de alcançar e que não mencionei anteriormente: meu pai e meu irmão entendem muito de sistemas elétricos, e eu espero que algum dia nós três possamos começar nosso próprio negócio ou empresa. Trabalhar com a minha família em uma área que eu amo seria a realização de um sonho. Eu sonho em ser contratado por diversas empresas ou indústrias nas quais nós seremos as pessoas a fornecer os serviços. Ser contratado para o desenvolvimento dos sistemas elétricos de um zoológico ou de alguma empresa com instalações externas seria o máximo para mim, porque combinaria todas as minhas atividades favoritas. Espero que algum dia eu possa tornar esse sonho uma realidade.

Metas
Longo prazo
- Ter um trabalho além do projeto de sistemas elétricos.
- Ser dono de uma empresa de engenharia, junto a meu pai e meu irmão.
- Projetar e criar novas fontes de energia.
- Obter o máximo de conhecimento possível no campo de engenharia elétrica; ler sobre teorias e novas tecnologias que estejam sendo produzidas.
- Formar uma família e passar meu tempo com ela em uma comunidade respeitável.

Médio prazo
- Sair da faculdade com pelo menos um diploma de mestrado em engenharia elétrica.
- Obter alguns anos de experiência trabalhando em empresas locais de engenharia.

- Começar a economizar dinheiro para comprar um carro e possivelmente uma casa.
- Aumentar meu conhecimento sobre sistemas elétricos e procurar oportunidades de trabalho em um ambiente ao ar livre.
- Desenvolver um hábito de exercício diário para manter a saúde como um fator importante em minha vida.

Curto prazo

- Obter nota 10 em todas as disciplinas durante este semestre e o segundo semestre.
- Entrar em um estágio de férias em uma empresa de engenharia local.
- Tornar-me um membro e participar ativamente do IEEE.
- Criar um grupo de estudo em vez de estudar sozinho.
- Fazer mais perguntas em aula e durante o horário de atendimento dos professores.
- Continuar a me exercitar diariamente.

Habilidades necessárias
Técnicas

- Realmente aprender e compreender novas matérias, em vez de simplesmente lembrá-las.
- Converter todo o meu conhecimento à minha área de trabalho, na qual poderei aplicá-lo fisicamente.

Não técnicas

- Aprender a confiar nos outros e não sentir a necessidade de corrigi-los.
- Tentar eliminar a necessidade de fazer eu mesmo todo o trabalho.
- Aprender a gerenciar meu tempo de forma eficiente e a planejar com antecedência, para que eu termine meu trabalho cedo e possa ter tempo para realizar outras atividades.

Plano de ação
Para alcançar as metas de curto prazo

- Continuar a fazer perguntas diariamente em sala de aula para compreender a matéria ensinada.
- Planejar com antecedência pelo menos uma hora de estudo por dia para cada disciplina com um grupo de amigos.
- Ler as teorias por trás das matérias aprendidas para compreender por que e como as coisas funcionam.
- Criar um currículo consistente e entregá-lo a diversas empresas para obter um estágio de férias.
- Participar de atividades anunciadas pelo IEEE sempre que o tempo permitir.
- Acordar uma hora mais cedo todos os dias para correr pela vizinhança.

Para alcançar as metas de médio prazo
- Integrar os cursos de mestrado em meu último ano da graduação para que eu possa obter um diploma de mestrado ainda em 2015.
- Continuar trabalhando em estágios de férias durante meus anos da faculdade para expandir minha experiência na área da engenharia.
- Começar a economizar pelo menos 50% do meu salário enquanto estiver morando com meus pais.
- Visitar empresas nas áreas próximas e perguntar sobre possíveis vagas de emprego, e o que eu posso fazer para aumentar as chances de conseguir um emprego na empresa.
- Trabalhar em empresas locais de engenharia até que tenha a perícia de gerenciar meu próprio negócio.
- Exercitar-me por uma hora quando voltar pra casa do trabalho e separar tempo para atividades recreacionais no final de semana.

Para alcançar as metas de longo prazo
- Pesquisar todos os aspectos cruciais da gerência de uma empresa e começar a procurar por potenciais localizações para minha empresa.
- Começar a divulgar minha empresa na minha cidade e no resto da região sudeste do país, procurando por possíveis clientes.
- Formar uma família e encontrar uma casa e uma vizinhança apropriadas onde poderemos morar.
- Começar a economizar para poder pagar a faculdade de meus filhos e ter dinheiro para financiar seus gastos.
- Criar um cronograma estipulando horários de trabalho e horários dedicados à minha família.

Para aperfeiçoar as habilidades técnicas
- Em vez de resolver problemas numéricos, ler a teoria por trás do que estou computando e como funciona.
- Procurar fontes online sobre o material que estou lendo para obter outra perspectiva sobre o assunto.
- Construir os objetos em casa ou no trabalho para aplicar as matérias de forma mais experimental.

Para aperfeiçoar as habilidades não técnicas
- Conhecer pessoas em um nível mais pessoal, para desenvolver confiança mútua.
- Começar a trabalhar pelo menos duas vezes por semana em um grupo de estudos para desenvolver amizades.
- Resolver exercícios para casa assim que requisitados pelo professor e completar projetos da mesma maneira.

Plano de documentação

Eu decidi que a melhor forma de documentar os resultados de meu plano de carreira é realizá-lo eletronicamente, uma vez por semana. A documentação diária de meus resultados seria excessiva, e pode ser impossível me lembrar de detalhes se a documentação ocorresse apenas mensalmente. Se eu separar aproximadamente uma hora a cada domingo para documentar os resultados da semana anterior, acredito que consiga me avaliar de forma apropriada.

A avaliação de resultados é uma ação que completarei a cada três meses. Eu terei uma boa ideia do que precisa ser completado a cada ano, mas para garantir que estou no caminho correto, vou comparar minha documentação com meu plano de ação original continuamente. Nada de tão drástico pode acontecer no curso de três meses que torne meu plano de carreira irreconhecível, mas essa é uma quantidade de tempo em que pequenas mudanças podem ocorrer com a evolução da minha carreira.

Meu plano de carreira continuará mudando constantemente. De forma alguma eu terei predito minha carreira inteira aos dezenove anos. No entanto, esse é um ótimo ponto de partida que eu sempre poderei usar como referência. Eu listei os aspectos mais importantes do que realmente me deixará feliz, e se eu seguir esses simples planos, minha vida será mais bem-sucedida. Tendo isso em mente, vou alterar meus planos consistentemente conforme minhas necessidades, de acordo com meu crescimento pessoal e profissional.

(James Sadey, aluno de Engenharia Elétrica, Fenn College of Engineering, Cleveland State University)

Como uma última observação, você deve certificar-se de que suas metas sejam algo que você possa controlar. James diz que uma de suas metas é a manutenção de uma nota 10 entre todas as disciplinas, o que nós não duvidamos que ele consiga alcançar. Entretanto, as notas são controladas pelos professores, então seria melhor se o James tivesse definido sua meta como a maximização da probabilidade de obter uma nota 10.

Recurso 3

EXEMPLO DE PLANO DE CARREIRA 1

Visão pessoal

Possuir um estilo de vida que traga felicidade a mim e à minha família e que exerça um impacto positivo nas minhas comunidades locais e profissionais. Estabelecer a habilidade de tomar conta da minha família e aproveitar muitas oportunidades sem me arrepender das minhas decisões.

Visão profissional

Focar a minha carreira em engenharia mecânica na associação com automóveis. Mais especificamente, aplicar uma variedade de funções mecânicas para criar um grande produto. Além disso, pesquisar a conversão de energia em automóveis e aplicar novas ideias na conservação de energia.

Entrar na indústria automobilística em uma equipe de projetistas com o objetivo de desenvolver um carro ambientalmente amigável. Em seguida, obter um cargo de gerência em pesquisa e tomar decisões que beneficiem a economia e o país.

Desempenhar um papel principal na produção de um novo produto e ganhar dinheiro o bastante para sustentar a mim mesmo e a minha família, além de contribuir com minha comunidade.

Estratégia

Metas

Longo prazo

- Desenvolver um estilo de vida que traga sucesso e felicidade a todos os membros da minha família.
- Ser financeiramente independente e livre de dívidas.
- Ser um líder em minha igreja, minha comunidade e meu sistema educacional, usando minhas habilidades de engenharia mecânica para contribuir com o sistema de educação lecionando no ensino médio.
- Financiar a educação dos meus filhos e ajudá-los a começar suas carreiras.
- Obter um cargo de administração que possua um impacto positivo na minha carreira e profissão.
- Preparar-me para uma aposentadoria agradável e bem-sucedida.

Médio prazo

- Formar uma família e me tornar um membro ativo de minha igreja e comunidade local.
- Expandir a rede de contatos profissionais através da participação em sociedades de engenharia.
- Planejar passar tempo com minha família, aproveitando nossos momentos juntos e aumentando a satisfação com a vida.
- Estabelecer um orçamento e uma poupança como fundação financeira da minha visão.
- Obter um diploma de bacharel em engenharia mecânica.
- Obter um diploma de mestrado em engenharia mecânica.
- Obter experiência na indústria enquanto estiver estudando.
- Começar uma carreira na indústria automotiva.
- Tornar-me um engenheiro profissional registrado.

Curto prazo

- Aprender a harmonizar meu tempo de estudo, de trabalho e de lazer.
- Criar uma rede pessoal de amigos e colegas de aula.
- Desenvolver hábitos efetivos de estudo, para obter o maior benefício das aulas.

- Avaliar a profissão de engenharia mecânica e decidir que disciplinas eletivas fornecerão o melhor método de alcançar minha visão profissional.
- Estabelecer uma nota média das disciplinas de pelo menos 9,5 e desenvolver um processo de manutenção de notas altas para a entrada no mestrado.
- Pesquisar as diversas faculdades de engenharia e determinar se o currículo da atual é apropriado para preparar-me para alcançar minha visão.

Habilidades necessárias
Técnicas
- Obter proficiência em cálculo e equações diferenciais.
- Aumentar meu conhecimento e aplicações de engenharia de software.
- Aumentar minha experiência prática com a manutenção de carros.
- Aprender a aplicar os princípios de termodinâmica e de transferência de calor.

Não técnicas
- Desenvolver habilidades de pesquisa em bibliotecas e outras formas de representação de informação.
- Aperfeiçoar minhas habilidades de escrita e gramaticais.
- Desenvolver habilidades de apresentação oral.
- Aprender a trabalhar com outras pessoas.

Plano de ação
Curto prazo
- Desenvolver um sistema de gerenciamento de tempo e aprender a harmonizar meu tempo entre os estudos, sociedades profissionais e trabalho em meio período.
- Participar do projeto de Baja SAE da nossa divisão estudantil local.
- Analisar cada disciplina para determinar como ela me ajudará a me preparar para o foco de trabalho desejado e trabalhar para obter o maior benefício de cada disciplina.
- Participar de um grupo de estudo e aprender a trabalhar com outros alunos.
- Reunir-me com meu orientador e rever as opções de disciplinas para planejar o cronograma de disciplinas da minha graduação.
- Separar 30 horas semanais para leitura do livro-texto, realização de exercícios e trabalhos e preparação para provas.
- Participar de todas as aulas e dedicar tempo adicional para me preparar para as provas, obtendo notas altas e mantendo uma média alta.
- Aproveitar a biblioteca e a Internet para pesquisar os diversos currículos de engenharia de universidades, usando-os como guias para a conclusão dos cursos de graduação e pós-graduação.
- Encontrar um professor particular de cálculo e aumentar o tempo de resolução de exercícios no caso da matéria de equações diferenciais.
- Usar o centro de produção literária da universidade para obter sugestões para aperfeiçoar minhas habilidades de escrita.

- Ser um diretor no SAE e praticar habilidades de liderança, de comunicação e habilidades interpessoais.
- Tentar obter um estágio na indústria automotiva ou outra relacionada.

Médio prazo
- Casar e formar uma família.
- Participar de atividades da comunidade quando meus filhos entrarem na escola, trabalhando com professores de ciência para incentivar alunos a considerarem carreiras na engenharia.
- Ser um membro ativo de minha igreja e preparar a fundação religiosa da minha família.
- Ser um membro ativo do SAE e da ASME, participando de atividades associadas à indústria automobilística.
- Trabalhar com minha esposa para estabelecer atividades que reúnam todos os membros da família.
- Planejar um orçamento familiar que fornecerá o tipo de vida desejado e criar uma poupança para o futuro.
- Usar o tempo das férias para planejar e participar de viagens e outras atividades que educarão e fornecerão diversão para todos os membros da família.
- Estabelecer uma rotina de exercícios físicos para manter a saúde.
- Continuar a desenvolver e usar um gerenciamento de tempo e habilidades de estudo eficientes para manter uma média alta de notas das disciplinas e obter o máximo de cada disciplina.
- Expandir as redes de contato pessoal e profissional por meio da participação ativa em minha comunidade e em minhas sociedades profissionais.
- Completar o exame FE durante o último ano da faculdade para poder me tornar um engenheiro registrado.
- Escolher uma universidade para cursar pós-graduação.
- Completar a graduação e a pós-graduação.
- Obter meu primeiro cargo na indústria automobilística.
- Completar o exame PE e tornar-me um engenheiro profissional registrado.

Longo prazo
- Planejar com a minha família as atividades que realizaremos juntos.
- Apoiar a carreira da minha esposa e outras atividades que solidifiquem nosso casamento.
- Cooperar com minha esposa na realização de investimentos bem-sucedidos e na aplicação de ferramentas financeiras como um plano de previdência social ou privada para garantir estabilidade na época de aposentadoria.
- Considerar participação em um conselho escolar ou aproveitar oportunidades de ser voluntário no sistema escolar de minha comunidade, para meus filhos e outros alunos.
- Desenvolver um plano que ajude meus filhos a avaliar oportunidades de carreira e escolher sua área de trabalho.

- Fornecer um apoio financeiro parcial ou completo para as oportunidades acadêmicas de meus filhos.
- Desenvolver um programa de aprendizagem que inclua o preparo para a administração e outros cargos.
- Procurar e obter cargos de autoridade e liderança associados à carreira que contribuam com as metas de longo prazo e com a visão profissional.
- Continuar uma rotina de exercício físico para manter minha qualidade de vida e estender o proveito dos meus anos de aposentadoria.

EXEMPLO DE PLANO DE CARREIRA 2

Visão pessoal

O foco principal da minha visão pessoal é minha família. Eu gostaria de fornecer o sustento financeiro para que minha esposa possa trabalhar integralmente cuidando dos filhos. Além disso, é importante que eu tenha oportunidades de ficar em casa e realizar atividades com meus filhos.

Eu gostaria de ter uma carreira que sustente um estilo de vida financeiramente razoável, mas o dinheiro não é a coisa mais importante para mim. É muito mais importante ter uma família feliz e bem-sucedida e não me preocupar em ter aparelhos caros.

Visão profissional

Inicialmente, eu quero dar aulas em um programa de graduação em engenharia civil em uma universidade de renome. Estou disposto a me esforçar para aprender sobre o processo de educação em engenharia, porque algum dia eu gostaria de ser o diretor de um instituto de engenharia.

O ambiente de trabalho que eu gostaria de ter inclui a associação com muitos grupos de pessoas. Eu aprecio a utilização de minhas habilidades de comunicação e socialização para trabalhos em equipe e beneficio-me das diferentes ideias e pontos de vista dos outros.

Eu me sentiria feliz se as conquistas da minha carreira incluíssem o trabalho em projetos que melhorassem ou salvassem vidas. Isso me daria satisfação por ter causado um impacto positivo no mundo.

É importante ter dinheiro o bastante para sustentar minha família, ajudar minha comunidade e contribuir com o bem-estar de outras pessoas nesse mundo de forma similar a como outras pessoas me ajudaram no passado.

Metas

Longo prazo
- Aproveitar a vida e as atividades associadas à minha família.
- Ajudar meus filhos a se saírem bem no ensino médio e prepará-los para sua vocação.

- Aproveitar o tempo com a minha família.
- Expandir minha rede de contatos profissionais e praticar habilidades de liderança, preparando-me para buscar um cargo de diretor de um instituto de engenharia.
- Aprender a usar os recursos financeiros de forma eficiente e a estar satisfeito com um estilo de vida razoável.
- Encontrar oportunidades de me envolver em minha comunidade e de participar em diversas atividades que causem um impacto positivo na comunidade.
- Tornar-me o diretor de um instituto de engenharia e incentivar os alunos a se prepararem adequadamente para sua carreira.
- Preparar-me para a aposentadoria e ajudar meus filhos a obterem sucesso nas suas vidas.

Médio prazo
- Conhecer alguém, casar-me e começar uma família.
- Harmonizar meu tempo entre estudos e atividades familiares.
- Estabelecer um bom sistema de gerenciamento de tempo para reduzir o estresse e aumentar minha capacidade de dedicar tempo adicional à minha família.
- Obter meu diploma de bacharel em engenharia e preparar-me para a pós-graduação.
- Determinar o foco principal da minha carreira e como posso incorporar a ajuda a outras pessoas na pesquisa associada ao ensino em uma universidade.
- Obter um diploma de mestrado em engenharia.
- Aprender a trabalhar de maneira eficiente com outras pessoas e tornar-me um líder.
- Obter um diploma de doutorado e tornar-me um professor.

Curto prazo
- Aprender a ser um aluno de sucesso e aproveitar ao máximo as oportunidades em aula.
- Obter boas notas em todas as disciplinas e manter no mínimo uma nota média de 9,0 entre as disciplinas.
- Aprender mais sobre o ambiente acadêmico e o que é necessário para o ensino e para me tornar um diretor de instituto de engenharia.
- Desenvolver uma rede de contatos pessoais e aprender a trabalhar melhor com outros alunos.
- Pesquisar as diversas áreas de engenharia e tomar uma decisão final sobre que área estudar durante a graduação.

Habilidades necessárias
Técnicas
- Aprender a usar recursos de software.
- Aumentar o conhecimento em matemática e em teorias.
- Aumentar minha habilidade de resolução de problemas.

Não técnicas
- Desenvolver habilidades de liderança.
- Melhorar as habilidades de comunicação.
- Aprender a influenciar as pessoas.

Plano de ação

Curto prazo
- Assistir a todas as aulas, ler o livro-texto antes das aulas e fazer perguntas em aula para obter esclarecimentos e informações adicionais.
- Ser otimista e reservar pelo menos 2 horas na preparação para cada prova.
- Passar parte do tempo na biblioteca e com outros recursos para aprender mais sobre o meio acadêmico e o que é necessário para o ensino de alunos e a administração.
- Conversar com o diretor do instituto de engenharia e com outros professores para descobrir o que fazem diariamente e como se prepararam para chegar a seu cargo atual.
- Formar um grupo de estudos e trabalhar com outros alunos durante pelo menos 5 horas por semana.
- Juntar-me a uma sociedade profissional estudantil e voluntariar-me para alguns projetos.

Médio prazo
- Expandir minha rede de contatos pessoal e compartilhar muitas das minhas atividades com meus amigos, para que eu encontre o amor da minha vida, case e forme uma família.
- Melhorar meu sistema de gerenciamento de tempo para ser mais eficiente e ter mais tempo para minha família e para meus estudos.
- Planejar minhas atividades diárias e esforçar-me para manter uma média de notas alta, para que eu possa me formar e entrar em uma pós-graduação de minha escolha.
- Escolher uma área de interesse e obter um diploma de mestrado em engenharia.
- Continuar minha participação ativa em organizações profissionais de engenharia e expandir minha rede de contatos profissionais e minhas habilidades de liderança.
- Obter meu diploma de doutorado e me preparar para o meio acadêmico.
- Aprender a lidar com fracassos e alcançar o sucesso por meio da experiência.

Longo prazo
- Planejar com minha esposa as atividades em família de que desfrutaremos, como viagens de férias.
- Discutir oportunidades de carreira com meus filhos e manter-me envolvido em suas atividades educacionais para incentivá-los a estarem preparados para realizar boas escolhas de carreira.

- Aproveitar oportunidades de cargos de liderança em minha sociedade profissional e expandir minha rede de contatos profissionais.
- Desenvolver um orçamento familiar e me preparar para gastos futuros, como a faculdade de meus filhos e minha aposentadoria.
- Avaliar oportunidades de pesquisa e escolher aquelas que causarão um impacto positivo na sociedade, para realizar minha visão profissional.
- Preparar e buscar oportunidades de ser um diretor de um instituto de engenharia.
- Se conseguir obter o cargo de diretor de um instituto de engenharia, usar minha visão para incentivar os professores a fornecerem um ambiente de qualidade educacional e incentivar os alunos a obterem uma experiência de carreira bem-sucedida.

EXEMPLO DE PLANO DE CARREIRA 3

Visão pessoal

A parte mais importante da minha visão pessoal é o fornecimento de sustento financeiro e apoio emocional à minha família. Meu estilo de vida desejado foca primeiro minha família, depois meu trabalho e, finalmente, minha comunidade. Então, quero planejar e controlar minha carreira para harmonizar meu tempo entre o trabalho e a vida pessoal e em família.

Eu gostaria de ter uma esposa e mãe que seja respeitada e amada. Ter uma família próxima é muito importante, e eu quero ter um ambiente familiar que torne isso possível. Isso inclui dedicar um tempo diário para minha família e aproveitar o período de férias para apresentar novas experiências a meus filhos.

Também estou interessado em minha comunidade e sociedade em geral, e gostaria de contribuir positivamente no decorrer da minha profissão. Isso inclui tornar-me um engenheiro profissional e ser ético em tudo o que eu fizer.

É importante que eu mantenha uma boa saúde para que eu possa ser bem-sucedido no meu trabalho e possa apoiar minha família em suas necessidades. Eu gostaria de me aposentar em boas condições de saúde para que essa parte da vida também seja agradável.

Visão profissional

Minha principal área de interesse é a engenharia química e ambiental, associadas aos equipamentos para construções. Eu gostaria de começar minha carreira em uma empresa de consultoria de porte médio ou grande, na qual eu teria a oportunidade de trabalhar em uma variedade de projetos associados à saúde, à educação, a instalações industriais e similares.

Meu ambiente de trabalho desejado envolve ficar pelo menos 40% do tempo em campo e participando da aplicação de meus projetos. Eu não me contentaria em ficar em um escritório todo o tempo.

Além de obter uma ampla experiência de trabalho, quero construir uma grande rede de contatos profissionais na indústria. Isso será um recurso importante para que eu seja bem-sucedido na segunda parte da minha carreira.

Eu quero trabalhar para alguma empresa por cerca de 10 a 15 anos, a fim de desenvolver as habilidades e a experiência necessárias para começar meu próprio negócio. Meus planos de longo prazo incluem o estabelecimento da minha própria empresa de consultoria, na qual eu me especializaria no projeto de sistemas ambientalmente amigáveis para grandes edifícios comerciais.

Metas
Longo prazo
- Dar início ao processo de começar minha própria empresa de consultoria em engenharia.
- Especializar-me em sistemas associados ao ambiente para instalações comerciais.
- Assumir papéis de liderança na divisão local do American Institute of Chemical Engineers (AIChE) e em outras organizações associadas à indústria.
- Começar com projetos de sistemas comerciais simples e gradativamente migrar para projetos de maior escala.
- Sustentar financeiramente a educação de meus filhos e minha futura aposentadoria.
- Equilibrar meu tempo entre família e negócios, desfrutando de períodos de férias com minha família.

Médio prazo
- Estar empregado em uma empresa de engenharia, trabalhando durante meus 4 anos de experiência de trabalho necessários para a realização do exame PE.
- Completar o pagamento de todos os financiamentos estudantis.
- Participar ativamente do AlChE e expandir minhas redes de contatos pessoais e profissionais.
- Desenvolver um plano de negócios antes dos 35 anos de idade e começar os preparativos para a posse de uma empresa de consultoria.
- Estabelecer um plano financeiro pessoal estável, capaz de suprir as necessidades da minha família e me preparar para a posse de uma empresa.
- Continuar meu programa pessoal de exercícios físicos para manter uma boa saúde.

Curto prazo
- Sobressair-me no próximo semestre, para melhorar minha média de notas e atratividade para a pós-graduação.
- Completar um Trabalho de Conclusão de Curso, concluindo a graduação antes dos 25 anos.
- Aumentar minhas atividades no ramo estudantil da ASME, desenvolver uma rede pessoal de colegas e praticar habilidades interpessoais e de liderança.
- Passar no exame Fundamentals of Engineering antes de me graduar.
- Realizar o exame PE e tornar-me um Engenheiro Profissional antes de completar 30 anos.
- Desenvolver um programa pessoal de exercícios físicos.

Habilidades necessárias

Técnicas

- Aumentar minha capacidade de processar informações complicadas de maneira mais eficiente.
- Manter-me atualizado sobre as tecnologias mais atuais necessárias para me manter competitivo.

Não técnicas

- Aprender a harmonizar meu trabalho e minha vida pessoal de forma a manter um nível adequado de eficiência.
- Aprender a utilizar recursos disponíveis que, no passado, não levei em consideração (por exemplo: serviços de apoio à carreira e contatos do AlChE).
- Encontrar um sócio de negócios com habilidades de mercado e outros contatos que possibilitem o estabelecimento e a manutenção de uma empresa de consultoria bem-sucedida.

Plano de ação

Curto prazo

Usar o tempo de forma sábia e eficiente, expandindo meu sistema de gerenciamento de tempo e avaliando os resultados diariamente.

- Aprender a dizer "não" às atividades adicionais que interfeririam nos meus objetivos principais.
- Organizar uma equipe de trabalho de conclusão de curso e escolher um projeto que possa ser devidamente finalizado dentro do tempo determinado.
- Participar de uma reunião mensal do AlChE e voluntariar-me a um número limitado de atividades nas quais poderei expandir minha rede de contatos e praticar habilidades de comunicação e liderança.
- Preparar-me para o exame FE, dedicando 3 horas semanalmente para o estudo de tópicos do exame.
- Documentar projetos e continuar o programa de aprendizagem que me preparará para passar no exame PE.
- Estabelecer um programa de exercícios físicos que inclua corrida pelo menos três vezes por semana, no Bally ou nas ruas da minha vizinhança.

Médio prazo

- Melhorar minhas chances de trabalho utilizando os contatos e recursos disponíveis (serviços de apoio à carreira, eventos de engenharia, etc.).
- Esforçar-me no meu cargo inicial após a graduação para estabelecer uma sólida fundação para minha perícia na área.
- Expandir meu conhecimento sobre as operações gerais de uma empresa de consultoria, conversando com diversos departamentos da empresa.
- Controlar minhas finanças de forma responsável para pagar minha dívida estudantil e aumentar meus recursos financeiros.

- Tornar-me membro da AIChE e voluntariar-me a oportunidades de liderança para expandir ainda mais minhas redes de contato e habilidades de gerência de projetos.
- Usar os seminários do SCORE para desenvolver um plano financeiro para minha empresa de consultoria.

Longo prazo

- Pesquisar as oportunidades de localização e tipos de serviço de consultoria para realizar boas decisões durante a criação da minha empresa.
- Desenvolver um conhecimento adequado dos riscos e obrigações associados com a posse de uma empresa por meio de contatos do AIChE e de conversas com outros engenheiros consultores.
- Iniciar o desenvolvimento de um sólida base financeira, com o apoio de minha família e de instituições financeiras, completando e discutindo um plano de negócios.
- Estabelecer um negócio de meio expediente e explorar as oportunidades de expansão de meu negócio de consultoria enquanto estiver trabalhando.
- Encontrar pelo menos três potenciais clientes que estejam dispostos a assinar contratos com minha empresa e completar a concepção de seus projetos.
- Avaliar os resultados das operações já executadas por minha empresa e decidir se eu devo deixar meu emprego para passar a operar meus negócios em tempo integral.
- Usar o gerenciamento de tempo para harmonizar meu tempo entre minha empresa e minha família.
- Financiar pelo menos 75% dos gastos dos 4 anos de graduação de cada um dos meus filhos e ajudá-los a decidir seu percurso acadêmico e de carreira.

EXEMPLO DE PLANO DE CARREIRA 4

Visão pessoal

A parte mais importante da minha visão pessoal é ser bem-sucedido em minha carreira acadêmica. Eu quero deixar minha família orgulhosa, especialmente meu pai, que sacrificou tanto para que eu pudesse chegar à faculdade.

Após obter um diploma de bacharelado em engenharia elétrica, o próximo passo é encontrar um emprego nos Estados Unidos que forneça experiência na área de comunicações. Essa experiência de trabalho será importante no desenvolvimento de habilidades e no preparo de um bom currículo, para que eu possa voltar para casa, no Quênia, e continuar minha carreira. Além de meu desejo por uma carreira bem-sucedida, é importante que eu more perto dos meus pais e comece minha própria família. Durante todo esse processo, quero crescer como pessoa e tomar decisões corretas na minha vida.

Vou dedicar todo o conhecimento adquirido na faculdade para ajudar a empresa onde eu for trabalhar e ao mesmo tempo investir no negócio imobiliário do meu pai no Quênia.

Manter um estado saudável física, social e financeiramente é também outra prioridade. Eu quero ser saudável enquanto eu viver. Eu sei que isso é difícil, mas eu quero me alimentar bem e me exercitar o suficiente. Ter bastante dinheiro seria bom, mas ser financeiramente estável é suficiente para mim. Socialmente, eu gostaria de fazer bons novos amigos e manter contato com os amigos atuais.

Visão profissional

O grande foco da minha carreira são sistemas de comunicação. Como um engenheiro eletricista, eu gostaria de trabalhar para uma empresa envolvida com comunicações, como Ericsson, Samsung ou NASA. Trabalhar para esse tipo de empresa me forneceria uma importante experiência prática. Devido à falta de sistemas de comunicação móvel eficientes e de disponibilidade da Internet na minha terra natal, eu gostaria de abrir minha própria empresa para competir com as poucas que monopolizam essa indústria no Quênia.

Inicialmente, o ambiente de trabalho mais desejável seria uma grande empresa. Em seguida, após obter experiência, me mudarei para o Quênia para trabalhar e estabelecer minha própria empresa.

Se conseguir estabelecer minha própria empresa, será importante que ela cresça, para que eu possa fornecer excelentes serviços e contribuir positivamente para a sociedade com o desenvolvimento e o avanço da tecnologia de comunicação.

Metas
Longo prazo
- Ter um negócio próprio bem-sucedido no Quênia.
- Ter uma vida simples, sem preocupações ou estresse, desenvolvendo uma estabilidade financeira.
- Ajudar meus filhos a obterem uma educação superior.
- Sustentar meus filhos financeiramente e ajudá-los a começar suas próprias carreiras.
- Desempenhar um papel ativo no IEEE e na minha comunidade, ajudando meus vizinhos a melhorar seu estilo de vida por meio da aplicação da tecnologia.
- Aposentar-me e aproveitar o tempo com meus netos.

Médio prazo
- Terminar disciplinas e receber um diploma de bacharel em engenharia elétrica.
- Obter um cargo em uma empresa norte-americana de comunicações.
- Estabelecer minha família e aproveitar meu tempo com eles.
- Minimizar o estresse e harmonizar meu tempo de trabalho e com a família.
- Cuidar dos meus pais durante sua velhice.
- Desenvolver um estilo de vida que minimize problemas de saúde.
- Mudar-me para o Quênia e abrir minha própria empresa de comunicações.
- Estabelecer uma Seção do IEEE na minha comunidade no Quênia.
- Fornecer oportunidades de emprego às pessoas de minha comunidade.
- Ser um parceiro nos negócios imobiliários do meu pai.

Curto prazo

- Assumir responsabilidade pessoal pelas minhas atividades e aprender a gerenciar o tempo.
- Completar todas as tarefas no meu plano de gerenciamento de tempo para ser mais bem-sucedido.
- Expandir minhas redes de contato pessoais e procurar uma futura esposa.
- Associar-me ao IEEE e participar ativamente de projetos para aprender a trabalhar com outros.
- Começar um programa de aptidão física e exercitar-me rotineiramente.
- Aumentar minha habilidade de obter mais conhecimento técnico de cada disciplina.
- Encontrar um trabalho de meio expediente e preparar um bom currículo.

Habilidades necessárias

Técnicas

- Aprender a aplicar a matemática em cada disciplina da engenharia.
- Melhorar minha habilidade de resolver exercícios e problemas de provas.
- Aprender os princípios associados aos sistemas de comunicação sem fio.

Não técnicas

- Aprender a ser mais efetivo no preparo para a aula.
- Aprender a gerenciar o tempo e minimizar o estresse dos cronogramas.
- Manter-me em boa forma física.
- Fortalecer minhas crenças religiosas.
- Aprender a ser paciente e a trabalhar com pessoas que tenham ideias diferentes.

Plano de ação

Curto prazo

- Desenvolver um sistema de gerenciamento de tempo e revisá-lo ao começo de cada dia.
- Ler materiais do livro-texto e assistir a todas as aulas.
- Escrever perguntas durante a leitura dos livros-texto e fazê-las em sala para compreender melhor o material técnico.
- Entrar em um grupo de estudos e aprender a trabalhar com os outros para a resolução de problemas.
- Andar por 6 km nas segundas, quartas e aos sábados, todas as semanas.
- Tentar obter um trabalho de meio expediente do centro estudantil da universidade.
- Ir à igreja todos os domingos.
- Associar-me ao IEEE este semestre.

Médio prazo
- Agendar conferências com meu orientador e escolher as disciplinas eletivas para me preparar para trabalhar na área de comunicações.
- Escrever um breve resumo do que eu posso obter com cada disciplina e melhorar minhas habilidades técnicas resolvendo exercícios com meu grupo de estudos.
- Aprender a trabalhar em uma equipe de laboratório e a usar os equipamentos para realizar experimentos bem-sucedidos.
- Voluntariar-me a oportunidades de liderança no IEEE a aprender a liderar comitês e a gerenciar projetos.
- Começar minha carreira de trabalho em uma empresa norte-americana.
- Desenvolver mais atividades na igreja e expandir minha rede de contatos pessoais para que eu possa encontrar uma esposa.
- Trabalhar com um personal trainer e expandir meu programa de aptidão física.
- Enviar dinheiro ao meu pai, para que ele possa investir em seu negócio imobiliário.
- Focar a obtenção de experiência com a aplicação de tecnologia de comunicação, preparando-me para voltar para o Quênia.
- Casar-me e começar uma família.
- Começar minha própria empresa de comunicação sem fio no Quênia.
- Trabalhar com meus pais, ajudando-os a planejar sua aposentadoria.

Longo prazo
- Usar bons princípios de negócios e operar minha empresa para que ela seja bem-sucedida e forneça boas condições de vida aos meus funcionários.
- Desenvolver um orçamento e estabelecer uma poupança para lidar com os gastos com a educação dos meus filhos.
- Ser um líder, voluntariando-me em atividades comunitárias e ajudando as escolas a melhorarem suas disciplinas de matemática e ciência.
- Estabelecer uma equipe de gerência que possa manter a operação da minha empresa e fornecer os benefícios de aposentadoria para mim e para outros.
- Ajudar meus filhos a começar sua carreira e planejar o tempo com meus netos.
- Incentivar jovens de nossa comunidade a melhorarem seu estilo de vida, oferecendo-me como professor particular de matemática e disciplinas de ciência no ensino médio.

CAPÍTULO

14

Habilidades de redes de contatos e desenvolvimento profissional

> O sucesso na carreira frequentemente se baseia mais em quem você conhece do que no que você sabe. O desenvolvimento de habilidades efetivas de redes de contatos agora, como um aluno, é uma das ferramentas não técnicas mais importantes que você pode possuir. Ao continuar a construir sua rede de contatos como um engenheiro em exercício, você poderá usar seus contatos para obter importantes informações, que aumentarão enormemente seu nível de sucesso.
>
> Joseph Burns, Profissional de gerência de projetos, Mestre em Aviação civil, Bacharel em Astronomia e Astrofísica

Objetivos de aprendizagem

Ao usar as informações e os exercícios deste capítulo, você será capaz de:

- Compreender por que as redes de contatos pessoais são importantes.
- Causar boas primeiras impressões.
- Desenvolver a valiosa habilidade de escuta.
- Saber como construir redes de contatos.
- Estabelecer redes de contatos em sala de aula e em grupos de estudo.
- Usar as organizações profissionais estudantis para expandir as redes de contatos.
- Saber como usar as organizações profissionais para aperfeiçoar sua carreira.

REDES DE CONTATOS E O CENÁRIO DE DESENVOLVIMENTO PESSOAL

"Ao começarmos o desenvolvimento de nossa carreira profissional, precisamos reconhecer a necessidade de interação com profissionais da nossa área de interesse, e precisamos compreender os resultados que poderão surgir dessa interação. Precisamos procurar oportunidades de conhecer esses indivíduos e de aprender com pessoas que tenham muitos anos de experiência técnica.

Precisamos também reconhecer a necessidade de habilidades não técnicas e de identificar as habilidades específicas que precisaremos ter para sermos bem-sucedidos em nossa carreira técnica. Ainda que o conhecimento e a capacidade técnicos sejam exigências para o sucesso, precisamos também entender que há diversas habilidades não técnicas que nos auxiliarão em nossa carreira profissional."

(Joe Lillie, Engenheiro Eletricista, ex-vice-presidente do IEEE,
diretor e tesoureiro do IEEE Foundation)

Como um engenheiro profissional com muitos anos de experiência, o Joe Lillie conhece o valor das redes de contatos. Neste capítulo, discutiremos como você pode desenvolver suas habilidades de redes de contatos para alcançar maior sucesso na carreira. Aprenderemos mais sobre as experiências de redes de contatos do Joe quando o entrevistarmos ao final do capítulo.

14.1 Introdução

Existe um mito de que engenheiros são naturalmente antissociais e trabalham isoladamente. Nada poderia estar mais longe da verdade. A maioria dos engenheiros estabelece contatos pessoais e troca ideias com pessoas técnicas e não técnicas. Isso é um estabelecimento de uma rede de contatos, e é um dos melhores métodos de obter informações e desfrutar de uma carreira bem-sucedida.

Figura 14.1 Redes de contatos.

> Você nunca será uma ilha.

Os engenheiros não operam em um vácuo e nem como uma ilha. Como indicado pela Figura 14.1, lidamos com negócios que focam as pessoas. Nossa capacidade de *compartilhar* informação é tão importante quanto a própria informação. Além disso, precisamos de muitas fontes de informação além do nosso próprio conhecimento. O desenvolvimento de contatos e o estabelecimento de um ambiente associado à rede de contatos nos levam a uma grande quantidade de novos recursos que podem nos beneficiar. Então, o estabelecimento de redes de contatos é tão valioso quanto diamantes e é uma habilidade que ajudará a aprender sobre novas tecnologias.

As redes de contatos giram em torno dos "contatos", e é importante que você se esforce para desenvolver habilidades efetivas de interação com seus contatos. Isso começa com o desejo de se envolver com muitas pessoas em suas comunidades pessoais e profissionais. Se você apresentar uma atitude positiva a respeito das redes de contatos, terá sucesso na criação de redes bem-sucedidas.

Algumas oportunidades de estabelecimento de redes de contatos têm início quando outras pessoas entram em contato com você. Isso lhe ajudará a estabelecer sua rede, mas em geral os melhores contatos serão os iniciados por você, já que você decidiu quem contatar. Mesmo que não se sinta confortável lidando com pessoas desconhecidas, você deve considerar os benefícios do desenvolvimento de habilidades de redes de contatos efetivas.

> "Os jovens possuem uma capacidade inata de aprender, observar, explorar e adquirir sabedoria. Eles esperam alcançar sucesso e relevância em suas carreiras. É possível estudar áreas específicas e se tornar um perito em algum assunto; mas para uma pessoa alcançar seu potencial completo, é necessário que desenvolva atributos pessoais que aperfeiçoem suas habilidades de desenvolvimento pessoal e de redes de contatos. Ao lidar com os desafios do século XXI, os alunos estão projetando produtos que podem ter um impacto tangível nas áreas de saúde, energia, transporte e outros setores que beneficiem a sociedade. A capacidade de comunicar ideias inovadoras, formar parcerias e colaborar efetivamente são críticas na maximização do desempenho de trabalho e no aprimoramento das perspectivas de carreira."
>
> (Carole C. Carey, Engenheira Eletricista, diretora local do IEEE Engineering in Medicine and Biology Society, Seção de Baltimore)

14.2 Primeiras impressões bem-sucedidas

Muitos anos atrás, Will Rogers disse que nós nunca temos uma *segunda* chance de causar uma *primeira* impressão. Essa afirmação é igualmente válida hoje, e deve ser a base de seu comportamento ao conhecer novas pessoas. Uma boa forma de causar primeiras impressões positivas é usar uma linguagem corporal amigável, como demonstrado na 14.2.

Figura 14.2 Primeiras impressões positivas.

Pequenas coisas fazem uma grande diferença quando você começa uma conversa. Isso inclui ficar em pé quando alguém lhe cumprimenta e oferecer um aperto de mão firme, mas não forte demais. Linguagem corporal positiva também é utilizada quando você sorri e estabelece contato visual.

A maioria das primeiras impressões é feita nos primeiros 15 segundos.

Tipicamente, leva 15 segundos para que as primeiras impressões sejam formadas. Se forem negativas, pode demorar bastante tempo para que se desfaça o estrago. No entanto, se forem positivas, você estabelecerá uma base para uma conversa bem-sucedida. No primeiro minuto da conversa, até vinte opiniões diferentes podem ser estabelecidas sobre uma pessoa.

Uma primeira impressão positiva, ao conversar com potenciais empregadores, é frequentemente um dos fatores decisivos para se receber uma oferta de emprego. Alguns recrutadores indicam que a oportunidade de uma segunda entrevista ou de um oferecimento de emprego é baseada nas habilidades sociais demonstradas durante a primeira entrevista. Você precisa de mais do que conhecimento técnico e de boas notas para ser competitivo na procura por emprego, então aprenda desde já a causar uma primeira impressão positiva e você terá algo valioso.

14.2.1 Dicas para iniciar uma conversa

Comece uma conversa com comentários amigáveis.

As primeiras palavras de uma conversa são muito importantes. Um dos melhores métodos para começar uma conversa é sorrir, cumprimentar e se apresentar. Olhe nos olhos da outra pessoa e diga seu nome lenta e nitidamente.

Se possível, faça algum comentário sobre seu nome que ajude a outra pessoa a lembrá-lo com mais facilidade. Por exemplo, "Olá, Eu sou o Jim Watson – o mesmo Watson da pessoa que recebeu a primeira mensagem por telefone de Alexander Graham Bell."

As habilidades de comunicação efetivas podem ser uma de suas ferramentas profissionais mais importantes. A arte da conversa inclui saber *o que* dizer e *quando* dizer. Ela também inclui saber *quando ficar calado*. Ao desenvolver a arte da conversa, você deixará outras pessoas mais à vontade e será mais bem-sucedido em suas primeiras impressões.

14.2.2 O poder das perguntas

Ao começar uma conversa, é bom fazer perguntas após se identificar na apresentação inicial. Quando você faz perguntas apropriadas, passa a "bola" da conversa para a outra pessoa. As perguntas podem ser uma ferramenta valiosa na realização dos itens listados na Figura 14.3.

VOCÊ PODE USAR AS PERGUNTAS PARA
- Dirigir o tópico da discussão
- Elogiar outra pessoa, indicando seu interesse pelas ideias dela
- Transferir o foco de você para eles
- Encontrar áreas para realizar comentários e outras questões
- Desenvolver autoconfiança ao escutar antes de falar

Figura 14.3 O valor de fazer perguntas.

Torne suas perguntas iniciais abertas, para que incentivem os outros a expandir seus comentários. Uma pergunta aberta não pode ser respondida com "sim" ou "não". As perguntas abertas são voltadas a um assunto, mas não limitam a resposta. O resultado final é que você receberá mais informações e saberá como encaminhar a conversa a partir disso.

> As questões abertas são uma ferramenta poderosa no estabelecimento de redes de contato.

As questões abertas fornecem informações que guiam seus próximos comentários e perguntas. Escute as respostas e faça perguntas ou comentários que continuem a conversa. Você pode realizar isso concordando com a cabeça, mantendo bom contato visual, prestando atenção em palavras-chave e parafraseando os comentários da outra pessoa para indicar que você os compreendeu. Os seres humanos têm dois ouvidos e apenas uma boca, então aprenda a ser um ouvinte ativo e responda ao que os outros disserem.

Interesse-se genuinamente pelas pessoas e por suas ideias. Como você está procurando novas informações ao estabelecer redes de contato, respeite os outros e esteja pronto a considerar pontos de vista diferentes e *backgrounds* diversos. Uma mente aberta será mais receptiva a novas ideias mesmo que você talvez não concorde com alguns conceitos inicialmente. Esteja aberto a novas opiniões e, então, decida se e como a informação se aplicará a você.

Seja conciso nas respostas das perguntas para não sobrecarregar os outros. Quando alguém perguntar que horas são, não ensine como se constrói um relógio. Por outro lado, não seja breve em seus comentários a ponto de soar grosseiro ou desinteressado.

14.2.3 Mudança de tópico da discussão

Há diversas formas de tomar controle de uma conversa sem impactos negativos. É importante ser aberto e amigável, então tenha discernimento ao mudar de assunto.

Você também pode usar frases de ligação para direcionar a conversa a um novo assunto. Por exemplo, comece a transição com expressões como "Eu ouvi você mencionar que ..." ou "Você parece familiarizado com ..." e então inicie a conversa sobre o assunto mencionado na frase de transição.

Frases de ligação mostram às pessoas que você estava escutando o que elas estavam falando antes de trocar de assunto. Essa é uma forma educada e efetiva de incentivar os outros a discutir os novos assuntos que você iniciar.

14.2.4 Linguagem corporal

A linguagem corporal negativa cria barreiras entre você e outras pessoas. Isso pode interferir em sua capacidade de estabelecer uma conversa produtiva. Então, pense em que imagem você transmite aos outros e desenvolva uma linguagem corporal que cause um impacto positivo nas pessoas durante as conversas.

Tenha uma atitude positiva para construir uma base de confiança e incentivar os outros a se sentirem confortáveis ao conversar com você. Isso pode ser realizado com um sorriso ou outras técnicas de linguagem corporal.

A postura e a aparência também afetam as impressões iniciais. Uma boa postura demonstra autoconfiança. Sua aparência pessoal é um indicador de autoestima que transmite seu desejo de causar uma boa impressão.

14.2.5 Terminando uma conversa

Termine a conversa em tom positivo, sorrindo e expressando agradecimento à outra pessoa por ter conversado com você. Exceto no caso de amigos próximos, o aperto de mãos é a *única* forma apropriada de se despedir nos negócios. Tapinhas no ombro, leve cutucões ou toques no braço podem ser vistos como excessivamente amigáveis.

14.3 A arte de escutar

> "Escutar bem é um método de influência tão poderoso quanto falar bem, e é igualmente essencial para toda verdadeira conversa."
>
> (Provérbio chinês)

Como escutar é uma parte tão importante das redes de contatos, vamos focar esse tópico vindo de uma perspectiva maior do que somente discussões a dois. Escutar é um processo ativo de recebimento e processamento de informação em muitas situações diferentes. Se você pensar no que tiver escutado, poderá compreender o que está sendo dito e reter a informação por muito mais tempo.

> Os diferentes níveis de escuta são: casual, conversacional e abrangente.

14.3.1 Escuta casual

A escuta casual foca principalmente o prazer próprio. Ela inclui música, rádio, televisão e outras atividades de lazer. As oportunidades de escuta casual foram muito expandidas com o surgimento de dispositivos móveis.

14.3.2 Escuta conversacional

A escuta conversacional envolve discussões informais com outras pessoas. Novas ideias podem ser aprendidas em conversas informais, e a quantidade de informação obtida depende de suas habilidades de escuta ativa.

14.3.3 Escuta abrangente

Nosso principal foco neste capítulo é a escuta abrangente, pois ela envolve a compreensão do que os outros estão dizendo e o fornecimento de um *feedback*. Isso inclui o uso de linguagem corporal positiva, a paráfrase do que você ouve e a realização de perguntas de clarificação.

A escuta abrangente exige certo trabalho de sua parte, mas você terá muitas oportunidades durante sua experiência acadêmica para desenvolver habilidades de escuta em discussões com outros alunos, professores e amigos.

É preciso usar o maior nível de habilidades de escuta para compreender as informações de uma aula ou de uma reunião em grupo. Em contraste com a escuta casual ou conversacional, a escuta abrangente envolve uma maior concentração nos detalhes do que você ouve.

Como aluno, você pode economizar tempo e completar seu trabalho de forma mais precisa quando escuta os detalhes. Ao receber uma tarefa em sala de aula, escute atentamente, processe o que ouviu e faça as perguntas apropriadas. Isso ajudará a compreender descrições de trabalhos, e você aprenderá habilidades para aplicar em projetos futuros em sua carreira.

A escuta abrangente frequentemente inclui o uso de anotações para referência adicional. É quase impossível escrever tudo o que está sendo discutido e ainda assim pensar no material, então escolha apenas os pontos mais importantes para anotar, harmonizando seu tempo entre a escrita e a escuta.

Os engenheiros participam frequentemente de reuniões em que são discutidos vários tópicos, como demonstrado na Figura 14.4. Essa é uma forma excelente de aprender novas ideias e de se manter atualizado com as mudanças na tecnologia. O valor obtido dessas reuniões depende de quão bem você escuta e compreende as informações.

Figura 14.4 Escutando apresentações formais.

Características da escuta abrangente
- Atitude
- Distrações
- Emoção
- Entusiasmo
- Tópicos difíceis
- Mensagem
- Ideias principais
- Anotações
- Sentidos ocultos
- Conclusões

A escuta abrangente maximiza o valor recebido quando você participa de reuniões.

14.3.4 Aperfeiçoamento da escuta abrangente

Mantenha uma atitude positiva – Mesmo que o assunto não seja interessante, aceite o desafio de obter o máximo da discussão. Foque a mensagem principal e tente obter algo de valor de cada participante.

Controle as distrações – Pode ser difícil eliminar as distrações, mas você pode minimizar o seu impacto. Por exemplo, pode considerar sentar-se mais à frente, no caso de uma grande plateia. As distrações terão um menor impacto se você focar o locutor e a mensagem, e não o ambiente.

Minimize a emoção – Se alguns tópicos lhe afetam emocionalmente, tente minimizar seus sentimentos durante a escuta. Emoções fortes podem atrapalhar sua compreensão e levá-lo a conclusões incorretas.

Escute com entusiasmo – Escutar não é uma tarefa fácil. Requer interesse e atenção. Observe as mensagens verbais e não-verbais para entender melhor o verdadeiro significado da mensagem.

Pratique com tópicos difíceis – Os palestrantes convidados de organizações profissionais frequentemente promovem discussões desafiadoras de tópicos. Esses eventos oferecem oportunidades de praticar suas habilidades de escuta. Foque as principais ideias e aproveite ao máximo essa experiência de aprendizagem.

Foque a mensagem, não o locutor – Alguns palestrantes têm pouca experiência ou são menos profissionais em sua apresentação. Nessas situações, as informações da apresentação podem ser úteis se você focar a mensagem e não as habilidades de comunicação do locutor.

Foque as ideias principais – As apresentações frequentemente contêm uma grande quantidade de informações nas quais as ideias principais se baseiam. Foque nas ideias principais para evitar distrações e use as informações associadas para compreender melhor os tópicos principais.

Faça anotações apropriadas – A realização de anotações é uma boa forma de aproveitar mais a apresentação, se isso não tirar sua atenção. Tipicamente, as anotações devem se limitar às ideias principais.

Procure por sentidos ocultos – Os locutores frequentemente têm motivações ocultas ou fortes influências que podem não ser demonstradas em seu discurso. Observe a linguagem corporal e as expressões vocais dos locutores para entender mais do que apenas as palavras faladas. Isso exige mais trabalho da sua parte, mas é uma boa forma de aproveitar ao máximo a apresentação.

Não avalie cedo demais – Espere até que toda a informação tenha sido fornecida antes de chegar às conclusões. As conclusões iniciais interferem na escuta e podem resultar na perda de ideias importantes transmitidas em sequência na apresentação. Se você não considerar toda a informação, poderá formar ideias incorretas.

14.4 Oportunidades de praticar habilidades de redes de contato

O valor do estabelecimento de redes de contatos está na informação que você recebe nesse processo. Você conseguirá compreender melhor quando "ler nas entrelinhas" para determinar por que algo está sendo dito. Saber os motivos pelos quais um comentário está sendo feito pode ser tão importante quanto ouvir o comentário em si.

A escuta também é importante no estabelecimento de redes de contato. Esse processo será mais bem-sucedido quando você mantiver contato visual e apresentar uma linguagem corporal positiva. Isso demonstra que você está escutando e compreende o que está sendo dito. Quanto mais você escutar, mais será visto como um bom comunicador.

Foque os outros durante o estabelecimento de uma rede de contatos.

Para construir redes de contatos duradouras, seja sincero. Alguns comentários podem ser usados para elogiar os outros, mas devem sempre se basear em fatos e ser uma expressão sincera de seu apreço pelo conhecimento ou por alguma ação dos outros. Elogios não sinceros geralmente são recebidos de forma negativa.

14.4.1 Aulas, laboratórios e grupos de estudo

Como aluno, você tem muitas oportunidades de praticar seu estabelecimento de redes de contatos em ambientes de baixo risco. As salas de aula fornecem oportunidades de estabelecer contato com professores. Você pode desenvolver relacionamentos efetivos com seus professores conversando com eles antes e depois das aulas. Também é possível expandir seus contatos com outros alunos, o que é mais fácil devido aos seus interesses em comum.

As equipes de laboratório oferecem oportunidades excelentes para você praticar o estabelecimento de redes de contatos. Quando fizer parte de uma equipe, você perceberá rapidamente que outros membros frequentemente possuem ideias diferentes sobre como conduzir um experimento. Quando você escutar e discutir tais ideias, poderá desenvolver suas habilidades de redes de contatos, além de desenvolver habilidades técnicas.

Quando você participa de grupos de estudo, a sinergia do *brainstorming* fornece uma oportunidade de resolver problemas de forma eficiente. Talvez mais importante do que isso, os grupos de estudo oferecem oportunidades de praticar o estabelecimento de redes de contatos e de desenvolver confiança no trabalho com os outros, como demonstrado na Figura 14.5.

Figura 14.5 Redes de contatos em grupos de estudo.

Suas tarefas de futuros trabalhos frequentemente incluirão o envolvimento em comissões, equipes de projeto e outros grupos. Então, aprendendo desde já a trabalhar efetivamente em um grupo de estudo, você estará preparado para atividades em grupo similares em sua carreira de trabalho.

14.4.2 Organizações profissionais

Ainda assim, as redes de contatos não se limitam a salas de aula, laboratórios e grupos de estudo. As organizações profissionais fornecem informações técnicas e proporcionam muitas oportunidades de se conhecer uma diversidade de engenheiros estudantes e profissionais.

> "Eu estou sempre procurando oportunidades de aumentar minha rede de contatos. Em minha experiência, percebi que o estabelecimento de contatos é a forma mais efetiva de desenvolver relacionamentos que levem a negócios e me ajudem a progredir na carreira.
>
> Entrar em uma organização estudantil é uma das melhores formas de começar a estabelecer contatos. Organizações estudantis fornecem algumas das melhores oportunidades de desenvolver relacionamentos com mentores profissionais que compartilharão suas experiências e lhe ajudarão a desenvolver uma estratégia de gerência bem-sucedida para gerenciar sua carreira."
>
> (Maria Marez Baker, Bacharel em Engenharia Elétrica, assessora técnica, Electrical Arts, Frisina, LLC)

A melhor forma de desenvolver redes de contatos em organizações profissionais é ser um membro ativo delas. Você pode começar desde já, participando de reuniões e voluntariando-se a oportunidades de praticar o estabelecimento de redes de contatos ao se envolver em projetos existentes. Assim, você poderá sugerir novos projetos e atividades e liderar ou participar da implementação de projetos.

As atividades em organizações profissionais auxiliam na construção de redes de contatos com veteranos enquanto ainda se está na graduação. A manutenção de contatos com colegas após eles se formarem pode levar a importantes conexões dentro da indústria e em grupos regionais.

> "Tornar-me ativamente envolvido em sociedades profissionais como o IEEE – não só comparecendo presencialmente, mas também planejando atividades e liderando organizações – contribuiu imensamente para minha formação na faculdade, estendendo-se além do que eu aprendia na sala de aula. O desempenho acadêmico demonstra um comprometimento com as habilidades técnicas exigidas de engenheiros, mas os contatos e a participação na sociedade demonstram um comprometimento com a própria profissão de engenharia. Quando se trata de obter um trabalho, eu percebi que as notas podem ajudá-lo a ser percebido, mas são os contatos que garantirão que você seja lembrado."
>
> (Greg Back, Engenheiro da Computação e Information Security Engineer na MITRE)

O valor das redes de contatos não acaba ao se obter o diploma. Ao continuar participando ativamente de organizações profissionais após sua formatura, você poderá expandir seus contatos ao nível regional, nacional e internacional. Isso resultará em uma rede de contatos de contínua expansão que servirá de ferramenta para aumentar suas oportunidades futuras de crescimento de carreira.

14.4.3 Redes de contatos eletrônicas

Outra excelente oportunidade de praticar as redes de contatos envolve o uso de redes de contatos eletrônicas. Estabeleça uma lista de amigos, colegas de sala de aula, professores, engenheiros em exercício e outros contatos profissionais durante suas experiências acadêmicas. Isso poderá ser um método efetivo de continuar suas comunicações com contatos importantes após sua graduação.

As redes de contatos eletrônicas oferecem um método fácil de trocar mensagens sobre muitos tópicos diferentes com familiares, amigos e colegas profissionais. Ao enviar mensagens eletrônicas, lembre-se de que elas podem ser visualizadas por muitas pessoas.

Por exemplo, recrutadores podem ser suas mensagens em redes eletrônicas ao considerar suas qualificações como futuro funcionário. Então pense no que você diz em suas redes e considere como isso pode afetar suas futuras oportunidades de emprego.

Uma conversa com Joe Lillie

Joe, você é um bom exemplo de um engenheiro que usa redes de contato. Como aprendeu a fazer isso?
Resposta:
"As habilidades não técnicas são desenvolvidas por meio da observação e da prática. Durante minha carreira profissional, eu pude interagir com muitos profissionais técnicos, e essa interação me proporcionou a oportunidade de observar as habilidades desses indivíduos.

Eu também pude iniciar discussões com muitos desses profissionais e aproveitei essas discussões para compreender melhor como as diversas habilidades eram desenvolvidas. Eu me baseei nessas discussões para identificar as habilidades específicas que eu poderia desenvolver e usar para aperfeiçoar meu desempenho técnico.

Com o passar do tempo, ficou claro que eu poderia aproveitar minha participação em eventos de redes de contatos, como clubes sociais, organizações profissionais e grupos de pais e mestres para praticar minhas diversas habilidades e obter confiança para usar essas habilidades no ambiente de trabalho.

Outra lição importante que eu aprendi foi que eu poderia pedir feedback *a amigos próximos e familiares sobre meu uso de habilidades, usando então esse* feedback *construtivo para aperfeiçoar minha aplicação de habilidades."*

Que habilidades não técnicas você usa para desenvolver sua rede de contatos?
Resposta:
"Já usei muitas das seguintes habilidades na criação das minhas redes de contatos:

- *Comunicação oral – a capacidade de se comunicar corretamente com os outros de uma forma que compreendam claramente a informação que você está tentando transmitir.*
- *Comunicação escrita – a capacidade de documentar questões técnicas de forma que os conceitos e processos identificados sejam claramente compreensíveis ao leitor.*
- *Habilidades de apresentação – a capacidade de transmitir corretamente uma mensagem específica diante de grandes grupos e a capacidade de lidar corretamente com a plateia.*
- *Negociações – a capacidade de compreender completamente as questões associadas a um tópico específico, reconhecendo as implicações de certas decisões e procurando resultados que sejam vantajosos a todos.*
- *Trabalho em equipe – a capacidade de trabalhar com os outros para completar tarefas em grupos, buscando a opinião de todos os membros e respeitando a diversidade de todos os membros da equipe.*
- *Boas maneiras – portar-se de maneira profissional e demonstrar respeito pelos outros.*

A aplicação de habilidades não técnicas em um ambiente que não envolva seu trabalho é a melhor forma de melhorar sua aplicação dessas habilidades. Isso pode ser feito por meio de apresentações a grupos externos ao seu ambiente de trabalho. As apresentações podem ser um pouco técnicas, mas apresentadas de maneira não técnica.

Ao usar essa abordagem, você estará na verdade utilizando diversas habilidades não técnicas, já que terá de organizar suas ideias, documentá-las no material de sua apresentação e preparar a própria apresentação. Durante a apresentação, você usará a comunicação oral para transmitir sua informação.

Você também terá de lidar com a plateia durante a apresentação e ao responder suas perguntas ao final da apresentação. Você pode buscar feedback preparando um pequeno formulário e pedindo a cada membro da plateia que o preencha ao final da apresentação.

O fornecimento de um endereço de e-mail aos participantes possibilitará um feedback adicional sobre o conteúdo e o estilo da apresentação, além de o ajudar a estabelecer sua rede de contatos profissional.

Você terá um pouco de trabalho ao adaptar sua agenda às diversas reuniões, mas os dividendos obtidos com esse processo excederão enormemente seus esforços."

Que conselho você compartilharia com alunos?

Resposta:

"Eu daria três recomendações aos alunos para que alcancem um maior sucesso em sua carreira:

1. *Entre em uma sociedade profissional e torne-se um membro ativo dela. O envolvimento ativo em organizações lhe ajudará a desenvolver habilidades técnicas e não técnicas, além de fornecer acesso aos profissionais de sua área de interesse.*

2. *Desenvolva suas habilidades não técnicas. Identifique as habilidades específicas exigidas por seus trabalhos atuais e desejados e avalie seu nível de desempenho nas atividades associadas a essas habilidades. Busque a opinião de seus supervisores, amigos próximos e familiares. Peça que avaliem seu desempenho associado às diversas habilidades. Use esse valioso feedback para identificar brechas em seu desempenho e procurar oportunidades de melhorar, participando de sessões, seminários e conferências de treinamento.*
3. *Construa sua rede de contatos profissional, composta por indivíduos que possam ajudá-lo nos problemas de sua carreira. Cada profissional técnico que você conhecer pode tornar-se parte de sua rede de contatos, logo esta incluirá muitos indivíduos. É importante identificar cinco indivíduos de sua rede que poderão auxiliá-lo quando necessário. Às vezes, você encontrará questões críticas que exigirão que você consulte outras pessoas, e esses cinco indivíduos estarão disponíveis para ajudá-lo quando necessário."*

(Joe Lillie, Engenheiro Eletricista, ex-vice-presidente do IEEE,
diretor e tesoureiro do IEEE Foundation)

14.5 Conclusão

Neste capítulo, discutimos a habilidade de escutar, a formação de uma rede de contato e como causar uma primeira impressão positiva ao conhecer pessoas. Essas habilidades técnicas são ferramentas valiosas para ajudá-lo a se preparar para oportunidades inesperadas e a alcançar mais sucesso em sua carreira e em sua vida pessoal.

Você pode ler sobre opções de carreira de engenharia nos livros e na Internet. Esse é um bom começo, mas você terá uma ideia muito melhor do que está envolvido na engenharia quando discutir experiências de carreiras com engenheiros. Uma forma de fazer isso é sendo um membro ativo de organizações que colaborem com profissionais em exercício.

Dê início a discussões com palestrantes da indústria quando eles realizarem apresentações em reuniões de organizações profissionais. Pratique boas habilidades de escuta para aprender sobre suas carreiras de engenharia. Continue a conversa por mensagens eletrônicas ou outros meios, agradecendo por sua participação na reunião. Com isso, eles podem se tornar bons contatos se você estiver interessado em futuras oportunidades de emprego na sua empresa.

Quando você participar de excursões para aprender mais sobre o que os engenheiros fazem em sua carreira, dê início ao máximo de contatos que puder com funcionários das empresas. Apresente-se e peça por seu cartão de visita. A maioria dos engenheiros possui cartões de visitas, mesmo na atual era eletrônica. Continue a conversa com uma mensagem que indique o quando é importante para você aprender sobre a empresa.

Seus contatos acadêmicos e da indústria podem ajudá-lo ao escolher a área de sua dissertação de pós-graduação. Essa é uma abordagem prática para a identificação de áreas que possam ser um recurso importante na obtenção de seu diploma de mestrado.

As suas opções de redes de contatos continuarão a se expandir com novas tecnologias de comunicação. Muitas redes eletrônicas estão disponíveis para ajudá-lo a desenvolver e expandir suas redes de contatos em uma escala global. As pessoas em suas redes de contatos eletrônicas são boas fontes de informação sobre novas tecnologias e oportunidades de carreira. Ainda assim, lembre-se de que o que você escreve em uma rede eletrônica fica visível a muitos outros leitores além do destinatário desejado.

REVISÃO DE FINAL DE CAPÍTULO

Escolha a resposta mais adequada para as seguintes afirmações.

1. O valor mais importante das redes de contatos é
   a. Obter boas notas nesta disciplina.
   b. Usar professores para obter referências para entrevistas de emprego.
   c. Obter contatos de informações e oportunidades de emprego.
   d. Criar a reputação de ser amigável.

2. Causar uma primeira impressão positiva é muito importante para poder
   a. Influenciar os outros a aceitarem suas ideias.
   b. Criar a oportunidade de expandir sua rede de contatos pessoal com novas pessoas.
   c. Certificar-se de que as pessoas não vão rir ou fugir de você.
   d. Desenvolver sua autoestima.

3. A maior utilidade de fazer perguntas abertas é
   a. Aprender detalhes e novas ideias.
   b. Saber o que discutir em seguida na conversa.
   c. Demonstrar seu interesse pelos tópicos discutidos pelos outros.
   d. Realizar todas as alternativas anteriores.

4. A melhor forma de mudar o assunto ao conversar com os outros é
   a. Esperar até que respirem e então falar sobre o que você quer discutir.
   b. Bocejar para mostrar que você está cansado da discussão e, então, começar a falar.
   c. Usar frases de ligação que demonstram que você está escutando, mas quer mudar de tópico.
   d. Falar por cima da outra pessoa até que eles parem de falar e lhe escutem.

5. A escuta abrangente é a melhor forma de
   a. Processar e compreender os detalhes de uma aula ou apresentação.
   b. Parecer estar escutando e estar interessado na aula.
   c. Minimizar sua participação em uma discussão.
   d. Manter-se acordado em apresentações enfadonhas.

6. Você deve criar redes de contatos em situações em equipe de laboratório porque
   a. Irá impressionar seus colegas de equipe.
   b. A experiência de trabalho com membros de equipe lhe ajudará a ser mais efetivo em situações de equipe de trabalho.

c. Você conseguirá convencer a equipe a sempre fazer o que você quer.

d. Você obterá notas muito mais alto na disciplina.

7. A maior utilidade de fazer parte de um grupo de estudos é

   a. Conseguir completar os exercícios e aprender a trabalhar com pessoas que tenham ideias diferentes.

   b. Obter notas mais altas.

   c. Mostrar aos outros como completar os trabalhos e como resolver exercícios.

   d. Todas as alternativas anteriores.

8. Você pode maximizar o valor de organizações profissionais estudantis

   a. Sendo um membro ativo e participando de projetos.

   b. Sugerindo novos projetos e oferecendo-se para liderar as equipes a completá-los.

   c. Participando de reuniões e praticando as redes de contatos com novas pessoas.

   d. Realizando todas as alternativas anteriores.

9. O motivo mais importante para você continuar participando ativamente de organizações profissionais após ter se formado é

   a. Impressionar seu supervisor com sua inteligência.

   b. Ter os contatos para obter novas informações técnicas e novas oportunidades de emprego.

   c. Expandir sua rede de contatos a níveis regional, nacional e internacional.

   d. Participar de reuniões e conferências.

10. É importante praticar as redes de contatos durante a graduação porque você

    a. Pode aperfeiçoar habilidades que lhe ajudarão a alcançar maior sucesso em sua carreira.

    b. Possui muitas oportunidades de aperfeiçoar a escuta e outras habilidades de redes de contatos.

    c. Pode desenvolver sua autoconfiança e participar mais efetivamente de entrevistas de emprego.

    d. Pode realizar todas as alternativas acima.

Exercícios para desenvolver e aperfeiçoar suas habilidades

14.1 Exercício de autoavaliação da escuta.

Imagine-se em uma plateia ouvindo um palestrante apresentar sua mensagem. Seja realista e honesto e identifique seus hábitos de escuta atribuindo uma nota de 0 a 4 segundo as definições:

0 = nunca, 1 = raramente, 2 = às vezes, 3 = frequentemente, 4 = sempre

__ 1. Penso nas minhas próprias ideias durante a apresentação e acabo perdendo alguns dos comentários do apresentador.

__ 2. Tento simplificar o que eu ouvi omitindo detalhes.

__ 3. Deixo minha mente divagar por tópicos que não fazem parte da apresentação.

__ 4. Permito que minha atitude sobre algum tópico ou palestrante influencie minha avaliação da mensagem apresentada.

__ 5. Foco um detalhe particular do que foi dito, em vez de focar o sentido geral que o palestrante está tentando transmitir.

__ 6. Escuto o que eu esperava ouvir do palestrante, em vez de escutar o que foi realmente dito.

__ 7. Escuto o que os outros estão dizendo, mas não sinto o que estão sentindo.

__ 8. Relaxo e escuto passivamente, deixando o palestrante fazer todo o trabalho.

__ 9. Faço uma breve avaliação logo no começo da apresentação, antes de ouvir o que o palestrante realmente quer dizer.

__ 10. Escuto as ideias literais e não procuro por sentidos ocultos ou encobertos.

__ Pontuação total

14.2 Exercício de organização profissional.

Complete o seguinte:

1. Prepare uma lista de organizações profissionais estudantis para a faculdade.
2. Pesquise o valor da participação ativa nessas organizações.
   a. Escolha uma ou mais organizações e participe de reuniões para avaliar suas atividades e potenciais oportunidades de seu envolvimento.
   b. Dê início a discussões com diretores, líderes e membros, debatendo as vantagens da participação ativa em sua organização.
   c. Pesquise sobre essas organizações na Web e em materiais impressos.
3. Escolha uma organização que você sinta que oferece as maiores oportunidades de aperfeiçoar sua carreira, tanto como estudante quanto em suas futuras experiências de trabalho.
4. Participe de pelo menos uma reunião da organização escolhida no passo 3 e prepare um relatório escrito com base nos formatos e comentários demonstrados no Relatório de Reunião em uma Organização Profissional.
5. Escreva seu relatório usando estruturas de frases e parágrafos (não tópicos).

Entregue uma cópia impressa de seu relatório ao começo da aula na data estabelecida por seu professor e envie uma cópia eletrônica de seu relatório ao seu professor no mesmo dia.

Relatório de Reunião em uma Organização Profissional

Preparado por _____seu nome_____

I. Nome, propósito e objetivos da organização

Em um parágrafo, identifique o nome da organização e discuta o propósito e os objetivos da organização.

II. Líderes/palestrantes e tópicos abordados

Inclua um parágrafo para *cada* participante ou palestrante importante, identificando seu nome, informações de *background* importantes e os principais tópicos de sua apresentação.

III. Novas ideias

As corporações investem tempo e dinheiro ao enviar representantes a conferências e reuniões. Logo, eles antecipam que os participantes obterão novas ideias que poderão ser úteis à empresa e aos indivíduos envolvidos. Nesta seção, discuta brevemente as novas ideias que você aprendeu ao participar da reunião. Estas podem ser relativas à organização ou aos tópicos que foram discutidos pelos palestrantes. Normalmente, você precisará de um parágrafo para cada ideia principal.

IV. Novos contatos

As reuniões geralmente fornecem a oportunidade de conhecer pessoas novas. As atividades de redes de contatos podem acontecer antes da reunião, durante os intervalos ou após a reunião ter formalmente terminado. Devido ao fato de pessoas serem mais importantes que recursos, os cartões de visita e outras informações de contato devem ser obtidos e guardados para referência futura. Use esta seção para relatar os novos contatos estabelecidos na reunião. Liste nomes e seus correspondentes métodos de contato, discutindo a potencial utilidade de comunicar-se com cada indivíduo no futuro. Faça perguntas, caso precise obter essa informação.

V. Participação em organizações

Discuta a utilidade de ser um membro ativo dessa organização. Em um segundo parágrafo, identifique se você já é um membro, planeja ser um membro ou não planeja ser um membro, explicando os motivos de sua decisão.

Nota: Relatórios de reuniões típicos para este exercício possuem de uma a três páginas. Use os tópicos e subtópicos listados neste resumo. Para dar uma aparência profissional, use justificação à margem esquerda e uma fonte com tamanho 11 ou 12. Use um espaço único entre linhas e um espaço duplo entre parágrafos. Execute uma verificação ortográfica e faça as correções necessárias antes de salvar seu relatório.

CAPÍTULO 15

Estágio e outras experiências práticas e como isso pode aperfeiçoar sua carreira

"O Programa de Estágio Curricular da Fenn é um programa acadêmico estruturado que integra os estudos em sala de aula com experiências de trabalho remunerado, produtivo e de situações da vida real. As experiências também permitem que os alunos comecem suas carreiras profissionais enquanto estudam, expondo-os diariamente a diversos ambientes nos quais engenheiros trabalham. Geralmente, após completar três ou quatro semestres de estágio, os alunos de engenharia encontram empregos em agências governamentais, fabricantes industriais, empresas de consultoria e outros empreendimentos privados de engenharia."

Beverly B. Kuch, Fenn College of Engineering, Universidade Estadual de Cleveland

Objetivos de aprendizagem

Ao usar as informações e os exercícios deste capítulo, você será capaz de:

- Determinar se deve considerar a participação em um programa de estágio curricular.
- Determinar como obter um estágio por faculdades que tenham programas de estágio curricular bem estabelecidos.
- Saber como obter um estágio ao estudar em uma faculdade que tenha um programa de estágio curricular fraco ou inexistente.
- Determinar como obter o máximo de uma experiência de estágio.
- Compreender os benefícios de estudar em uma faculdade com um programa de estágio curricular obrigatório.
- Compreender os benefícios de estudar em uma faculdade com um programa de estágio curricular facultativo.

Por onde começamos? Como estudante, sua meta deve ser a de se preparar para ser o melhor engenheiro que puder, e não a de se tornar um estudante profissional. Ainda que muitos alunos queiram se formar o mais rápido possível, você deve garantir que o desenvolvimento e o aperfeiçoamento de suas habilidades esteja completo, do contrário lhe faltarão os pré-requisitos para uma carreira de sucesso.

No processo de aquisição de habilidades, muitos alunos terão a oportunidade de participar de um programa de estágio, curricular ou não (daqui em diante, sempre que mencionarmos o estágio curricular, a experiência mais formal das duas, por favor tenha em mente que a maioria das vezes também se aplica aos estágios não curriculares). Essa participação possui muitos benefícios. Entretanto, ela pode não ser indicada para todas as pessoas, então nós lhe ajudaremos a determinar se você deve participar de um programa desses. Para muitos estudantes, a participação em um programa de estágio curricular aumentará substancialmente o desenvolvimento e aperfeiçoamento de suas habilidades.

A experiência de um estágio não só representa uma maneira adicional de desenvolvimento e aperfeiçoamento de habilidades, mas também é uma forma significativa de motivar o estudante a aumentar seu conhecimento sobre o "fator diversão" de uma carreira em engenharia. Se for apropriado, incentivamos fortemente essa experiência como forma de complementar suas experiências educacionais. Neste capítulo, discutiremos as vantagens dessas experiências e como obter o máximo delas.

15.1 Introdução

Historicamente, o processo de aconselhamento de futuros profissionais é uma das formas mais antigas de educação, especialmente na aprendizagem de uma vocação. A palavra que mais bem representa essa forma de educação é "aprendiz". Quando se fala sobre educação em engenharia, a necessidade dessas experiências se torna evidente. Hoje nós chamamos isso de "estágio". Os programas de estágio são tão bem desenvolvidos que podemos encontrá-los na maioria das faculdades de engenharia. Ainda que os programas de estágio curricular possam abranger programas que não sejam de engenharia, os programas de estágio em engenharia são decididamente os melhores e mais bem desenvolvidos. Algumas faculdades possuem programas de estágio curricular obrigatório como parte de suas exigências de graduação.

A única desvantagem real de participar de um estágio curricular é que você levará mais tempo para obter seu diploma.

Os benefícios da participação de um programa de estágio curricular são
- desenvolvimento e aperfeiçoamento de habilidades adicionais;
- uma fonte de motivação própria;
- uma melhor perspectiva do que um engenheiro faz;
- oportunidades de emprego;
- e uma boa fonte de renda adicional durante o processo de obtenção de um diploma de graduação ou mestrado.

15.2 Por que considerar a participação em um programa de estágio?

O cerne de um programa de estágio curricular envolve o trabalho com outros engenheiros em uma empresa que dependa deles. Como você estará trabalhando com profissionais em projetos de engenharia, estará praticando as habilidades que os engenheiros precisam ter e verá como realizam seu trabalho. Você passará muito tempo comunicando-se com esses profissionais, e haverá uma expectativa de que você participe de alguma forma dos projetos. Você terá de escrever relatórios associados às suas experiências.

> Os benefícios mais significativos da participação em um programa de estágio são o desenvolvimento e o aperfeiçoamento de habilidades.

Outro grande benefício é que, se você ainda não estiver certo de que deseja ser um engenheiro, essa experiência pode ajudá-lo a decidir. Se esse é, de fato, um dos motivos pelos quais você decidiu fazer um estágio, é preciso documentar cuidadosamente suas experiências para que, ao final, você possa tomar uma decisão consciente.

> Alguns dos benefícios mais importantes da participação em um programa de estágio curricular são:
> - O desenvolvimento e o aperfeiçoamento de habilidades
> - A determinação de quão adequada a engenharia é para você
> - A obtenção de uma fonte adicional de renda
> - O auxílio em tornar você mais motivado
> - O aumento nas oportunidades de emprego com as empresas associadas aos seus trabalhos de estágio
> - O aperfeiçoamento de suas credenciais para aumentar suas oportunidades de um bom cargo de engenharia após a graduação

Uma das preocupações de cursar uma faculdade envolve questões financeiras. A participação de uma experiência de estágio pode ser uma boa fonte de renda adicional. Às vezes, os estágios pagam melhor do que outros empregos que um estudante pode obter.

Se você já está cursando engenharia, o restante deste capítulo indicará as possíveis experiências de estágio em sua faculdade. Se você for um estudante no ensino médio considerando cursar engenharia e quiser participar de uma experiência de estágio, pode visitar os sites das universidades onde você tem interesse em estudar. Felizmente, muitos desses sites contêm informações adicionais acerca de programas de estágio e dos benefícios da participação em tais programas.

15.3 Como fazer parte de um programa de estágio em uma faculdade que tenha experiência obrigatória em estágio

Mesmo que você já esteja completamente imerso em seu programa, um esforço adicional de sua parte ajudará a melhorar sua experiência. Primeiramente, acesse o site do programa de estágio curricular de sua faculdade e veja o quanto é possível aprender. Tente identificar as empresas que fazem parte do programa e visite seus sites. Veja o que você é capaz de aprender especificamente sobre a participação da empresa em programas de estágio e sobre a empresa em geral.

O próximo passo é garantir que seu plano de carreira (ver capítulo sobre habilidades de gestão de carreira) reflita sua participação em uma experiência de estágio. Você precisa ter uma compreensão clara dos resultados esperados dessa participação. Além disso, precisa documentar sua experiência, especialmente no tocante aos resultados esperados, de forma que melhore seu portfólio (ver capítulo sobre captura de informação e portfólios).

Ao final de cada período do estágio, você precisará documentar sua percepção a respeito da empresa e listar os prós e contras de trabalhar naquela empresa. Muitas vezes, os estudantes estagiários recebem uma oferta de trabalho da empresa na qual trabalharam. Por favor, certifique-se de documentar sua percepção logo após completar seu período de estágio; nossas memórias tendem a se esvair rapidamente.

Igualmente, ao final desse período, você deverá determinar se quer tentar trabalhar em outra empresa ou retornar para a mesma empresa no período seguinte. Suas exigências específicas de estágio curricular podem não permitir que você retorne à mesma empresa, então você precisa consultar as normas de sua faculdade para determinar o que é permitido.

15.4 Como fazer parte de um programa de estágio em uma faculdade que tenha uma experiência de estágio forte, mas facultativa

Você pode estar em uma faculdade com um programa de estágio de alta qualidade, mas sem a exigência de que você participe dele. É necessário consultar seu plano de carreira e usá-lo para decidir se você precisa participar do programa. Uma vez tomada a decisão, você continuará sua graduação sem participar de uma experiência de estágio ou participará de uma. Se você decidiu participar, o melhor a se fazer é aprender tudo o que puder sobre o programa específico de sua faculdade. Entreviste alunos que estejam participando, converse com membros docentes de sua faculdade sobre a participação no programa, obtenha suas visões a respeito de participar ou não e aprenda o máximo que puder sobre as empresas envolvidas.

Você terá, então, de revisar seu plano de carreira e realizar as alterações apropriadas (ver capítulo em gestão de carreira). Deve-se prestar atenção especial aos resultados esperados de sua experiência. Além disso, você terá de certificar-se de que documentou sua experiência, particularmente em relação aos resultados esperados, de forma que melhore seu portfólio (ver capítulo sobre captura de informação e portfólios).

Ao final de cada período do estágio, você precisará documentar sua percepção da empresa e listar os prós e contras de trabalhar naquela empresa. Muitas vezes, os estudantes estagiários receberem uma oferta de trabalho da empresa onde trabalharam. Documente sua percepção logo após completar seu período de estágio, pois nossas memórias tendem a se esvair rapidamente.

Igualmente, ao final desse período, você deverá decidir se quer estagiar em outra empresa ou permanecer na mesma empresa no período seguinte. Consulte as exigências de sua faculdade para determinar o que é permitido.

15.5 Como obter um estágio enquanto estiver estudando em uma faculdade que possui um programa de estágio fraco ou inexistente

Esse será um desafio, exigindo que você faça a maior parte do trabalho associada ao desenvolvimento de sua experiência e à realização do estágio. Vários recursos podem ser considerados. Inicialmente, recomendamos que você aprenda o máximo que puder sobre os estágios. Você deve começar nos sites de faculdades que tenham experiência obrigatória de estágio ou que tenham fortes programas de estágio facultativos: eles lhe fornecerão informações úteis. Você poderá, então, usar essas informações para modificar seu plano de carreira (ver capítulo sobre gestão de carreira). Uma vez que tenha adicionado essa informação ao seu plano de carreira e tenha decidido que ainda quer uma experiência de estágio, você pode seguir adiante com uma clara compreensão do que você quer obter com essa experiência.

Em seguida, use as informações de seu plano de carreira para desenvolver uma síntese dos porquês de você querer uma experiência de estágio e quais resultados você espera dessa experiência. Isso será muito importante quando você for procurar por empresas para o estágio.

Depois procure por empresas que possam oferecer-lhe essa experiência. Sugerimos começar com a unidade de seu campus que lida com o auxílio a alunos formados e ex-alunos para encontrarem emprego após a graduação. Eles devem ter uma lista de empresas que normalmente recrutam alunos do campus. Essas empresas são as mais prováveis de oferecer-lhe uma experiência de estágio, curricular ou não.

Outra excelente fonte de empresas candidatas são as diversas comissões consultivas dos departamentos, faculdades e da universidade. Normalmente, elas são compostas por representantes que recrutam e contratam alunos formados, e os membros dessas comissões podem ajudá-lo a encontrar uma experiência de estágio.

Uma vez que você tenha obtido um estágio, terá de revisar novamente seu plano de carreira e realizar as alterações apropriadas (ver capítulo sobre gestão de carreira). Você terá de prestar atenção especial aos resultados esperados de sua experiência. Além disso, você terá de certificar-se de que documentou sua experiência, particularmente em relação aos resultados esperados, de uma forma a melhorar seu portfólio (ver capítulo sobre captura de informação e portfólios).

Ao final de cada período do estágio, você precisará documentar sua percepção da empresa e listar os prós e contras de trabalhar naquela empresa. Muitas vezes os estudantes estagiários recebem uma oferta de trabalho da empresa onde trabalharam. Certifique-se de documentar sua percepção logo após completar seu período de estágio, pois nossas memórias tendem a se esvair rapidamente.

Igualmente, ao final desse período, você deverá determinar se quer tentar trabalhar em outra empresa ou retornar para a mesma empresa no período seguinte. Suas exigência específicas de estágio curricular podem não permitir que você retorne à mesma empresa, então é necessário consultar as exigências de sua faculdade, se existirem, para determinar o que é permitido.

15.6 Como obter o máximo de um estágio

Uma vez empregado e participando de uma experiência de estágio curricular, você deve certificar-se de realizar algumas coisas muito importantes: primeiramente, você deve estar muito empolgado com o que decidiu fazer. É preciso modificar seu plano de carreira para refletir sua experiência de estágio. Como parte deste planejamento, você já deve ter decidido quais informações precisa coletar para seu portfólio, além de todos os relatórios que precisará preparar para a empresa e para sua faculdade. Trabalhe nessas questões ao longo do caminho, não espere até o último minuto para fazê-lo.

> Sua experiência de estágio é como quase tudo o que você faz. Busque não apenas obter o máximo da experiência, mas também fazer todo o possível para que seus colegas e supervisor pareçam bem-sucedidos. Esse é um ótimo hábito, independentemente da etapa em que estiver em sua carreira.

15.7 Conclusão

Há muitos benefícios claros em se envolver em um programa de estágio, curricular ou não, durante o período de seus estudos. Em resumo, esses benefícios incluem o desenvolvimento e aperfeiçoamento de habilidades adicionais, uma fonte de motivação própria, uma melhor perspectiva do que um engenheiro faz, oportunidades de emprego e uma boa fonte adicional de renda durante o processo de obtenção de um diploma de graduação ou mestrado. A única desvantagem real de participar de um estágio é que você levará mais tempo para obter seu diploma, o que torna a decisão de participar ou não razoavelmente simples, mas ainda seja uma decisão fácil de se tomar. Seu plano de carreira deve ajudá-lo consideravelmente a tomar essa decisão.

Se você decidiu participar dessa atividade, você deve estar certo de que a integrou completamente a seu plano de carreira e de que terá resultados esperados claramente definidos para a experiência. Documente completamente todas as suas atividades, escrevendo os relatórios exigidos e adicionando materiais em seu portfólio.

REVISÃO DE FINAL DE CAPÍTULO

Escolha a resposta mais adequada para as seguintes afirmações.

1. Como um estudante, sua meta deve ser
   a. Tornar-se um estudante profissional.
   b. Ser o melhor estudante possível.
   c. Preparar-se para ser o melhor engenheiro possível.
   d. Obter o trabalho mais bem remunerado possível.
2. Uma experiência de estágio curricular resultará em
   a. Melhor desenvolvimento e aperfeiçoamento de habilidades.
   b. Maiores salários iniciais.
   c. Um currículo mais atraente.
   d. Todas as alternativas acima.
3. Outra vantagem da experiência de estágio é obter
   a. Melhores notas na faculdade.
   b. Uma melhor comunicação com seus professores.
   c. Melhores relacionamentos com seus colegas.
   d. Uma melhor compreensão do "fator diversão" em uma carreira de engenharia.
4. Os benefícios de uma experiência de estágio são
   a. O desenvolvimento e o aperfeiçoamento de habilidades e uma maior motivação.
   b. Uma melhor compreensão da área de engenharia e melhores oportunidades de emprego.
   c. Uma boa fonte de financiamento externo durante a aquisição de seu diploma de graduação ou mestrado.
   d. Todas as alternativas acima.
5. Antes de procurar por uma experiência de estágio, você deve certificar-se de que
   a. Sua faculdade tenha um programa de estágio curricular.
   b. A experiência de estágio seja parte de seu plano de carreira.
   c. Precisa do dinheiro adicional.
   d. Encontrou uma boa empresa na qual possa ter uma experiência de estágio.
6. Antes de aceitar uma oferta de estágio, você deve
   a. Aprender o máximo possível sobre o programa de estágio de sua faculdade.
   b. Pesquisar na Internet e aprender o máximo possível sobre a empresa ou as empresas que estiver considerando.
   c. Entrevistar estudantes que trabalham ou trabalharam como estagiários na empresa ou empresas que está considerando.
   d. Todas as alternativas acima.
7. Você deve tomar sua decisão de participar de uma experiência de estágio com base em
   a. Seu plano de carreira.
   b. Conselhos de seu orientador.

c. Conselhos de outros estudantes.
d. Conselhos da reitoria.
8. Em uma faculdade que possua um programa de estágio curricular fraco ou inexistente, a melhor forma de encontrar empresas a ser consideradas é
   a. Procurar membros de comissões consultivas da faculdade ou do seu departamento.
   b. Estabelecer uma rede de contatos com os membros de suas organizações locais de engenharia.
   c. Procurar estudantes que estejam atualmente trabalhando e estudando em meio período.
   d. Todas as anteriores.
9. Em relação ao seu plano de carreira, você deve
   a. Documentar sua experiência de estágio cuidadosa e completamente.
   b. Fazer modificações com base em sua experiência.
   c. Certificar-se de que seus planos reflitam a decisão de ter ou não outra experiência de estágio no futuro.
   d. Todas as alternativas acima.
10. Um dos pontos mais importantes a se ter em mente ao criar a melhor experiência de estágio curricular e no restante de sua carreira é
    a. Certificar-se de ser o mais bem remunerado possível.
    b. Fazer seus colegas e supervisor parecerem bem-sucedidos.
    c. Vestir-se de forma apropriada.
    d. Ser sempre pontual.

Exercícios para desenvolver e aperfeiçoar suas habilidades

15.1 Para avaliar se você quer considerar um experiência de estágio, curricular ou não, comece escrevendo as vantagens que você vê em participar em um estágio. Agora escreva as desvantagens associadas à experiência. Depois, tudo o que você precisará fazer é determinar se quer proceder em sua investigação das experiências disponíveis. Se as desvantagens forem significativamente maiores do que as vantagens, você pode decidir não seguir adiante neste momento.

15.2 Sua faculdade atual possui um programa de estágio curricular obrigatório? Se não, ela possui um forte programa de estágio voluntário? Sua faculdade não fornece qualquer apoio a um programa de estágio curricular? Uma vez respondidas a essas perguntas, resuma os detalhes do programa ou da ausência de programas em sua faculdade.

15.3 Finalmente, se você seguir adiante e procurar um estágio, desenvolva um plano para obter o máximo de sua experiência.

CAPÍTULO
16

Pós-graduação, talvez a melhor forma de aumentar o sucesso na carreira!

"A educação é o movimento das trevas à luz."
Allan Bloom

Objetivos de aprendizagem

Ao usar as informações e os exercícios deste capítulo, você será capaz de:

- Compreender completamente para quais situações uma graduação em engenharia lhe preparará em sua carreira na área.
- Compreender para quais situações um mestrado pode lhe preparar.
- Compreender para quais situações um doutorado pode lhe preparar.
- Compreender o valor da obtenção de um diploma de mestrado para sua carreira pessoal.
- Compreender em que aspectos um diploma de doutorado contribuiria para sua carreira, podendo decidir se deveria obter um.
- Saber qual é o melhor momento de cursar uma pós-graduação.
- Decidir onde cursar uma pós-graduação.
- Decidir se deve cursar um MBA.

"Espera aí... Eu achava que só precisava de um diploma de graduação em engenharia!"

Qual é o melhor momento para pensar em cursar uma pós-graduação? Este é o melhor momento de pensar nisso! No capítulo sobre planejamento de carreira, enfatizamos que sua carreira começa no primeiro ano de faculdade, ou até antes. Obviamente, você precisa descobrir se a pós-graduação é algo que você deve começar a planejar ou se é algo que não fará parte de sua carreira. Neste capítulo, respondemos a perguntas envolvendo a decisão por obter ou não um diploma de mestrado; cursar ou não um MBA; permanecer ou não na faculdade atual durante a pós-graduação; esperar ou não até você ter obtido experiência na indústria; e obter ou não um diploma de doutorado.

16.1 Introdução

Visivelmente, o século XXI pertence aos engenheiros. Todos os países que quiserem ter um padrão de vida de alta qualidade precisam de uma grande e efetiva força de trabalho de engenharia. A força de trabalho de um país é o seu recurso mais valioso. Essa necessidade aumentará a demanda por engenheiros graduados em todos os níveis acadêmicos. Realmente temos sorte de trabalhar durante uma época em que a engenharia pode ter um impacto tão positivo no futuro coletivo.

Você de fato entrará no mercado de trabalho durante o período mais empolgante da história da engenharia, e este capítulo lhe ajudará a planejar como sua formação acadêmica aperfeiçoará sua carreira. Exploraremos os diversos mitos sobre a pós-graduação, explicaremos, da forma mais clara possível, seus benefícios e as formas como ela tornará sua vida melhor. Consideraremos questões como a decisão de obter um diploma de mestrado em gestão de negócios; a decisão de ser um estudante em expediente integral ou meio período; a decisão de cursar ou não uma pós-graduação no lugar onde você se graduou; e a decisão de obter ou não um diploma de doutorado. Lidaremos com esses e outros questionamentos.

16.2 O que é uma graduação em engenharia?

A melhor forma de compreender o papel que o meio acadêmico pode desempenhar em sua carreira envolve uma compreensão clara das metas e dos resultados esperados de cada grau acadêmico. Vamos começar com a afirmação de que cada grau acadêmico em engenharia representa certas habilidades que o estudante adquire.

De forma simplificada, a educação em um nível de bacharelado tenta estabelecer uma compreensão da "linguagem da engenharia" e uma habilidade de "pensar"; no nível de mestrado, o estudante deve adquirir a habilidade de realizar engenharia avançada e de comunicar seu trabalho efetivamente, tanto oralmente quanto na forma escrita; o doutorado deve representar uma compreensão completa dos fundamentos da engenharia elétrica, além de um domínio das habilidades necessárias para trabalhar na fronteira do conhecimento de quase qualquer área da engenharia e para a comunicação dos próprios esforços aos outros.

Muitas faculdades já tentaram adicionar mais e mais material ao programa de graduação, em uma tentativa de "educar mais completamente" aqueles alunos. Todos os esforços nesse sentido falharam, pois essas instituições não entenderam a peça-chave da educação em engenharia. Ensinar engenharia é muito parecido com ensinar alunos a jogar futebol ou qualquer outro esporte organizado. Você pode acelerar a aquisição de informação, mas é praticamente impossível acelerar o processo de desenvolvimento e aperfeiçoamento das habilidades necessárias a uma carreira bem-sucedida em engenharia.

Outra forma de considerar a educação é que a educação precária dá aos estudantes informações que se tornarão obsoletas logo após sua graduação, enquanto que o treinamento dos estudantes os ajuda a desenvolver e aperfeiçoar as habilidades necessárias para terem uma carreira bem-sucedida em engenharia que nunca resultará em se tornar obsoleto, desde que o engenheiro continue usando suas habilidades.

"Dê um peixe a um homem e você o alimentará por um dia. Ensine-o a pescar e você o alimentará por uma vida inteira."

– Provérbio chinês

O que podemos fazer no nível de graduação, e fazê-lo bem, é ensinar aos alunos uma compreensão da "linguagem da engenharia" (adicionalmente, o aluno aprenderá um ou mais dialetos, como a engenharia química, engenharia civil, engenharia elétrica e engenharia mecânica, para citar algumas). Em seguida, aprendem-se alguns subdialetos, como termodinâmica, teoria da comunicação, projeto de computadores, estruturas, engenharia biomédica e similares. Outra habilidade extremamente importante que você aprenderá em um nível de graduação é a capacidade de "pensar como um engenheiro". Muitos alunos não entendem isso, e temem se formar porque têm a impressão de que "na verdade, ainda não aprenderam nada". Eles não entendem que a indústria sabe disso e guiará recém-formados em um ambiente no qual as habilidades de engenharia possam ser desenvolvidas e aperfeiçoadas.

Uma última consideração: alguns alunos buscam se graduar em duas engenharias. Eles compreendem o valor de ter, por exemplo, um diploma de graduação em engenharia elétrica e outro em engenharia mecânica. No entanto, isso não funciona tão bem quanto parece. Se você realmente quer duas diplomações, obtenha um diploma de graduação em uma área e um diploma de mestrado em outra. Isso não apenas irá resultar em uma remuneração maior, mas também exigirá menos tempo. A maioria dos programas de mestrado exige que você complete trinta créditos. Se seu diploma de graduação não for na mesma área, você terá de completar algumas disciplinas adicionais para compensar pelos pré-requisitos que você não tenha cursado. Sabendo que você quer fazer isso, você pode cursar essas disciplinas adicionais como eletivas durante a graduação.

> Se você quer uma *dupla* diplomação, obtenha um diploma de graduação em uma área de engenharia e um diploma de mestrado em outra!

16.3 O que é um mestrado em engenharia?

De todos os diplomas que podemos obter na engenharia, o de mestrado é provavelmente o menos compreendido. O recém-formado não precisa ir para a indústria para obter habilidades de engenharia, podendo, em vez disso, cursar uma pós-graduação e adquirir habilidades de engenharia ao trabalhar em prol de um grau acadêmico mais avançado. No nível de mestrado, o aluno se especializará em alguma área e aprenderá engenharia avançada naquela área. Em geral, alunos concentram suas disciplinas em áreas compatíveis com seu interesse geral. Por exemplo, é possível especializar-se em um mestrado sobre tópicos associados à engenharia elétrica e, então, escrever uma dissertação que represente um relatório de engenharia avançado nessa área.

> Um diploma de mestrado
> - Fornece o máximo de oportunidades de emprego dentre todos os diplomas.
> - Permite que você realize engenharia avançada desde o começo.
> - Permite que você gerencie projetos de engenharia.
> - Permite que você seja responsável pela criação de projetos e trabalhe em um nível de engenharia avançado.
> - Em muitas áreas da engenharia, permite que você receba um aumento de salário significativo em relação ao nível de graduação.
> - Resulta em um uma melhoria significativa das habilidades de comunicação.

Os alunos nos perguntam "O que devo fazer se, no último ano da faculdade, ainda não souber o que estudar durante meu programa de mestrado?" A maioria de nós não sabe, no último ano da faculdade, em que área quer se especializar. Essa é outra vantagem de participar de uma pós-graduação e obter um diploma de mestrado! Você perceberá que as disciplinas de pós-graduação permitem um foco mais claro em áreas específicas. Espera-se que os alunos sejam consideravelmente competentes em uma ou mais áreas na obtenção de um diploma graduação. Muitos cursos de pós-graduação são desenvolvidos sobre, basicamente, os mesmos conceitos estudados durante a graduação. O aluno terá agora mais tempo de investigar esses tópicos de forma mais aprofundada, porque, em muitos dos casos, será sua segunda vez estudando esses assuntos. Em geral, o curso é mais fácil, porque as disciplinas são mais relacionadas e o nível das habilidades dos alunos terá aumentado desde a graduação. Este último item é algo que os alunos precisam compreender: ao desenvolver e aperfeiçoar suas habilidades, disciplinas que pareciam difíceis tornam-se muito mais fáceis.

Muitos alunos nos perguntam se deveriam optar por completar um mestrado sem a escrita de uma dissertação. Nós só temos uma resposta a essa pergunta: não! Além das habilidades de engenharia, os alunos devem também desenvolver habilidades de comunicação. Percebemos que, em geral, o sucesso de um engenheiro é diretamente proporcional à sua habilidade de comunicar-se tanto na forma escrita quanto na oral. Também dizemos aos alunos: "Se você tem problemas nessas áreas, não hesite em cursar uma disciplina adicional de composição de textos". A escrita de uma dissertação de mestrado é uma necessidade. Uma das principais habilidades adquiridas em um programa de mestrado é a capacidade de escrever um relatório de engenharia avançado, que deve ser um documento abrangente e fácil de entender. O aluno normalmente precisa defender oralmente sua dissertação diante de um grupo de membros do corpo docente. Então, em suma, as habilidades que um aluno deve aprender durante um programa de mestrado são a capacidade de trabalhar com uma engenharia de nível avançado e uma capacidade aumentada de se comunicar.

Seu sucesso como engenheiro será diretamente proporcional à sua habilidade de comunicar-se tanto na forma escrita quanto na forma oral.

Um dos mitos da educação avançada é que ela limita suas oportunidades de emprego. Na verdade, as melhores oportunidades de emprego são voltadas para engenheiros que têm mestrado em alguma área da engenharia. Se você analisar as oportunidades de emprego de um bacharel, verá que elas podem ser divididas entre trabalhos associados ou não à engenharia, como na Figura 16.1. Ao que parece, muitas empresas optam por contratar engenheiros, o que explica por que tantos ocupam cargos que não envolvem engenharia. Outra observação interessante é que os empregos de engenharia que podem ser oferecidos a bacharéis tipicamente expressarão preferência por graduados com um diploma de mestre. Adicionalmente, o trabalho de graduados com um diploma de mestre é muito procurado no mercado.

Bacharelado

Trabalhos que não envolvem engenharia

Trabalhos de engenharia

Trabalhos de engenharia

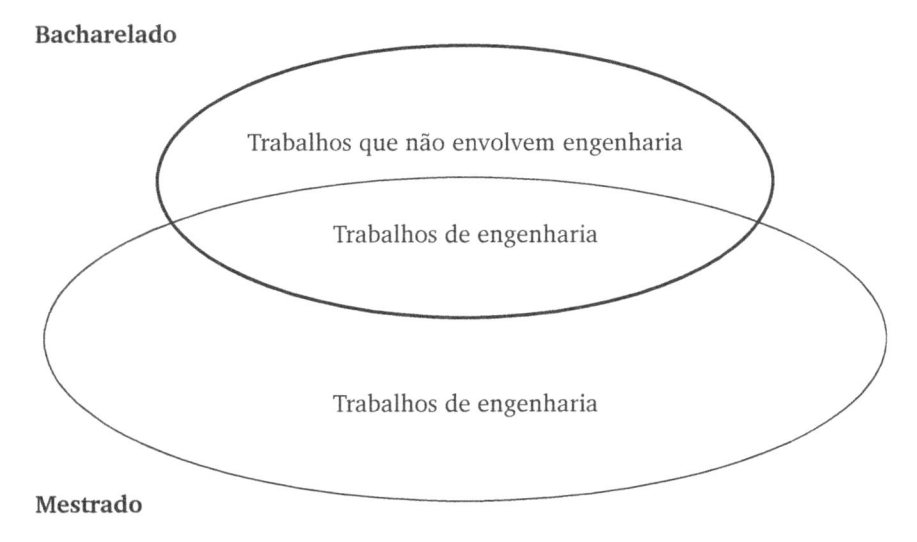

Mestrado

Figura 16.1 Oportunidades de emprego.

Uma pergunta que frequentemente os alunos nos fazem é "Devo cursar um MBA?" Refletimos muito sobre esse assunto e só conseguimos chegar a uma resposta. Um aluno que esteja considerando obter ou um mestrado em engenharia ou um MBA, deve optar pelo mestrado em engenharia! Nunca vimos o MBA ser mais benéfico a um engenheiro eletricista, e em muitos casos o diploma de engenharia é visivelmente mais benéfico. A maioria dos engenheiros que assumem cargos de gerência quer gerenciar uma área relacionada à engenharia e se beneficiará muito mais das habilidades adquiridas em um programa de mestrado, especialmente quando se trata de supervisionar engenheiros. Uma pessoa com bacharelado em engenharia seguido por um MBA geralmente não está apta a gerenciar operações de engenharia. Obviamente, há exceções a essa regra, especialmente quando o profissional em questão já tiver muita experiência de engenharia antes de entrar no programa de MBA, mas, em geral, o mestrado em engenharia é certamente preferível.

> Devo cursar um MBA logo após a graduação com um diploma de bacharel? Em geral, "NÃO!"

Outra pergunta frequente é "Quem deve fazer mestrado?" Novamente, após muita consideração e a avaliação de uma longa lista de experiências, a única resposta que podemos fornecer é que qualquer pessoa pode e *deve* obter um diploma de mestrado em engenharia. Diríamos que a única restrição importante é a palavra "poder". Qualquer indivíduo que tenha o desejo e a capacidade deve cursá-lo. Não há motivo lógico que favoreça não obter tal diploma. Mesmo que o engenheiro acabe não exercendo a profissão de engenharia durante sua carreira, as habilidades aprendidas ainda tornam este diploma muito desejável.

> "Quem deveria entrar em um programa de mestrado?"
> "Todos os que puderem devem obter um diploma de mestrado em engenharia."

16.4 O que é um doutorado em engenharia?

Assim como o grau de mestrado na engenharia, há muitas questões mal compreendidas sobre o doutorado em engenharia. A primeira é que o doutorado é, na verdade, um programa de diplomação bem abrangente. Normalmente, exige-se que os candidatos compreendam pelo menos quatro áreas fundamentais de forma tão aprofundada que estejam qualificados para lecionar em qualquer uma delas no nível de graduação. O candidato a doutorado deve desenvolver a habilidade de "decisivamente compreender as disciplinas básicas cursadas na graduação". Por exemplo, o aluno pode, ao final, especializar-se em antenas e ser responsável pelo conhecimento sobre a matemática básica que um engenheiro usa, a física fundamental a diversas áreas da engenharia elétrica, os fundamentos de campos e ondas eletromagnéticas, os projetos de sistemas digitais e as redes digitais.

> Um doutorado em engenharia fornece
> - Uma compreensão dos fundamentos da matemática, da física e da engenharia.
> - Uma capacidade de analisar o estado da arte em uma área da engenharia e de contribuir com seu avanço.
> - Uma capacidade de se comunicar (escrita, leitura, fala e escuta) no nível mais proficiente possível.

Um processo educacional amplo é importante, porque faz parte do nível de habilidades que deve ser desenvolvido por candidatos ao doutorado em engenharia.

A habilidade mais importante (além das habilidades de comunicação) que um doutorando adquire é a capacidade de compreender o estado da arte de praticamente qualquer área da engenharia. Uma vez tendo domínio sobre o estado da arte, as técnicas necessárias para se fazer uma contribuição original devem ser adquiridas. Finalmente, as habilidades de comunicação (escrita, leitura, fala e escuta) devem também ser significantemente aperfeiçoadas.

Perguntam-nos "Quem deveria obter um diploma de doutorado em engenharia?" Essa é uma pergunta fácil de responder. Alunos que queiram fazer pesquisa, abrir um negócio, trabalhar nas fronteiras da engenharia ou ensinar em uma universidade *devem* obter um diploma de doutorado em engenharia. O doutorado em engenharia exige muito esforço e concentração. O aluno deve tomar uma decisão quanto a permanecer ou não como um estudante pelos dois a quatro (ou mais) anos adicionais exigidos pelo programa de doutorado.

Note que o doutorado em engenharia não necessariamente limita um engenheiro a alguma área em particular. Os programas enfatizam o desenvolvimento de habilidades, as habilidades de compreender o estado da arte em qualquer área e a contribuição original àquela área. O que um aluno escolhe como tópico de sua tese possui importância secundária às habilidades obtidas. Por exemplo, uma tese pode ser escrita na área de controles estocásticos; o novo doutor em engenharia pode, então, mudar sua direção e passar a estudar o estado da arte em projetos de antenas, realizando contribuições nessa área, fazendo o mesmo em seguida na área de projetos de sistemas digitais.

Deve-se ainda considerar que aproximadamente 83% das pessoas que tornam-se doutores em engenharia vão para a indústria, não permanecem no meio acadêmico. Isso é algo que geralmente só se vê em programas de doutorado em engenharia.

16.5 Quando cursar sua pós-graduação?

Essa é uma decisão desafiadora para muitos de nós e é uma questão de maturidade e condição financeira – maturidade sendo a principal preocupação e a condição financeira, acreditamos, sendo a secundária. Um aluno academicamente maduro o bastante para lidar com um programa de pós-graduação deve cursá-lo imediatamente; quanto mais cedo, melhor.

Muitos alunos cometem um grave erro quando decidem postergar sua entrada na pós-graduação. Por quê? É um erro sério porque é menos provável que o aluno volte a estudar e obtenha um diploma de pós-graduação após deixar o campus, e a experiência adicional do trabalho na indústria geralmente não ajuda significantemente em empregos futuros. Esse último item é importante. Muitos alunos têm a impressão de que cinco ou dez anos de experiência atuando como bacharel seguidos de um mestrado ou doutorado em engenharia são uma alternativa preferível. Infelizmente, isso geralmente não é verdade. A maioria de nós se beneficiará mais ao obter um diploma de pós-graduação o mais rápido possível.

Retornemos ao valor da experiência na indústria. "Ela é valiosa?" Se a experiência for relevante no nível correto, a resposta será provavelmente "sim". Infelizmente, com um bacharelado em engenharia, os dez anos de experiência que poderiam ser adquiridos estarão em outro nível. Então, se uma pessoa que trabalha por dez anos na indústria volta à universidade e obtém um mestrado em engenharia, estará na verdade atrasada em relação a um engenheiro que obteve um mestrado em engenharia logo após completar sua graduação, recebendo salário menor e trabalhos menos relevantes.

Essas diferenças são ainda mais dramáticas no nível de doutorado em engenharia. Um engenheiro que posterga a obtenção de seu doutorado em engenharia e adquire vinte anos de experiência, mesmo que no nível de mestrado, estará vinte anos atrás de um engenheiro que tenha obtido um doutorado em engenharia sem a obtenção de experiência, em termos de salário, promoções e trabalhos.

Outro problema sério é a educação em meio período. Se não houver outra forma de obter um diploma de pós-graduação, estudar em meio período enquanto se trabalha para uma empresa vale a pena, mas pode não ser a forma mais efetiva de alcançar suas metas acadêmicas. A melhor forma é se tornar um estudante em período integral. Bolsas de assistentes ao ensino, se disponíveis, podem ser úteis, mas seu esforço principal deve ser voltado à educação. Infelizmente, um emprego de período integral pode ser o foco da atenção, deixando pouca energia restante para as disciplinas à noite ou durante o dia, completando somente de 3 a 6 créditos por semestre. Todas as pessoas com quem conversamos e que obtiveram um diploma em meio período nos disseram que foi um erro tê-lo feito dessa forma. Teria sido muito melhor ter obtido o diploma o mais cedo possível e, a não ser por dificuldades financeiras, sobreviver esse tempo com base em empréstimos e bolsas. Acredite, os sacrifícios feitos inicialmente são significativamente compensados pela satisfação com o próprio trabalho adquirida por estudantes que tenham obtido seus diplomas avançados o mais rápido possível.

16.6 Onde cursar sua pós-graduação?

Outras perguntas frequentemente realizadas são "Em que universidade eu deveria estudar? Devo obter meus diplomas em três lugares diferentes, ou todos do mesmo lugar?" Antigamente, quando havia pouca mobilidade acadêmica docente, não era aconselhável obter todos os diplomas de um mesmo instituto. Hoje, entretanto, a obtenção de diplomas de um mesmo instituto geralmente não possui nenhum efeito negativo na empregabilidade e nas conquistas e, na verdade, pode ser desejável, uma vez que o aluno pode completar o programa mais rapidamente, desenvolvendo e aperfeiçoando suas habilidades. Se seu instituto for sofisticado e possuir diversos membros docentes advindos de outras universidades, você pode obter todos os três diplomas no mesmo lugar sem afetar sua empregabilidade. Felizmente, a maioria dos institutos de engenharia se encaixa nessa categoria.

Quais são as vantagens de obter todos os diplomas de um mesmo instituto? Um aluno respeitado durante a graduação provavelmente será capaz de coordenar um programa de pós-graduação associado às suas atividades de graduação. Além disso, os professores conhecerão o aluno, e ele poderá economizar um ou mais semestres no tempo de obtenção de seu diploma. Alguns institutos possuem programas de mestrado acelerados, que podem economizar o tempo de até 12 dos 30 créditos normalmente exigidos (reduzindo as exigências em 40%). Por outro lado, se o aluno estiver com problemas nos estudos e tiver desenvolvido uma relação negativa com seu departamento, o conselho é continuar os estudos em outro lugar. Costumamos dizer que "Se você conseguiu iludir seus professores em achar que você é excepcional, permaneça; se convenceu-os de que você não é muito bom, é uma boa ideia procurar outro instituto".

Se você decidir estudar em outro lugar, esforce-se. A obtenção de um diploma de pós-graduação de valor exige que você compreenda uma característica importante do processo educacional. Você aprenderá tanto fora da sala de aula quanto aprenderá dentro, senão mais. Isso significa que sua universidade deve ter um ambiente de muita interação fora da sala de aula, e essas interações podem ocorrer com outros alunos ou com docentes. É uma boa ideia visitar possíveis universidades onde você poderá estudar e entrevistar alguns professores e alunos. Você precisa encontrar um lugar no qual se sinta confortável e desafiado.

Vamos resumir e apresentar uma última consideração em relação à pós-graduação. Os alunos de pós-graduação devem ser ativos em sua organização profissional estudantil. Isso ajudará no seu desenvolvimento profissional e aumentará o valor de seus diplomas. Duas vantagens importantes de ser um membro ativo de sua organização profissional, tanto como estudante quanto como engenheiro em exercício, é que você desenvolve uma rede de contatos que lhe ajudará profissionalmente em novos empregos, promoções e salários, além do auxílio com o acesso à melhor informação técnica.

Os engenheiros devem se educar constantemente, formalmente e informalmente, aproveitando todas as formas de educação.

Os alunos devem obter um diploma de mestrado em engenharia envolvendo uma dissertação escrita. Pessoas que queiram fazer pesquisa, abrir um negócio, lecionar ou estar nas fronteiras do conhecimento da engenharia devem obter um doutorado em engenharia. Muitos desses candidatos serão excepcionais professores no futuro.

16.7 Conclusão

As principais metas de um bacharelado em engenharia são (1) desenvolver e aperfeiçoar a proficiência do aluno com uma linguagem, um ou mais de seus dialetos e diversos subdialetos e (2) desenvolver e aperfeiçoar a habilidade de "pensar" como um engenheiro.

As principais metas de um mestrado em engenharia são (1) desenvolver e aperfeiçoar a habilidade de um aluno de realizar projetos e engenharia avançada e (2) desenvolver e aperfeiçoar as habilidades de comunicação do aluno. O doutorado em engenharia busca (1) desenvolver e aperfeiçoar a habilidade de um aluno de trabalhar com pesquisa e engenharia no estado da arte; (2) desenvolver e aperfeiçoar a compreensão do aluno sobre os fundamentos da matemática, da ciência e da engenharia; e (3) desenvolver e aperfeiçoar as habilidades de comunicação do aluno no nível mais proficiente possível.

Todos que puderem obter um mestrado em engenharia devem fazê-lo. Todos que quiserem fazer pesquisa, abrir um negócio, trabalhar nas fronteiras do conhecimento em engenharia e tecnologia ou que queiram lecionar em uma universidade *devem* obter um doutorado em engenharia.

A obtenção de um diploma de pós-graduação pode ser seu bem mais importante no desenvolvimento de uma carreira de sucesso. Se você decidir cursar uma pós-graduação, deve fazê-lo imediatamente, em tempo integral, na faculdade onde obteve seu diploma de graduação. Você deve aproveitar todas as oportunidades de desenvolvimento e aperfeiçoamento de habilidades fora da sala de aula, assim como dentro da sala de aula.

Finalmente, a obtenção de um MBA não aperfeiçoará sua carreira como a obtenção de um mestrado em engenharia. O único caso em que um MBA poderá ser importante é se você já tiver pelo menos dez anos de experiência e decidir seguir sua carreira em administração.

REVISÃO DE FINAL DE CAPÍTULO

Escolha a resposta mais adequada para as seguintes afirmações:

1. O propósito de uma graduação é
   a. Torná-lo um engenheiro.
   b. Ajudá-lo a desenvolver suas habilidades para que aprenda a se tornar um engenheiro.
   c. Prepará-lo para a pós-graduação.
   d. Desenvolver o conhecimento de que você precisará para se tornar um engenheiro.
2. Durante sua experiência de graduação, você aprenderá
   a. Uma linguagem associada à sua área.
   b. Como realmente *pensar*.
   c. Como aprender a se tornar um engenheiro.
   d. Todas as anteriores.
3. O propósito de um mestrado é
   a. Transformá-lo em um engenheiro e ensiná-lo a se comunicar mais proficientemente.
   b. Torná-lo um especialista na área escolhida.
   c. Permitir que você se qualifique a trabalhos de engenharia de mais alto nível.
   d. Reduzir a amplitude de oportunidades de sua carreira.

4. Quem deve obter um mestrado?
   a. Quem quiser trabalhar em áreas mais restritas.
   b. Todos os que puderem.
   c. Os que não souberem o que querem fazer.
   d. Os que souberem o que querem fazer.
5. Quando você deve obter um mestrado?
   a. O mais rápido possível.
   b. Após ter obtido de cinco a dez anos de experiência.
   c. Após ter obtido um MBA.
   d. Nunca.
6. O propósito de um doutorado é
   a. Ensiná-lo a comunicar-se com a maior proficiência possível.
   b. Ensiná-lo a trabalhar com pesquisa e engenharia no estado da arte em quase qualquer área da engenharia.
   c. Ajudá-lo a aprender os fundamentos de qualquer área da engenharia.
   d. Todas as anteriores.
7. Quem deve obter um doutorado?
   a. Todos que desejarem trabalhar com pesquisa e engenharia no estado da arte.
   b. Todos os que desejarem lecionar em uma universidade.
   c. Todos os que desejarem abrir seu próprio negócio.
   d. Todas as anteriores.
8. Quando você deve cursar um doutorado?
   a. O mais cedo possível.
   b. Após ter cursado um mestrado e obtido de cinco a dez anos de experiência.
   c. Apenas após obter um MBA.
   d. Todas as anteriores.
9. Onde você deve obter seus diplomas de pós-graduação?
   a. Se você demonstrou aos professores de sua universidade que é um bom aluno e gosta do ambiente, fique no lugar onde obteve seu diploma de graduação.
   b. Para aumentar sua empregabilidade, você precisa obter diplomas de pós-graduação em outros lugares.
   c. Você deve obter seu diploma na universidade que tiver melhor reputação.
   d. Nenhuma das anteriores.
10. Que grau acadêmico fornece acesso ao maior número de empregos de engenharia?
    a. O bacharelado
    b. O mestrado
    c. O MBA
    d. O doutorado

Exercícios para desenvolver e aperfeiçoar suas habilidades

16.1 Uma vez que você deve cursar um mestrado sempre que possível, você precisa determinar se isso é ou não possível. Suas notas podem não ser aceitáveis em um programa de pós-graduação, então você deve perguntar a si mesmo se você algum dia pode querer obter um diploma de mestrado. Se você não acha que um mestrado está em seu futuro, foque sua carreira e desenvolva um plano de desenvolvimento e aperfeiçoamento de habilidades no decorrer de sua carreira. Se você decidir que muito provavelmente cursará um mestrado no futuro, desenvolva um plano que retifique as deficiências que você e seu orientador identificarem. Em muitos casos, há uma forma de obter um mestrado apesar de não ter boas notas. Converse com seu orientador sobre isso.

16.2 Identifique os institutos de ensino onde você gostaria de cursar um mestrado. Escreva os prós e contras associados a cada um. Visite qualquer instituto que você esteja seriamente considerando. Uma vez feito isso, tome uma decisão sobre onde você quer se inscrever (é sempre uma boa ideia inscrever-se em pelo menos duas universidades).

16.3 Caso você esteja considerando cursar ou não um doutorado, desenvolva um plano de obtenção desse diploma. A primeira atitude que você deve tomar é criar uma lista de prós e contras da obtenção do diploma. Seu orientador poderá lhe ajudar imensamente nesse processo. Em seguida, você deve desenvolver um plano de obtenção do diploma. É aconselhável que você o desenvolva mesmo que não planeje obter o diploma. Revise tanto os planos quanto os prós e contras e tome uma decisão sobre a obtenção do diploma. Seu plano deve também incluir a escolha das universidades apropriadas, da mesma forma que você fez no Exercício 16.2.

Referência

"A Solution to the Crisis in Engineering Education?" Charles Alexander, *IEEE Transactions on Education*, May, 1984.

CAPÍTULO

17

Através do espelho, traga todas as habilidades que você adquiriu para desenvolver uma carreira bem-sucedida

"Será que fui eu que mudei durante a noite? Deixe-me pensar: eu era a mesma quando me levantei hoje de manhã? Estou quase achando que posso me lembrar de me sentir um pouco diferente. Mas se eu não sou a mesma, a próxima pergunta é: 'Quem é que eu sou?'. Ah, essa é a grande charada!"

—Alice

Objetivos de aprendizagem

Ao usar as informações e os exercícios deste capítulo, você será capaz de:

- Saber se realmente quer encerrar seus estudos.
- Perceber que realmente está pronto para o "mundo real".
- Compreender melhor a importância das redes de contatos em sua carreira.
- Compreender melhor a transição entre ser um estudante e um profissional em exercício.
- Compreender melhor a necessidade do aprimoramento constante de habilidades.
- Saber quão preparado você está para ser bem-sucedido.
- Saber que você pode nunca se aposentar realmente.
- Saber que tudo vai ficar bem.

Agora que já abordamos tudo o que queremos que você compreenda sobre a criação e a condução de uma carreira de sucesso, precisamos discutir como realizar a transição entre ser um estudante e ser um profissional em exercício. Em alguns aspectos, é como a Alice (do livro "Alice através do espelho", de Lewis Carroll). Quando ela "atravessou o espelho", tenho certeza de que, assim como você, ela estava aterrorizada e realmente não sabia o que esperar. Você não precisa ter medo; está tão mais bem preparado para esse estágio do que a maioria de seus colegas, não há como não ser bem-sucedido. Neste capítulo, relacionaremos o que você já aprendeu com o que será esperado de você em qualquer trabalho que aceite realizar. Iremos ajudar com o planejamento de sua carreira e com seu desenvolvimento profissional como um engenheiro em exercício.

17.1 Introdução

Em vez de adquirir um diploma com base em conhecimento, você treinou como um atleta. Tornou-se altamente habilidoso com todas as ferramentas necessárias para ter uma carreira de sucesso em engenharia. Já que a transição do papel de estudante para o de um profissional em exercício é uma transição realmente importante, é preciso desenvolver a confiança de que poderá ser bem-sucedido.

> Felizmente, quase todos os novos engenheiros acham essa transição inicialmente assustadora, mas uma vez que ela já tenha ocorrido, surpreendem-se muito com quão fácil ela foi de fato. A resposta mais comum é a de que estão agora se divertindo como profissionais em exercício!

Por que se divertindo? A resposta é simples. Como no exemplo do atleta treinado, uma vez que se torne bom no que faz, você apreciará muito mais seu trabalho. Além disso, quando você é um estudante, todos lhe controlam, mas como profissional em exercício, você passa a estar em controle, e essa sensação é indescritível!

17.2 Eu realmente quero ser um estudante profissional?

É muito tentador querer permanecer em um lugar onde você se sente confortável. Muitos alunos acham que permanecer onde estão e não sair do lugar é uma decisão aceitável. Primeiramente, você deve buscar o maior diploma de que você acha que precisa. Uma vez feito isso, deve sair de sua zona de conforto e "ir em direção ao mundo real!"

É muito importante entender a diferença entre ser um estudante profissional e participar de uma aprendizagem que dure a vida toda. Esta última atitude é o que todos nós devemos fazer se quisermos ter uma carreira longa e bem-sucedida. A primeira, no entanto, refere-se a alunos que simplesmente ficam cursando disciplinas aleatórias para evitar se formarem e obterem um cargo em engenharia ou em outras áreas relacionadas. Felizmente, isso se aplica a poucos alunos de engenharia; a maioria mal pode esperar até se formar e começar a trabalhar com engenharia! Aos alunos que se veem atualmente flutuando em direção ao estado de estudante profissional, sugerimos que faça todo o possível para se controlar; você nunca se arrependerá em fazer a transição.

Novamente, podemos usar o exemplo do atleta. Praticar sem nunca participar de um jogo real significa que você nunca conhecerá a empolgação de jogar competitivamente. Vá e jogue!

17.3 Atravessando o espelho, bom ou mau?

Atravessar o espelho é definitivamente uma coisa boa, não má! Tenha em mente quantas vezes você quis projetar alguma coisa que realmente funcionasse! Muitos alunos de engenharia completam um trabalho de conclusão de curso e obtêm um gostinho de como é o mundo real. Os que passarem por experiências de estágio também terão esse gostinho. Permita-nos compartilhar uma experiência pessoal com você:

> Antes de nos graduarmos, tínhamos uma ideia de como seria sair em direção ao mundo real. Entretanto, a experiência que tivemos foi muito mais empolgante do que qualquer coisa que esperávamos!
> "A engenharia é divertida!"

Note que você só precisa seguir continuamente as diretrizes de aperfeiçoamento de habilidades que apresentamos neste livro para poder ser bem-sucedido. Lembre-se de que tudo isso foi apresentado na forma de habilidades necessárias para o sucesso de sua carreira.

> O profissional em exercício bem-sucedido aperfeiçoará seu conjunto de habilidades constantemente. Uma vantagem significativa disso é que os profissionais que seguirem esse conselho continuarão a se aperfeiçoar independentemente de sua idade. Já constatamos pessoalmente que são essas habilidades, e não algum conhecimento específico, que permitem um melhoramento constante.

A melhor indicação disso é que, apenas com um bacharelado, os salários de um engenheiro continuam a aumentar até os cinquenta anos de idade, quando começam a decair, ainda que não significativamente. Com um diploma de mestrado, os salários continuam a aumentar até se nivelarem aos cinquenta anos. No caso de engenheiros com doutorado, o salário continua a aumentar durante toda a carreira. E como a engenharia é uma carreira baseada em habilidades e é tão divertida, a maioria de nós continua trabalhando mesmo ao atingir os setenta ou oitenta anos. E fazemos isso não porque precisamos, mas porque queremos!

17.4 Realizar a transição é mais fácil do que você pensa

Como você escolhe o melhor primeiro emprego? É preciso aplicar o processo discutido no capítulo sobre planejamento de carreira jundo às diretrizes do capítulo sobre o desenvolvimento de portfólios para ajudá-lo a identificar e obter um dos melhores empregos de sua lista.

Notamos que seu primeiro trabalho pode ser o último trabalho que você busca por meio de buscas convencionais de emprego. Se você desenvolver sua rede de contatos corretamente todos os empregos, promoções e aumentos futuros decorrerão, muito provavelmente, de sua rede de contatos. Confira o capítulo sobre redes de contatos para conhecer mais detalhes.

Vamos nos concentrar na obtenção de seu primeiro emprego. O importante a ser lembrado aqui é que esse é seu primeiro emprego, não sua carreira. Ele pode acabar se transformando em sua carreira, mas provavelmente será apenas o primeiro de muitos empregos que você terá ao longo dela. Consequentemente, você sofre muito menos pressão por não precisar tomar uma decisão perfeita. Nosso conselho é candidatar-se até mesmo para cargos que você inicialmente acha que não irá querer. Às vezes, a melhor escolha poderá surgir de uma oportunidade inesperada. Se você tiver a felicidade de receber uma ou mais ofertas de emprego, precisa determinar se aceitará ou não o emprego. Antes de se candidatar a uma vaga, você deve criar uma lista de coisas desejadas e não desejadas. Então, usando essa lista como base, crie uma lista de prós e contras em relação à sua oferta. Isso lhe permitirá tomar uma decisão mais consciente.

> O importante a lembrar é que esse é seu primeiro emprego, não sua carreira. Ele pode acabar se transformando em sua carreira, mas provavelmente será apenas o primeiro de muitos empregos que você terá ao longo dela.

Uma vez que você tenha tomado uma decisão, precisa lembra ao desempenhar as funções desse novo emprego, que o mais importante à sua carreira é que suas habilidades continuem sendo desenvolvidas e aperfeiçoadas, como você aprendeu a fazer com este livro. Outra consideração importante é lembrar-se de fazer todo o possível para que seus colegas e seu supervisor também pareçam bem-sucedidos. Isso pode parecer estranho, mas somos todos seres humanos e, independentemente de quão bem você realiza seu trabalho, suas promoções, seus novos cargos, a satisfação com seu trabalho e seus aumentos de salário dependerão muito da boa vontade que você tenha despertado nos outros.

O que fazer nos períodos em que suas atividades não completam sua semana de trabalho? Muitas pessoas leem publicações da empresa para obter uma compreensão melhor de seu empregador. Outras irão ao laboratório aprender como usar muitos dos instrumentos que se encontrem lá. Uma sugestão é, primeiramente, conversar com seu supervisor e certificar-se de que não haja problemas em você se oferecer para trabalhar em outra área por um tempo. Na maioria das vezes, suas ações serão apreciadas e poderão resultar no desenvolvimento e aperfeiçoamento de novas habilidades.

17.5 Conclusão

> "Sua felicidade é essencial. Fique diariamente atento a ela! No final das contas, não são os anos de sua vida que contam e sim a vida de cada ano."
>
> —Abraham Lincoln

Uma das decisões importantes que você tomará diz respeito ao que fazer em relação à sua aposentadoria. Você pode pensar se, como um jovem, é realmente necessário refletir sobre sua aposentadoria assim cedo. A resposta é simples: as decisões tomadas agora, especialmente as financeiras, terão um vasto impacto em sua aposentadoria.

Os investimentos financeiros realizados muito antes de sua aposentadoria terão crescido substancialmente no momento que chegar a idade de sua aposentadoria. Também queremos informá-lo de que, se você planeja viajar ao se aposentar, deve viajar também antes de ter se aposentado, para que se sinta motivado e confortável viajando depois disso.

Já conhecemos pessoas que planejavam viajar após aposentados, mas que não o fizeram porque nunca haviam feito isso antes. Outra consideração é que engenheiros são criativos, então nunca se sentem felizes simplesmente se aposentando. Para a maioria de nós, a aposentadoria significa encontrar outro desafio a enfrentar. Abrimos um novo negócio, tornamo-nos consultores e alguns de nós até mesmo se tornam escritores!

Gostaríamos de concluir este livro com um pensamento muito importante:

> "Você está entrando no período mais empolgante da história do mundo e no momento mais empolgante para ser um engenheiro!"

REVISÃO DE FINAL DE CAPÍTULO

Escolha a resposta mais adequada para as seguintes afirmações.

1. O que pode ser dito sobre a educação que você recebeu como engenheiro?
   a. Se tornará obsoleta em dois ou três anos.
   b. Você possui habilidades que, se mantidas e exercitadas, nunca se tornarão obsoletas.
   c. Você aprendeu tudo o que é possível aprender e agora só precisa "praticar".
   d. Você agora deve começar uma batalha para acompanhar os avanços da engenharia durante sua vida.

2. Qual é o melhor modelo a ser usado para garantir uma carreira longa e produtiva?
   a. Ser um acadêmico bem-sucedido com uma mente curiosa que possa crescer e prosperar.

b. Ter uma base de conhecimentos excepcionalmente forte.

c. Possuir habilidades como as de um atleta que, quando desenvolvidas e aperfeiçoadas, levarão você a uma carreira longa e bem-sucedida.

d. Todas as anteriores.

3. Se corretamente desenvolvidas e aperfeiçoadas, suas habilidades garantirão que sua carreira

   a. Seja bem-sucedida em um alto nível até você completar cinquenta anos.

   b. Torne-o altamente desejável por pelo menos quinze anos.

   c. Tenha o potencial de permitir que você aumente sua produtividade no decorrer de sua carreira.

   d. Permita que você seja bem-sucedido se sua juventude e energia lhe ajudarem.

4. Quase todos os engenheiros bem-sucedidos diriam que o que melhor descreve seu sucesso é

   a. Diversão.

   b. Trabalho árduo.

   c. Determinação.

   d. Dedicação.

5. Quão importante é a decisão sobre seu primeiro emprego?

   a. Seu primeiro emprego não é toda a sua carreira.

   b. Seu primeiro emprego é apenas uma parte de sua carreira.

   c. Você deve trabalhar nesse primeiro emprego no nível mais elevado possível.

   d. Todas as anteriores são verdade.

6. O que é mais importante de ter em mente a respeito de seu primeiro emprego?

   a. Existe a garantia de manter esse emprego.

   b. Não há garantia de emprego, mas há garantia de carreira.

   c. Se você não for bem-sucedido em seu primeiro emprego, sua carreira irá por água abaixo.

   d. Não há nada que você possa fazer para obter garantias de emprego.

7. Um dos pontos mais importantes a se ter em mente ao realizar seu trabalho atual é que

   a. Você deve realizar um bom trabalho.

   b. Você deve distinguir-se em relação às pessoas à sua volta.

   c. Você deve fazer seus colegas e seu supervisor também parecerem bem-sucedidos.

   d. Você deve manter-se focado em sua próxima tarefa.

8. Se você estiver fazendo um bom trabalho e começar a ter tempo de sobra, você deve

   a. Tentar ir para casa mais cedo.

   b. Aproveitar parte do tempo para estudar.

   c. Oferecer-se para ajudar outras equipes em seu local de trabalho.

   d. Relaxar e aproveitar a experiência.

9. Um elemento-essencial uma carreira de sucesso é gostar do que se está fazendo. Logo, você precisa
   a. Manter e aperfeiçoar seu plano de carreira.
   b. Procurar por atividades que o tornem feliz.
   c. Focar a maximização de seu salário.
   d. Realizar todas as anteriores.
10. O que é mais importante de se ter em mente em relação à aposentadoria?
    a. A maioria dos engenheiros nunca se aposenta, em geral só muda o percurso de sua carreira.
    b. Certificar-se de que pode manter seu estilo de vida atual com a renda da aposentadoria.
    c. Certificar-se de que conseguirá manter sua saúde.
    d. Fazer um testamento que beneficiará seus filhos.

Exercícios para desenvolver e aperfeiçoar suas habilidades

17.1 Agora que você completou este capítulo, revise seu plano de carreira para que ele reflita o que você aprendeu.

17.2 Se seu plano de carreira ainda não inclui um plano de obtenção de seu primeiro emprego, desenvolva-o.

17.3 Avalie seu plano de carreira para identificar se ele reflete que você tenha focado corretamente a garantia de carreira e não a garantia de emprego. Se você acha que seu plano de carreira precisa ser modificado, realize as modificações apropriadas.

Referências

What Color Is Your Parachute? 2011: A Practical Manual for Job-Hunters and Career-Changers, Richard N. Bolles, Ten Speed Press, 2010.

The Job-Hunter's Survival Guide: How to Find a Rewarding Job Even When "There Are No Jobs", Richard N. Bolles, Ten Speed Press, 2009.

How to Find a Job on LinkedIn, Facebook, Twitter, MySpace, and Other Social Networks, Brad Schepp, McGraw-Hill, 2009.

Knock 'em Dead 2011: The Ultimate Job Search Guide, Yate Martin, Adams Media, 2010.

Job-Hunting Online: A Guide to Job Listings, Message Boards, Research Sites, the UnderWeb, Counseling, Networking, Self-Assessment Tools, Niche Sites, Mark Emery Bolles and Richard N. Bolles, Ten Speed Press, 2008.

Índice

A

Abbey, Sonja, 237-238
Abordagem sistêmica, 147-157
    alternativas, 153-155
    avaliação de alternativas, 154-156
    brainstorming, 156-157
    decomposição do problema ou tarefa, 151-152
    definição dos elementos de um processo de resolução, 151-152
    definição do problema ou tarefa, 149-152
    diagrama de fluxos na, 149-150
    exemplos de aplicação de, 157-148
    metas, 151-153
    prós e contras, 154-156
    restrições, identificação de, 153-154
    resultados e *feedback*, 155-156
    visão geral, 147-148
Adams, John Quincy, 232-233
Alexander, Charles, 15, 58-59, 134-135
Alternativas, em abordagem sistêmica, 153-155
Análise nodal, 21-23
Animações, 89-90
Anotações (sala de aula), 62-64, 301-302
Aposentadoria, 336-337
Aprendizagem ao longo da vida, 28-29, 111-112
Apresentações em equipe, 95-98
Apresentações profissionais, 80-103
    a importância de aprender a compartilhar, 101-102
    apresentando para uma plateia, 87-88, 89-90, 92-96
    baseadas na Web, 89-90, 97-99
    conselhos sobre, 101-103
    conversa com um profissional sobre, 99-105
    desenvolvimento de habilidades de falar em público, 99-101
    desenvolvimento de habilidades para, 81-83
    eliminação de barreiras à audiência, 92-94
    ensaiando, 91-92
    equipes, 95-98
    exemplo de, 105-106
    exemplos de, no trabalho e em atividades profissionais, 101-102
    medo de realizar, 81-82
    identificação de necessidades da audiência, 83-86
    oportunidades de prática de, 99-100
    problemas técnicos/mecânicos com, 97-98
    planejamento de, 82-84
    prática, 91-92
    realizando, 91-99
    recursos visuais para, 85-95
    respondendo a perguntas, 95-96
    valor de, 99-100
Associações profissionais, 139-143
    códigos de ética, 201-203, 215-222
    desenvolvimento de habilidades não técnicas em, 262-263
    habilidades de fala melhoradas pelo envolvimento com, 17-19
    motivando outros a se envolverem em, 238-239
    oportunidades de liderança em, 236-239, 241-243
    praticando redes de contatos em, 304-306, 307-308
    tornando-se um membro ativo, 8-10
Atividades na comunidade, habilidades de liderança para, 242-244
Autoavaliação
    de habilidades de liderança, 249
    traços de personalidade, 195-196
Autoconfiança, liderança e, 235-236
Avaliação do plano de carreira, 269-270

B

Back, Greg, 305-306
Baker, Maria Marez, 99-100, 304-305
Bloom, Allan, 321-322
Bosela, Paul, 201-202
Brainstorming
    em abordagem de sistemas, 156-257
    em equipes, 177-178
Brandoff, Joshua, 183-184
Brooks, Kristi, 49-50
Burns, Joseph, 295-296

C

Caráter, liderança e, 235-236
Carey, Carole C., 285
Carreira em engenharia, 253-255
Carta de apresentação, 110-111, 114-117
Cenário de equipe de projeto Envirocar, 190-192
Centro de carreiras da universidade, 115-117, 118-119
Centros de Carreira, 115-117, 118-119
Ciência, capacidade de aplicar conhecimentos de, 20-23
"Círculo da desculpa", 44-46
Código de ética
    corporativo, 203
    pessoal, 198-201
    sociedades profissionais, 201-203
Cohen, Richard, 201-202
Comunicação, 58-74
    Ver também Apresentações profissionais
    cenário, 58-59
    conversa com um profissional sobre, 71-74
    critérios, 15-21
    dicas de conversa para redes de contatos, 298-299
    escrita, 18-20
    escuta, 20-21
    fala, 16-19
    importância da, 58-61
    leitura, 19-20

liderança e, 235-236
no desenvolvimento de equipes, 179-180
para a gerência de projetos, 162-164
perguntas usadas em redes de contatos, 299-300
processo de comunicação, 60-61
quatro tipos básicos de, 60-62
visão geral, 58-59
Consultores, para plano de marketing pessoal, 108-109
Conversa com profissionais
sobre a fala em público, 99-105
sobre comunicação, 71-74
sobre dilemas éticos, 209-210
sobre o desenvolvimento de equipes, 183-186
sobre o gerenciamento de tempo, 51-52
sobre redes de contatos, 305-308
sobre sistemas de captura de informação, 122-124
Conversa, 298-301
Critérios, 15-16
ampla educação necessária para a compreensão do impacto das soluções da engenharia, 27-28
aplicação do conhecimento de matemática, ciência e engenharia, 20-23
capacidade de identificar, formular e resolver problemas de engenharia, 26-27
capacidade de operar em equipes multidisciplinares, 25-27
capacidade de projetar e conduzir experimentos e analisar e interpretar dados, 23-24
capacidade de projetar um sistema, componente ou processo para satisfazer as necessidades, 23-26
capacidade de usar técnicas, habilidades e ferramentas para o exercício da engenharia, 29-20
compreensão da responsabilidade profissional e ética, 26-28
conhecimento de problemas contemporâneos, 28-30
habilidades de comunicação, 15-21
reconhecimento da necessidade de envolvimento em uma aprendizagem ao longo da vida, 28-29
Currículos, 118-120
Cuznetova, Vladislava, 63-64

D

Dados, capacidade de analisar e interpretar, 23-24
Declaração de visão profissional, 256-257
Declarações de transição, 69-71
Declarações de visão pessoal, 255-256
definição de problemas éticos, 203-205
processo de resolução de problemas, 203-204
projetos, 25-26
Desenvolvimento de equipes, 172-186
conselhos para alunos sobre o, 184-186
conversa com um engenheiro sobre o, 183-186
cenário de equipe de projeto Envirocar, 190-195
etapa de conformação, 177-179, 184-185
etapa de desempenho, 178-180, 184-185
etapa de formação, 174-176, 183-184
etapa de turbulência, ver Etapa de turbulência

regras básicas para o, 175-176
resultados da participação no, 184-185
traços de personalidade e o, 179-183, 195-197
visão geral, 172-174
Desenvolvimento profissional, 8-10
Ver também Redes de contatos
Diagrama de blocos, em recursos visuais de apresentação, 87-89
Diagramas de Gantt, 163-164, 164-165
Dilemas éticos, 198-231
cenário, 198-199
códigos de ética para, 198-203, 215-222
conversa com um profissional sobre, 209-210
decidindo se envolver em, 204-206
estudos de caso, 223-231
Diploma em engenharia, 322-324
Disciplinas da engenharia de sistemas de saúde, 136-137
Disney, Walt, 159-160
Dissertação, em pós-graduação, 323-325
Diversidade, em equipes, 183-185
Documentação do plano de carreira, 269-271
Doutorado, 326-328
Dragões, gerenciamento de tempo, 44-46
Drucker, Peter, 147-148
Dwon, Larry, 253-254

E

Edison, Thomas, 266-267
Einstein, Albert, 14
Eisenhower, Dwight D., 238-239
Emprego. Ver também Gestão de carreira; Empregos de engenharia
cinco grandes motores de, 134-136
obtenção do primeiro emprego, 335-337
oportunidades de mestrado, 324-325
plano de marketing pessoal para a obtenção de, 108-111
Empregos em engenharia. Ver também Conversas com profissionais; Salários
associados à infraestrutura, 137
associados ao aperfeiçoamento do ambiente, 137-138
em tecnologia de sistemas de saúde, 136-137
independência energética e estabilidade econômica, 137-138
na manufatura, 136-137
salários, 134-136
transição de aluno para, 333-337
Energia nuclear, 137-138
Engenharia ambiental, 137-138
Engenharia biomédica, 137
Engenharia civil, 136-137, 139, 143-144
Engenharia da computação, 136-137, 137
Engenharia de manufatura, 136-137
Engenharia de sistemas, 137
Engenharia de software, 136-137
Engenharia elétrica, 137
Engenharia mecânica, 136-137, 140-141
Engenharia química, 136-137

Engenharia, capacidade de aplicar conhecimentos de, 20-23
Entrevistas de emprego, 110-112, 119-122
Entusiasmo, liderança e, 235-236
Equipes
  capacidade de atuar em equipes multidisciplinares, 25-27
  características de equipes bem-sucedidas, 172-175
  definidas, 172-174
  desvantagens da participação em, 174-175
  prática de habilidades de liderança em, 292-293
  valor da diversidade em, 182-184
  vantagens da participação em, 174-175
Esboço, 65-68
Escolha das palavras, 67-69
Escrita
  conclusão do projeto, 70-72
  declarações de transição, 69-71
  escolha de palavras, 67-69
  estrutura de frase, 68-70
  modelagem, 66-68
  organização, 65-67
  ortografia e gramática, 67-68
  planejamento, 64-66
  planejamento prévio, 63-65
  processo de gestão de projetos, 63-72
Escuta abrangente, 301-304
Escuta casual, 301-302
Escuta conversacional, 301-302
Especialistas (traço de personalidade), 181-183, 195-195
Estágio de desempenho, em desenvolvimento de equipes, 178-180, 184-185
Estrutura da sentença, 68-70
Estudante profissional, 333-335
Estudante, transição em um profissional, 333-336
Estudos de caso, dilemas éticos, 223-231
Etapa de turbulência, no desenvolvimento de equipes, 175-178, 183-185
  exemplos de, 221-222
  ferramentas de engenharia para, 203-209
  identificação do problema, 203-209
  impacto no sucesso da carreira, 207-209
  na sala de aula, 261-262
  sinais iniciais de, 203-204
  soluções, 205-209
Experimentos
  análise e interpretação de dados de, 23-24
  capacidade de projetar e conduzir, 23-24

F
Falar em público. *Ver* Apresentações profissionais
Fracasso, 268-269
Frases complexas, 69-70
Frases compostas, 68-70
Frases simples, 68-69

G
Gedzeh, Sedofia, 47-48, 179-180
Gerência de projetos, 159-169

  comunicação em, 162-164
  controlando, 166-167
  coordenando atividades de projetos, 165-166
  definindo projetos, 159-161, 162-163
  exemplos de projetos usando, 159-161
  habilidades necessárias na, 167-168
  impacto no sucesso da carreira, 167-168
  importância da, 161-162
  monitoração/avaliação/revisão de projetos, 166-167
  motivando membros de equipe, 164-166
  oportunidades de aperfeiçoar habilidades de, 167-168
  organização de equipes e atividades de projetos, 164-165
  planejamento de execução de projetos, 163-165
  processo de, 161-168
  visão geral, 159-161
Gerenciamento de tempo, 36-52
  benefícios de mais tempo livre com o, 48-49
  benefícios do, 52
  conversa com um profissional sobre, 51-52
  desenvolvido para sua carreira de trabalho, 48-49
  dez principais dicas para um gerenciamento eficaz, 47-48
  "dragões" destruindo planos de, 44-46
  habilidades não técnicas de, 51
  impacto na carreira e na qualidade de vida, 48-51
  importância do, 39-40
  listas de afazeres no, 39-44
  recursos e ferramentas para o, 38-40, 45-48
Gestão de carreira, 251-293
  ajuste fino do plano de carreira, 269-270
  avaliação do plano de carreira, 269-270
  conselhos sobre, 271-272
  conversa com um engenheiro sobre, 270-272
  documentação do plano de carreira, 268-270
  estratégia de, 257-263
  exemplos de plano de carreira, 277-293
  formato de plano de carreira, 275-276
  habilidades não técnicas e, 252-254, 261-263, 265-267, 271-272
  mudanças no curso de sua carreira, 270-272
  plano de ação, 262-270
  processo de planejamento de carreira, 254-255
  sendo proativo sobre sua carreira e, 253-255
  visão pessoal sobre a, 254-257
  visão profissional sobre a, 256-258
Graduação em engenharia, 322-324
Gramática, 67-68
Gras, Courtney, 36-37, 51-52
Grupos de laboratório
  prática de habilidades de liderança em, 236-237
  prática de redes de contatos em, 303-304
Grupos/equipes de estudo
  benefícios da participação em, 6-8
  ganhando experiência em equipes multidisciplinares, 25-27
  habilidades de liderança desenvolvidas em, 236-237, 250
  número de membros em, 7-8
  prática de redes de contatos em, 304-305

resumo de palestras, 7-8
trabalho em, 2-3
Gumz, Joy, 165-166

H
Habilidades de escrita, 18–20
Habilidades de escuta, 20-21, 300-303
　abrangente, 301-304
　casual, 301-302
　conversacional, 301-302
Habilidades de fala, 16-19
Habilidades de liderança, 232-250
　aplicadas ao local de trabalho, 238-244
　autoavaliação de características de liderança, 249
　cenário, 232-233
　conselho sobre, 244
　em cargos voluntários, 236-240
　em organizações profissionais, 236-239, 241-243
　habilidades comuns e importantes, 233-236
　nas primeiras atividades de trabalho, 238-240
　nas situações de trabalho em grupo, 239-242
　importância das, 233-234
　habilidades não técnicas e, 243-244
　prática enquanto estudante, 235-239, 242-244
Habilidades não técnicas
　cultivando como um líder, 243-44
　identificadas para o plano de carreira, 252-254, 259, 261-263, 265-267, 278-279
　no plano de ação, 278-279
　para redes de contatos, 306-308
Habilidades necessárias. *Ver também* Critérios
　identificação para um plano de carreira, 259-263
　não técnicas, 261-263
　para independência energética, 137-138
　para infraestrutura, 137
　para manufatura, 136-137
　para metas de visão pessoal, 263-264
　para metas de visão profissional, 264-265
　para o aperfeiçoamento do ambiente, 137–139
　para sistemas de saúde, 136–137
　planos de ação e, 265-267
　técnicas, 260–262
Habilidades pessoais, no plano de marketing pessoal, 109-110
Habilidades técnicas, identificadas no plano de carreira, 260–262, 263-267, 278-279
Histórico de carreira, 120-123

I
Influenciadores (traço de personalidade), 181-183, 195-197
Infraestrutura, empregos em engenharia associados à, 137-138
Inovação, liderança e, 233-234

J
Jefferson, Thomas, 70-71
Jurgens, Judith, 36-37

K
Kashyap, Akshay, 257-258, 265-267
KCIDE (ambiente de projetos integrados para registro de conhecimento), 29-30
Komon, Krenar, 232-233, 242-244
Kruger, Paul, 82-83
Kuch, Beverly B., 313-314

L
Lei de Kirchhoff das correntes, 21-23
Lei de Ohm, 21-23, 105-106
Leitura abrangente, 62-64
Leitura casual, 61-62
Leitura dinâmica, 61-62
Leitura, 60-61
　abrangente, 62-64
　casual, 61-62
　dinâmica, 61-62
　efetiva, 19-20
Lillie, Joe, 295-296, 305-308
Lincoln, Abraham, 336-337
Linguagem corporal, 2309-310
Linguagem da engenharia, 323-324
Listas de afazeres, 39-44
Lombardi, Vince, 233-234

M
Madhavan, Guruprasad, 58-59, 71-74
Mallini, Monica, 242-243
Marita, Marius, 80-81
Matemática, habilidade de aplicar conhecimentos de, 20-23
MBAs, 325-326
Mercado de trabalho, 114-118
Mestrado em engenharia, 261-262, 323-327, 327-330
Metas, 248–249
　associadas à visão pessoal, 259
　associadas à visão profissional, 260-261
　definidas, 151-152
　no plano de carreira, 257-259, 263-267
　na abordagem sistêmica, 151-153
　planos de ação e, 263-257
Michener, James, 14
Modelagem, no processo de escrita, 66-68
Moses, Beth, 183-186

N
NASA, 147-148
Notas altas, princípios de obtenção de, 2-10

O
One-page project manager (OPPM), 163-164
Organização, no processo de escrita, 65-65
Organizações profissionais estudantis
　　Ver também Associações profissionais
　praticando habilidades de fala em, 18-19
　tornando-se um membro ativo, 2-3, 8-9
　trabalhando em um comitê de, 26-27

vantagens de tornar-se um membro ativo em, 328-330
Ortografia, 67-68

P

Paine, Elmer, 107-108, 122-124
Paine, Kathryn, 251-252, 270-272
Pandey, Vishnu, 37-38
Paserba, John J., 80-81, 99-105
Perfeccionistas (traço de personalidade), 181-183, 195-196, 197
Perguntas
   abertas, 299-300
   fazendo-as em grupos de estudo, 6-8
   fazendo-as na sala de aula, 3-7, 63-64
   fazendo-as para o planejamento prévio no processo de escrita, 64-65
   em redes de contatos, 299-300
Pesquisa de empregadores, 110-111
Pesquisa para escrita, 65-66
Peterman, James, 198-199, 209-210
Peters, Tom, 149-150, 158
Phillips, Chris, 122-123
Phillips, Jim, 117-118
Pilotos (traço de personalidade), 180-182, 195-197
Planejamento prévio, na escrita, 63-65
Planejamento
   gerência de projetos, 163-165
   de escrita, 64-66
Plano de ação, em plano de carreira, 262-269
Planos de marketing pessoal, 108-112
Planos de marketing, 108-112
Portfólio, 109-111, 117-120
Pós-graduação, 323-330
PowerPoint, software, 85-86, 87-88, 89-90, 105-106
Primeiras impressões positivas, 296-299
Primeiras impressões, 296-299
Princípio KISS, 85-86
Processo de comunicação, 82-83
Processo de solução, definição de elementos do, 151-152
Processo DO, 41-42
Processo TO, 40-41
Procrastinação, 44-45
Programas de engenharia reconhecidos, 141-143
Programas de engenharia, 14, 141-143
Programas de estágio curricular, 313-319
Programas de estágio não curricular, 313-319
Projetos, 159-161
Projetos, desenvolvendo habilidades de, 23-26
ProSkills©, programa, 14-15

Q

Quadros
   gerência de projetos, 163-164
   recursos visuais de apresentação, 87-88
Questões abertas, 299-300
Questões contemporâneas, conhecimento de, 28-29
Questões globais e preocupações sociais, impacto das soluções de engenharia em, 27-28

R

Raible, Daniel E., 236-237
Ramos da engenharia, 134-144
Reagan, Ronald, 2-3
Recursos de fora da sala de aula, aproveitando os, 9-10
Recursos humanos, aproveitando seus, 2-4
Recursos visuais, para apresentações, 85-90
Redes de contatos eletrônicas, 305-306
Redes de contatos, estabelecimento de 8-9, 295-309
   cenário, 295-296
   conselhos sobre, 307-308
   conversa com um engenheiro sobre, 305-308
   dicas para iniciar conversa, 298-299
   escuta e, 300-304
   habilidades não técnicas usadas para, 306-308
   linguagem corporal e, 300-301
   mudando o tópico da discussão, 299-301
   mudando o tópico da discussão para, 299-301
   obtenção de empregos futuros por meio de, 335-336
   oportunidades de praticar, 303-306
   primeiras impressões e, 296-299
   questões abertas para, 299-300
   visão geral, 295-297
Referências, 65-66
Relacionamentos interpessoais, liderança e, 235-236
Relatórios escritos, gerência de projetos, 163-164
Responsabilidade ética, compreensão da, 26-28
Responsabilidade profissional, compreensão da, 26-28
Restrições
   dilema ético, 205-206
   em abordagem sistêmica, 153-154
Reuniões, para gerência de projetos, 163-164
Rogers, Will, 296-297

S

Sala de aula
   aplicação da ética na, 261-262
   prática de redes de contatos na, 303-304
   princípios de obtenção de notas altas na, 2–10
Salário
   evolução em uma carreira de engenharia, 335-336
   diplomas que pagam os maiores salários, 134-136
   mestrado e, 325-326
Sistemas de captura de informações, 107-126
   armazenamento e uso de informações em, 123-124
   benefícios dos, 124
   características pessoais e habilidades, 113-115
   categorias de, 113-114
   conversa com um profissional sobre, 122-124
   entrevistas de emprego, 119-122
   estabelecimento de, 112-114
   histórico de carreira, 120-123
   importância de, 111-112
   mercado de trabalho, 114-118

motivos para, 122-124
para planos de marketing pessoal, 108-113
portfólio, 117-120
uso dos, 113-123
visão geral, 113-114
Sistemas de engenharia, empregos de engenharia associados a, 1137-138
sistêmica habilidade de identificar, formular e resolver, 26-27
aplicação de conhecimentos de matemática, ciência e engenharia para resolver, 2--23
Software, 137. *Ver também* PowerPoint, software
ortografia e gramática, 65-66
para sistema de captura de informação, 112-113
Soluções, dilemas éticos, 205-209
Stroup, Gary, 261-262
Sucesso na carreira
impacto da ética no, 207-209
impacto da gerência de projetos no, 167-168

T
Tempo, uso do, 38-39
Tomada de decisão, liderança e, 235-236
Tópico frasal, 69-70
Tópicos de discussão, 299-301

Trabalho de qualidade, liderança e, 235-236
Trabalho em grupo, habilidades de liderança no, 239-240
Traços de personalidade, desenvolvimento de equipes e, 1179-183, 197-197
Tracy, Ted, 60-61
Tutores, 3-4

V
Verificação ortográfica, 67-68
Visão pessoal, no plano de carreira, 254-257, 259, 263-264
Visão profissional, no plano de carreira, 256-258, 260-261, 264-265
Visão, liderança e, 233-234
Voluntariar-se a papéis de liderança, 236, 239

W
Watson, Jim, 251-252, 255-257
Web, apresentações baseadas na, 89-90, 97-99
Web, conferências/seminários baseados na, 80-82
White, Kevin F., 200-201
Wolfman, Howard, 60-61